11章 外观与效果的应用
使用效果制作拼贴风格海报
视频位置：光盘/教学视频/第11章

11章 外观与效果的应用
使用 Photoshop效果制作欧美海报
视频位置：光盘/教学视频/第11章

07章 文字
使用文字工具进行杂志排版
视频位置：光盘/教学视频/第07章

07章 文字
设置对齐方式制作时尚杂志版面
视频位置：光盘/教学视频/第07章

09章 对象的高级操作
多彩网页首页设计
视频位置：光盘/教学视频/第09章

11章 外观与效果的应用
使用"位移路径"效果制作字母标志
视频位置：光盘/教学视频/第11章

14章 图层与剪切蒙版
制作输入法皮肤
视频位置：光盘/教学视频/第14章

11章 外观与效果的应用
立体文字放射海报
视频位置：光盘/教学视频/第11章

07章 文字
可爱风格LOGO设计
视频位置：光盘/教学视频/第07章

19章 画册与书籍设计
中餐厅菜谱样本设计
视频位置：光盘/教学视频/第19章

18章 招贴与插画设计
音乐会宣传海报
视频位置：光盘/教学视频/第18章

20章 产品包装设计
茶叶礼盒包装设计
视频位置：光盘/教学视频/第20章

05章 填充和描边
渐变打造华丽红宝石
视频位置：光盘/教学视频/第05章

04章 对象的基本操作
使用自由变换工具制作书籍封面
视频位置：光盘/教学视频/第04章

10章 透明度
制作时尚杂志内页
视频位置：光盘/教学视频/第10章

05章 填充和描边
使用填充与描边制作炫彩跑车
视频位置：光盘/教学视频/第05章

Fashion
Eray studio

Fashion
Eray studio

09章 对象的高级操作
利用封套扭曲制作丝带光效
视频位置 光盘/教学视频/第09章

18章 招贴与插画设计
韩国风格时装插画
视频位置 光盘/教学视频/第18章

19章 画册与书籍设计
杂志封面设计
视频位置 光盘/教学视频/第19章

19章 画册与书籍设计
书籍装帧设计
视频位置：光盘/教学视频/第19章

13章 创建与编辑图表
制作堆积柱形图和饼图
视频位置：光盘/教学视频/第13章

07章 文字
使用路径文本与区域文本排版
视频位置：光盘/教学视频/第07章

09章 对象的高级操作
使用渐变网格绘制卡通兔子
视频位置：光盘/教学视频/第09章

07章 文字
制作彩色文字
视频位置：光盘/教学视频/第07章

20章 产品包装设计
化妆品包装设计
视频位置：光盘/教学视频/第20章

10章 透明度
使用透明度制度作名签
视频位置：光盘/教学视频/第10章

05章 填充和描边
使用图案填充制作斑点文字招贴
视频位置：光盘/教学视频/第05章

07章 文字
水晶质感描边文字
视频位置：光盘/教学视频/第07章

11章 外观与效果的应用
使用外观面板制作网页通栏广告
视频位置：光盘/教学视频/第11章

03章 绘制基本图形
使用形状工具制作卡通海报
视频位置：光盘/教学视频/第03章

06章 绘制复杂图形
绘制有趣的米老鼠头像
视频位置：光盘/教学视频/第06章

20章 产品包装设计
牛奶包装设计
视频位置：光盘/教学视频/第20章

18章 招贴与插画设计
快餐店宣传单
视频位置：光盘/教学视频/第18章

14章 图层与剪切蒙版
使用剪切蒙版制作名片
视频位置：光盘/教学视频/第14章

08章 对象管理
使用"对齐"与"分布"命令制作淡雅底纹卡片
视频位置：光盘/教学视频/第08章

04章 对象的基础操作
旋转对象制作画册内页
视频位置：光盘/教学视频/第04章

02章 文档基础操作
使用置入命令制作街舞招贴
视频位置：光盘/教学视频/第02章

13章 创建与编辑图表
使用图表制作企业画册
视频位置：光盘/教学视频/第13章

14章 图层与剪切蒙版
三折页宣传册设计
视频位置：光盘/教学视频/第14章

03章 绘制基本图形
使用矩形工具制作色块化版面
视频位置：光盘/教学视频/第03章

09章 对象的高级操作
使用路径查找器制作现代感LOGO
视频位置：光盘/教学视频/第09章

05章 填充和描边
VIP贵宾卡设计
视频位置：光盘/教学视频/第05章

20章 产品包装设计
MP3播放器
视频位置：光盘/教学视频/第20章

20章 产品包装设计
制作白酒包装
视频位置：光盘/教学视频/第20章

12章 使用符号对象
使用符号制作促销海报
视频位置：光盘/教学视频/第12章

19章 画册与书籍设计
邀请函封面设计
视频位置：光盘/教学视频/第19章

18章 招贴与插画设计
时尚促销广告

03章 绘制基本图形
使用多边形工具与直线段工具制作流程图

11章 外观与效果朦胧的应用
制作朦胧感个人网站首页设计

03章 绘制基本图形
使用椭圆工具与圆角矩形工具制作图标

09章 实时描摹与实时上色
使用实时上色工具制作水晶LOGO

06章 绘制复杂图形
卡通游乐场标志设计

07章 文字
使用文字工具进行杂志的排版

09章 对象的高级操作
制作放射背景

06章 绘制复杂图形
使用钢笔工具绘制卡通小鸟

19章 画册与书籍设计
养生保健画册

10章 透明度
使用透明度蒙版制作儿童摄影招贴

11章 外观与效果的应用
制作立体动感齿轮

18章 招贴与插画设计
绘制可爱卡通娃娃
视频位置：光盘/教学视频/第18章

14章 图层与剪切蒙版
扁平化手机社交软件界面

05章 填充和描边
多种填充制作房地产户外广告
视频位置：光盘/教学视频/第05章

06章 绘制复杂图形
使用图像描摹制作矢量海报

14章 图层与剪切蒙版
使用剪切蒙版制作公益广告

10章 透明度
使用蒙版制作宝宝大头贴
视频位置：光盘/教学视频/第10章

06章 绘制复杂图形
儿童动画电影宣传易拉宝广告

09章 对象的高级操作
制作设计感招贴

清华社"视频大讲堂"大系

CG 技 术 视 频 大 讲 堂

Illustrator CC中文版 从入门到精通

亿瑞设计 编著

清华大学出版社

北 京

内 容 简 介

《Illustrator CC中文版从入门到精通》共20章，在内容安排上基本涵盖了日常工作所使用到的全部工具与命令。前16章主要介绍Illustrator CC软件的使用，主要内容包括初识Illustrator、文档的基本操作、绘制基本图形、对象的变换、填充和描边、绘制复杂图形、文字、对象管理、对象的高级操作、透明度、外观与效果的应用、符号对象、创建与编辑图表、图层与剪切蒙版、图形样式、网页图形、任务自动化、打印输出等核心功能与应用技巧。后4章则从Illustrator的实际应用出发，着重针对VI设计、招贴与插画设计、画册书籍设计以及产品包装设计几个方面进行案例式的针对性和实用性实战练习，不仅使读者巩固了前面学到的Illustrator中的技术技巧，更是为读者在后续的学习和工作进行提前"练兵"。

本书适合于Illustrator的初学者，同时对有经验的读者也有很好的参考价值，还可作为学校、培训机构的教学用书以及各类读者自学Illustrator的参考用书。

本书和光盘有以下显著特点：

1. 90节同步案例视频+30节Illustrator CS6实战精讲视频+104节Photoshop新手学精讲视频，让学习更轻松、更高效。

2. 作者系经验丰富的专业设计师和资深讲师，确保图书"实用"和"好学"。

3. 讲解极为详细，中小实例达到61个，为的是能让读者深入理解、灵活应用！

4. 书后边给出不同类型的综合商业案例17个，以便读者积累实战经验，为工作就业搭桥。

5. 21类经常用到的设计素材，总计1106个。《色彩设计搭配手册》和常用颜色色谱表，平面设计色彩搭配不再烦恼。

图书在版编目（CIP）数据

IIllustrator CC中文版从入门到精通 /亿瑞设计编著.—北京：清华大学出版社，2017

（清华社"视频大讲堂"大系CG技术视频大讲堂）

ISBN 978-7-302-45206-5

I. ①I… II. ①亿… III. ①图形软件 IV. ①TP391.41

中国版本图书馆CIP数据核字（2016）第264019号

责任编辑：杨静华
封面设计：刘洪利
版式设计：刘艳庆
责任校对：何士如
责任印制：杨　艳

出版发行：清华大学出版社

网　　　址：http://www.tup.com.cn, http://www.wqbook.com
地　　　址：北京清华大学学研大厦A座　　　　　　邮　编：100084
社　总　机：010-62770175　　　　　　　　　　　　邮　购：010-62786544
投稿与读者服务：010-62776969, c-service@tup.tsinghua.edu.cn
质量反馈：010-62772015, zhiliang@tup.tsinghua.edu.cn

印　装　者：北京亿浓世纪彩色印刷有限公司
经　　　销：全国新华书店
开　　　本：203mm×260mm　　印　张：31.5　　插　页：6　　字　数：1327千字
　　　　　　（附DVD光盘1张）
版　　　次：2017年10月第1版　　　　　　　　　　　　印　次：2017年10月第1次印刷
印　　　数：1～5000
定　　　价：108.00元

产品编号：063973-01

前　言

Illustrator是Adobe公司推出的基于矢量的图形制作软件，涵盖了出版、多媒体、标识、卡片、角色设计、商业插画、VI设计、网页设计、广告、包装、产品设计、展示设计等诸多领域。

本书内容编写特点

1．零起点、入门快

本书以入门者为主要读者对象，通过对基础知识细致入微的介绍，辅以对比图示效果，结合中小实例，对常用工具、命令、参数等做了详细的介绍，同时给出了技巧提示，确保读者零起点、轻松快速入门。

2．内容细致、全面

本书内容涵盖了Illustrator CC几乎全部工具、命令的相关功能，是市场上内容最为全面的图书之一，可以说是入门者的百科全书，有基础者的参考手册。

3．实例精美、实用

本书的实例均经过精心挑选，确保例子在实用的基础上精美、漂亮，一方面熏陶读者朋友的美感，另一方面让读者在学习中享受美的世界。

4．编写思路符合学习规律

本书在讲解过程中采用了"知识点+理论实践+实例练习+综合实例+技术拓展+技巧提示"的模式，轻松易学，符合学习规律。

本书显著特色

1．高清视频讲解，让学习更轻松、更高效

90节同步案例视频+30节Illustrator CS6实战精讲视频+104节Photoshop新手学精讲视频，让学习更轻松、更高效。

2．资深讲师编著，让图书质量更有保障

作者系经验丰富的专业设计师和资深讲师，确保图书"实用"和"好学"。

3．大量中小实例，通过多动手加深理解

讲解极为详细，中小实例达到61个，为的是能让读者深入理解、灵活应用！

4．多种商业案例，让实战成为终极目的

书后边给出不同类型的综合商业案例17个，以便积累实战经验，为工作就业搭桥。

5．超值学习套餐，让学习更方便更快捷

21类经常用到的设计素材，总计1106个。《色彩设计搭配手册》和常用颜色色谱表，平面设计色彩搭配不再烦恼。104集Photoshop视频精讲课堂，囊括Photoshop基础操作所有知识。

6．创新速成学习法，让快速学通成为可能

针对需要在短时间内掌握Illustrator使用方法的读者，本书提供了一种超快速入门的方式。在本书目录中标示 重点 的节为Illustrator的核心主干功能，通过学习这些知识能够基本满足日常制图工作需要，急于使用的读者可以优先学习这些内容。当然，关于Illustrator的其他的强大功能的内容，可以在时间允许的情况下继续学习。

本书光盘

本书附带一张DVD教学光盘，内容包括：

（1）本书中实例的视频教学录像、源文件、素材文件，读者可看视频，调用光盘中的素材，完全按照书中操作步骤进行操作。

（2）平面设计中经常用到的21类设计素材总计1106个，方便读者使用。

（3）104集Photoshop视频精讲课堂，囊括Photoshop基础操作知识，让读者熟练掌握平面设计中最常用的两款软件。

（4）附赠《色彩设计搭配手册》和常用颜色色谱表，平面设计色彩搭配不再烦恼。

本书服务

1．Illustrator软件获取方式

本书提供的光盘文件包括教学视频和素材等，没有可以进行设计制图的Illustrator软件，读者朋友需获取Illustrator软件并安装后，才可以进行制图等操作，可通过如下方式获取Illustrator简体中文版。

（1）购买正版或下载试用版：登录http://www.adobe.com/cn/。

（2）可到当地电脑城咨询，一般软件专卖店有售。

（3）可到网上咨询、搜索购买方式。

2．设计交流QQ群

为了方便读者朋友学习交流、提问答疑，我们特意建立了如下QQ群：125578986（如果群满，我们将会建其他群，请留意加群时的提示）。

3.手机在线学习

扫描书后二维码，可在手机中观看对应教学视频，充分利用碎片化时间，随时随地提升。

关于作者

本书由亿瑞设计工作室组织编写，瞿颖健和曹茂鹏参与了本书的主要编写工作。在编写的过程中，得到了吉林艺术学院院长郭春方教授的悉心指导，得到了吉林艺术学院设计学院院长宋飞教授的大力支持，在此向他们表示诚挚的感谢。

另外，由于本书工作量巨大，以下人员也参与了本书的编写及资料整理工作，他们是：杨建超、马啸、李路、孙芳、李化、葛妍、丁仁雯、高歌、韩雷、瞿吉业、杨力、张建霞、董辅川、杨春明、马扬、王萍、曹诗雅、朱于振、于燕香、曹子龙、孙雅娜、张效晨、孙丹、李进、鞠闯、李芳、陶恒斌、曹明、张越、瞿云芳、解桐林、张琼丹等，在此一并表示感谢。

由于时间仓促，加之水平有限，书中难免存在错误和不妥之处，敬请广大读者批评和指正。

编　　者

目录

Contents

90节大型高清同步视频讲解

Chapter 1
第1章

初识Illustrator

Illustrator是由Adobe公司开发的一款优秀的图形软件，一经推出，便以强大的功能和人性化的界面深受用户的欢迎，并迅速占据了全球矢量插图软件市场的大部分份额，广泛应用于出版、多媒体和在线图像等领域。据不完全统计，全球约有67%的设计师在使用Adobe Illustrator进行艺术设计。

本章学习要点：

- 掌握Illustrator的安装与卸载方法
- 了解图像与色彩的基础知识
- 熟悉 Illustrator的工作界面
- 掌握在 Illustrator中浏览文档的方法

1.1　进入Adobe Illustrator 的世界

作为创意软件套装Creative Suite的重要组成部分之一，Illustrator可以与Adobe公司的其他产品（如Adobe Photoshop、Pagemaker等）协调工作，实现无缝链接。此外，Illustrator还可以将文件输出为Flash格式。因此，可以通过Illustrator让Adobe公司的产品与Flash实现链接。Illustrator启动界面如图1-1所示，Illustrator操作界面如图1-2所示。

图1-1　　　　　　　　　　　　　　　　　　　　　　　　图1-2

1.2　Illustrator的应用

作为一款优秀的矢量绘图软件，Illustrator在平面设计中的应用非常广泛，覆盖标志设计、VI设计、海报招贴设计、画册样本设计、版式设计、书籍装帧设计、包装设计、界面设计、数字绘画等众多领域。

　标志设计：标志是表明事物特征的记号，具有象征和识别功能，是企业形象、特征、信誉和文化的浓缩。图1-3展示了几幅优秀的标志设计作品。

图1-3

　VI设计：VI全称Visual Identity，即视觉识别，是企业形象设计的重要组成部分。图1-4展示了两幅优秀的VI设计作品。

图1—4

● 海报招贴设计：所谓招贴，又名"海报"或宣传画，属于户外广告，是广告艺术中比较大众化的一种体裁，用来完成一定的宣传任务，主要为报道、广告、劝喻和教育服务。图1-5展示了几幅优秀的海报招贴设计作品。

图1—5

● 画册样本设计：画册主要作为企业公关交往中的广告媒体，为市场营销活动服务。画册按照用途和作用可分为形象画册、产品画册、宣传画册、年报画册和折页画册，如图1-6所示。

图1—6

● 版式设计：版式即版面格式，具体指开本、版心和周围空白的尺寸，正文的字体、字号、版形式（横排或竖排，通栏或分栏等），字数、排列地位（包括占行和行距），还有目录和标题、注释、表格、图名、图注、标点符号、书眉、页码以及版面装饰等项的排法。如图1-7所示为几幅优秀的版式设计作品。

● 书籍装帧设计：书籍装帧是书籍存在和视觉传递的重要形式。书籍装帧设计是指通过特有的形式、图像、文字色彩向读者传递书籍的思想、气质和精神的一门艺术。优秀的装帧设计都是充分发挥其各要素之间的关系，达到一种由表及里的完美，如图1-8所示。

图1—7

图1—8

● 包装设计：包装设计是指选用合适的包装材料，运用巧妙的工艺手段，对所销售的商品进行容器结构造型美化装饰设计，从而达到在竞争激烈的商品市场上提高产品附加值、促进销售、扩大产品影响力等目的。图1-9展示了几幅优秀的包装设计作品。

图1—9

● 界面设计：界面也就是通常所说的UI（User Interface，用户界面的简称）。界面设计虽然是设计中的新兴领域，但越来越受到重视。使用Illustrator进行界面设计是非常好的选择，如图1-10所示。

● 数字绘画：Illustrator不仅可以针对已有图像进行处理，还可以用来创造新的图像。Illustrator提供了众多功能强大的绘画工具，可以进行各种风格的数字绘画，如图1-11所示。

图1-10

图1-11

1.3 Illustrator的安装与卸载

想要学习和使用Illustrator，首先要正确安装该软件；当不再需要该软件时，则需要掌握其正确的卸载方法。Illustrator 的安装与卸载过程并不复杂，与其他应用软件大致相同。

1.3.1 安装Illustrator

Illustrator CC已经进入了云时代，安装方式与以往的版本不同，是采用一种"云端"付费的方式。在安装使用Illustrator CC前，用户可以按月或按年付费订阅，也可以订阅全套产品。Adobe公司可以让用户免费试用这款软件，所以用户可以在不付费的前提下免费试用1个月。Adobe Creative Cloud图标如图1-12所示，Creative Cloud如图1-13所示。

Adobe Creative Cloud

图1-12

图1-13

在安装软件之前需要安装Creative Cloud。打开Adobe的官方网站www.adobe.com，单击导航栏的Products（产品）按钮，然后选择Adobe Creative Cloud选项，如图1-14所示。然后在打开的页面中选择产品的使用方式，单击Join按钮为进行购买，单击Try按钮为免费试用，试用期为30天。在这里单击Try按钮，如图1-15所示。

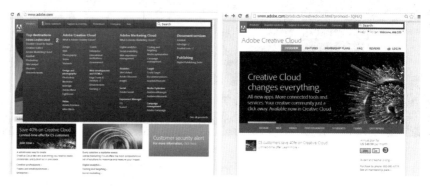

图1-14　　　　　　　　　　　　　　　　　　　　图1-15

在打开的页面中单击 Creative Cloud右侧的"下载"按钮，如图1-16所示。在打开的窗口中继续单击"下载"按钮，如图1-17所示。

图1-16　　　　　　　　　　　　　　　　　　　　图1-17

下面会弹出一个登录界面，在这里需要用户登录Adobe ID，如果没有Adobe ID，也可以免费注册一个。登录Adobe ID后就可以开始下载并安装Creative Cloud，启动Creative Cloud即可看见Adobe的各类软件，可以直接选择"安装"或"试用"软件，也可以更新已有软件。单击相应的按钮后即可自动完成软件的安装，如图1-18所示。

图1-18

1.3.2 卸载Illustrator

拆卸Illustrator的方法很简单，与拆卸其他软件相同。以Windows 7操作系统为例，单击计算机屏幕左下角的"开始"按钮，在开始菜单中选择"控制面板"命令，在打开的控制面板中单击"程序和功能"图标，在弹出的窗口中右击Adobe Illustrator选项，选择"拆卸"命令，即可将其卸载，如图1-19所示。

图1—19

1.4 图像与色彩的基础知识

在正式讲解Illustrator 之前，有一些概念是必须要了解的。这些概念并不是Illustrator 软件所独有的，通过了解这些概念，可以在学习图形图像处理的整个过程中受益。

1.4.1 认识位图与矢量图

位图图像（简称"位图"）是由大量的像素组成的。每个像素都分配有特定的位置和颜色值。在处理位图图像时，所编辑的是像素，而不是对象或形状。位图图像是连续色调图像最常用的电子媒介，因为它们可以更有效地表现阴影和颜色的细微层次。

矢量图形是由称做矢量的数学对象定义的直线和曲线构成的，根据图像的几何特征对图像进行描述。

1. 位图图像

如果将一幅位图图像放大到原来的8倍，可以发现该图像会发虚；当放大到若干倍时，则可清晰地观察到图像中有很多小方块，这些小方块就是构成图像的像素（这是位图最显著的特征），如图1-20所示。

位图图像在技术上被称为栅格图像，也就是通常所说的"点阵图像"或"绘制图像"。位图图像由像素组成，每个像素都会被分配一个特定位置和颜色值。相对于矢量图形，在处理位图图像时所编辑的对象是像素而不是对象或形状。

图1—20

 技巧提示

位图图像与分辨率有关，也就是说，位图包含了固定数量的像素。缩放位图尺寸会使原图变形，因为这是通过减少或增加像素来使整个图像变小或变大的。因此，如果在屏幕上以高缩放比率对位图进行缩放或以低于创建时的分辨率来打印位图，就会丢失其中的细节，并且会出现锯齿现象。

2. 矢量图形

矢量图形（简称"矢量图"）也称为矢量形状或矢量对象，在数学上定义为一系列由线连接的点。比较有代表性的矢量绘图软件有Adobe Illustrator、CorelDRAW、AutoCAD等。图1-21展示了两幅优美的矢量绘图作品。

图1-21

与位图图像不同，矢量图形的元素称为对象。每个对象都是一个自成一体的实体，具有颜色、形状、轮廓、大小和屏幕位置等属性。因此，矢量图形与分辨率无关，任意移动或修改矢量图形都不会丢失细节或影响其清晰度。当调整矢量图形的大小、将矢量图形打印到任何尺寸的介质上、在PDF文件中保存矢量图形或将矢量图形导入到基于矢量的图形应用程序中时，矢量图形都将保持清晰的边缘。图1-22展示了将矢量图形放大5倍以后的效果，可以发现其仍然保持清晰的颜色和锐利的边缘。

图1-22

答疑解惑——矢量图形主要应用在哪些领域？

矢量图形在设计中应用得比较广泛。例如，在常见的室外大型喷绘中，为了保证放大数倍后的喷绘质量，又要在设备能够承受的尺寸内进行制作，矢量软件成为最好的选择。又如，目前网络中比较常见的Flash动画，正是因为应用了矢量图形，才能以其独特的视觉效果以及较小的空间占用量而广受欢迎。

1.4.2 什么是分辨率

这里所说的分辨率是指图像分辨率。图像分辨率主要是用于控制位图图像中的细节精细度，测量单位是像素/英寸（ppi）。每英寸的像素越多，分辨率越高。一般来说，图像的分辨率越高，印刷出来的质量就越好。图1-23展示了两幅尺寸相同、内容相同的图像，图1-23（a）的分辨率为300ppi，图1-23（b）的分辨率为72ppi，可以观察到其清晰度有着明显的差异，即图1-23（a）的清晰度明显要高于图1-23（b）。

图1-23

技术拓展： "分辨率"的相关知识

其他行业里也经常会用到"分辨率"这一概念，那么分辨率具体指什么呢？分辨率是衡量图像品质的一个重要指标，有多种单位和定义。

- **图像分辨率：** 指的是一幅具体作品的品质高低，通常都以像素点（Pixel）多少来加以区分。在图像内容相同的情况下，像素点越多，品质就越高，但相应的记录信息量也呈正比增加。

- **显示分辨率：** 表示显示器清晰程度的指标，通常是以显示器的扫描点多少来加以区分，如 800×600、1024×768、1280×1024、1920×1200等，与屏幕尺寸无关。

- **扫描分辨率：** 指的是扫描仪的采样精度或采样频率，一般用PPI或DPI来表示。PPI值越大，图像的清晰度就越高。在此要注意的是，扫描仪通常有光学分辨率和插值分辨率两个指标，光学分辨率是指扫描仪感光器件固有的物理精度，而插值分辨率仅表示了扫描仪对原稿的放大能力。

- **打印分辨率：** 指的是打印机在单位距离上所能记录的点数，因此一般也用 PPI 来表示分辨率的高低。

1.4.3 图像的颜色模式

使用计算机处理图形、图像时，经常会涉及"颜色模式"这一概念。图像的颜色模式是指将某种颜色表现为数字形式的模型，或者说是一种记录图像颜色的方式。使用Illustrator进行设计时，主要用到的是RGB颜色模式和CMYK颜色模式。

1. RGB颜色模式

RGB颜色模式是最常使用到的一种模式，RGB模式是一种发光模式（也叫"加光"模式）。RGB分别代表Red（红色）、Green（绿色）、Blue（蓝），如图1-24所示。在"通道"面板中可以查看到3种颜色通道的状态信息。RGB颜色模式下的图像只有在发光体上才能显示出来，如显示器、电视等，该模式所包括的颜色信息（色域）有1670多万种，是一种真色彩颜色模式。

可以使用基于 RGB 颜色模型的 RGB 颜色模式处理颜色值。在 RGB 模式下，每种 RGB 成分都可使用 0（黑色）～255（白色）的值。例如，亮红色的 R值为246、G 值为20、B值为50。当3种成分的值相等时，将产生灰色阴影；当所有成分的值均为 255 时，结果是纯白色；当所有成分的值均为 0 时，结果是纯黑色。

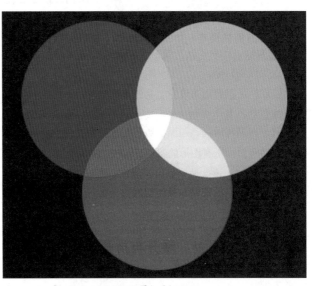

图1-24

2. CMYK颜色模式

CMYK颜色模式是一种印刷模式，CMY是3种印刷油墨名称的首字母，C代表Cyan（青色）、M代表Magenta（洋红）、Y代表Yellow（黄色），而K代表Black（黑色），如图1-25所示。CMYK模式也叫"减光"模式，该模式下的图像只有在印刷体上才可以观察到，例如纸张。CMYK颜色模式包含的颜色总数比RGB模式少很多，所以在显示器上观察到的图像要比印刷出来的图像亮丽一些。

可以使用基于 CMYK 颜色模型的 CMYK 颜色模式处理颜色值。在 CMYK 模式下，每种 CMYK 四色油墨可使用 0 ～ 100% 的值。为最亮颜色指定的印刷色油墨颜色百分比较低，而为较暗颜色指定的百分比较高。例如，亮红色可能包含 2% 青色、93% 洋红、90% 黄色和 0 黑色。在 CMYK 对象中，低油墨百分比更接近白色，高油墨百分比更接近黑色。

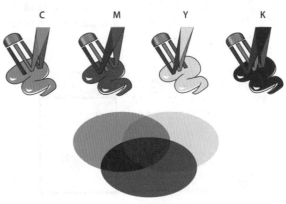

图1-25

1.5 熟悉Illustrator的工作界面

在系统学习Illustrator之前，必须对其工作环境有所了解，熟练掌握各个界面元素的基本使用方法。

1.5.1 熟悉Illustrator的界面布局

随着版本的不断升级，Illustrator的工作界面布局也更加合理、更加人性化。启动Illustrator，首先显示的是其欢迎界面，随后进入其工作界面。该工作界面由菜单栏、控制栏、文档栏、工具箱、绘图窗口、属性栏、面板堆栈和面板等多个部分组成，如图1-26所示。

下面对主要的组成部分做一简介。

- 菜单栏：其中包括"文件"、"编辑"、"对象"、"文字"、"选择"、"效果"、"视图"、"窗口"和"帮助"9个菜单项，单击任一菜单项，在弹出的菜单中选择所需命令，即可执行相应的操作。

- 文档栏：打开文件后，在文档栏中会自动显示该文件的名称、格式、窗口缩放比例以及颜色模式等信息。

- 工具箱：其中集合了Illustrator的大部分工具。工具箱可以折叠显示或展开显示，单击工具箱顶部的折叠图标，可以将其折叠为双栏；单击图标又可还原回展开的单栏模式，如图1-27所示。将鼠标指针放置在图标上，然后按住鼠标左键拖曳，还可将工具箱设置为浮动状态。

图1-26　　　　　　　　　　图1-27

- 控制栏：主要用来设置工具的参数选项，不同工具的控制栏也不同。

- 属性栏：其中提供了当前文档的缩放比例和显示的页面，并且可以通过调整相应的选项，调整Version Cue状态、当前工具、日期和时间、还原次数和颜色配置文件的状态。

- 绘图窗口：所有图形的绘制、编辑都是在该窗口中进行的，可以通过缩放操作对其尺寸进行调整。

- 面板堆栈：该区域主要用于放置收缩起来的面板。通过单击该区域中的面板按钮，可以将相应面板完整地显示出来，从而实现了面板使用和操作空间的平衡。

技术拓展：展开与折叠面板

在默认情况下，面板处于展开状态。单击面板右上角的"折叠"图标，可以将面板折叠起来，同时"折叠"图标会变成"展开"图标（单击该图标可以展开面板）。单击"关闭"图标，可以关闭面板。面板展开与折叠的效果如图1-28所示。

图1-28

- 面板：在菜单栏中单击"窗口"菜单项，在弹出的菜单中可以看到Illustrator提供的所有面板，这些面板主要用来配合图像的编辑、对操作进行控制以及设置参数等。每个面板的右上角都有一个图标，单击该图标可以打开该面板的设置菜单，如图1-29所示。

图1-29

10

技术拓展：**拆分与组合面板**

在默认情况下，面板以面板组的形式显示在工作界面中。例如，"颜色"面板和"色板"面板就是组合在一起的。如果要将其中某个面板分离出来形成一个单独的面板，可以将鼠标指针放置在面板名称上，然后按住鼠标左键将其拖曳出面板组，如图1-30所示。

图1-30

如果要将一个单独的面板与其他面板组合在一起，可以将鼠标指针放置在该面板的名称上，然后按住鼠标左键将其拖曳到要组合的面板名称上，如图1-31所示。

图1-31

1.5.2 预设工作区

Illustrator为不同类型的排版任务提供了多种工作区，想要更换不同的工作区，可以通过选择"窗口>工作区"命令，在其子菜单中可以看到多种预设工具区，单击即可将当前工作区切换为所选的工作区。

1.5.3 自定义工作区布局

在使用Illustrator进行平面设计时，既可以采用系统提供的预设工作区，也可自定义工作区，以方便操作。

在自定义工作区时，应首先按照实际需要设置工作区布局，然后选择"窗口>工作区>新建工作区"命令，在弹出的对话框中为新的工作区设置一个名称，最后单击"确定"按钮，即可将当前工作区存储为预设工作区，如图1-32所示。

图1-32

技巧提示

选择"窗口>工作区"命令，在弹出的子菜单中可以选择前面自定义的工作区，如图1-33所示。

图1-33

1.5.4 更改屏幕模式

单击工具箱底部的"切换屏幕模式"按钮，在弹出的菜单中可以选择屏幕显示模式，如图1-34所示。

图1-34

- 正常屏幕模式（）：在标准窗口中显示图稿，菜单栏位于窗口顶部，滚动条位于两侧，如图1-35所示。

图1-35

- 带有菜单栏的全屏模式（）：在全屏窗口中显示图稿，在顶部显示菜单栏，带有滚动条，如图1-36所示。

图1-36

- 全屏模式（）：在全屏窗口中显示图稿，不带菜单栏，如图1-37所示。

图1-37

 技巧提示

在全屏模式下，将鼠标指针放在屏幕的左边缘或右边缘，可将工具箱显示出来。

1.5.5 自定义快捷键

选择"编辑>键盘快捷键"命令，打开"键盘快捷键"对话框。在顶部的"键集"下拉列表框中选择"自定义"选项，在其下方的下拉列表框中选择要修改"菜单命令"的快捷键还是"工具"的快捷键，然后在下方列表框中选择所需工具或命令，单击"快捷键"列中显示的快捷键，在显示的文本框输入新的快捷键，最后单击"确定"按钮，即可完成快捷键的自定义，如图1-38所示。

图1-38

技巧提示

如果输入的快捷键已指定给另一个命令或工具，在该对话框的底部将显示警告信息。此时，可以单击"还原"按钮以还原更改，或单击"转到"按钮以转到其他命令或工具并指定一个新的快捷键。在"符号"列中，可以输入要显示在命令或工具的菜单或工具提示中的符号。

1.5.6 工具箱

默认状态下，工具箱显示在界面的左侧边缘处。可以通过拖动来移动工具箱，也可以通过执行"窗口>工具"命令来显示或隐藏工具箱。使用工具箱中的工具可以在 Illustrator 中选择、创建和处理对象。在工具箱中单击某一工具按钮，即可选中该工具。如果工具按钮的右下角带有三角形标志，则表示这是一个工具组。在该工具按钮上右击，即可打开看工具组，所有隐藏的工具都会显示出来，如图1-39所示

图1−39

1.5.7 面板堆栈

Adobe Illustrator 中包含数十种面板，这些面板主要用来配合图形的修改、编辑、参数设置以及对操作进行控制等。在菜单栏中单击"窗口"菜单项，在弹出的菜单中单击所需命令，即可打开相应的面板，如图1-40所示。

如果对 Adobe Illustrator 的面板图标不是很熟悉，无法快速、准确地找到所需面板，可以通过拖曳面板堆栈左侧的边缘将该区域扩大，将各图标对应的画板名称显示出来，如图1-43所示。

图1−43

图1−40

默认情况下，Illustrator 中的面板将以图标的形式停放在右侧的面板堆栈中，如图1-41所示。从中单击相应的面板按钮，可以临时显示出该面，如图1-42所示。

若要将面板全部显示出来，可以单击面板堆栈右上角的■图标；若要将展开的面板收回，可以单击■图标，如图1-44所示。

图1−41　　　　图1−42

图1−44

1.6 浏览图像

使用Illustrator打开多个文件时，选择合理的查看方式可以更好地对图像进行浏览或编辑。查看方式有多种，如更改图像的缩放级别、调整图像的排列形式、更换多种屏幕模式、通过导航器查看图像、使用抓手工具查看图像等。

1.6.1 使用"视图"命令浏览图像

在Illustrator的"视图"菜单中，提供了几种图像浏览方式，如图1-45所示。

理论实践——放大/缩小

选择"视图>放大"命令，或按Ctrl++快捷键，即可放大图像显示比例到下一个预设百分比；如果执行"视图>缩小"命令，或按Ctrl+ - 快捷键，则可以缩小图像显示比例到下一个预设百分比，如图1-46所示。

图1-45　　　　　　　　　　　　　　　　图1-46

理论实践——按照画板大小缩放

选择"视图>画板适合窗口大小"命令，可将当前画板按照屏幕尺寸进行缩放，如图1-47所示。

理论实践——按照窗口大小缩放

选择"视图>全部适合窗口大小"命令，可以查看窗口中的所有内容，如图1-48所示。

理论实践——按照实际大小显示

要以 100% 比例显示文件，可以选择"视图>实际大小"命令，效果如图1-49所示。

图1-47　　　　　　　　　　图1-48　　　　　　　　　　图1-49

1.6.2 使用工具浏览图像

在Illustrator 中提供了两个用于浏览视图的工具，一个是用于图像缩放的缩放工具 ，另一个是用于平移图像的抓手工具 。

理论实践——使用缩放工具

单击工具箱中的"缩放工具"按钮 ，当鼠标指针变为中心带有加号的放大镜形状 时，单击要放大区域的中心，即可放大显示。按住Alt键，当鼠标指针变为中心带有减号的放大镜形状 时，单击要缩小区域的中心，即可缩小显示。缩放时，每单击一次，视图便放大或缩小到上一个预设百分比，如图1-50所示。

使用缩放工具在需要放大的区域单击并拖曳出虚线方框，释放鼠标，即可显示框选的图像部分，如图1-51所示。

图1-50

图1-51

 技术拓展：如何调整缩放倍数

在打开的图像文件窗口的左下角位置上（即属性栏），有一个"缩放"文本框，在该文本框中输入相应的缩放倍数，按Enter键，即可直接调整到相应的缩放倍数，如图1-52所示。

图1-52

理论实践——使用抓手工具浏览图像

当图像放大到屏幕不能完整显示时，可以使用抓手工具在不同的可视区域中进行拖动，以便于浏览。单击工具箱中的"抓手工具"按钮 ，在画面中单击并向所需观察的图像区域移动即可，如图1-53所示。

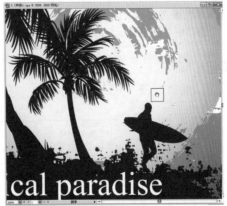

图1-53

1.6.3 使用"导航器"面板浏览图像

执行"窗口>导航器"命令，打开"导航器"面板。在该面板中，通过滑动鼠标可以查看图像的某个区域。其中，红色边框内的区域与绘图窗口中当前显示的区域相对应，如图1-54所示。

[50%] ：在该文本框中输入缩放数值，然后按Enter键确认，即可完成缩放操作，如图1-55所示。

图1-54   图1-55

"缩小"按钮 [图] /"放大"按钮 [图] ：单击"缩小"按钮 [图] ，可以缩小图像的显示比例；单击"放大"按钮 [图] ，可以放大图像的显示比例，如图1-56所示。

要在"导航器"面板中的画板边界以外显示图稿，可单击右上角的 [图] 按钮，在弹出的下拉菜单中取消选中"仅查看画板内容"命令，如图1-57所示。

图1-56   图1-57

1.6.4 创建参考窗口

在进行一些细微的局部操作，且需要同时查看这一局部在整个图像中的效果时，可以为当前的图像创建一个新的参考窗口。一个窗口查看放大的局部效果，另一个窗口查看全局的效果。

首先选中要创建新的参考窗口的图像，然后选择"窗口>新建窗口"命令，即可创建一个新的窗口。在其中一个窗口中进行编辑时，另一个窗口中会实时显示相同的效果，如图1-58所示。

 读书笔记

图1-58

Chapter 2
第2章

文档基础操作

要在Illustrator中进行设计操作，需要基于"文档"进行。在Illustrator中可以轻松的创建新的空白文档，也可以通过"打开"操作对已有的文档进行编辑处理。当文档中需要使用到其他素材时可以进行"置入"操作，而文档编辑完成后需要对文档进行存储。

本章学习要点：
- 掌握文件新建、打开、存储、关闭等常用操作方法
- 掌握文件置入与导出的方法
- 掌握辅助工具的使用方法

2.1 新建文件

在处理已有的图像时，可以直接在Illustrator中打开相应文件。如果需要制作一个新的文件，则需要从"新建文档"开始执行。如图2-1所示为使用Illustrator制作的作品。

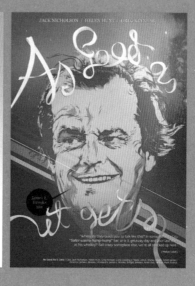

图2—1

2.1.1 "新建"命令

选择"文件>新建"命令或使用快捷键Ctrl+N，在弹出的"新建文档"对话框中可以进行相应参数的设置，如图2-2所示。

- 名称：在该文本框中可以设置文档的名称。
- 配置文件：在该下拉列表框中提供了打印、Web（网页）和基本RGB选项，直接选中相应的选项，文档的参数将自动按照不同的方向进行调整。如果这些选项都不是要使用的，可以选择"浏览"选项，在弹出的对话框中进行选取。
- 画板数量：指定文档的画板数，以及画板在屏幕上的排列顺序。

图2—2

技术拓展：**多个画板排列方式设置详解**

- 按行设置网格🔲：在指定数目的行中排列多个画板。从"行"菜单中选择行数。如果采用默认值，则会使用指定数目的画板创建尽可能方正的外观。
- 按列设置网格🔳：在指定数目的列中排列多个画板。从"列"菜单中选择列数。如果采用默认值，则会使用指定数目的画板创建尽可能方正的外观。
- 按行排列▭：将画板排列成一个直行。
- 按列排列▯：将画板排列成一个直列。
- 更改为从右到左布局→：按指定的行或列格式排列多个画板，但按从右到左的顺序显示它们。

- 间距：指定画板之间的默认间距。该设置同时应用于水平间距和垂直间距。
- 列数：在该数值框中设置相应的数值，可以定义排列画板的行数或列数。
- 大小：在该下拉列表框中选择不同的选项，可以定义一个画板的尺寸。
- 取向：当设置画板为矩形状态时，需要定义画板的取向，在该选项中单击不同的按钮，可以定义不同的方向，此时画板高度和宽度中的数值进行交换。
- 出血：指定画板每一侧的出血位置。要对不同的侧面使用不同的值，单击"锁定"按钮 ，将保持4个尺寸相同。

单击"高级"按钮，在展开的选项组中可进行颜色模式、栅格效果、预览模式等参数的设置，如图2-3所示。

- 颜色模式：指定新文档的颜色模式。通过更改颜色模式，可以将选定的新建文档配置文件的默认内容（色板、

画笔、符号、图形样式）转换为新的颜色模式，从而导致颜色发生变化。在进行更改时，请注意警告图标。

图2-3

- 栅格效果：为文档中的栅格效果指定分辨率。准备以较高分辨率输出到高端打印机时，将此选项设置为"高"尤为重要。默认情况下，"打印"配置文件将此选项设置为"高"。
- 预览模式：为文档设置默认预览模式。
- 使新建对象与像素网格对齐：如果选中该复选框，则会使所有新对象与像素网格对齐。该选项对于用来显示Web设备的设计非常重要。

2.1.2　从模板新建

Illustrator 中除了可以创建空白文档外，还可以按照不同的制作方向选中一个模板文档，在该模板的基础上创建一个含有一些对象的文档，通过修改和添加新元素，最终得到一个新的文档。执行"文件>从模板新建"命令或使用快捷键Shift+Ctrl+N，在弹出的"从模板新建"对话框中选中要使用的模板选项，如图2-4所示。

图2-4

设置完毕后，单击"新建"按钮，创建出新的文档。可以看到新文档中包含模板中的辅助对象，方便用户进行进一步的设计制作，如图2-5所示。

图2-5

2.2　打开文件

要对已有的文件进行处理，就需要将其在Illustrator中打开。Illustrator 既可以打开使用Illustrator创建的矢量文件，也可以打开其他应用程序中创建的兼容文件，例如，使用AutoCAD制作的.dwg格式文件，使用Photoshop创建的.psd格式文件等，如图2-6所示。

图2-6

2.2.1 "打开"命令

要打开现有的文件，选择"文件>打开"命令或使用快捷键Ctrl+O，在弹出的"打开"对话框中选中要打开的文件，然后单击"打开"按钮，软件会自动将相应的文档打开，如图2-7所示。

2.2.2 最近打开的文件

要打开最近存储的文件，可以选择"文件>最近打开的文件"命令，在子菜单中会显示出最近打开过的一些文档，直接选中相应的选项即可打开该文档，如图2-8所示。

图2-7　　　　　　　　　　　　　　　　　　　　　　　图2-8

2.2.3 在Bridge中浏览打开文件

通常情况下，常用的位图浏览软件是不能够预览矢量文件的，而只凭文件名称进行搜寻不如通过浏览缩览图的方式直观。使用Adobe Bridge可以解决这个问题，Adobe Bridge可以快速查找、组织以及浏览素材资源。

要使用 Adobe Bridge 打开并预览文件，可选择"文件>在 Bridge 中浏览"命令或使用快捷键Ctrl+Alt+O。在Adobe Bridge中打开相应路径即可浏览该路径下的文件缩览图，选中需要打开的文件，然后执行"文件>打开方式>Adobe Illustrator"命令即可在Illustrator中打开，如图2-9所示。

图2-9

从 Adobe Bridge 中可以执行下列任一操作。

- 管理图像、素材以及音频文件：在 Bridge 中可以预览、搜索和处理文件以及对其进行排序，无需打开各个应用程序。也可以编辑文件元数据，并使用 Bridge 将文件放在文档、项目或合成文件中。
- 管理照片：从数码相机存储卡中导入并编辑照片，通过堆栈对相关照片进行分组，以及打开或导入 Photoshop® Camera

Raw 文件并编辑其设置，而无需启动 Photoshop。

- 执行自动化任务，如批处理命令。
- 在 Creative Suite 颜色管理组件之间同步颜色设置。
- 启动实时网络会议以共享桌面和审阅文档。

2.3 存储文件

在Illustrator中完成作品的创作或暂停编辑时需要将文件进行保存，以便进行移动、预览、修改或调用。当存储或导出图稿时，Illustrator会将图稿数据写入到文件。数据的结构取决于选择的文件格式。在Illustrator中可将图稿存储为5种基本文件格式，即AI、PDF、EPS、FXG 和 SVG。它们可保留所有 Illustrator 数据，包括多个画板，如图2-10所示即为几幅存储的文件。

图2-10

 技巧提示

在文件的制作过程中也需要进行不定时的存储操作，以避免由于计算机死机、断电或软件无响应等问题造成的文件丢失或破损等不可修复的情况。另外，也可以在制作比较重要或者比较大的文件时，多次复制工程文件。

2.3.1 "存储"命令

在Illustrator中需要进行文件存储时，可以选择"文件>存储"命令或使用快捷键Ctrl+S。

首次对文件进行存储时会弹出"存储为"对话框，在其中可以选择存储文件的位置。在"文件名"下拉列表框中可以重新对文件进行命名。在"保存类型"下拉列表框中选择要进行保存文件的格式选项，单击"保存"按钮保存文件，如图2-11所示。

图2-11

● FXG：在 Illustrator 中创建 Adobe Flexr®使用的结构化图形时，可将文件存储为 FXG 格式。FXG 是基于 MXML（由 FLEX 框架使用的基于 XML 的编程语言）子集的图形文件格式。

● AI：如果文档包含多个画板并且希望存储到以前的 Illustrator 版本中，可以选择将每个画板存储为一个单独的文件，或者将所有画板中的内容合并到一个文件中。

● PDF：便携文档格式（PDF）是一种通用的文件格式，这种文件格式保留在各种应用程序和平台上创建的字体、图像和版面中。

● EPS：该格式保留许多使用 Adobe Illustrator 创建的图形元素，这意味着可以重新打开 EPS 文件并作为 Illustrator 文件编辑。因为 EPS 文件基于 PostScript 语言，所以它们可以包含矢量和位图图形。

● AIT：模板包含表示元素，这些元素包括文本文字、HTML和数据绑定表达式，以及表示 ASP.NET 服务器控件的元素。

● SVG：是一种可产生高质量交互式 Web 图形的矢量格式。SVG 格式有两种版本：SVG 和压缩 SVG（SVGZ）。SVGZ 可将文件大小减小 50% ～ 80%，但是Illustrator 不能使用文本编辑器编辑 SVGZ 文件。

接着会弹出"Illustrator选项"对话框，在这里可以对文件存储的版本、选项、透明度等参数进行设置，设置完毕后单击"确定"按钮完成操作，如图2-12所示。

● 版本：指定希望文件兼容的 Illustrator 版本。旧版格式不支持当前版本 Illustrator 中的所有功能。因此，当选择当前版本以外的版本时，某些存储选项不可用，并且一些数据将更改。务必阅读对话框底部的警告，这样可以知道数据将如何更改。

● 子集化嵌入的字体，若使用的字符百分比：指定何时根据文档中使用的字体的字符数量嵌入完整字体。

● 创建 PDF 兼容文件：在 Illustrator 文件中存储文档的 PDF 演示。如果希望 Illustrator 文件与其他 Adobe 应用程序兼容，则选中该复选框。

● 包含链接文件：嵌入与图稿链接的文件。

● 嵌入 ICC 配置文件：创建色彩受管理的文档。

● 使用压缩：在 Illustrator 文件中压缩 PDF 数据。使用压缩将增加存储文档的时间，因此如果现在的存储时间很长（8～15 分钟），则取消选中此复选框。

图2-12

● 将每个画板存储为单独的文件：可将每个画板存储为单独的文件，同时还会单独创建一个包含所有画板的主文件。触及某个画板的所有内容都会包括在与该画板对应的文件中。如果需要移动画稿以便可以容纳到一个画板中，则会显示一条警告消息来通知。如果不选中该复选框，则画板会合并到一个文档中，并转换为对象参考线和裁剪区域。用于存储的文件的画板基于默认文档启动配置文件的大小。

● 透明度：确定当选择早于 9.0 版本的 Illustrator 格式时，如何处理透明对象。选中"保留路径"单选按钮可放弃透明度效果并将透明图稿重置为 100% 不透明度和"正常"混合模式。选中"保留外观和叠印"单选按钮可保留与透明对象不相互影响的叠印。与透明对象相互影响的叠印将拼合。

 技巧提示

只在第一次创建文件时，选择"存储"命令会弹出"另存为"对话框，再次存储将不弹出"另存为"对话框。选择"存储为"命令，也会弹出"另存为"对话框。

2.3.2 "存储为"命令

如果要将文件保存为另外的名称或其他格式，或者更改存储位置时，可以选择"文件>存储为"命令，或使用快捷键 Shift+Ctrl+S，在弹出的"存储为"对话框中可以对名称、格式、路径等选项进行更改并将文件另存，如图2-13所示。

2.3.3 "存储副本"命令

如果想要将当前编辑效果快速保存并且不希望在原始文件上发生改动，可以选择"文件>存储副本"命令或使用快捷键Ctrl+Alt+S，在弹出的"存储副本"对话框中可以看到当前文件名被自动命名为"原名称+_复制"的格式，使用该对话框存储了当前状态下文档的一个副本，而不影响原文档及其名称，如图2-14所示。

图2-13 图2-14

2.3.4 存储为模板

使用模板可以创建共享通用设置和设计元素的新文档。例如，如果需要设计一系列外观和质感相似的名片，那么可以创建一个模板，为其设置所需的画板大小、视图设置（如参考线）和打印选项。该模板还可以包含通用设计元素（如徽标）的符号，以及颜色色板、画笔和图形样式的特定组合，如图2-15所示。

图2-15

打开新的或现有的文档。从模板创建的新文档中根据意愿来设置文档窗口，包括放大级别、滚动位置、标尺原点、参考线、网格、裁剪区域和视图菜单中的选项。选择"文件>存储为模板"命令，在"存储为"对话框中选择文件的位置，输入文件名，然后单击"保存"按钮，如图2-16所示。

图2-16

2.3.5 存储为Web和设备所用格式

将Illustrator文件保存为Web和设备所用格式，确保Illustrator正确地保存文件，以备Web使用。通过该选项可选择各种设置。选择"文件>存储为Web和设备所用格式"命令或使用快捷键Ctrl+Shift +Alt+S，弹出"存储为Web所用格式"对话框，如图2-17所示。

在"存储为Web所用格式"对话框中看到的选项卡有"原稿""优化""双联"。"原稿"选项卡展示了原始状态下的文件；"优化"选项卡展示了当前优化设置下的文件预览效果；"双联"选项卡展示了原始状态下的图及其他不同选项设置下的效果，用户从中可以确定哪个选项最能满足需要。

图2-17

2.3.6 存储选中的切片

使用"存储选中的切片"命令可以导出和优化选中的切片图像。该命令会将选中的切片存储为单独的文件并生成显示切片所需的HTML或CSS代码。首先需要使用切片选择工具选中需要存储的切片，然后选择"文件>存储选中的切片"命令，设置参数并单击"保存"按钮，选择存储位置及类型，如图2-18和图2-19所示。

图2-18

图2-19

2.3.7 存储为Microsoft Office所用格式

使用"存储为 Microsoft Office 所用格式"命令，可以创建一个能在 Microsoft Office 应用程序中使用的 PNG 文件。选择"文件>存储为 Microsoft Office 所用格式"命令，在弹出的"存储为 Microsoft Office 所用格式"对话框中选择文件的位置，并输入文件名，然后单击"保存"按钮，如图2-20所示。

图2-20

2.4 置入与导出文件

2.4.1 置入文件

使用Illustrator进行平面设计时经常会用到外部素材，这时就会使用到"置入"命令，"置入"命令是导入文件的主要方式，因为该命令提供有关文件格式、置入选项和颜色的最高级别的支持。使用"置入"命令不仅可以导入矢量素材，还可以导入位图素材以及文本文件。置入文件后，可以使用"链接"面板来识别、选择、监控和更新文件。图2-21展示了使用置入外部素材制作的作品。

图2-21

选择"文件>置入"命令，在弹出的"置入"对话框中单击"文件类型"右侧的小箭头，即可打开文件类型下拉列表，可以看到置入文件的类型。在"置入"对话框中选择要置入的文件，选中"链接"复选框可创建文件的链接，取消选中"链接"复选框可将图稿嵌入 Illustrator 文档，如图2-22所示。

图2-22

实例练习——使用"置入"命令制作街舞招贴

案例文件	实例练习——使用"置入"命令制作街舞招贴.ai
视频教学	实例练习——使用"置入"命令制作街舞招贴.flv
难易指数	★★★★★
知识掌握	"置入"命令

案例效果

案例效果如图2-23所示。

图2-23

操作步骤

步骤01 选择"文件>新建"命令。在"新建文档"对话框中设置"大小"为A4，"取向"为"横向"。单击"确定"按钮完成操作，如图2-24所示。得到了一个空白的新文件，如图2-25所示。

图2-24　　　　　　　　　　图2-25

步骤02 选择"文件>置入"命令，在弹出的窗口中单击1.ai，然后单击"置入"按钮，如图2-26所示。

图2-26

步骤03 将鼠标指针定位到画面左上角，按住鼠标左键向右下角拖曳，如图2-27所示。松开鼠标后素材被置入到文档中，接着单击控制栏中的"嵌入"按钮，如图2-28所示。

图2-27　　　　　　　图2-28

步骤04 继续置入素材。选择"文件>置入"命令，将素材2.png置入画面中，然后单击控制栏中的"嵌入"按钮，进行嵌入，并移动到相应位置。使用同样方法继续导入光效素材3.jpg，如图2-29所示。

图2-29

步骤05 选中光效素材，单击控制栏中的"不透明度"按钮，在弹出的窗口中设置混合模式为"滤色"，如图2-30所示。本案例制作完成，效果如图2-31所示。

图2-30　　　　　　　　　图2-31

2.4.2 导出文件

文件制作完成之后,使用"存储"命令可以将工程文件进行存储,但是通常情况下矢量格式文件不能直接上传到网络或进行快速预览以及输出打印等操作,所以要将作品导出为适合的格式,就可以使用"导出"命令。使用"导出"命令可以将文件导出为多种格式,以便于在Illustrator以外的软件中使用。这些文件包括AutoCAD、BMP、Flash(SWF)、JPEG、Macintosh PICT、Photoshop(PSD)、PNG、Targa(TGA)、TIFF和Windows等。

 技巧提示

在实际应用时建议先以Illustrator的AI格式存储图稿,这样方便以后修改,再将图稿导出为所需要的格式。

选择"文件>导出"命令,在弹出的"导出"对话框中选择需要导出的位置,输入文件名后,选择需要导出的文件类型。单击"导出"按钮,如图2-32所示,随即会弹出一个"导出选项"窗口。(选择不同的导出格式,所弹出的窗口也不同),然后继续进行相关设置,设置完成后,单击"确定"按钮,完成导出操作。

图2-32

 技术专题——常用格式详解

- **AutoCAD绘图和AutoCAD交换文件(DWG 和 DXF)**:AutoCAD绘图是用于存储AutoCAD中创建的矢量图形的标准文件格式。AutoCAD交换文件是用于导出AutoCAD绘图或从其他应用程序导入绘图的绘图交换格式。
- **BMP**:标准 Windows 图像格式。可以指定颜色模型、分辨率和消除锯齿设置用于栅格化图稿,以及格式(Windows或OS/2)和位深度,用于确定图像可包含的颜色总数(或灰色阴影数)。对于使用Windows格式的4位和8位图像,还可以指定 RLE 压缩。
- **Flash(SWF)**:基于矢量的图形格式,用于交互动画 Web图形。可以将图稿导出为 Flash(SWF)格式,以便在Web设计中使用,并在任何配置了Flash Player 增效工具的浏览器中查看图稿。
- **JPEG**:常用于存储照片。JPEG格式保留图像中的所有颜色信息,但通过有选择地扔掉数据来压缩文件大小。JPEG是在Web上显示图像的标准格式。
- **Macintosh PICT**:与Mac OS图形和页面布局应用程序结合使用,以便在应用程序间传输图像。PICT在压缩包含大面积纯色区域的图像时特别有效。
- **Photoshop(PSD)**:标准Photoshop格式。如果图稿包含不能导出到Photoshop 格式的数据,Illustrator 可通过合并文档中的图层或栅格化图稿来保留图稿的外观。
- **PNG(便携网络图形)**:用于无损压缩和Web上的图像显示。与GIF不同,PNG 支持 24 位图像并产生无锯齿状边缘的背景透明度,但是某些Web浏览器不支持 PNG 图像。PNG保留灰度和RGB图像中的透明度。
- **Arga(TGA)**:设计其在Truevision®视频板的系统上使用。可以指定颜色模型、分辨率和消除锯齿设置用于栅格化图稿,以及位深度,用于确定图像可包含的颜色总数(或灰色阴影数)。
- **TIFF(标记图像文件格式)**:用于在应用程序和计算机平台间交换文件。TIFF 是一种灵活的位图图像格式,绝大多数绘图、图像编辑和页面排版应用程序都支持这种格式。
- **Windows 图元文件(WMF)**:16位Windows应用程序的中间交换格式。几乎所有Windows绘图和排版程序都支持WMF格式。但是,此格式支持有限的矢量图形,在可行的情况下应以EMF代替WMF格式。
- **文本格式(TXT)**:用于将插图中的文本导出到文本文件。
- **增强型图元文件(EMF)**:Windows 应用程序广泛用作导出矢量图形数据的交换格式。Illustrator 将图稿导出为 EMF 格式时可栅格化一些矢量数据。

2.5 关闭文件

处理完一个文件后,可以通过将文件关闭为其他文件或程序的运行释放出更多的空间。

Illustrator CC中文版从入门到精通

理论实践——关闭文件

选择"文件>关闭"命令或使用快捷键Ctrl +W，可以关闭当前文件；也可以直接单击文档栏中的⊠按钮进行关闭。

如果文件已经进行了保存，文件将自动关闭。如果该文件还没有保存，将弹出Illustrator对话框，可以在该对话框中进行相应的处理。在该对话框中单击"是"按钮，将文件保存后关闭文件；单击"否"按钮，将不对文件进行保存，直接关闭文件，如图2-33所示。

图2-33

理论实践——退出文件

选择"文件>退出"命令或使用快捷键Ctrl +Q可以退出Illustrator。如果运行的文件全部都保存完成了，那么文件将依次进行关闭，并退出Adobe Illustrator软件。如果其中包含未保存的文件，在关闭相应的文件时会弹出Adobe Illustrator对话框，可以在该对话框中进行相应的处理，如图2-34所示。

在该对话框中单击"是"按钮，将文件保存后关闭文件；单击"否"按钮，将不对文件进行保存，直接关闭文件。

图2-34

2.6 恢复图像

选择"文件>恢复"命令或使用快捷键F12，可以将文件恢复到上次存储的版本。但如果已关闭文件，再将其重新打开，则无法执行此操作，如图2-35所示。

图2-35

2.7 文档设置

选择"文件>文档设置"命令或单击控制栏中的"文档设置"按钮，在弹出的"文档设置"对话框中可以随时更改文档的默认设置选项，如度量单位、透明度网格显示、背景颜色和文字设置（例如，语言、引号样式、上标和下标大小以及可导出性），如图2-36所示。

图2-36

- 单位：在"单位"下拉列表框中选择不同的选项，定义调整文档时使用的单位。
- 出血：在"出血"选项组的4个文本框中，设置"上方"、"下方"、"左方"和"右方"文本框中的参数，重新调整"出血线"的位置。通过单击"连接"按钮，可以统一所有方向的"出血线"的位置。
- 编辑画板：通过单击"编辑画板"按钮，可以对文档中的画板进行重新调整，具体的调整方法会在相应的章节中进行讲述。
- 以轮廓模式显示图像：当选中"以轮廓模式显示图像"复选框时，文档将只显示图像的轮廓线，从而节

27

省计算的时间。

- 突出显示替代的字体：选中"突出显示替代的字体"复选框时，将突出显示文档中被代替的字体。
- 突出显示替代的字形：选中"突出显示替代的字形"复选框时，将突出显示文档中被代替的字形。
- 网格大小：在"网格大小"下拉列表框中选择不同的选项，可以定义透明网格的颜色，如果列表中的选项都不是要使用的，可以在右侧的两个颜色按钮中进行调整，重新定义自定义的网格颜色。
- 模拟彩纸：如果计划在彩纸上打印文档，则选中"模拟彩纸"复选框。
- 预设：在"预设"下拉列表框中选择不同的选项，可以定义导出和剪贴板透明度拼合器的设置。
- 使用弯引号：当选中"使用弯引号"复选框时，文档

将采用中文中的引号效果，并不是使用英文中的直引号，反之则效果相反。

- 语言：在"语言"下拉列表框中选中不同的选项，可以定义文档中文字的检查语言规则。
- 双引号/单引号：在"双引号"和"单引号"下拉列表框中选择不同的选项，可以定义相应引号的样式。
- 上标字/下标字：在"上标字"和"下标字"两个选项中，调整"大小"和"位置"中的参数，从而定义相应角标的尺寸和位置。
- 小型大写字母：在"小型大写字母"文本框中输入相应的数值，可以定义小型大写字母占原始大写字母尺寸的百分比。
- 导出：在"导出"下拉列表框中选择不同的选项，可以定义导出后文字的状态。

2.8 使用画板

在Illustrator中画板表示包含可打印图稿的区域。根据大小的不同，每个文档可以有 1～100 个画板。可以在最初创建文档时指定文档的画板数，在处理文档的过程中可以随时添加和删除画板，如图2-37所示。

Illustrator 还提供了使用"画板"面板重新排序和重新排列画板的选项，还可以为画板指定自定义名称，并为画板设置参考点。

图2-37

2.8.1 使用画板工具

使用画板工具可以随意创建不同大小的画板，也可以调整画板大小，并且可以将画板放在屏幕上的任何位置，甚至可以让画板彼此重叠。双击工具箱中的"画板工具"按钮 □，或者单击画板工具，然后单击控制栏中的画板选项按钮 □，弹出"画板选项"对话框，在该对话框中进行相应的设置，如图2-38所示。

图2-38

- 预设：指定画板尺寸。这些预设为指定输出设置了相应的视频标尺像素长宽比。
- 宽度/高度：指定画板大小。
- 方向：指定横向或纵向页面方向。

- 约束比例：如果手动调整画板大小，则保持画板长宽比不变。
- X/Y：根据 Illustrator 工作区标尺来指定画板位置。要查看这些标尺，需选择"视图>显示标尺"命令。
- 显示中心标记：在画板中心显示一个点。
- 显示十字线：显示通过画板每条边中心的十字线。
- 显示视频安全区域：显示参考线，这些参考线表示位于可查看的视频区域内的区域。需要将用户必须能够查看的所有文本和图稿都放在视频安全区域内。
- 视频标尺像素长宽比：指定用于视频标尺的像素长宽比。
- 渐隐画板之外的区域：当画板工具处于现用状态时，显示的画板之外的区域比画板内的区域暗。
- 拖动时更新：在拖动画板以调整其大小时，使画板之外的区域变暗。如果未选中该复选框，则在调整画板大小时，画板外部区域与内部区域显示的颜色相同。
- 画板：指示存在的画板数。

理论实践——创建画板

步骤01 要创建自定画板，单击工具箱中的"画板工具"按钮⬜，然后在工作区内拖动以定义画板的形状、大小和位置，如图2-39所示。

图2-39

步骤02 在现用画板中创建画板，需要按住Shift键并使用画板工具在当前画板内拖动创建出新画板，如图2-40所示。

图2-40

步骤03 要复制现有画板，可以使用画板工具选择要复制的画板，再单击控制栏中的"新建画板"按钮，然后在工作区中单击确定新画板的放置位置，如图2-41所示。

图2-41

 技巧提示

如果要复制多个画板，可以按住Alt键单击多次直到获得所需的数量。或者使用画板工具，按住Alt键拖动要复制的画板，如图2-42所示。

步骤04 要复制带内容的画板，需要单击控制栏中的"移动/复制带画板的图稿"按钮，按住Alt键，然后拖动，如图2-42所示。

按住Alt键移动

图2-42

理论实践——如何删除面板

单击画板，按Delete键（也可单击控制栏中的"删除"按钮 🗑，或单击画板右上角的"删除"按钮 ⊠）。可以只保留一个画板，而删除其他所有画板，如图2-43所示。

图2-43

2.8.2 使用"画板"面板

在"画板"面板中可以对画板进行新建、删除、复制、重新排列等操作。选择"窗口>画板"命令，打开"画板"面板，如图2-44所示。

图2-44

理论实践——使用"画板"面板新建画板

单击"画板"面板底部的"新建画板"按钮，或从"画板"面板菜单中选择"新建画板"命令，如图2-45所示。

图2-45

理论实践——删除一个或多个画板

选择要删除的画板，若要删除多个画板，按住Shift键单击"画板"面板中列出的画板。然后单击"画板"面板底部的"删除画板"按钮，或选择"画板"面板菜单中的"删除画板"命令。若要删除多个不连续的画板，按住Ctrl键并在"画板"面板上单击画板，如图2-46所示。

图2-46

理论实践——使用"画板"面板复制画板

选择要复制的一个或多个画板，将其拖动到"画板"面板的"新建面板"按钮上，即可快速复制一个或多个画板。或在"画板"面板菜单中选择"复制画板"命令，如图2-47所示。

理论实践——重新排列画板

若要重新排列"画板"面板中的画板，可以选择"画板"面板菜单中的"重新排列画板"命令，在弹出的对话框中进行相应的设置，如图2-48所示。

图2-47

图2-48

- 按行设置网格▦：在指定的行数中排列多个画板。在"行"文本框中指定行数。如果采用默认值，则会使用指定数目的画板创建尽可能方正的外观。

- 按列设置网格▦：在指定的列数中排列多个画板。从"列"菜单中选择列数。如果采用默认值，则会使用指定数目的画板创建尽可能方正的外观。

- 按行排列▣：该选项会将所有画板排列为一行。

- 按列排列▣：该选项会将所有画板排列为一列。

- 更改为从右至左的版面/更改为从左至右的版面▤：该选项将画板从左至右或从右至左排列。默认情况下，画板从左至右排列。

- 间距：指定画板间的间距。该设置同时应用于水平间距和垂直间距。

- 随画板移动图稿：无论何时画板位置发生更改，均可选中"随画板移动图稿"复选框来移动图稿。

Illustrator CC中文版从入门到精通

2.9 辅助工具

常用的辅助工具包括标尺、网格、参考线等，借助这些辅助工具可以进行参考、对齐、对位等操作，能够在绘制精确度较高的图稿时提供很大的帮助。如图2-49所示为可以使用到辅助工具制作的作品。

图2—49

2.9.1 标尺

标尺可帮助设计者准确定位和度量插图窗口或画板中的对象。

理论实践——使用标尺

在默认情况下标尺处于隐藏状态，选择"视图>标尺>显示标尺"命令或使用快捷键Ctrl+R，可以在画板窗口中显示标尺，标尺出现在窗口的顶部和左侧。如果需要隐藏标尺，可以选择"视图>标尺>隐藏标尺"命令或使用快捷键Ctrl+R，如图2-50所示。

理论实践——全局标尺和画板标尺

在Illustrator中包含两种标尺：全局标尺和画板标尺。若要在画板标尺和全局标尺之间切换，选择"视图>标尺>更改为全局标尺"命令或"视图>标尺>更改为画板标尺"命令即可。默认情况下显示画板标尺，因此"标尺"子菜单中默认为显示"更改为全局标尺"选项。

全局标尺显示在插图窗口的顶部和左侧，如图2-51所示，默认标尺原点位于插图窗口的左上角。而画板标尺的原点则位于画板的左上角，并且在选中不同画板时，画板标尺也会发生变化，如图2-52所示。

图2—50　　　　　　图2—51　　　　　　图2—52

理论实践——调整标尺原点

在每个标尺上显示0的位置称为标尺原点。要更改标尺原点，将鼠标指针移到左上角，然后将鼠标指针拖到所需的新标尺原点处。当进行拖动时，窗口和标尺中的十字线会指示不断变化的全局标尺原点，如图2-53所示。

要恢复默认标尺原点，双击左上角的标尺相交处，如图2-54所示。

图2-53　　　　　　　　　　　　　　　　图2-54

理论实践——调整标尺单位

在标尺中只显示数值，没有相应的单位，但是单位还是存在的。如果要调整单位，可以在任意标尺上右击，在弹出的快捷菜单中选择要使用的命令，此时标尺中的数值随之发生变化，如图2-55所示。

图2-55

2.9.2　网格

Illustrator中的网格显示在插图窗口中的图稿后面，用于帮助对象对齐的辅助对象，在输出或印刷时是不可见的。

理论实践——使用网格

选择"视图>显示网格"命令或使用快捷键Ctrl +'，可以将网格显示出来。如果要隐藏网格，选择"视图>隐藏网格"命令或使用快捷键Ctrl +'。显示网格后，可以选择"视图>对齐网格"命令，当移动网格对象时，对象就会自动对齐网格，如图2-56所示。

图2-56

 技术专题——网格相关参数设置

要指定网格线间距、网格样式（线或点）、网格颜色，或指定网格是出现在图稿前面还是后面，需选择"编辑>首选项>参考线和网格"命令，如图2-57所示。

图2-57

2.9.3 参考线

参考线可以帮助用户对齐文本和图形对象。可以创建垂直或水平的标尺参考线，也可以将矢量图形转换为参考线对象。与网格一样，参考线也是虚拟的辅助对象，输出打印时是不可见的。

理论实践——创建参考线

步骤01 选择"视图>显示标尺"命令显示标尺，将鼠标指针放在左边标尺上以建立垂直参考线，或者放在顶部标尺上以建立水平参考线，然后将参考线拖移到适当位置上，如图2-58所示。

图2-58

步骤02 通过选中矢量对象的方法，首先选择一个矢量图形，选择"视图>参考线>建立参考线"命令或使用快捷键Ctrl+5，将矢量对象转换为参考线，如图2-59所示。

图2-59

理论实践——锁定参考线

使用选择工具将鼠标指针放置到相应的参考线上，单击鼠标并拖动即可移动相应的参考线。从这一特性可以看出，参考线非常容易因为误操作导致位置发生变化，遇到这种情况，可以选择"视图>参考线>锁定参考线"命令，将当前的参考线锁定。此时可以创建新的参考线，但是不能移动和删除相应的参考线。

理论实践——隐藏参考线

当要暂时将参考线隐藏时，选择"视图>参考线>隐藏参考线"命令，可以将参考线暂时隐藏，再次选择该命令可以将参考线重新显示出来。

理论实践——删除参考线

选择"视图>参考线>清除参考线"命令可以删除所有参考线。如果要将某一条参考线删除，可以使用选择工具，将相应的参考线拖到图像以外的区域，或按Delete键即可。

 技巧提示

删除参考线必须在没有锁定参考线的情况下才能进行，否则无法删除。

2.9.4 智能参考线

智能参考线的出现可以帮助用户精确地创建形状、对齐对象，轻松地移动和变换对象。选择"编辑>首选项>智能参考线"命令，在打开的智能参考线对话框中进行相应的设置，如图2-60所示。

图2-60

- ● 颜色：指定参考线的颜色。
- ● 对齐参考线：显示沿着几何对象、画板和出血的中心和边缘生成的参考线。当移动对象以及执行绘制基本形状、使用钢笔工具以及变换对象等操作时，会生成这些参考线。
- ● 锚点/路径标签：在路径相交或路径居中对齐锚点时显示信息。
- ● 对象突出显示：在对象周围拖移时突出显示指针下的对象。突出显示颜色与对象的图层颜色匹配。
- ● 度量标签：当将鼠标指针置于某个锚点上时，为许多工具显示有关鼠标指针当前位置的信息。创建、选择、移动或变换对象时，显示相对于对象原始位置的 X 轴和 Y

轴偏移量。如果在使用绘图工具时按Shift键，将显示起始位置。
- ● 变换工具：在比例缩放、旋转和倾斜对象时显示信息。
- ● 结构参考线：在绘制新对象时显示参考线。指定从附近对象的锚点绘制参考线的角度。最多可以设置6个角度。在选中的"角度"文本框中输入一个角度，从"角度"下拉列表框中选择一组角度，或者从下拉列表框中选择一组角度并更改文本框中的一个值以自定一组角度。
- ● 对齐容差：指定使智能参考线生效的指针与对象之间的距离。

理论实践——使用智能参考线

默认情况下，智能参考线是打开的。选择"视图> 智能参考线"命令，可以切换智能参考线的开启或关闭，如图2-61所示。

 技巧提示

"对齐网格"或"像素预览"选项打开时，无法使用智能参考线。

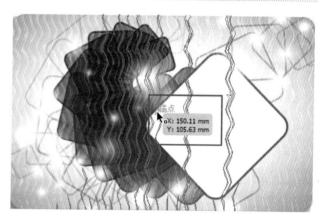

图2-61

综合实例——轻松制作平面广告

案例文件	综合实例——轻松制作平面广告.ai
视频教学	综合实例——轻松制作平面广告.flv
难易指数	★★★★★
知识掌握	新建、置入、打开、保存、导出

案例效果

案例效果如图2-62所示

图2-62

操作步骤

步骤01 选择"文件>新建"命令。在"新建文档"对话框中设置"大小"为A4，"取向"为"横向"。单击"确定"按钮完成操作，如图2-63所示。得到了一个空白的新文件，如图2-64所示。

图2-63　　　　　图2-64

步骤02 选择"文件>置入"命令，在弹出的对话框中选择1.jpg，取消选中"链接"复选框，然后单击"置入"按钮，如图2-65所示。

图2-65

步骤03 将鼠标指针定位到画面左上角，按住鼠标左键向右下角拖曳，背景素材被置入到文档中，如图2-66所示。

图2-66

步骤04 下面需要为画面添加一些主体元素，选择"文件>打开"命令，选择2.ai，单击"打开"按钮，如图2-67所示。

图2-67

步骤05 素材2.ai被打开，然后在这个文档中选择"选择>全部"命令，接着选择"编辑>复制"命令，如图2-68所示。

图2-68

步骤06 回到之前操作的文档中，选择"编辑>粘贴"命令，素材2.ai中的元素都被粘贴到当前文档中了，移动到合适位置，如图2-69所示。

图2-69

步骤07 画面效果的制作就告一段落了，接下来需要保存文件。选择"文件>存储为"命令，在弹出的对话框中设置合适的储存位置、合适的名称，保存类型设置为.AI，单击"保存"按钮，如图2-70所示。

图2-70

步骤08 为了便于浏览查看，最后将文件保存成方便预览的JPG格式图片。选择"文件>导出"命令，在弹出的对话框中设置保存类型为.JPG，然后单击"导出"按钮，如图2-71所示。本案例制作完成。

图2-71

Chapter 3
第3章

绘制基本图形

　　在平面设计中基本的几何图形以及线型对象无处不在，在Illustrator中包括多种可供绘制基本图形的工具，如矩形工具、圆角矩形工具、椭圆形工具、多边形工具、直线段工具、弧形工具、螺旋线工具、矩形网格工具、极坐标网格工具等。通过这些工具的使用，可以轻松地绘制常见的基本图形。

本章学习要点：
- 掌握线型绘图工具的使用方法
- 掌握图形绘图工具的使用方法
- 使用多种绘制工具制作复杂对象

3.1 线型绘图工具

在平面设计中，线型对象无处不在，在Adobe Illustrator软件中包括5种线型绘图工具：直线段工具、弧形工具、螺旋线工具、矩形网格工具和极坐标网格工具。使用这些工具既可以快速准确地绘制出标准的线型对象，也可以绘制出复杂的对象。如图3-1所示为使用到这些工具制作的作品。

图3-1

单击工具箱中的"直线段工具"按钮 右下角的三角号，可以看到5种线型工具按钮，单击工具右侧的三角号按钮，可以使隐藏工具以浮动窗口的模式显示，如图3-2所示。

图3-2

3.1.1 直线段工具

使用直线段工具可以进行任意直线的绘制，也可以通过使用对话框精确地绘制相应的直线对象，如图3-3所示。

图3-3

理论实践——绘制直线对象

可以单击工具箱中的"直线段工具"按钮 ，或使用快捷键\，将鼠标指针定位到端点线段开始的地方，然后拖曳到另一个端点位置上释放鼠标，可以看到绘制了一条直线，如图3-4所示。

图3-4

理论实践——绘制精确方向和长度的直线

单击工具箱中的"直线段工具"按钮 ，在要绘制直线的一个端点位置上单击，弹出"直线段工具选项"对话框。在该对话框中进行长度和角度的设置后，单击"确定"按钮可创建精确的直线对象，如图3-5所示。

图3-5

- 长度：在该文本框中输入相应的数值来设定直线的长度。
- 角度：在该文本框中输入相应的数值来设定直线和水平轴的夹角，也可以在控制栏中调整软件的句柄。

- 线段填色：选中该复选框时，将以当前的填充颜色对线段填色。

技巧提示

在绘制的同时按住Shift键，可以锁定直线对象的角度为45°的倍值，就是45°、90°，依此类推，如图3-6所示。

图3-6

3.1.2 弧形工具

使用弧形工具可以绘制出任意弧度的弧线或精确的弧线。如图3-7所示为使用弧形工具制作的作品。

ABSTRACT
v e c t o r
background

图3-7

理论实践——绘制弧形对象

单击工具箱中的"弧形工具"按钮 ，将鼠标指针定位到端点开始的地方，然后拖曳到另一个端点位置上后，不要释放鼠标，通过按键盘上"↑"或"↓"方向键来调整弧线的弧度，确定弧线后释放鼠标，如图3-8所示。

图3-8

理论实践——绘制精确曲率和长短的弧形

单击工具箱中的"弧形工具"按钮 ，在要绘制弧线的一个端点位置上单击，弹出"弧线段工具选项"对话框。在该对话框中进行相应设置后，单击"确定"按钮可创建精确的弧线对象，如图3-9所示。

y轴

x轴

图3-9

Illustrator CC中文版从入门到精通

- **X轴长度**：在该文本框中输入的数值，可以定义另一个端点在X轴方向的距离。
- **Y轴长度**：在该文本框中输入的数值，可以定义另一个端点在Y轴方向的距离。
- **定位**：在"X轴长度"文本框右侧的定位器中单击口按钮，可以定义在弧线中首先设置端点的位置。
- **类型**：表示弧线的类型，可以定义绘制的弧线对象是"开放"还是"闭合"，默认情况下为开放路径。
- **基线轴**：可以用来定义绘制的弧线对象基线轴为X轴还是为Y轴。
- **斜率**：通过调整选项中的参数，可以定义绘制的弧线对象的弧度，绝对值越大，弧度越大，正值凸起，负值凹陷，如图3-10所示。

图3-10

- **弧线填色**：当选中该复选框时，将使用当前的填充颜色填充绘制的弧形。

3.1.3　螺旋线工具

使用螺旋线工具可以绘制出半径不同、段数不同、样式不同的螺旋线。如图3-11所示为使用该工具制作的作品。

图3-11

理论实践——绘制精确的螺旋线

单击工具箱中的"螺旋线工具"按钮◎，在要绘制螺旋线的中心点位置单击，此时弹出"螺旋线"对话框。在该对话框中进行相应设置后，单击"确定"按钮可创建精确的螺旋线对象，如图3-13所示。

图3-13

理论实践——绘制螺旋线对象

单击工具箱中的"螺旋线工具"按钮◎，在螺旋线的中心位置单击，将鼠标直接拖到外沿的位置，拖曳出所需要的螺旋线后松开鼠标，螺旋线绘制完成，如图3-12所示。

图3-12

- **半径**：在该文本框中输入相应的数值，可以定义螺旋线的半径尺寸。
- **衰减**：用来控制螺旋线之间相差的比例，百分比越小，螺旋线之间的差距就越小。
- **段数**：通过调整选项中的参数，可以定义螺旋线对象的段数，数值越大，螺旋线越长，数值越小，螺旋线越短。
- **样式**：可以选择顺时针或逆时针定义螺旋线的方向，如图3-14所示。

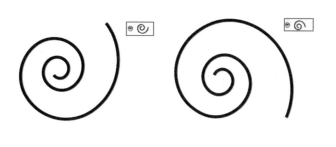

技巧提示

拖曳鼠标未松开的同时，按住Space，直线可随鼠标的拖曳移动位置。

拖曳鼠标未松开的同时，按住Shift键锁定螺旋线的角度为45°的倍值。按住Ctrl键可保持涡形的衰减比例。

拖曳鼠标未松开的同时，按"↑"或"↓"键可增加或减少涡形路径片段的数量。

图3-14

3.1.4 矩形网格工具

使用矩形网格工具可以绘制出均匀或者不均匀的网格对象。如图3-15所示为使用该工具制作的作品。

理论实践——绘制矩形网格对象

单击工具箱中的"矩形网格工具"按钮▦，在一个角点位置上单击，将鼠标指针直接拖曳到对角的角点上后，松开鼠标即可看到绘制的矩形网格，如图3-16所示。

图3-15

图3-16

理论实践——绘制精确的矩形网格

单击工具箱中的"矩形网格工具"按钮▦，在要绘制矩形网格对象的一个角点位置单击，此时弹出"矩形网格工具选项"对话框。在该对话框中进行相应设置后，单击"确定"按钮可创建精确的矩形网格对象，如图3-17所示。

图3-17

- ● **宽度**：在该文本框中输入相应的数值，可以定义绘制矩形网格对象的宽度。

- ● **高度**：在该文本框中输入相应的数值，可以定义绘制矩形网格对象的高度。

- ● **定位**：在"宽度"文本框右侧的定位器中单击口按钮，可以定义在矩形网格中首先设置角点位置。

- ● **水平分隔线**："数量"表示矩形网格内横线的数量，即行数。"倾斜"表示行的位置，数值为0时，线与线距离是均等的；数值大于0时，网格向上的列间距逐渐变窄；数值小于0时，网格向下的列间距逐渐变窄。

- ● **垂直分隔线**："数量"表示矩形网格内竖线的数量，即列数。"倾斜"表示列的位置，数值为0时，线与线距离是均等的；数值大于0时，网格向右的列间距逐渐变窄；数值小于0时，网格向左的列间距逐渐变窄。

- ● **使用外部矩形作为框架**：默认情况下，该复选框被选中时，将采用一个矩形对象作为外框，反之将没有矩形框架，造成角落的缺损。

- ● **填色网格**：当选中该复选框时，将使用当前的填充颜色填充绘制线型。

技巧提示

拖曳鼠标的同时，按住Shift键，可以定义绘制的矩形网格为正方形网格，如图3-18所示。

拖曳鼠标的同时，按住C键，竖向的网格间距逐渐向右变窄；按住V键，横向的网格间距逐渐向上变窄；按住X键，竖向的网格间距逐渐向左变窄；按住F键，横向的网格间距逐渐向下变窄。

拖曳鼠标的同时，按"↑"或"→"键可增加竖向和横向的网格线。按"←"或"↓"键可减少竖向和横向的网格线。

图3-18

3.1.5 极坐标网格工具

在Illustrator中使用极坐标网格工具可以快速绘制出由多个同心圆和直线组成的极坐标网格，适合制作如射击靶等对象，如图3-19所示。

图3-19

理论实践——绘制极坐标网格

单击工具箱中的"极坐标网格工具"按钮 ，在绘制极坐标网格的一个虚拟角点处单击，将鼠标指针直接拖曳到虚拟的对角角点位置上后，松开鼠标可看到绘制的极坐标网格。极坐标网格工具可以用来绘制同心圆和确定参数的放射线段，如图3-20所示。

图3-20

理论实践——绘制精确的极坐标网格

单击工具箱中的"极坐标网格工具"按钮 ，在要绘制极坐标网格对象的一个角点位置单击，此时弹出"极坐标网格工具选项"对话框。在该对话框中进行相应设置后，单击"确定"按钮可创建精确的极坐标网格对象，如图3-21所示。

- 宽度：在该文本框中输入相应的数值，可以定义绘制极坐标网格对象的宽度。

- 高度：在该文本框中输入相应的数值，可以定义绘制极坐标网格对象的高度。

- 定位：在"宽度"文本框右侧的定位器中单击 按钮，可以定义在极坐标网格中首先设置角点位置。

- 同心圆分隔线："数量"指定希望出现在网格中的圆形同心圆分隔线数量。"倾斜"值决定同心圆分隔线倾向于网格内侧或外侧的方式。

- 径向分隔线："数量"指定希望在网格中心和外围之间出现的径向分隔线数量。"倾斜"值决定径向分隔线倾向于网格逆时针或顺时针的方式，如图3-22所示。

图3-22

- 从椭圆形创建复合路径：将同心圆转换为独立复合路径并每隔一个圆填色。
- 填色网格：当选中该复选框时，将使用当前的填充颜色填充绘制的线型。

 技巧提示

拖曳鼠标的同时，按住Shift键，可以定义绘制的极坐标网格为正方形网格。

拖曳鼠标的同时，按"↑"或"↓"键可以调整经线数量。按"←"或"→"键可以调整纬线数量。

3.2 形状绘图工具

Adobe Illustrator 提供了多种形状工具：矩形工具、圆角矩形工具、椭圆工具、多边形工具、星形工具和光晕工具。使用这些形状工具可以绘制相应的标准形状，也可以通过参数的设置绘制出形态丰富的图形，如图3-23所示为使用形状绘图工具制作的作品。

图3-23

3.2.1 矩形工具

使用矩形工具可以绘制出标准的矩形对象和正方形对象。如图3-24所示为使用该工具制作的作品。

理论实践——绘制矩形对象

单击工具箱中的"矩形工具"按钮▭或使用快捷键M，在绘制的矩形对象一个角点处单击，将鼠标指针直接拖曳到对角角点位置，释放鼠标即可完成一个矩形对象的绘制，如图3-25所示。

图3-24

图3-25

理论实践——绘制精确的矩形

单击工具箱中的"矩形工具"按钮▣，在要绘制矩形对象的一个角点位置单击，弹出"矩形"对话框。在该对话框中进行相应设置后，单击"确定"按钮可创建精确的矩形对象，如图3-26所示。

● 宽度：在该文本框中输入相应的数值，可以定义绘制矩形网格对象的宽度。

● 高度：在该文本框中输入相应的数值，可以定义绘制矩形网格对象的高度。

图3-26

 技巧提示

拖曳鼠标的同时，矩形工具快捷键的操作方法如下。

按住Shift键拖曳鼠标，可以绘制正方形。按住Alt键拖曳鼠标可以绘制由鼠标落点为中心点向四周延伸的矩形。同时按住Shift和Alt键拖曳鼠标，可以绘制由鼠标落点为中心的正方形。

实例练习——使用矩形工具制作色块化版面

案例文件	实例练习——使用矩形工具制作色块化版面.ai
视频教学	实例练习——使用矩形工具制作色块化版面.flv
难易指数	
知识掌握	矩形工具

案例效果

案例效果如图3-27所示。

图3-27

操作步骤

步骤01 选择"文件>新建"命令，创建一个新的空白文档。单击工具箱中的"矩形工具"按钮▣，在控制栏中设置"填充"颜色为淡淡的灰绿色，在画面左上角按住鼠标左键并向右下侧拖曳，如图3-28所示。松开鼠标后得到一个矩形，如图3-29所示。

图3-28   图3-29

步骤02 再次使用矩形工具，在属性栏中更改填充颜色，继续在第一个矩形下方按住鼠标左键绘制第二个矩形，如图3-30所示。

步骤03 用同样的方法绘制出其他颜色不同的矩形，如图3-31所示。

图3-30   图3-31

步骤04 选择"文件>打开"命令，打开素材1.ai，选中素材中的全部文字元素，选择"编辑>复制"命令，如图3-32所示。

图3-32

步骤05 回到之前操作的文档中选择"编辑>粘贴"命令，将文字对象粘贴到当前文档中，并移动到合适位置，如图3-33所示。

图3-33

步骤06 添加素材。选择"文件>置入"命令，将素材2.jpg置入到画面中。单击控制栏中的"嵌入"按钮，进行嵌入。调整图片大小位置，如图3-34所示。

步骤07 使用以上方法将3.jpg、4.jpg置入到画面中。然后调整图片大小位置，本案例制作完成，如图3-35所示。

图3-34

图3-35

3.2.2 圆角矩形工具

使用圆角矩形工具可以绘制出标准的圆角矩形对象和圆角正方形对象。如图3-36所示为使用该工具制作的作品。

理论实践——绘制圆角矩形对象

单击工具箱中的"圆角矩形工具"按钮，在绘制的圆角矩形对象一个角点处单击以对角线的方向向外拖曳，拖曳到理想大小时释放鼠标即可，如图3-37所示。

图3-36

图3-37

理论实践——绘制精确圆角尺寸的矩形

单击工具箱中的"圆角矩形工具"按钮，在要绘制圆角矩形对象的一个角点位置单击，此时弹出"圆角矩形"对话框。在该对话框中进行相应设置后，单击"确定"按钮可创建精确的圆角矩形对象，如图3-38所示。

- 宽度：在该文本框中输入相应的数值，可以定义绘制矩形网格对象的宽度。

- 高度：在该文本框中输入相应的数值，可以定义绘制矩形网格对象的高度。

- 圆角半径：在该文本框中输入的半径数值越大，得到的圆角矩形弧度越大；反之输入的半径数值越小，得到的圆角矩形弧度越小；输入的数值为0时，得到的是矩形，如图3-39所示。

图3-38

图3-39

技巧提示

拖曳鼠标的同时按"←"和"→"键，可以设置是否绘制圆角矩形。

按住Shift键拖曳鼠标，可以绘制正方形。

按住Alt键拖曳鼠标，可以绘制由鼠标落点为中心点向四周延伸的圆角矩形。

同时按住Shift和Alt键拖曳鼠标，可以绘制由鼠标落点为中心的圆角正方形。

3.2.3 椭圆工具

椭圆工具用来绘制椭圆形和圆形，与绘制矩形与圆角矩形的方法相同。使用椭圆工具直接进行绘制可绘制出椭圆形，所以进行定义时并不是定义半径，而是定义椭圆形的长和宽。如图3-40所示为使用该工具制作的作品。

图3-40

理论实践——绘制椭圆对象

单击工具箱中的"椭圆工具"按钮◎或使用快捷键L，在椭圆形对象一个虚拟角点上单击，将鼠标指针直接拖动到另一个虚拟角点上释放鼠标即可，如图3-41所示。

图3-41

理论实践——绘制精确尺寸的椭圆

单击工具箱中的"椭圆工具"按钮◎，在要绘制椭圆对象的一个角点位置单击，弹出"椭圆"对话框。在该对话框中进行相应设置后，单击"确定"按钮可创建精确的椭圆形对象，如图3-42所示。

理论实践——绘制正圆

在使用椭圆工具的同时，按住Shift键拖曳鼠标，可以绘制正圆形。按住Alt键拖曳鼠标，可以绘制由鼠标落点为中心点向四周延伸的椭圆。同时按住Shift和Alt键拖曳鼠标，可以绘制由鼠标落点为中心向四周延伸的正圆形，如图3-43所示。

图3-42

绘制图形　　中心点向四周　　中心点向四周
　　　　　　延伸的椭圆　　　延伸的正圆

图3-43

实例练习——使用椭圆工具与圆角矩形工具制作图标

案例文件	实例练习——使用椭圆工具与圆角矩形工具制作图标.ai
视频教学	实例练习——使用椭圆工具与圆角矩形工具制作图标.flv
难易指数	★★★★★
知识掌握	椭圆工具、圆角矩形工具

案例效果

案例效果如图3-44所示。

图3-44

操作步骤

步骤01 选择"文件>新建"命令或按Ctrl+N快捷键新建一个文档。单击工具箱中的"矩形工具"按钮，在画面中按住鼠标左键并拖动，绘制一个矩形，在控制栏中设置填充颜色为灰色，如图3-45所示。

图3-45

步骤02 单击工具箱中的"椭圆工具"按钮，按下Shift+Alt快捷键并将鼠标指针移动到视图中，此时鼠标指针变为形状，按住鼠标左键并拖动绘制出一个正圆，如图3-46所示。

步骤03 选中绘制出的正圆，在控制栏中设置其填充为蓝色，描边为白色，描边数值为30pt，如图3-47所示。

图3-46　　　　　　图3-47

步骤04 单击工具箱中的"圆角矩形工具"按钮，在视图中单击并在弹出的"圆角矩形"对话框中设置"宽度"为180mm，"高度"为80mm，圆角半径为50mm，单击"确定"按钮创建一个圆角矩形，如图3-48所示。

图3-48

步骤05 选中绘制出的圆角矩形，在控制栏中设置其填充为绿色，描边为白色，描边数值为30pt，如图3-49所示。

图3-49

步骤06 选中圆角矩形，右击，在弹出的快捷菜单中选择"排列>后移一层"命令，圆角矩形被移动到圆形后面，如图3-50所示。

图3-50

步骤07 框选圆角矩形和圆形，执行复制（快捷键Ctrl+C）、粘贴（快捷键Ctrl+V）操作，粘贴出新的一组，如图3-51所示。

图3-51

步骤08 选中复制出的部分，在控制栏中设置其填充颜色与描边颜色都为黑色，并设置其不透明度为50%，如图3-52所示。

图3-52

步骤09 由于阴影部分需要在原物体的后方，所以需要右击，在弹出的快捷菜单中选择两次"排列>后移一层"命令，如图3-53所示。

图3-53

步骤10 最后使用文字工具在上方输入文字，最终效果如图3-54所示。

图3-54

3.2.4 多边形工具

绘制多边形是按照半径的方式进行绘制，并且可以随时调整相应的边数绘制出任意边数的多边形。如图3-55所示为使用该工具制作的作品。

图3-55

理论实践——绘制多边形对象

单击工具箱中的"多边形工具"按钮 ◎，在绘制的多边形中心位置单击，将鼠标指针直接拖曳到外侧，定义尺寸后释放鼠标即可，如图3-56所示。

图3-56

 技巧提示

拖动弧线中的指针以旋转多边形。按"↑"或"↓"键以向多边形中添加或从中删除边。按住Shift键，可以锁定多边形为45°倍值，如图3-57所示。

向下减少边数　　多边形　　向上增加边数

图3-57

理论实践——绘制精确尺寸和边数的多边形

单击工具箱中的"多边形工具"按钮 ◎，在要绘制多边形对象的中心位置单击，此时弹出"多边形"对话框。在该对话框中进行相应设置，设置"边数"为3时绘制出的即为三角形。单击"确定"按钮可创建精确的多边形对象，如图3-58所示。

- 半径：在该文本框中输入相应的数值，可以定义绘制多边形半径的尺寸。
- 边数：在该数值框中输入相应的数值，可以设置绘制多边形的边数。边数越多，生成的多边形越接近圆形。

图3-58

 技术拓展：**多边形制作螺旋效果**

首先绘制一个多边形，按住鼠标左键拖曳的同时按住～键进行绘制，会看到迅速出现多个依次增大的多边形，如图3-59所示。

图3-59

实例练习——使用多边形工具与直线段工具制作流程图

案例文件	实例练习——使用多边形工具与直线段工具制作流程图.ai
视频教学	实例练习——使用多边形工具与直线段工具制作流程图.flv
难易指数	★★★★★
知识掌握	矩形工具、多边形工具、直线段工具、圆角矩形工具、星形工具

案例效果

案例效果如图3-60所示。

图3-60

操作步骤

步骤01 选择"文件>新建"命令，创建新的空白文档。单击工具箱中的"矩形工具"按钮 □，在画板左上角按住鼠标左键，向右下角拖曳，绘制出与画板等大的矩形，如图3-61所示。

图3-61

步骤02 设置矩形背景的填充颜色，单击填充颜色设置底部的"渐变"按钮，在弹出的"渐变"面板中设置"类型"为"径向"，编辑一种蓝色系的渐变，此时矩形被填充为蓝色渐变，如图3-62所示。

图3-62

步骤03 在画面上输入文字。单击工具栏中的"文字工具"按钮 T，在控制栏中设置合适的字体、字号及颜色，然后在画面中单击，并输入文字，如图3-63所示。

图3-63

步骤04 在背景上绘制图形。单击工具箱中的"多边形工具"按钮 ◯，在控制栏中设置"填充"颜色为粉色，在背景上按住鼠标左键拖曳绘制出图形，如图3-64所示。

图3-64

步骤05 单击工具箱中的"选择工具"按钮 ▶，选中新绘制的多边形，使用复制快捷键Ctrl+C进行复制，使用粘贴快捷键Ctrl+V，粘贴出一个新的多边形，然后调整图形的大小及填充颜色，如图3-65所示。使用相同方法创建出其他颜色不同、大小不同的六边形，如图3-66所示。

图3-65　　　　　　　　图3-66

步骤06 绘制直线。单击工具箱中的"直线段工具"按钮 ╱，在控制栏中设置"填充"颜色为无，"描边"颜色为黑色。在一个六边形上按住鼠标左键并拖曳，绘制出一条直线，使图形相连，如图3-67所示。使用相同方法继续绘制其他图形之间的连线，如图3-68所示。

图3-67　　　　　　　　图3-68

步骤07 绘制圆角矩形。单击工具箱中的"圆角矩形工具"按钮 ，在画面中单击，在弹出的"圆角矩形"对话框中设置"宽度"为35mm，"高度"为8mm，"圆角半径"为8mm，然后单击"确定"按钮，如图3-69所示。此时画面中出现一个圆角矩形，在控制栏中设置"填充"颜色为蓝色，如图3-70所示。

图3-69　　　　　　　图3-70

步骤08 使用文字工具，在控制栏中设置合适的字体、字号、颜色，然后在圆角矩形的位置处单击，并输入文字，然后将文字和圆角矩形一起选中，适当旋转，如图3-71所示。

图3-71

步骤09 在多边形上绘制星形。单击工具箱中的"星形工具"按钮 ，在控制栏中设置"填充"颜色为蓝色，在粉色多边形上按住鼠标左键并拖曳，绘制出五角星图形，如图3-72所示。使用复制粘贴的方法，复制出多个五角星，并修改大小及位置，如图3-73所示。

图3-72　　　　　　图3-73

步骤10 添加装饰素材。选择"文件>置入"命令，将素材1.ai置入画面中，然后单击控制栏中的"嵌入"按钮。将素材移动相应位置，本次案例制作完成，效果如图3-74所示。

图3-74

3.2.5 星形工具

使用星形工具绘制星形是按照半径的方式进行绘制，并且可以随时调整相应的角数。图3-75为使用该工具制作的作品。

图3-75

理论实践——绘制星形对象

单击工具箱中的"星形工具"按钮 ，在绘制的星形中心位置单击，将鼠标直接拖曳到外侧，定义尺寸后释放鼠标即可，如图3-76所示。

图3-76

理论实践——绘制精确尺寸和边数的星形

单击工具箱中的"星形工具"按钮 ⭐，在要绘制星形对象的一个中心位置单击，弹出"星形"对话框。在该对话框中进行相应设置后，单击"确定"按钮可创建精确的星形对象，如图3-77所示。

- 半径1：指定从星形中心到星形最内侧点（凹处）的距离。
- 半径2：指定从星形中心到星形最外侧点（顶端）的距离。
- 角点数：定义所绘制星形图形的角点数。

图3—77

 技巧提示

在绘制过程中拖动鼠标调整星形大小时，按"↑"或"↓"键向星形添加和从中删除点；按住Shift键可控制旋转角度为45°的倍数；按住Ctrl键可保持星形的内部半径；按住Space键可随鼠标移动直线位置。

3.2.6 光晕工具

光晕工具是一个比较特殊的工具，可以通过在图像中添加矢量对象来模拟发光的光斑效果。绘制出的对象比较复杂，但是制作的过程却相对比较简单。如图3-78所示为使用该工具制作的作品。

图3—78

理论实践——绘制光晕对象

单击工具箱中的"光晕工具"按钮 🔘，在要创建光晕的大光圈部分的中心位置单击，拖曳的长度就是放射光的半径，然后松开鼠标，再次单击鼠标，以确定闪光的长度和方向，如图3-79所示。

图3—79

 技巧提示

在未松开鼠标时，按住"↑"或"↓"键可增加或减少光环数量，按住"～"键可以随机释放光环。

理论实践——绘制精确光晕效果

单击工具箱中的"光晕工具"按钮 🔘，在要绘制光晕对象的一个角点位置单击，弹出"光晕工具选项"对话框。在该对话框中进行相应设置后，单击"确定"按钮可创建精确的光晕对象，如图3-80所示。

图3—80

1.“居中”选项组参数设置

- 直径：在该数值框中输入相应的数值，可以定义发光中心圆的半径。
- 不透明度：用来设置中心圆的不透明度的程度。
- 亮度：设置中心圆的亮度。

2.“光晕”选项组参数设置

- 增大：表示光晕散发的程度。
- 模糊度：单独定义光晕对象边缘的模糊程度。

3.“射线”选项组参数设置

- 数量：定义射线的数量。
- 最长：定义光晕效果中最长的一个射线的长度。
- 模糊度：控制射线的模糊效果。

4.“环形”选项组参数设置

- 路径：设置光环的轨迹长度。
- 数量：设置二次单击时产生的光环。
- 最大：设置多个光环中最大的光环大小。
- 方向：定义出现小光圈路径的角度。

综合实例——使用形状工具制作卡通海报

案例文件	综合实例——使用形状工具制作卡通海报.ai
视频教学	综合实例——使用形状工具制作卡通海报.flv
难易指数	
技术要点	星形工具、椭圆工具、钢笔工具

案例效果

案例效果如图3-81所示。

图3-81

操作步骤

步骤01 使用快捷键Ctrl+N创建新文档，如图3-82所示。

图3-82

步骤02 单击工具箱中的“星形工具”按钮 ☆，在空白区域单击，在弹出的“星形”对话框中设置“半径1”为10mm，“半径2”为15mm，“角点数”为5，单击“确定”按钮完成操作，绘制出一个五角星形，如图3-83所示。

图3-83

步骤03 单击工具箱中的“渐变工具”按钮 ▨，改变星形形状的颜色，如图3-84所示。

图3-84

步骤04 单击工具箱中的“自由变换工具”按钮 ▦，星形图形的周围出现了一个界定框，将鼠标指针放置到界定框的外侧，鼠标指针将变成 ↰ 形状，拖曳鼠标对对象进行旋转操作，如图3-85所示。

图3-85

步骤05 单击工具箱中的"椭圆工具"按钮 ⊙，在星形形状上适当的位置单击，弹出"椭圆"对话框，设置"宽度"为35mm，"高度"为30mm，单击"确定"按钮完成操作，如图3-86所示。

图3-86

步骤06 再次使用椭圆工具，在白色圆内绘制多个圆形，分别设置成不同的颜色，制作出左眼睛，并选中左眼，执行复制（Ctrl+C）、粘贴（Ctrl+V）命令，复制出一个作为右眼，如图3-87所示。

图3-87

步骤07 单击工具箱中的"钢笔工具"按钮 ，在星形上绘制一个月牙形状，设置颜色为红色，如图3-88所示。

步骤08 继续使用钢笔工具在月牙形状上绘制一个白色的半圆形，如图3-89所示。

图3-88　　　　图3-89

步骤09 单击工具箱中的"椭圆工具"按钮 ⊙，在眼睛上面绘制4个椭圆形，将该图层放置在眼睛的下一层中，如图3-90所示。

图3-90

步骤10 将4个椭圆形选中，多次选择"复制"、"粘贴"命令进行复制。单击工具箱中的"旋转工具"按钮 ，旋转副本的角度，将副本放置在每个星形对角位置，并改变其颜色，如图3-91所示。

图3-91

步骤11 在星形形状上绘制一个矩形，选中星形和矩形，右击，在弹出的快捷菜单中选择"建立剪切蒙版"命令，使多余部分隐藏，如图3-92所示。

图3-92

步骤12 用同样的方法制作另外几个星形，然后导入背景素材1.ai，将其放置在最底层，如图3-93所示。

图3-93

步骤13 单击工具箱中的"文字工具"按钮 T，在控制栏中设置合适的字体、大小和颜色，然后在右侧输入文字，最终效果如图3-94所示。

图3-94

Chapter 4
第4章

对象的基础操作

　　在Illustrator中进行设计作品的制作时，经常需要在文档中创建出大量的对象。而对于这些已有的对象也是可以进行很多操作的，例如，通过使用"复制""粘贴"命令创建出大量重复的对象，以及对图形进行移动、旋转、缩放等操作使其满足画面构图的需求等。

本章学习要点：
- 掌握选择工具的使用方法
- 掌握"复制""剪切""粘贴"命令的使用技巧
- 掌握对象移动、旋转、缩放等操作方法

4.1 选择工具的使用

选择工具是Illustrator中最为常用的工具之一，不仅可以用来选择图形，还可以用来选择位图、成组对象。在Illustrator工具箱中提供了多个用于选择的工具：选择工具 、直接选择工具 、编组选择工具 、魔棒工具 和套索工具 。在修改某个对象之前，需要将其与周围的对象区分开来。只要选择了对象或者对象的一部分，即可对其进行编辑，如图4-1所示。

图4—1

4.1.1 选择工具

选择工具可用来选择整个对象，只有被选中的图形或图形组才可以执行移动、复制、缩放、旋转、镜像、倾斜等操作。

理论实践——选择一个对象

针对某一对象的整体进行选取时，可单击工具箱中的"选择工具"按钮 或按快捷键V，然后在要选择的对象上单击，即可将相应的对象选中。此时该对象的路径部分将按照所在图层的不同呈现出不同的颜色标记，如图4-2所示。

图4—2

理论实践——选择多个对象

选中一个对象后，按住Shift键的同时单击其他的对象，可以将两个对象同时选中。继续按住Shift键再次单击其他对象，可同时选取多个对象，如图4-3所示。

图4—3

 技巧提示

在多个对象被选中的状态，如果要将其中一些对象的选中状态取消，可按住Alt键，在要取消的对象上单击即可。

　　如果要同时选中多个相邻对象，可以使用鼠标进行拖曳，将要选取的对象进行框选，释放鼠标，相应的对象即可同时被选中，如图4-4所示。

图4—4

 技巧提示

　　将选择工具移到未选中的对象或组上时，鼠标指针将变为 形状；将选择工具移到选中的对象或组上时，鼠标指针将变为 形状；将选择工具移到未选中对象的锚点上时，鼠标指针将变为 形状。

　　单击"选择工具"按钮 ，选择对象，如图4-5所示。在控制栏中设置X值为50pt，此时对象沿横向发生位置的改变，如图4-6所示。设置Y值为50pt，此时对象产生纵向的移动，如图4-7所示。设置"宽"为50pt，此时对象宽度发生改变，如图4-8所示，设置"高"值为50pt，此时对象高度发生改变，效果如图4-9所示。

　　图4—5　　　　　　　　图4—6　　　　　　　　图4—7　　　　　　　　图4—8　　　　　　　　图4—9

4.1.2　直接选择工具

　　直接选择工具在路径编排中有着非常重要的作用，可以通过选择锚点、方向点、路径线段并移动它们，来改变直线或曲线路径的形状。

　　单击工具箱中的"直接选择工具"按钮 或按快捷键A，然后将鼠标指针移动到包含锚点的路径上，单击即可选中锚点，拖曳鼠标可以移动锚点，按Delete键可以删除锚点，如图4-10所示。

图4—10

单击工具箱中的"直接选择工具"按钮 ，然后将鼠标指针移动到路径线段上，在路径上单击并移动鼠标，即可调整这部分线段，如图4-11所示。

图4-11

4.1.3 编组选择工具

使用编组选择工具可以在不解除编组的情况下，选择组内的对象或子组。

步骤01 单击工具箱中的"编组选择工具"按钮 ，然后单击要选择的组内对象，选择的是组内的一个对象，如图4-12所示。

步骤02 再次单击，选择的是对象所在的组，如图4-13所示。

步骤03 第三次单击则添加第二个组，如图4-14所示。

图4-12

图4-13

图4-14

4.1.4 魔棒工具

通过魔棒工具可以快速地将整个文档中属性相近的对象同时选中。单击工具箱中的"魔棒工具"按钮 或按快捷键Y，然后在要选取的对象上单击，即可将文档中与之属性相似的对象同时选中，如图4-15所示。

图4-15

双击工具箱中的"魔棒工具"按钮 ，弹出"魔棒"面板。在该面板中选中不同的复选框，可以定义使用魔棒工具选择对象的依据，如图4-16所示。

图4-16

- 填充颜色：若要根据对象的填充颜色选择对象，选中"填充颜色"复选框，然后输入"容差"值。对于RGB模式，该值应介于0～255像素；对于CMYK模式，该值应介于0～100像素。容差值越小，所选的对象与单击的对象就越相似；容差值越大，所选的对象所具有的属性范围就越广。

- 描边颜色：若要根据对象的描边颜色选择对象，选中"描边颜色"复选框，然后输入"容差"值。对于RGB模式，该值应介于0～255像素，对于CMYK模式，该值应介于0～100像素。

- 描边粗细：若要根据对象的描边粗细选择对象，选中"描边粗细"复选框，然后输入"容差"值。该值应介于0～1000点。

- 不透明度：若要根据对象的透明度选择对象，选中"不透明度"复选框，然后输入"容差"值。该值应介于0～100%。

- 混合模式：若要根据对象的混合模式选择对象，选中"混合模式"复选框。

4.1.5 套索工具

使用套索工具围绕整个对象或对象的一部分拖动鼠标，可以非常容易地选择对象、锚点或路径线段。

单击工具箱中的"套索工具"按钮或按快捷键Q，在要选取的锚点区域上拖曳鼠标，使用套索将要选中的对象同时框住，释放鼠标即可完成锚点的选取，如图4-17所示。

图4-17

 技巧提示

选择套索工具后，按住Shift键拖动鼠标的同时，可以继续选中其他锚点。如果在路径线段周围拖动，可以选中路径线段；按住Shift键的同时拖动鼠标，可以继续选中其他路径线段。

4.2 "选择"菜单命令的应用

Illustrator 除了在工具箱中提供了大量的选择工具外，还在"选择"菜单中提供了一些用于辅助选择的命令，如图4-18所示。通过工具和命令的配合，可以更好、更快地对相应的对象进行选取。

图4-18

理论实践——选择全部对象

选择"选择>全部"命令或按Ctrl+A快捷键，可以将当前文件中的所有对象全部选中，如图4-19所示。

 技巧提示

选择"选择>全部"命令时，锁定的对象不会被选中。

图4-19

理论实践——取消选择

选择"选择>取消选择"命令，或按Shift +Ctrl +A键，或在画面中没有对象的空白区域单击，即可取消选择所有对象，如图4-20所示。

理论实践——重新选择

若要重复上次使用的选择命令，选择"选择>重新选择"命令或按Ctrl +6快捷键，即可恢复选择上次所选的对象。

图4-20

理论实践——选择未被选中的对象

选择"选择>反向"命令，可以取消当前被选中对象的选中状态，然后快速将之前未被选中的未锁定对象选中，如图4-21所示。

图4-21

理论实践——选择堆叠的对象

当多个对象堆叠在一起时，使用选择工具单击，只能选中最上面的对象。若要选择所选对象上方或下方距离最近的对象，可以选择"选择>上方的下一个对象"或"选择>下方的下一个对象"命令，如图4-22所示。

图4-22

理论实践——选择具有相同属性的对象

若要选择具有相同属性的所有对象，选择一个具有所需属性的对象，然后选择"选择>相同"命令，在弹出的子菜单中选择所需属性（如"外观"、"外观属性"、"混合模式"、"填色和描边"、"填充颜色"、"不透明度"、"描边颜色"、"描边粗细"、"图形样式"、"符号实例"和"链接块系列"），即可选择文件中具有该属性的所有对象，如图4-23所示。

图4-23

理论实践——选择特定类型的对象

若要选择文件中某一特定类型的所有对象，首先需要取消所有对象的选择，然后选择"选择>对象"命令，在弹出的子菜单中选择所需对象类型（如"画笔描边"、"剪切蒙版"、"游离点"和"文本对象"等），即可选择文件中所有该类型的对象，如图4-24所示。

图4-24

理论实践——存储所选对象

该命令主要用于首先选择一个或多个对象，然后选择"选择>存储所选对象"命令，弹出如图4-25所示的"存储所选对象"对话框，在"名称"文本框中输入相应名称，单击"确定"按钮即可将其保存。

此时，在"选择"菜单的底部可以看到保存的选择状态选项，选择所需选项即可快速地选中相应的对象。

图4-25

理论实践——编辑所选对象

选择"选择>编辑所选对象"命令，在弹出的"编辑所选对象"对话框中选中要进行编辑的选择状态选项，即可编辑已保存的对象，如图4-26所示。

- 名称：在该文本框中输入相应的字符，可以对名称进行修改。
- 删除：可以将相应的选择状态选项删除。

图4-26

4.3 还原与重做

在绘制图稿的过程中，难免会出现错误，这时可以选择"编辑>还原"命令或按Ctrl +Z快捷键来更正错误。

还原之后，还可以选择"编辑>重做"命令或按 Shift +Ctrl +Z组合键来撤销还原，恢复到还原操作之前的状态。

如果选择"文件>恢复"命令，则可以将文件恢复到上一次存储的版本。需要注意的是，选择"文件>恢复"命令将无法还原。

Illustrator CC 中文版从入门到精通

技巧提示

　　即使选择过"文件>存储"命令，也可以进行还原操作，但是如果关闭了文件又重新打开，则无法再还原。当"还原"命令显示为灰色时，表示该命令不可用，也就是操作无法还原。还原操作不限制次数，只受内存大小的限制。

4.4 剪切对象

　　剪切是把当前选中的对象移入到剪贴板中，原位置的对象将消失，但是可以通过"粘贴"命令调用剪贴板中的该对象。也就是说，"剪切"命令经常与"粘贴"命令配合使用。在Illustrator中，剪切和粘贴对象可以在同一文件中或者不同文件间进行。如图4-27所示分别为原图、剪切出的对象与粘贴到新文件中的效果。

　　选择一个对象，选择"编辑>剪切"命令或按Ctrl+X快捷键，即可将所选对象剪切到剪贴板中（被剪切的对象将从画面中消失），如图4-28所示。

图4-27

图4-28

4.5 复制对象

　　在设计作品中经常会出现重复的对象，如果逐一制作，有时工作量会很大。在Illustrator中无需重复创建，选中对象进行复制、粘贴即可，这也是数字设计平台的便利之处，如图4-29所示即为通过复制对象制作的效果。

图4-29

通过"复制"命令可以快捷地制作出多个相同的对象。首先选择一个对象，然后选择"编辑>复制"命令或按Ctrl+C快捷键，即可将其复制，如图4-30所示。

也可以使用选择工具选中某一对象后，按住Alt键，当鼠标指针变为双箭头时进行移动，即可将其复制到相应位置，如图4-31所示。

图4—30   图4—31

 技巧提示

与"剪切"命令不同，复制后的对象虽然也被保存到剪贴板中，但是原位置的对象不会被删除。

4.6 粘贴对象

在对对象进行过复制或者剪切操作后，接下来要做的就是粘贴操作。在Illustrator中有多种粘贴方式，可以将复制或剪切的对象贴在前面或后面，也可以进行就地粘贴，还可以在所有画板上粘贴该对象，如图4-32所示。

粘贴(P)	Ctrl+V
贴在前面(F)	Ctrl+F
贴在后面(B)	Ctrl+B
就地粘贴(S)	Shift+Ctrl+V
在所有画板上粘贴(S)	Alt+Shift+Ctrl+V

图4—32

4.6.1 粘贴

将对象复制或剪切到剪贴板后，选择"编辑>粘贴"命令或按Ctrl +V快捷键，即可将其粘贴到当前文档中，如图4-33所示。

图4—33

4.6.2 贴在前面

选择"编辑>贴在前面"命令或按Ctrl+F快捷键，可将剪贴板中的对象粘贴到文档中原始对象所在的位置，并将其置于当前图层中对象堆叠的顶层。但是，如果在执行此功能前就选择了一个对象，则剪贴板中的内容将放到该对象的最前面。图4-34为将所选对象剪切后，选择"编辑>贴在前面"命令的效果。

图4—34

4.6.3 贴在后面

选择"编辑>贴在后面"命令或按Ctrl+B快捷键，可将剪贴板中的内容粘贴到对象堆叠的底层或紧跟在选定对象之后。如图4-35所示为将所选对象剪切后，选择"编辑>贴在后面"命令的效果。

图4—35

4.6.4 就地粘贴

选择"编辑>就地粘贴"命令或按Shift+Ctrl+V组合键，可以将图稿粘贴到当前画板中。

4.6.5 在所有画板上粘贴

在剪切或复制图稿后，选择"编辑>在所有画板上粘贴"命令或按Alt+Shift+Ctrl+V组合键，可将其粘贴到所有画板上，如图4-36所示。

图4—36

 技巧提示

如果是复制图稿后选择"在所有画板上粘贴"命令，则在该图稿所在的画板上会将其再粘贴一次。

4.7 清除对象

首先选择一个或多个对象，然后选择"编辑>清除"命令或按 Delete 键，即可删除选中的对象，如图4-37所示。

图4—37

 技巧提示

如果将图层删除，那么图层上的内容也会被删除。如果删除一个包含子图层、路径和剪切组的图层，那么所有这些内容都会随图层一起被删除。

4.8 移动对象

在Illustrator中想要移动某一对象非常简单，但是该软件并没有提供专用的移动编辑工具，只是将相应的功能集成到了选择工具中。另外，也可以通过执行相应的命令进行精确的移动。如图4-38所示为优秀的平面设计作品。

图4-38

4.8.1 使用选择工具移动对象

单击工具箱中的"选择工具"按钮 或按V键，选中要进行移动的对象（可以是单个对象，也可以是多个对象），按住鼠标左键的同时拖动鼠标到要移动的位置，松开鼠标后，对象的位置就会发生改变，如图4-39所示。

图4-39

 技巧提示

在移动对象的同时按住Shift键，能够以 45°角的倍数移动对象。例如，水平移动对象、垂直移动对象，或者斜45°角移动对象，如图4-40所示。

图4-40

4.8.2 微调对象

如果要微调对象的位置，可以单击工具箱中的"选择工具"按钮 ⬚，选中需要移动的对象。可以通过按键盘的上、下、左、右方向键进行调整，如图4-41（a）所示。

在移动的同时按住Alt键，可以对相应的对象进行复制，如图4-41（b）所示。

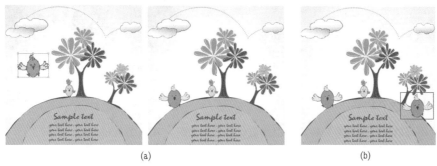

(a)　　　　　　　　　　　　　　　(b)

图4-41

4.8.3 使用"移动"命令精确移动

选择"对象>变换>移动"命令，或按Shift+Ctrl+M组合键，或双击工具箱中的"选择工具"按钮 ⬚，在弹出的"移动"对话框中设置相应的参数，单击"确定"按钮，可以精确地移动对象，如图4-42所示。

- 水平：在该文本框中输入相应的数值，可以定义对象在画板上水平方向的定位位置。
- 垂直：在该文本框中输入相应的数值，可以定义对象在画板上垂直方向的定位位置。
- 距离：在该文本框中输入相应的数值，可以定义对象移动的距离。
- 角度：在该文本框中输入相应的数值，可以定义对象移动的角度。
- 选项：当对象中填充了图案时，可以通过选中"对

图4-42

象"和"图案"复选框，定义对象移动的部分。

- 预览：选中该复选框，可以在进行最终的移动操作前查看相应的效果。
- 复制：单击该按钮，可以将移动的对象进行复制。

4.9 旋转对象

利用旋转工具可将对象围绕指定的点旋转，如图4-43所示。旋转对象时，需要先确定对象旋转的参考点（默认的参考点是对象的中心点）。如果选取了多个对象，则这些对象将围绕同一个参考点旋转。默认情况下，这个参考点为选区的中心点或定界框的中心点。

图4-43

4.9.1 使用旋转工具旋转对象

将要旋转的对象选中，然后单击工具箱中的"旋转工具"按钮或按R键，可以看到对象中出现中心点标志，在画面中按住鼠标左键并拖动鼠标，即可围绕当前中心点进行旋转，如图4-44所示。

按住Shift键，可以锁定旋转的角度为45°的倍值，如图4-45所示。

将鼠标指针放置到中心点以外的区域，单击左键即可改变中心点的位置，此时拖动鼠标旋转对象将得到不同的效果，如图4-46所示。

图4-44   图4-45   图4-46

4.9.2 精确旋转对象

使用旋转工具还可以进行精确的旋转。选中要进行旋转的对象，双击工具箱中的"旋转工具"按钮，在弹出的如图4-47所示的"旋转"对话框（也可以通过选择"对象>变换>旋转"命令打开该对话框）中对"角度"以及"选项"等参数进行设置，然后单击"确定"按钮即可精确旋转对象。

图4-47

- 角度：用于设置旋转角度。输入负角度可顺时针旋转对象，输入正角度可逆时针旋转对象。
- 选项：如果对象包含图案填充，选中"对象"和"图案"复选框，可以同时旋转对象和图案。如果只想旋转图案，而不想旋转对象，取消选中"对象"复选框即可。
- 复制：单击该按钮，可以将旋转的对象进行复制。

技巧提示

若要以圆形图案的形式围绕一个参考点置入对象的多个副本，可将参考点从对象的中心移开，单击"复制"按钮，然后重复选择"对象>变换>再次变换"命令。

实例练习——旋转对象制作画册内页

案例文件	实例练习——旋转对象制作画册内页.ai
视频教学	实例练习——旋转对象制作画册内页.flv
难易指数	★★★★★
知识掌握	旋转、"变换"面板

案例效果

案例效果如图4-48所示。

图4-48

操作步骤

步骤01 选择"文件>新建"命令，创建一个A4大小的横向文档。选择"文件>置入"命令，将素材1.jpg置入画面中，然后单击控制栏中的"嵌入"按钮，进行嵌入。将素材移动相应位置，如图4-49所示。

图4-49

步骤02 单击工具箱中的"矩形工具"按钮 ▢，在控制栏中设置填充颜色为灰色，按住鼠标左键拖曳绘制出矩形，如图4-50所示。

图4-50

步骤03 使用选择工具选择矩形，将鼠标指针移动到一角处，当鼠标指针变为旋转状态时，按住Shift键并拖动，将矩形旋转45°，如图4-51所示。

图4-51

步骤04 使用同样方法绘制另一个稍大的深灰色矩形，并将其旋转45°，如图4-52所示。

图4-52

步骤05 继续使用矩形工具，按住Shift键绘制正方形。在控制栏中设置填充颜色为蓝色，如图4-53所示。

图4-53

步骤06 选择图形，选择"窗口>变换"命令，打开"变换"面板。在这里设置"旋转"角度为45°，如图4-54所示，效果如图4-55所示。

图4-54   图4-55

步骤07 使用同样方法制作其他的颜色不同的正方形，如图4-56所示。

图4-56

步骤08 在画面上输入文字。单击工具箱中"文字工具"按钮 T，在控制栏中设置合适的字体、字号，在画面中单击并输入文字，然后修改文字的位置、颜色，如图4-57和图4-58所示。

图4-57   图4-58

步骤09 在矩形上绘制图形。单击工具箱中的"钢笔工具"按钮 ✐，在控制栏中设置填充颜色为白色，设置完成后，在彩色的矩形上绘制合适的装饰图形，最终效果如图4-59所示。

图4-59

4.10 镜像对象

所谓镜像对象，就是以指定的不可见轴为轴来翻转对象。使用自由变换工具、镜像工具或"镜像"命令，都可以对对象进行镜像，图4-60即为不同方向的镜像效果。

图4—60

4.10.1 使用镜像工具镜像对象

选中要镜像的对象，单击工具箱中的"镜像工具"按钮 或按O键，然后直接在对象的外侧拖曳鼠标，确定镜像的角度后释放鼠标，即可完成镜像处理，如图4-61所示。在拖曳的同时按住Shift键，可以锁定镜像的角度为45°的倍值；按住Alt键，可以复制镜像的对象。

图4—61

4.10.2 精确镜像对象

使用镜像工具还可以进行精确数值的镜像。选中要镜像的对象，双击工具箱中的"镜像工具"按钮 ，在弹出的如图4-62所示的"镜像"对话框中可以对镜像的"轴"进行精确的设置（也可以通过选择"对象>变换>对称"命令打开该对话框），然后单击"确定"按钮，即可精确地镜像对象。

- 轴：用于定义镜像的轴。可以设置为"水平"或"垂直"，也可以选中"角度"单选按钮，然后在其右侧文本框中自定义轴的角度。
- 选项：如果对象包含图案填充，选中"对象"和"图案"复选框，可以同时镜像对象和图案。如果只想镜像图案，而不想镜像对象，取消选中"对象"复选框即可。
- 复制：单击该按钮，可以将镜像的对象进行复制。

图4—62

4.11 缩放对象

4.11.1 使用比例缩放工具缩放对象

比例缩放工具可对图形进行任意的缩放。选中要进行比例缩放的对象，然后单击工具箱中的"比例缩放工具"按钮 或按S键，直接拖曳鼠标，即可对对象进行比例缩放处理，如图4-63所示。在缩放的同时，如果按住Shift键，可以保持对象原始的横纵比例。

图4—63

图4—55

Illustrator CC 中文版从入门到精通

4.11.2　精确缩放对象

选中要进行比例缩放的对象，然后双击工具箱中的"比例缩放工具"按钮，在弹出的如图4-57所示的"比例缩放"对话框（选择"对象>变换>缩放"命令，也可以打开该对话框）中对缩放方式以及比例进行设置，如图4-64所示。

图4-64

- 等比：若要在对象缩放时保持固定的比例，可选中该单选按钮，然后在"比例缩放"文本框中输入百分比。

- 不等比：若要分别缩放高度和宽度，可选中该单选按钮，然后在"水平"和"垂直"文本框中输入百分比（缩放因子相对于参考点，可以为负数，也可以为正数）。

- 选项：选中"比例缩放描边和效果"复选框，可以随对象一起对描边路径以及任何与大小相关的效果进行缩放；如果对象包含图案填充，选中"对象"和"图案"复选框，可以同时缩放对象和图案；如果只想缩放图案，而不想缩放对象，取消选中"对象"复选框即可。

- 复制：单击该按钮，可以缩放对象的副本。

技巧提示

默认情况下，描边和效果不能随对象一起缩放。选择"编辑>首选项"命令，打开"首选项"对话框，如图4-65所示，在顶部的下拉列表框中选择"常规"选项，然后选中"缩放描边和效果"复选框，单击"确定"按钮。此后在缩放任何对象时，描边和效果都会发生相应的改变。

图4-65

如果只需要对单个对象进行描边和效果随对象缩放的设置，就需要使用"变换"面板或"缩放"命令来缩放对象。

实例练习——使用"粘贴"命令、镜像工具与比例缩放工具制作矢量人物海报

案例文件	实例练习——使用"粘贴"命令、镜像工具与比例缩放工具制作矢量人物海报.ai
视频教学	实例练习——使用"粘贴"命令、镜像工具与比例缩放工具制作矢量人物海报.flv
难易指数	★★★★
知识掌握	"粘贴"命令、缩放工具、镜像工具

案例效果

本例将通过"粘贴"命令、镜像工具与比例缩放工具制作矢量人物海报，最终效果如图4-66所示。

图4-66

操作步骤

步骤01　选择"文件>新建"命令，创建一个A4大小的文档，接着选择"文件>打开"命令或按Ctrl+O快捷键，打开素材文档，如图4-67所示。

步骤02　单击工具箱中的"选择工具"按钮，在人像素材对象上单击，即可将其选中，如图4-68所示。

图4-67

图4-68

为了避免在绘制过程中调整到背景图层，可以选择"窗口>图层"命令，在"图层"面板中将背景图层锁定，如图4-69所示。

图4-69

步骤03 按Ctrl +C快捷键进行复制，然后按 Ctrl +V快捷键进行粘贴，复制出一个人像，并将其移到右侧，如图4-70所示。

步骤04 保持人像副本的选中状态，单击工具箱中的"比例缩放工具"按钮，同时按住Shift键，将其进行缩放（保持原始的横纵比例），如图4-71所示。

步骤05 选中人像副本，单击工具箱中的"镜像工具"按钮，在人像副本对象的外侧拖曳鼠标，使人像在水平方向镜像，效果如图4-72所示。

图4-70

图4-71

图4-72

4.12 倾斜对象

4.12.1　使用倾斜工具倾斜对象

倾斜工具可将对象沿水平或垂直轴向倾斜，也可以相对于特定轴的特定角度来倾斜或偏移对象。选中要倾斜的对象，单击工具箱中的"倾斜工具"按钮，直接拖曳鼠标，即可对对象进行倾斜处理，如图4-73所示。在拖曳的同时，如果按住Shift键，即可锁定倾斜的角度为45°的倍值。

图4-73

4.12.2　精确倾斜对象

选中要倾斜的对象，双击工具箱中的"倾斜工具"按钮，在弹出的如图4-74所示的"倾斜"对话框（选择"对象>变换>斜切"命令，也可以打开该对话框）中对"倾斜角度"、"轴"和"选项"等参数进行设置，然后单击"确定"按钮，即可精确地倾斜对象。

图4-74

- 倾斜角度：倾斜角度是指沿顺时针方向应用于对象的相对于倾斜轴一条垂线的倾斜量。在该文本框中可以输入一个介于-359～359的倾斜角度值。
- 轴：选择要沿哪条轴倾斜对象。如果选择某个有角度的轴，可以输入一个介于 -359～359 的角度值。
- 选项：如果对象包含图案填充，选中"对象"和"图案"复选框，可以同时倾斜对象和图案。如果只想倾斜图案，而不想倾斜对象，则取消选中"对象"复选框。
- 复制：单击该按钮可以倾斜对象的副本。

Illustrator CC 中文版从入门到精通

4.12.3 使用"变换"面板倾斜对象

选中要倾斜的对象,在"变换"面板的 (倾斜)文本框中输入一个值,即可更改对象的倾斜角度。要更改参考点,需要在输入值之前单击参考点定位器 上的白色方框,如图4-75所示。

图4—75

 技巧提示

仅当通过更改"变换"面板中的值来变换对象时,该面板中的参考点定位器才会指定该对象的参考点。要从不同参考点进行倾斜,需要按住Alt键,使用倾斜工具在画布中单击作为参考点的位置。

4.13 使用整形工具改变对象形状

整形工具又称改变形状工具,可以通过自动在路径上添加锚点并改变锚点位置的方式快速调整路径的形状。如图4-76所示为使用整形工具制作的效果。

图4—76

使用直接选择工具选中要改变形状的对象,然后单击工具箱中的"整形工具"按钮 ,将鼠标指针定位在路径上并单击,可以看到该位置添加了一个周围带有方框的锚点,在按住鼠标左键的状态下移动鼠标位置即可改变路径形状,如图4-77所示。

按住Shift键单击更多的锚点或路径线段作为焦点,可以突出显示不限数量的锚点或路径线段,拖动突出显示的锚点可以调整路径,如图4-78所示。

图4—77   图4—78

第4章 对象的基础操作

4.14 变换对象

4.14.1 自由变换

工具箱中的自由变换工具 包括4种子工具，可以对图形进行自由变换、透视扭曲以及自由扭曲的操作。单击工具箱中的"自由变换工具"按钮，即可看到自由变换工具的4种形式，如图4-79所示。

图4-79

- 限定：单击"限定"按钮 可以限定对象的缩放比例。

- 自由变换：单击"自由变换"按钮，在画面中按住鼠标左键并拖曳即可调整对象的缩放比例。其使用方法与使用移动工具进行缩放、旋转是一样的，如图4-80所示。

图4-80

- 透视扭曲：使用透视扭曲工具可以将选中的对象进行透视扭曲。单击"透视扭曲"按钮，然后将鼠标指针定位在控制点上，按住左键并拖曳控制点，通过拖曳可以看到图形产生了透视变化，如图4-81和图4-82所示。

图4-81　　　　　　　　　　图4-82

- 自由扭曲：使用自由扭曲工具可以将选中的对象根据自己的需要进行自由扭曲。单击"自由扭曲"按钮，然后拖动控制点，图形产生了随意的扭曲效果，如图4-83和图4-84所示。

图4-83　　　　　　　　　　图4-84

 读书笔记

Illustrator CC 中文版从入门到精通

实例练习——使用自由变换工具制作书籍封面

案例文件	实例练习——使用自由变换工具制作书籍封面.ai
视频教学	实例练习——使用自由变换工具制作书籍封面.flv
难易指数	★★★★★
知识掌握	自由变换工具

案例效果

本例将使用自由变换工具制作书籍封面，最终效果如图4-85所示。

图4-85

操作步骤

步骤01 选择"文件>打开"命令或按Ctrl+O快捷键，打开素材文档1.ai，如图4-86所示。

图4-86

步骤02 选择"文件>置入"命令，置入封面的花纹素材文件2.ai，并将其放置在书上面，如图4-87所示。

图4-87

步骤03 选中封面的花纹素材对象，单击工具箱中的"自由变换工具"按钮，再次单击"自由扭曲"按钮，此时花纹出现一个定界框，将鼠标指针移动到定界框左上角的控制点上，按住鼠标左键向左下拖曳，将控制点移动到书籍模型的左上角，如图4-88所示。

图4-88

步骤04 继续选择另外的控制点，按住鼠标左键拖曳至合适位置，如图4-89所示。

步骤05 使用相同方法多次移动其他控制点，如图4-90所示。

图4-89　　　　　　　　图4-90

步骤06 此时封面花纹与书籍的透视感完全吻合，最终效果如图4-91所示。

图4-91

4.14.2　使用"变换"命令变换对象

选中对象后右击，在弹出的快捷菜单中选择"变换"命令，在其子菜单中可以看到"移动""旋转""对称""缩放""倾斜"等变换操作，选择某一项即可进行相应的变换操作，如图4-92所示。

图4-92

4.14.3　使用"再次变换"命令变换对象

在Illustrator中可以进行重复的变换操作，软件会默认所有的变换设置，直到选择不同的对象或执行不同的任务为止。选择"对象>变换>再次变换"命令时，还可以对对象进行变形复制操作，可以按照一个相同的变形操作复制一系列的对象。

步骤01 首先将要变换的对象选中（可以是单一的对象，也可以是多个对象），然后对其进行顺时针旋转45°的操作，如图4-93所示。

步骤02 重复选择"对象>变换>再次变换"命令（或重复按Ctrl+D快捷键），可以看到每次对象都会再次顺时针旋转45°，如图4-94所示。

图4-93

图4-94

4.14.4　使用"分别变换"命令变换对象

选中多个对象时，如果直接进行变换操作，则是将所选对象作为一个整体进行变换，而使用"分别变换"命令则可以对所选的对象以各自中心点进行分别变换。例如，选中多个卡通人物，直接进行旋转操作则整体进行旋转，而选择"分别变换"命令后，每个卡通人物分别进行了旋转，如图4-95所示。

在画板中选中要变换的多个对象，选择"对象>变换>分别变换"命令或按Shift+Ctrl+Alt+D组合键，在弹出的"分别变换"对话框中可以对"缩放""移动""旋转"等参数进行设置，如图4-96所示。

选中多个对象

直接变换

图4-95

分别变换

图4-96

- 缩放：在"缩放"选项组中，分别调整"水平"和"垂直"文本框中的参数，可以定义缩放比例。
- 移动：在"移动"选项组中，分别调整"水平"和"垂直"文本框中的参数，可以定义移动的距离。
- 旋转：在该选择项组的"角度"文本框中输入相应的数值，可以定义旋转的角度。
- 选项：当选中该选项组中"对称X"或"对称Y"复选框时，可以对对象进行镜像处理。选中"随机"复选

框时，将对调整的参数进行随机变换，而且每一个对象随机的数值并不相同。

- 参考点定位器：要更改参考点，单击参考点定位器 ▦ 上的定位点。
- 预览：选中"预览"复选框时，在进行最终的分别变换操作前可以查看相应的效果。
- 复制：单击"复制"按钮，可以变换每个对象的副本。

 技巧提示

缩放多个对象时，无法输入特定的宽度。在Illustrator 中只能以百分比度量缩放对象。

4.14.5 使用"变换"面板精确变换对象

选择"窗口>变换"命令或按Shift+F8快捷键，打开"变换"面板。在该面板中，可以查看一个或多个选定对象的位置、大小和方向等信息，也可以通过输入数值来修改对象的位置、大小、旋转角度、倾斜角度，还可以更改变换参考点，以及锁定对象比例。此外，在该面板中单击右上角的 ▦ 按钮，在弹出的菜单中选择所需命令，可以进行更多的操作，如图4-97所示。

图4-97

- ▦（参考点定位器）：单击控制器上的定位点，可以定义参考点在对象上的位置。
- X/Y：用于设置页面上对象的位置，从左下角开始测量。
- 宽/高：用于设置对象的精确尺寸。
- ▮（锁定缩放比例）：单击该按钮，可以锁定比例缩放。
- ◢（旋转）：用于设置对象的旋转角度，负值为顺时针旋转，正值为逆时针旋转。
- ◿（倾斜）：用于设置对象沿一条水平或垂直轴的倾斜角度。
- 对齐像素网格：选中该复选框，可以将各个对象按像素对齐到像素网格；取消选中该复选框，除X和Y值以外，面板中的所有值都是指对象的定界框，而X和Y值指的是选定的参考点。

- 水平翻转：选择该命令，所选对象将在水平方向上进行翻转，并保持原有的尺寸。
- 垂直翻转：选择该命令，所选对象将在垂直方向上进行翻转，并保持原有的尺寸。
- 缩放描边和效果：选择该命令，对对象进行缩放操作时，将进行描边和效果的缩放。
- 仅变换对象：选择该命令，将只对图形进行变换处理，而不对效果、图案等属性进行变换。
- 仅变换图案：选择该命令，将只对图形中的图案填充进行变换处理，而不对图形进行变换。
- 变换两者：选择该命令，可对图形中的图案填充和图形一起进行变换处理。

 读书笔记

案例文件	综合实例——制作时尚名片.ai
视频教学	综合实例——制作时尚名片.flv
难易指数	★★★★★
知识掌握	"复制"命令、"粘贴"命令、比例缩放工具

案例效果

本例将使用"复制""粘贴"命令和比例缩放工具制作时尚名片,最终效果如图4-98所示。

图4-98

操作步骤

步骤01 选择"文件>打开"命令或Ctrl+O快捷键,打开素材文档1.ai,如图4-99所示。

图4-99

 技巧提示

在"图层"面板中可以看到素材1.ai中包含两个图层,为了方便下面的制作,需要先将"前景"图层隐藏,如图4-100所示。

图4-100

步骤02 单击工具箱中的"椭圆工具"按钮 ,在画面中按住鼠标左键的同时按住Shift键,拖动鼠标绘制一个正圆。在椭圆工具控制栏中设置填充为蓝色,"描边"为无,如图4-101所示。

图4-101

步骤03 选中正圆对象,按下复制命令快捷键Ctrl+C进行复制,接着按下粘贴命令快捷键Ctrl+V进行粘贴,复制出一个正圆副本,并设置其填充颜色为红色,如图4-102所示。

图4-102

步骤04 选中红色正圆形,单击工具箱中的"比例缩放工具"按钮 ,然后在按住Shift键的同时按住鼠标左键并拖动鼠标,将红色正圆等比例缩放,如图4-103所示。

图4-103

步骤05 按照上述同样的方法继续复制出多个正圆，然后等比例放大或缩小，并调整其颜色，如图4-104所示。

图4-104

步骤06 单击工具箱中的"选择工具"按钮 ，将多彩的圆形全部选中，然后选择"对象>编组"命令，将选中的圆编成一组，如图4-105所示。

图4-105

步骤07 选中多彩圆形组，在控制栏中设置"不透明度"为89%，如图4-106所示。

图4-106

技巧提示

关于对象不透明度的设置，将会在后面的章节中进行详细介绍。

步骤08 单击工具箱中的"椭圆工具"按钮 ，按住Shift键的同时按住鼠标左键并拖曳，绘制一个正圆。在选项栏中设置填充为蓝色，描边为白色，描边粗细为5pt，如图4-107所示。

图4-107

步骤09 选中带有白色描边的正圆，多次按Ctrl+C、Ctrl+V快捷键进行复制、粘贴，再分别调整其大小、颜色和透明度，摆放在合适的位置上，如图4-108所示。

图4-108

步骤10 在"图层"面板中显示出前景图层，最终效果如图4-109所示。

图4-109

Chapter 5
第5章

填充和描边

　　对象的填充是填充形状内部的颜色。可以将一种颜色、图案或渐变应用于整个对象，也可以使用实时上色组并为对象内的不同表面应用不同的颜色。在 Illustrator 中填充可以针对开放路径或封闭的图形以及"实时上色"组的表面。

　　描边主要是针对于路径部分，可以进行宽度、颜色的更改，也可以使用"路径"选项来创建虚线描边，并使用画笔为风格化描边上色。描边可以应用于对象、路径或实时上色组边缘的可视轮廓。

本章学习要点：

- 掌握"颜色"面板、"色板"面板的使用方法
- 掌握"渐变"面板、"描边"面板的使用方法
- 掌握多种单色填充与渐变填充的方法
- 掌握描边的设置方法

5.1 什么是填充与描边

　　填充和描边是矢量图形特有的属性之一，在Illustrator中，漂亮的颜色、美丽的花纹都需要通过为对象进行填充或描边的设置才能展现在画面中，图5-1为需要设置填充与描边的作品。

图5-1

5.1.1 认识"填充"

　　对象的填充是指形状内部的颜色。可以将一种颜色、图案或渐变应用于整个对象，也可以使用实时上色组并为对象内的不同表面应用不同的颜色。在Illustrator 中填充可以针对开放路径或封闭的图形以及"实时上色"组的表面。在Illustrator中可以设置填充为颜色、渐变或图案，如图5-2所示。

图5-2

5.1.2 认识"描边"

　　描边主要是针对于路径的边缘部分，可以进行宽度、颜色的更改，也可以使用"路径"选项来创建虚线描边，并使用画笔为风格化描边上色。描边可以应用于对象、路径或实时上色组边缘的可视轮廓。在Illustrator中可以为描边设置纯色、渐变或图案，如图5-3所示。在Illustrator中还可以对描边的粗细、虚线以及特殊形态进行设置，如图5-4所示。

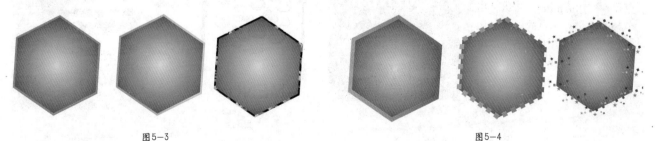

图5-3　　　　　　　　　　　　　　　　　　图5-4

5.1.3 使用"颜色控制组件"设置填充、描边

在工具箱底部可以看到颜色控制组件，在这里可以对所选对象进行填充和描边的设置。如果没有选中任何对象，则可以为即将创建的对象设置的填充和描边属性，如图5-5所示。

图5-5

- ● "填充"按钮 □：通过双击此按钮，可以使用拾色器来选择填充颜色。
- ● "描边"按钮 ■：通过双击此按钮，可以使用拾色器来选择描边颜色。
- ● "互换填充描边"按钮 ↰：通过单击此按钮，可以在填充和描边之间互换颜色。
- ● "默认填充"描边按钮 ⬚：通过单击此按钮，可以恢复默认颜色设置（白色填充和黑色描边）。
- ● "颜色"按钮 ■：通过单击此按钮，可以将上次选择的纯色应用于具有渐变填充或者没有描边或填充的对象。
- ● "渐变"按钮 ▣：通过单击此按钮，可以将当前选择的填充更改为上次选择的渐变。
- ● "无"按钮 ☐：通过单击此按钮，可以删除选定对象的填充或描边。

步骤01▸ 选中一个矢量对象，在颜色控制组件中单击"填色"按钮，使其置于前方，表明此时正在对填充颜色进行设置，然后单击"颜色"按钮激活该选项。此时对象的填充类型被设置为纯色填充。接着双击"填色"按钮即可打开"拾色器"对话框。在拾色器中选择某一种填充颜色，颜色选择完成后单击"确定"按钮。此时所选图形上出现了相应的填充颜色，如图5-6所示。

图5-6

步骤02▸ 当为描边进行颜色设置时，同样需要在颜色控制组件中单击"描边"按钮，将"描边"按钮置于前方。如果将描边设置为渐变颜色，可以单击"渐变"按钮，随即可以打开"渐变"面板，即可看到描边被赋予了渐变颜色。如图5-7所示。

图5-7

5.2 设置单色填充、单色描边

单色是对象填充与描边中最常用也是最基本的一种方式。"单色"是指填充的内容为单一颜色，而且没有深浅的变化，在Illustrator中可以使用多种方法进行单色的设置。如图5-8所示为使用单色填充或单色描边制作的作品。

图5-8

5.2.1 使用"颜色"面板设置填充和描边

"颜色"面板可以将颜色应用于对象的填充和描边，还可以编辑和混合颜色。"颜色"面板可使用不同颜色模型显示颜色值。选择"窗口>颜色"命令或使用快捷键F6，可以打开"颜色"面板。默认情况下，"颜色"面板中只显示最常用的选项，如图5-9所示。

图5-9

步骤01 在"颜色"面板中单击"填充色"按钮，接着调整颜色滑块即可更改所选对象的填充色，如图5-10（a）所示。

步骤02 想要对描边进行设置，可以单击"描边"按钮，然后采用相同方法更改颜色即可，如图5-10（b）所示。

(a)

(b)

图5-10

步骤03 设置颜色时，首先需要在底部的色谱条中单击所需颜色的位置，然后通过拖动颜色滑块，进行颜色的具体调整。也可以直接在右侧的文本框中输入数值得到精确的色彩，如图5-11所示。

图5-11

步骤04 在色谱条的两侧，包含3个快捷颜色设置按钮，即"透明色"、"白色"和"黑色"。若不选择任何颜色，单击颜色条左上方的"无"按钮▨；若要设置为白色，单击颜色条左上方的"白色"按钮▢；若要设置为黑色，单击颜色条左上方的"黑色"按钮▰，如图5-12所示。

图5-12

 技巧提示

选择"窗口>颜色"命令，打开"颜色"面板，有时该面板会呈简易模式显示，如图5-13所示，此时可以在面板菜单中选择"显示选项"命令，将各颜色选项显示出来。

图5-13

步骤05 通过单击面板中的菜单按钮，在面板菜单中选择"灰度"、RGB、HSB、CMYK或"Web安全RGB"，即可定义不同的颜色状态。选择的模式仅影响"颜色"面板的显示，并不更改文档的颜色模式，如图5-14所示。

　　不同的颜色模式显示的色彩滑块也不相同，如图5-15所示分别为灰度模式与RGB模式。

步骤06 通过单击面板中的菜单按钮，在面板菜单中选择"反色"或"补色"命令，可以快速找到当前所选颜色的反色和补色，如图5-16所示。

图5-14　　　　　　　图5-15

图5-16

5.2.2 使用"色板"面板

　　使用"色板"面板可以控制文档的颜色、渐变和图案。在"色板"面板中可以命名和存储颜色、渐变和图案。当所选对象的填充或描边包含从"色板"面板应用的颜色、渐变、图案或色调时，所应用的色板将在"色板"面板中突出显示，如图5-17所示。

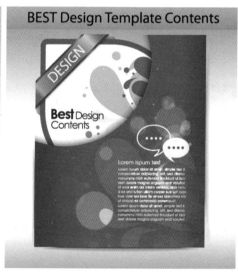

图5-17

步骤01 选择一个矢量图形。在使用"色板"面板之前首先需要在颜色控制组件中单击"填色"或"描边"按钮，以确定要设置的是对象的哪一项属性，如图5-18所示。

步骤02 选择"窗口>色板"命令，打开"色板"面板。在"色板"面板中展示了很多种纯色、渐变以及图案的色块。选择其中某一项即可设置为当前的填充或描边颜色，如图5-19所示。

图5-18　　　　　　　　　　　　　　　图5-19

步骤03 单击"色板"面板下方的"显示色板类型菜单"按钮，弹出显示色板类型菜单。在此菜单中可以选择面板中显示的色板类型，如图5-20所示。

图5-20

步骤04 选择"显示渐变色板"，即可单独显示渐变色板。单击渐变色板中的渐变色，如图5-21所示，效果如图5-22所示。

图5-21　　　　　图5-22

步骤05 选取了某一种颜色后，单击面板底部的"色板选项"按钮，在弹出的"色板选项"对话框中可以对颜色进行更改，如图5-23所示。

图5-23

5.2.3 使用色板库

　　色板库是预设颜色的集合，包括油墨库和主题库。打开一个色板库时，该色板库将显示在新面板而不是"色板"面板中。在色板库中选择、排序和查看色板的方式与在"色板"面板中的操作一样，如图5-24所示。

图5-24

理论实践——打开色板库

　　选择"窗口>色板库"命令，在子菜单中可以看到色板库列表。或在"色板"面板中单击"色板库菜单"按钮，然后从列表中选择库即可打开相应色板库，如图5-25所示。

理论实践——储存色板库文件

　　在Illustrator中可以通过将当前文档储存为色板库来创建色板库。在"色板"面板中编辑色板，使其仅包含色板库中所需的色板，然后从"色板"面板菜单中选择"将色板库储存为"命令，弹出"将色板存储为库"对话框，对其进行相应设置即可，如图5-26所示。

图5-25　　　　　　　　　　　图5-26

技巧提示

　　若要删除文档中未使用的所有色板，可以从"色板"面板菜单中选择"选择所有未使用的色板"，然后单击"删除色板"。

5.3 使用渐变设置填充与描边

　　"渐变"是指可以在任何颜色之间应用带有过渡的颜色混合效果。渐变填充也是设计作品中一种重要的颜色表现方式，渐变的使用增强了对象的可视效果。在Illustrator中可以将渐变存储为色板，从而便于将渐变应用于多个对象。Illustrator中提供了线性渐变和径向渐变两种方式，如图5-27所示为使用渐变填充的作品。

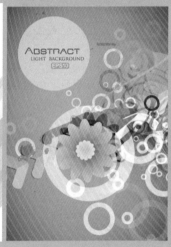

图5-27

5.3.1 熟悉"渐变"面板

　　选择"窗口>渐变"命令或按Ctrl+F9快捷键，打开"渐变"面板。在其中可以对渐变类型、颜色、角度、长宽比、透明度等参数进行设置，如图5-28所示。

图5-28

步骤01 首先在"设置填充颜色\设置描边颜色"按钮上单击其中一项，选择设置填充颜色或描边颜色。然后单击"渐变"面板中的渐变填充缩览图，为填充/描边赋予默认的渐变效果，如图5-29所示。

步骤02 单击右侧的按钮弹出"渐变"菜单，该菜单列出了可供选择的所有默认渐变和预存渐变。在菜单的底部是"存储渐变"按钮，单击该按钮可将当前渐变设置存储为色板，如图5-30所示。

步骤03 在"类型"下拉列表框中，可以设置渐变类型为线性渐变或是径向渐变。当选择"线性"选项时，渐变色将按照从一端到另一端的方式进行变化；当选择"径向"选项时，渐变色将按照从中心到边缘的方式进行变化，如图5-31所示。

步骤04 单击"反相渐变"按钮可以将当前渐变颜色方向翻转，如图5-32所示。

图5-31　　　　　　　图5-32

步骤05 调整角度数值可以将渐变进行旋转，如图5-33所示。

图5-29　　　　　　图5-30

图5-33

步骤06 当渐变类型为"径向"时，更改径向渐变的长宽比 🔲可以制作出椭圆形渐变，也可以更改该椭圆渐变的角度并使其倾斜，如图5-34所示。

图5-34

步骤07 默认的渐变色是从黑色渐变到白色，如果要使用其他渐变颜色，需要双击渐变色标（在"渐变"面板或选定的对象中），在出现的面板中指定一种新颜色。可通过单击左侧的"颜色"图标🎨或"色板"图标🔳来更改显示的面板。在面板外单击以接受所做的选择，或将"颜色"面板或"色板"面板中的一种颜色拖到渐变色标上，如图5-35所示。

图5-35

步骤08 若要在渐变中添加中间色，可以直接将颜色从"色板"面板或"颜色"面板拖到"渐变"面板中的渐变滑块上，或者单击渐变颜色带下方的任意位置添加色标，然后为该色标选择一种颜色，如图5-36所示。

图5-36

步骤09 若要删除一种中间色，可以将色标拖离渐变颜色带，或者选择色标，然后单击"渐变"面板中的"删除"按钮🗑，如图5-37所示。

图5-37

步骤10 若要调整颜色在渐变中的位置，可以调整渐变色标的中点（使两种色标各占50%的点），拖动位于滑块上方的菱形图标，或选择图标并在"位置"文本框中输入介于0～100之间的值。也可以调整渐变色标的终点，拖动渐变滑块下方最左边或最右边的渐变色标，如图5-38所示。

图5-38

步骤11 若要更改渐变颜色的不透明度，可以单击"渐变"面板中的渐变色标，然后在"不透明度"下拉列表框中指定一个不透明度数值，如图5-39所示。

图5-39

技巧提示

单击"色板"面板中的"新建色板"按钮可以将新的或修改的渐变存储为色板。或者，将渐变从"渐变"面板或"工具"面板拖到"色板"面板中，也可以将渐变存储为色板。

实例练习——渐变打造华丽红宝石

案例文件	实例练习——渐变打造华丽红宝石.ai
视频教学	实例练习——渐变打造华丽红宝石.flv
难易指数	★★★★★
知识掌握	"渐变"面板、"透明度"面板

案例效果

案例效果如图5-40所示。

图5-40

操作步骤

步骤01 使用新建快捷键Ctrl+N创建新文档，如图5-41所示。

图5-41

步骤02 单击工具箱中的"椭圆工具"按钮 ，在空白区域单击，弹出"椭圆"对话框，设置"宽度"为112mm，"高度"为112mm，单击"确定"按钮完成操作，如图5-42所示。

图5-42

步骤03 如果"渐变"面板未显示在界面中，可以选择"窗口>渐变"命令，或者按Ctrl+F9快捷键，打开"渐变"面板，如图5-43所示。

步骤04 在"类型"下拉列表框中可以选择"线性"选项。在"角度"下拉列表框中输入-90°定义渐变的角度，如图5-44所示。

图5-43   图5-44

步骤05 在将要添加色标的区域单击创建新的色标。双击新建的"颜色"标记，在颜色面板中编辑颜色，如图5-45所示。

图5-45

步骤06 以相同的方法创建另一个色标，如图5-46所示。

图5-46

步骤07 选中圆形，然后单击"渐变填色缩览图"按钮，将当前编辑的渐变赋予圆形，如图5-47所示。

图5-47

步骤08 使用选择工具选中圆形对象，将其复制并"原位粘贴"。将鼠标指针放到定界框的边缘，在向内拖曳的同时按住Shift+Alt快捷键，将其等比例缩小，如图5-48所示。

图5-48

步骤09 打开"渐变"面板，在其中编辑金色系的渐变，设置"类型"为"径向"，如图5-49所示。

图5-49

步骤10 继续按照上述同样的方法制作小一圈的圆，并添加渐变效果，如图5-50所示。

图5-50

步骤11 继续复制、粘贴并等比例缩放圆形，填充渐变，如图5-51所示。

图5-51

步骤12 选择"窗口>颜色"命令，打开"颜色"面板，设置填充色为黑色，此时宝石边缘已经出现了金属质感的效果，如图5-52所示。

图5-52

步骤13 再次粘贴出一个圆形并适当缩放，在"渐变"面板中编辑红黑色系的线性渐变，如图5-53所示。

图5-53

步骤14 按照上述同样的方法制作出一个中心为白色、边缘处为黑色的径向渐变的正圆，效果如图5-54所示。

图5-54

步骤15▷选择白黑渐变的圆形，选择"窗口>透明度"命令，打开"透明度"面板，设置混合模式为"正片叠底"，此时中心的红色圆形呈现突起效果，如图5-55所示。

图5-55

步骤16▷单击工具箱中的"椭圆工具"按钮◎，在适当的位置绘制一个椭圆形，打开"渐变"面板，在其中编辑一种灰度色系的径向渐变，再打开"透明度"面板，设置"混合模式"为"滤色"，如图5-56所示。

图5-56

步骤17▷按照上述同样的方法在顶部制作一个高光效果，如图5-57所示。

步骤18▷单击工具箱中的"文字工具"按钮Ⅰ，在控制栏中设置合适的字体和大小，在图形上单击，并输入文字。然后选择"对象>扩展"命令，单击"确定"按钮将文字扩展。打开"渐变"面板，在其中编辑金色的渐变，如图5-58所示。

图5 57　　　　　图5-58

步骤19▷选择"文件>置入"命令，在弹出的对话框中选中背景素材文件1.ai，单击"置入"按钮完成置入操作。然后选择置入的背景素材，在素材上单击鼠标右键执行"排列>置于底层"命令。将背景素材移动红宝石的后方，此时画面效果如图5-59所示。

图5-59

步骤20▷单击工具箱中的"椭圆工具"按钮◎，在金色边缘的位置上绘制一个椭圆形，打开"渐变"面板，在其中编辑黑白色渐变，设置"类型"为"径向"，打开"透明度"面板，设置"混合模式"为"滤色"，制作出光斑，如图5-60所示。

图5-60

步骤21▷选中光斑对象，然后按住Alt键多次拖曳复制光斑副本，并将其适当地摆放，最终效果如图5-61所示。

图5-61

5.3.2 使用渐变工具

渐变工具可以对图形上的渐变效果进行编辑,渐变工具与"渐变"面板所提供的大部分功能相同。

步骤01 将要定义渐变色的对象选中,在"渐变"面板中定义要使用的渐变色,再单击工具箱中的"渐变工具"按钮█或按G键。在要应用渐变的开始位置上单击,拖动到渐变的结束位置上释放鼠标。如果要应用的是径向渐变色,则需要在应用渐变的中心位置单击,然后拖动到渐变的外围位置上后释放鼠标即可,如图5-62所示。

图5-62

步骤02 选择渐变填充对象并使用渐变工具时,该对象中将出现与"渐变"面板中相似的渐变条。可在渐变条上修改线性渐变的角度、位置和范围,或者修改径向渐变的焦点、原点和范围,如图5-63所示。

步骤03 在渐变条上可以添加或删除渐变色标,双击各个渐变色标可指定新的颜色和不透明度设置,或将渐变色标拖动到新位置,如图5-64所示。

步骤04 将鼠标指针移到渐变条的一侧时,指针变为 形状,可以通过单击拖动来重新定位渐变的角度。拖动渐变滑块的圆形端可重新定位渐变的原点,而拖动箭头端则会增大或减少渐变的范围,如图5-65所示。

图5-63

图5-64　　　　　图5-65

实例练习——多种填充制作房地产户外广告

案例文件	实例练习——多种填充制作房地产户外广告.ai
视频教学	实例练习——多种填充制作房地产户外广告.flv
难易指数	★★★★★
知识掌握	渐变填充、图案填充、单色填充

案例效果

案例效果如图5-66所示。

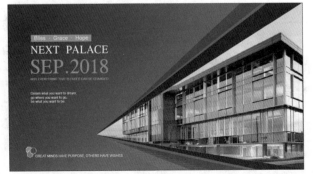

图5-66

操作步骤

步骤01 选择"文件>新建"命令,在"新建文档"对话框中设置"宽度"为382mm,"高度"为210mm,"取向"为"横向",如图5-67所示。

图5-67

步骤02 接下来要绘制一个蓝色系渐变的背景。单击工具箱中的"矩形工具"按钮 ▢，再单击"工具箱"底部的"渐变"按钮 ▢，在弹出的"渐变"面板中设置"类型"为"线性"，编辑一种蓝色系的渐变。设置完成后，在画面中按住鼠标左键并拖曳，绘制一个与画板等大的矩形，如图5-68所示。

图5-68

步骤03 置入素材。选择"文件>置入"命令，将素材1.jpg置入到画面中。单击控制栏中的"嵌入"按钮，进行嵌入。调整图片大小，效果如图5-69所示。

步骤04 单击工具箱中的"钢笔工具"按钮 ▣，然后在素材上绘制图形，如图5-70所示。

图5-69　　　　　　图5-70

步骤05 建立剪切蒙版。将图形和背景加选，右击，在弹出的快捷键菜单中选择"建立剪切蒙版"命令，如图5-71所示。

图5-71

步骤06 添加作为装饰的三角图形。单击工具箱中的"钢笔工具"按钮 ✎，在控制栏中设置"填充"颜色为深蓝色，然后在图片附近绘制一个三角图形。继续使用相同方法绘制另外几个三角图形，如图5-72所示。

图5-72

步骤07 单击工具箱中的"选择工具"按钮 ▸，选择画面下方的深蓝色图形。选择"窗口>色板>图案>基本图案>线条"命令，打开"基本图形_线条"面板，在这里选择一种合适的图案，如图5-73所示。

图5-73

步骤08 此时所选图形被填充为线条图案，如图5-74所示。

图5-74

步骤09 选择"窗口>透明度"命令，打开"透明度"面板，在面板中设置"混合模式"为"滤色"。此时图形与底部内容产生混合效果，如图5-75所示。

图5-75

步骤10 单击工具箱中的"矩形工具"按钮▢，在控制栏中设置填充颜色为橙色，在画面中按住鼠标左键并拖曳，绘制出矩形，如图5-76所示。

步骤11 在画面上添加文字。单击工具栏中的"文字工具"按钮 T ，在控制栏中设置合适的字体、字号，设置完毕后在画面中单击并输入文字，如图5-77所示。

图5-76　　　　　　　　　　　图5-77

步骤12 用同样的方法，继续使用文字工具输入其他文字，并在控制栏中分别修改合适的字体、字号颜色及位置，如图5-78所示。

图5-78

步骤13 在画面左下方添加装饰图形。单击工具箱中的"多边形工具"按钮◯，在控制栏中设置填充颜色为红色，描边颜色为白色，描边粗细为1pt，在要绘制图形的地方单击，在弹出的"多边形"对话框中设置"半径"为5mm，"边数"为6，单击"确定"按钮，如图5-79所示，得到一个六边形。

图5-79

步骤14 选中六边形，多次使用快捷键Ctrl+C进行复制，Ctrl+V进行粘贴，并修改其颜色，移动到相应位置，本案例制作完成，效果如图5-80所示。

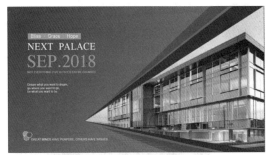

图5-80

5.4 使用图案设置填充与描边

　　"图案"是指运用大量重复图案以拼贴的方式填入对象中，会使对象呈现更丰富的视觉效果。Illustrator 中附带提供了很多图案，在"色板"面板和色板库中可以找到这些图案，而且用户还可以创建自定义图案。图5-81为使用图案制作的作品。

图5-81

技术专题——Illustrator 拼贴图案的方式

在设计图案时，以下内容有助于了解Illustrator 拼贴图案的方式：

❶ 默认情况下，所有图案从画板左下角的标尺原点开始，由左向右拼贴到图稿的另一侧。要调整图稿中所有图案开始拼贴的位置，可以更改文件的标尺原点。

❷ 填充图案通常只有一种拼贴。

❸ 画笔图案最多可包含5个拼贴，分别用于边线、外角、内角以及路径起点和终点。通过使用额外的边角拼贴，可使画笔图案在边角处的排列更加平滑。

❹ 填充图案垂直于X轴进行拼贴。

❺ 画笔图案的拼贴方向垂直于路径（图案拼贴顶部始终朝向外侧）。另外，每次路径改变方向时，边角拼贴都会顺时针旋转 90°。

❻ 填充图案只拼贴图案定界框内的图稿，这是图稿中最后面的一个未填充且无描边（非打印）的矩形。对于填充图案，定界框用作蒙版。

❼ 画笔图案拼贴图案定界框内的图稿和定界框本身，或是突出到定界框之外的部分。

5.4.1 使用图案

在需要对对象填充图案时，可以使用Adobe Illustrator 软件中提供的图案来填充对象。

步骤01 使用工具箱中的选择工具选择背景的紫色矩形，并进行复制，然后选择所复制的副本图形，如图5-82所示。

图5—82

步骤02 选择"窗口>色板"命令，打开"色板"面板，单击"色板"面板底部的"色板库"菜单按钮，在弹出的菜单中选择"打开色板库>图案>自然>自然-叶子"命令，如图5-83所示，打开"自然叶子"面板。

图5—83

步骤03 在该面板中单击相应图案的缩略图，即可为选择的对象填充图案，如图5-84所示。

图5—84

步骤04 保持该图案对象为选中状态，在"透明度"面板中设置"不透明度"为38％，制作出半透明的底纹效果，如图5-85所示。

图5—85

Illustrator CC 中文版从入门到精通

5.4.2 创建图案色板

在Illustrator 中不仅可以使用内置的图案，也可以创建新的图案色板。选中需要定义为图案的图形或位图，选择"编辑>定义图案"命令，在弹出的"新建色板"对话框中输入相应的名称，然后单击"确定"按钮，该图案将显示在"色板"面板中。或者将图稿拖到"色板"面板上，如图5-86所示。

图5-86

实例练习——使用图案填充制作斑点文字招贴

案例文件	实例练习——使用图案填充制作斑点文字招贴.ai
视频教学	实例练习——使用图案填充制作斑点文字招贴.flv
难易指数	★★★★★
知识掌握	图案填充

案例效果

案例效果如图5-87所示。

图5-87

操作步骤

步骤01 选择"文件>新建"命令，创建一个新的文档。单击工具箱中的"矩形工具"按钮 ，接着在控制栏中设置填充颜色为紫色，在画板一角处按住鼠标左键，拖曳绘制出与画板等大的矩形，如图5-88所示。

图5-88

步骤02 选择矩形，使用快捷键Ctrl+C进行复制，Ctrl+V进行粘贴，如图5-89所示。

步骤03 单击工具箱中的"选择工具"按钮 ，选择上层矩形，选择"窗口>色板>图案>基本图案>点"命令，打开"基本图形-点"面板，在面板中选中一种合适的图案，如图5-90所示。

图5-89

图5-90

步骤04 选中填充图案的矩形，选择"窗口>透明度"命令，打开"透明度"面板，在面板中设置"不透明度"为20%，如图5-91所示，效果如图5-92所示。

图5-91　　　　图5-92

第 5 章　填充和描边

91

步骤05 在画面上输入文字。单击工具栏"文字工具"中的按钮 T ，在控制栏中设置填充颜色为白色，调整合适的字体、字号，在画面中单击并输入几个字母。选择这些字母，右击，在弹出的快捷键菜单中选择"创建轮廓"命令，如图5-93所示。

图5-93

步骤06 选择文字，使用快捷键Ctrl+C进行复制，Ctrl+V进行粘贴。选择上层文字，右击，在弹出的快捷键菜单中选择"取消编组"命令，如图5-93所示。

图5-94

步骤07 分别选中各个字母，依次修改字母的大小及颜色。设置完成后再次选中，使用快捷键Ctrl+G编组，如图5-95所示。

图5-95

步骤08 为文字表面添加图案叠加的效果。选择彩色的文字对象，使用复制快捷键Ctrl+C进行复制，使用"贴在前面"快捷键Ctrl+F进行粘贴。选择"窗口>色板>图案>基本图案>点"命令，在其中单击并选择一个合适的图案，如图5-96所示。

图5-96

步骤09 单击控制栏中的"不透明度"按钮，在弹出的面板中设置"混合模式"为"柔光"，效果如图5-97所示。

图5-97

步骤10 利用路径文字的功能，单击工具箱中的"钢笔工具"按钮 ，在控制栏中设置填充颜色为无，然后在文字上绘制路径。接着使用工具箱中的路径文字工具，在路径上单击，并输入"……"，这样就会沿着路径出现虚线点效果，如图5-98所示。

图5-98

步骤11 使用同样方法制作其他文字表面的虚线点，如图5-99所示。

图5-99

步骤12 使用钢笔工具在文字下方绘制飘带图形。在控制栏中设置填充颜色为深紫色，如图5-100所示。

图5-100

步骤13 使用同样的方法绘制其他图形，如图5-101所示。

图5-101

步骤14 在画面上绘制星形。单击工具箱中的"星形工具"按钮 ☆，在控制栏中设置填充颜色为蓝色，在文字上方按住鼠标左键并拖动，绘制出五角星图形，如图5-102所示。

图5-102

步骤15 选择星形，多次使用快捷键Ctrl+C及Ctrl+V进行复制粘贴，并调整形象的大小及位置，如图5-103所示。

图5-103

步骤16 利用路径文字工具以及文字工具在画面中添加其他装饰文字，最终效果如图5-104所示。

图5-104

5.5 设置描边

在为矢量对象设置颜色时，要区分填充颜色和描边颜色。其中，描边颜色就是针对路径边缘进行颜色设置的，Illustrator可将描边设置为纯色、渐变或图案。在本节中着重讲解描边的其他属性的设置，如图5-105所示为可以使用到描边设置的作品。

图5-105

5.5.1 快速设置描边

选择一个矢量对象，如图5-106所示。在控制栏中可以对绘制的图形进行快速的描边设置。控制栏中的参数主要包含了描边的颜色、粗细、变量宽度配置文件的设置。通过单击"描边"按钮，可以快速地弹出描边面板选项，如图5-107所示。更改对象的描边属性，效果如图5-108所示。

图5-106

图5-107

图5-108

5.5.2 使用"描边"面板设置描边属性

对于描边的设置主要使用"描边"面板，选择"窗口>描边"命令或使用快捷键 Ctrl+F10打开"描边"面板，可以将描边选项应用于整个对象，也可以使用实时上色组，并为对象内的不同边缘应用不同的描边，如图5-109所示。

图5-109

⚫ 粗细：定义描边的粗细程度，如图5-110所示。

图5-110

⚫ 端点：指一条开放线段两端的端点。平头端点 用于创建具有方形端点的描边线；圆头端点 用于创建具有半圆形端点的描边线；方头端点 用于创建具有方形端点且在线段端点之外延伸出线条宽度的一半的描边线。该选项使线段的粗细沿线段各方向均匀延伸出去，如图5-111所示。

图5-111

⚫ 边角：是指直线段改变方向（拐角）的地方。斜接连接 用于创建具有点式拐角的描边线，圆角连接 用于创建具有圆角的描边线，斜角连接 用于创建具有方形拐角的描边线，如图5-112所示。

图5-112

⚫ 限制：用于设置超过指定数值时扩展倍数的描边粗细。
⚫ 对齐描边：用于定义描边和细线为中心对齐的方式。使描边居中对齐 用于将描边定义在细线中心；使

描边内侧对齐 用于将描边定义在细线内部；使描边外侧对齐 用于将描边定义在细线的外部，如图5-113所示。

图5-113

⚫ 虚线：选中该复选框，可为虚线和间隙长度输入数值，以调整路径不同的虚线描边效果。
⚫ 箭头：用于设置路径两端端点的样式，单击 按钮可以互换箭头起始处和结束处，如图5-114所示。

图5-114

⚫ 缩放：用于设置路径两端箭头的百分比大小。
⚫ 对齐：用于设置箭头位于路径终点的位置，包括扩展箭头笔尖超过路径末端和在路径末端放置箭头笔尖。
⚫ 配置文件：用于设置路径的变量宽度和翻转方向。

在"描边"面板中选中"虚线"复选框，在"虚线"文本框中输入数值，将定义虚线中线段的长度，在"间隙"文本框中输入数值，将定义虚线中间隔的长度，这里的"虚线"和"间隙"文本框每两个为一组，最多可以输入3组，当输入1组数值时，虚线将只出现这一组"虚线"和"间隙"的设置，输入2组，虚线将依次循环出现两组的设置，依此类推，可以设置3组，如图5-115所示。

选择 （保留虚线和间隙的精确长度）可以在不对齐的情况下保留虚线外观；选择 （使虚线与边角和路径终端对齐，并调整到适合长度）可让各角的虚线和路径的尾端保持一致并可预见，如图5-116所示。

图5-115

图5-116

案例文件	实例练习——使用填充与描边制作炫彩跑车.ai
视频教学	实例练习——使用填充与描边制作炫彩跑车.flv
难易指数	★★★★★
知识掌握	"描边"面板、钢笔工具、效果

案例效果

本例主要是通过对象的高级操作制作花纹效果，如图5-117所示。

图5-117

操作步骤

步骤01 打开本书配套光盘中的素材文档，如图5-118所示。

图5-118

步骤02 单击工具箱中的"钢笔工具"按钮 ，绘制出花纹路径，如图5-119所示。

图5-119

步骤03 选择"窗口>描边"命令，打开"描边"面板。设置"粗细"为10pt，在配置文件中选择一种笔刷，如图5-120所示。

图5-120

步骤04 选择"对象>扩展"命令，将绘制的花纹进行扩展，如图5-121所示。

图5-121

步骤05 选择"窗口>渐变"命令，打开"渐变"面板，设置"类型"为"线性"，调整一种绿色系渐变，如图5-122所示。

图5-122

步骤06 单击工具箱中的"钢笔工具"按钮，绘制出一条路径，将描边设置为黄色，如图5-123所示。

图5-123

步骤07 使对象保持选中状态，选择"效果>模糊>高斯模糊"命令，在弹出的"高斯模糊"对话框中设置"半径"为"8像素"，使绿色曲线呈现出些许的立体感，如图5-124所示。

图5-124

步骤08 继续使用钢笔工具，绘制出一条路径。同样使用"描边"面板设置"粗细"为13pt，"端点"为"圆头"，在配置文件中选择一种三角笔刷。此时路径呈现一种由粗到细的变化，如图5-125所示。

图5-125

步骤09 保持对象的选中状态，按住Alt键复制出副本并将其等比缩小，将填充颜色设置为粉色，如图5-126所示。

图5-126

步骤10 选择"效果>模糊>高斯模糊"命令，在弹出的对话框中设置"半径"为"10像素"，紫色的花纹也呈现出立体感，如图5-127所示。

图5-127

步骤11 按照上述同样的方法为画面绘制出其他花纹，如图5-128所示。

图5-128

步骤12 置入矢量素材文件，将其放置在背景的上一层中，最终效果如图5-129所示。

图5-129

5.6 添加多个填充或描边

使用"外观"面板可以为相同对象创建多种填充和描边,这可以创建出很多令人惊喜的效果。例如,可以在一条宽描边上创建另一条略窄的描边,或可以将效果应用于一种填色而不应用于其他填色。如图5-130所示为使用该功能制作的作品。

图5-130

首先选中要添加多个填充和描边的对象,然后选择"窗口>外观"命令,打开"外观"面板。在该面板中单击"新建填色"按钮,添加新的填充颜色;单击"新建描边"按钮,可以在原始描边的基础上添加新的描边。设置新填充或新描边的颜色和其他属性,如图5-131所示。

图5-131

5.7 实时上色

实时上色是一种创建彩色图画的直观方法,与通常的上色工具不同。当路径将绘画平面分割成几个区域时,使用普通的填充手段只能对某个对象进行填充,而使用实时上色工具可以自动检测并填充路径相交的区域,如图5-132所示。

图5-132

5.7.1 建立、扩展和释放实时上色组

理论实践——建立实时上色组

实时上色工具需要针对实时上色组进行操作，这就需要将普通图形或实时描摹对象进行转换，建立实时上色组。

步骤01 单击工具箱中的"选择工具"按钮 ，将要进行实时上色的对象选中，然后选择"对象>实时上色>建立"命令，或使用快捷键Ctrl+Alt+X。对象周围出现 形状句柄，表示该对象已经成为实时上色组，如图5-133所示。

图5-133

步骤02 也可以在选中对象的情况下，直接将实时上色工具 移动到对象上，此时鼠标指针上出现提示"单击以建立'实时上色'组"，单击该对象即可，如图5-134所示。

 单击以建立"实时上色"组

图5-134

> **技巧提示**
>
> 实时上色组中只能包含路径和复合路径，例如，剪贴路径或文字对象。若要对于文字对象进行实时上色操作，需要首先选择"文字>创建轮廓"命令。接下来，将生成的路径变为实时上色组，如图5-135所示。
>
>
>
> 图5-135

步骤03 如果在没有选中任何对象时就使用实时上色工具在对象上单击，系统会弹出提示对话框。选中"不再显示"复选框后则不会出现该提示，如图5-136所示。

图5-136

步骤04 也可以将描摹对象转换为实时上色组，转换之后可以使用实时上色工具对其进行颜色的修改。单击控制栏中的"实时上色"按钮，或选择"对象>实时描摹>转换为实时上色"命令，即可将描摹对象转换为实时上色组，如图5-137所示。

图5-137

> **技巧提示**
>
> 对实时描摹对象进行该操作时会导致无法再次进行实时描摹的参数调整，所以需要在转换为实时上色组之前完成所有描摹参数的设置。在弹出的提示窗口中单击"确定"按钮即可继续，如图5-138所示。
>
>
>
> 图5-138

理论实践——扩展实时上色组

使用选择工具选择实时上色组，单击控制栏中的"扩展"按钮，或选择"对象>实时上色>扩展"命令，即可将实时上色组扩展为普通图形，如图5-139所示。

图5-139

Illustrator CC 中文版从入门到精通

理论实践——释放实时上色组

使用选择工具选择实时上色组，选择"对象>实时上色>释放"命令，可以释放实时上色组，使其还原为没有填充只有0.5磅宽的黑色描边的路径。使用编组选择工具可以分别选择和修改这些路径，如图5-140所示。

图5-140

5.7.2 使用实时上色工具

通过使用实时上色工具，可以将当前填充和描边属性为实时上色组的表面和边缘上色。

 技巧提示

在实时上色组中，填色和上色属性附属于实时上色组的表面和边缘，而不属于定义这些表面和边缘的实际路径，在其他 Illustrator 对象中也是如此。因此，某些功能和命令对实时上色组中的路径或者作用方式有所不同，或者是不适用。

理论实践——使用实时上色工具

步骤01 在色板中选择一种颜色后，单击工具箱中的"实时上色工具"按钮 🔲，将鼠标指针移动到实时上色组上，会突出显示填充图像内侧周围的线条，单击即可填色，如图5-141所示。

图5-141

步骤02 拖动鼠标跨过多个表面，以便一次为多个表面上色，如图5-142所示。

图5-142

步骤03 要对边缘进行上色，首先需要双击"实时上色工具"按钮 🔲，在弹出的对话框中选中"描边上色"复选框。将鼠标指针移动到对象的边界处，单击即可进行描边上色，如图5-143所示。

图5-143

步骤04 也可以拖动鼠标跨过多条边缘，可一次为多条边缘进行描边，如图5-144所示。

图5-144

技巧提示

　　如果从"色板"面板中选择一种颜色，鼠标指针将变为显示3种颜色 。选定颜色位于中间，两个相邻颜色位于两侧。要使用相邻的颜色，可以按下键盘上的"←"或"→"键，如图5-145所示。

图5-145

理论实践——设置实时上色选项

　　双击工具箱中的"实时上色工具"按钮，在弹出的"实时上色工具选项"对话框中可以对实时上色的选项以及显示进行相应的设置，如图5-146所示。

图5-146

- 填充上色：对实时上色组的各表面上色。
- 描边上色：对实时上色组的各边缘上色。
- 光标色板预览：从"色板"面板中选择颜色时显示。实时上色工具指针显示为3种颜色色板：选定填充或描边颜色以及"色板"面板中紧靠该颜色左侧和右侧的颜色。

- 突出显示：勾画出鼠标指针当前所在表面或边缘的轮廓。用粗线突出显示表面，细线突出显示边缘。
- 颜色：设置突出显示线的颜色。可以从下拉列表中选择颜色，也可以单击上色色板以指定自定颜色。
- 宽度：指定突出显示轮廓线的粗细。

技巧提示

　　选择"视图>显示实时上色间隙"命令，该命令可以根据当前所选实时上色组中设置的间隙选项，突出显示在该组中发现的间隙。

5.7.3 使用实时上色选择工具

　　实时上色选择工具用于选择实时上色组中的各个表面和边缘。使用选择工具可以选择整个实时上色组。使用直接选择工具可以选择实时上色组内的路径。如图5-147所示为可以使用该工具制作的作品。

图5-147

Illustrator CC 中文版从入门到精通

技巧提示

处理复杂文档时，可以隔离实时上色组，以便快捷准确地选择所需上色的区域。使用选择工具选择组，然后单击控制栏中的"隔离选定的组"按钮 ⧈，或者双击组即可进行隔离。

理论实践——选择表面和边缘

单击工具箱中的"实时上色选择工具"按钮 ⧈，将实时上色选择工具指针放在表面上时，指针将变为表面指针 ▷；将指针放在边缘上时，指针将变为边缘指针 ▷；将指针放在实时上色组外部时，指针将变为 x 指针 ▷x，如图5-148所示。

图5-148

步骤01 若要选择单个表面或边缘，单击该表面或边缘即可。被选中的部分表面呈现出覆盖有半透明的斑点图案的效果，如图5-149所示。

步骤02 若要选择多个表面和边缘，在要选择的项周围拖动选框。部分选择的内容将被包括在内，如图5-150所示。

图5-149   图5-150

步骤03 若要选择具有相同填充或描边的表面或边缘，可以单击对象，选择"选择>相同"命令，然后在子菜单中选择"填充颜色"、"描边颜色"或"描边粗细"命令即可，如图5-151所示。

步骤04 使用实时上色选择工具选中某个区域后，直接在"色板"面板中选中颜色即可为当前区域进行实时上色，如图5-152所示。

图5-151   图5-152

案例文件	实例练习——使用实时上色工具制作水晶LOGO.ai
视频教学	实例练习——使用实时上色工具制作水晶LOGO.flv
难易指数	★★★★★
知识掌握	实时上色工具、路径查找器、色板

案例效果

本例主要是通过实时上色工具制作标志效果，如图5-153所示。

图5-153

操作步骤

步骤01 选择"文件>新建"命令或按Ctrl+N快捷键新建一个文档，具体参数设置如图5-154所示。

图5-154

步骤02 单击工具箱中的"矩形工具"按钮，绘制一个矩形。打开"渐变"面板，设置"类型"为"线性"，"角度"为"-40.2°"单击左面"渐变按钮"设置"不透明度"为30%，编辑渐变颜色为白色到灰色渐变，如图5-155所示。

图5-155

步骤03 单击工具箱中的"钢笔工具"按钮，勾出心形的轮廓，设置填充颜色为红色，如图5-156所示。

图5-156

步骤04 单击工具箱中的"椭圆工具"按钮，在心形中间位置绘制出一个椭圆形，然后将心形与椭圆全部选中，打开"路径查找器"面板，单击"分割"按钮，再选择椭圆形，按Delete键，删除掉椭圆，如图5-157所示。

图5-157

步骤05 继续使用椭圆工具绘制多个水平或垂直的椭圆，然后全部选中。再选择"窗口>色板库>渐变>明亮"命令，打开"明亮"面板，如图5-158所示。

图5-158

步骤06 单击工具箱中的"实时上色工具"按钮 ，在"明亮"面板中选择一种渐变颜色，将鼠标指针移动到要进行上色的区域单击即可，如图5-159所示。

图5-159

步骤07 用同样的方法更换填充颜色，继续使用实时上色工具为每个区域添加渐变颜色，效果如图5-160所示。

图5-160

步骤08 单击工具箱中的"钢笔工具"按钮 ，在顶部勾出高光的轮廓，调出"渐变"面板，设置"类型"为"线性"，"角度"为79.91°，调整从黑色到透明渐变，单击添加渐变效果，如图5-161所示。

图5-161

步骤09 选择"窗口>透明度"命令，打开"透明度"面板，设置"混合模式"为"滤色"，"不透明度"为50%，制作出高光效果，如图5-162所示。

图5-162

步骤10 单击工具箱中的"文字工具"按钮 ，选择一种文字样式，在画板上输入文字，如图5-163所示。

图5-163

步骤11 选中文字，选择"对象>扩展"命令，在弹出的"扩展"对话框中选中"对象"和"填充"复选框，将文字扩展为普通对象，如图5-164所示。

图5-164

103

步骤12 首先使用直接选择工具选择部分文字，然后选择"窗口>渐变"命令，打开"渐变"面板，设置"类型"为"线性"，调整从灰色到深紫色渐变，为文字添加渐变效果，如5-165所示。

图5-165

步骤13 将文字编组取消，选择后面两个字母，然后在"渐变"面板中更换为蓝色系的渐变，效果如图5-166所示。

图5-166

综合实例——VIP贵宾卡设计

案例文件	综合实例——VIP贵宾卡设计.ai
视频教学	综合实例——VIP贵宾卡设计.flv
难易指数	★★★★★
知识掌握	"渐变"面板、剪切蒙版、路径查找器、钢笔工具、文字工具、圆角矩形工具

案例效果

案例效果如图5-167所示。

图5-167

操作步骤

步骤01 使用"新建"快捷键Ctrl+N创建新文档，如图5-168所示。

图5-168

步骤02 选择"文件>置入"命令，打开"置入"面板，置入素材图片作为底图，如图5-169所示。

图5-169

步骤03 单击工具箱中的"钢笔工具"按钮，绘制不规则图形。设置填充色为黑色，如图5-170所示。

图5-170

步骤04 继续使用工具箱中的钢笔工具，在图形上方绘制叶子的形状。设置填充色为黑色，如图5-171所示。

步骤05 在叶子图形上绘制另一个类似于叶子的形状，设置填充色为白色，如图5-172所示。

图5-171　　　　　　　　图5-172

步骤06 单击工具箱中的"选择工具"按钮，选择两个叶子形状。选择"窗口>路径查找器"命令，在打开的"路径查找器"面板中单击"分割"按钮，完成后可以看到两个图形被分割为3个。再选中中间白色的叶子，将其删除，如图5-173所示。

图5-173

步骤07 单击工具箱中的"椭圆工具"按钮，在叶子图形的左上方单击，同时按住Shift键向右下拖动绘制正圆形。设置填充色为黑色，如图5-174所示。

图5-174

步骤08 单击工具箱中的"选择工具"按钮，选择圆形和叶子的形状，右击，在弹出的快捷菜单中选择"编组"命令，再单击工具箱中的"旋转工具"按钮，按住Alt键的同时按住鼠标左键并拖动鼠标，旋转并复制新的图形，如图5-175所示。

图5-175

步骤09 右击，在弹出的快捷菜单中选择"变换>对称"命令，打开"镜像"面板，设置"镜像轴"为"水平"，单击"确定"按钮完成操作，如图5-176所示。

图5-176

步骤10 单击工具箱中的"选择工具"按钮，选择两组图形，右击，弹出的快捷菜单中选择"编组"命令。再单击工具箱中的"旋转工具"按钮，按住Alt键的同时按住鼠标左键拖动，旋转并复制出新的图形，如图5-177所示。

图5-177

步骤11 按快捷键Ctrl+D，继续复制新的图形，并摆放在合适位置，如图5-178所示。

图5-178

步骤12 单击工具箱中的"文字工具"按钮 **T.**，在控制栏中设置合适的字体和大小，再在图形上单击，输入文字，然后选择"对象>扩展"命令，打开"扩展"对话框，选中"对象"和"填充"复选框，单击"确定"按钮完成操作，如图5-179所示。

图5-179

步骤13 单击工具箱中的"文字工具"按钮 **T.**，用以上相同的方式输入英文，如图5-180所示。

图5-180

步骤14 单击工具箱中的"选择工具"按钮 ▶，选择所有图形，右击，在弹出的快捷菜单中选择"编组"命令。按住Shift键和Alt键的同时向右拖动，复制出一个新的相同的图形，如图5-181所示。

图5-181

步骤15 选择"窗口>渐变"命令，打开"渐变"面板，编辑一种金色渐变，至此标志制作完成，如图5-182所示。

图5-182

步骤16 选择"文件>置入"命令，置入手拿卡片的素材图片，如图5-183所示。

图5-183

步骤17 单击工具箱中的"圆角矩形工具"按钮 □，在适当的位置单击绘制适当大小的圆角矩形。选择"窗口>颜色"命令，打开"颜色"面板，设置填充色为灰色，如图5-184所示。

图5-184

步骤18 单击工具箱中的"选择工具"按钮 ▶，选中圆角矩形。按住Shift和Alt键的同时向左拖动，复制出一个新的相同的图形。在"渐变"面板中编辑一种红黑色渐变，如图5-185所示。

图5-185

步骤19 选择"文件>置入"命令，置入花纹图片作为底图，如图5-186所示。

图5-186

步骤20 单击工具箱中的"钢笔工具"按钮 ♦，在圆角矩形上绘制多条曲线形状的闭合路径。选择"窗口>渐变"命令，打开"渐变"面板，编辑一种金色渐变，如图5-187所示。

图5-187

步骤21 单击工具箱中的"圆角矩形工具"按钮 □，绘制与卡片大小相同的圆角矩形，选中圆角矩形和金色曲线，右击，在弹出的快捷菜单中选择"建立剪切蒙版"命令，使多余部分隐藏，如图5-188所示。

图5-188

步骤22 单击工具箱中的"钢笔工具"按钮 ♦，在圆角矩形底部绘制形状。选择"窗口>渐变"命令，打开"渐变"面板，编辑一种金色渐变，如图5-189所示。

图5-189

步骤23▶单击工具箱中的"选择工具"按钮 ，选择标志部分的图形，右击，在弹出的快捷菜单中选择"编组"命令。按住Shift和Alt键的同时向右拖动，复制出一个相同的图形，并将其摆放在卡片上，如图5-190所示。

图5-190

步骤24▶单击工具箱中的"文字工具"按钮 T ，在控制栏中设置合适的字体和大小，在图形上单击输入文字。选择"对象>扩展"命令，在弹出的"扩展"对话框中选中"对象"和"填充"复选框，单击"确定"按钮完成操作，如图5-191所示。

图5-191

步骤25▶复制文字部分并适当向左拖动，使用滴管工具吸取金色渐变并赋予当前文字，如图5-192所示。

图5-192

步骤26▶单击工具箱中的"文字工具"按钮 T ，在控制栏中设置合适的字体和大小，在图形上输入文字，对文字进行扩展后同样赋予金色渐变，如图5-193所示。

图5-193

步骤27▶单击工具箱中的"钢笔工具"按钮 ，在英文的左上角绘制光芒形状。选择"窗口>渐变"命令，打开"渐变"面板，编辑一种黑白色渐变，设置"类型"为"径向"，如图5-194所示。

图5-194

步骤28▶单击工具箱中的"文字工具"按钮 T ，在控制栏中设置合适的字体和大小，在画面右下角输入文字。选择"对象>扩展"命令，打开"扩展"对话框，选中"对象"和"填充"复选框，单击"确定"按钮完成操作，如图5-195所示。

图5-195

步骤29 复制文字并向左拖动，同样为其编辑一种金色渐变，如图5-196所示。

图5-196

步骤30 单击工具箱中的"选择工具"按钮 ▶，选择卡上的所有图形及文字，右击，在弹出的快捷菜单中选择"编组"命令，如图5-197所示。

图5-197

步骤31 卡的背面部分制作也比较简单，可以复制正面，然后删除多余的部分，保留底色。使用矩形工具绘制磁条与签名区域，并为其设置合适的填充颜色，输入所需文字并从卡片正面复制标志和艺术字，将其摆放在卡片的合适位置，如图5-198所示。

图5-198

图5-198（续）

步骤32 将卡片背面适当缩小，摆放在画面左下角，最终效果如图5-199所示。

图5-199

Chapter 6

第6章

绘制复杂图形

在前面的章节中讲解了基本的几何形体以及简单的线条对象的绘制方法。但是在实际的平面设计制作中，经常需要绘制出很多复杂而精准的图形，这就需要使用到钢笔工具。除此之外，Illustrator的工具箱中还提供了多种可供矢量图形编辑的工具，在本章中也将进行详细的讲解。

本章学习要点：

- 掌握钢笔绘图工具的使用方法
- 掌握画笔、铅笔、斑点画笔工具的使用方法
- 掌握橡皮擦工具组的使用方法
- 掌握透视工具的使用方法

6.1 钢笔工具组

钢笔工具组是Illustrator中专门用来制作路径的工具，在该工具组中共有4个工具，分别是钢笔工具、添加锚点工具、删除锚点工具和转换锚点工具。如图6-1所示为使用钢笔工具组制作的作品。

图6-1

6.1.1 了解路径

矢量绘图中称点为锚点，线为路径。在Illustrator中，"路径"是最基本的构成元素。矢量图的创作过程就是创作路径、编辑路径的过程。路径由锚点及锚点之间的连接线构成，锚点的位置决定着连接线的动向，由控制手柄和动向线构成，其中控制手柄确定每个锚点两端的线段弯曲度，如图6-2所示。

路径最基础的概念是两点连成一线，3个点可以定义一个面。在进行矢量绘图时，通过绘制路径并在路径中添加颜色可以组成各种复杂图形，如图6-3所示。

在Illustrator中包含3种主要的路径类型，如图6-4所示。

图6-2 图6-3 图6-4

- 开放路径：两个不同的端点，二者之间有任意数量的锚点。
- 闭合路径：连续的路径，没有端点，没有开始或结束。一条闭合的路径只是一圈圈的继续。
- 复合路径：两个或两个以上开放或闭合路径。

6.1.2 钢笔工具

钢笔工具是最基本、最常用的路径绘制工具，使用该工具可以绘制任意形状的直线或曲线路径。控制栏中包含多个用于锚点编辑的工具，如图6-5所示。

图6-5

- 将所选锚点转换为尖角：选中平滑锚点，单击该按钮即可转换为尖角点，如图6-6所示。
- 将所选锚点转换为平滑：选中尖角锚点，单击该按钮即可转换为平滑点，如图6-7所示。

图6-6 图6-7

⊙ 显示多个选定锚点的手柄 ▨：当该按钮处于选中状态时，被选中的多个锚点的手柄都将处于显示状态，如图6-8所示。

⊙ 隐藏多个选定锚点的手柄 ▨：当该按钮处于选中状态时，被选中的多个锚点的手柄都将处于隐藏状态，如图6-9所示。

⊙ 删除所选锚点 ▨：单击该按钮即可删除选中的锚点，如图6-10所示。

⊙ 连接所选锚点 ▨：在开放路径中，选中不相连的两个端点，单击该按钮即可在两点之间建立路径进行连接，如图6-11所示。

⊙ 在所选锚点处剪切路径 ▨：选中锚点，单击该按钮即可将所选的锚点分割为两个锚点，并且两个锚点之间不相连，如图6-12所示。

⊙ 隔离选中对象 ▨：在包含选中对象的情况下，单击该按钮即可在隔离模式下编辑对象。

图6-8　　　　　图6-9　　　　　图6-10

图6-11　　　　　图6-12

理论实践——使用钢笔工具绘制直线

步骤01 单击工具箱中的"钢笔工具"按钮 ▨ 或使用快捷键P，将鼠标指针移至画面中，单击可创建一个锚点，如图6-13所示。

图6-13

步骤02 松开鼠标，将鼠标指针移至下一处位置单击创建第二个锚点，两个锚点会连接成一条由角点定义的直线路径，如图6-14所示。

图6-14

技巧提示

　　按住Shift键可以绘制水平、垂直或以45°角为增量的直线。

步骤03 将鼠标指针放在路径的起点，当鼠标指针变为 ▨ 形状时，单击即可闭合路径，如图6-15所示。

步骤04 如果要结束一段开放式路径的绘制，可以按住Ctrl键并在画面的空白处单击，选择其他工具或者按Enter键也可以结束路径的绘制，如图6-16所示。

图6-15　　　　　图6-16

理论实践——使用钢笔工具绘制波浪曲线

步骤01 单击"钢笔工具"按钮 ▨，此时绘制出的将是路径。在画布中单击即可出现一个锚点，松开鼠标，移动鼠标指针到另外的位置，按住鼠标左键并拖动，即可创建一个平滑点，如图6-17所示。

步骤02 将鼠标指针放置在下一个位置，然后单击并拖曳光标创建第二个平滑点，注意要控制好曲线的走向，如图6-18所示。

图6-17　　　　　图6-18

Illustrator CC 中文版从入门到精通

步骤03 继续绘制出其他的平滑点，如图6-19所示。

步骤04 可使用直接选择工具选择锚点，并调节好其方向线，使其生成平滑的曲线，如图6-20所示。

图6-19   图6-20

理论实践——使用钢笔工具绘制多边形

步骤01 选择钢笔工具，接着将鼠标指针放置在一个网格上，当光标变成 ♦× 形状时单击，确定路径的起点，如图6-21所示。

图6-21

 技巧提示

为了便于绘制，执行"视图>显示网格"命令，画布中即可显示出网格，该网格作为辅助对象在输出后是不可见的，如图6-22所示。

图6-22

步骤02 将鼠标指针移动到下一个网格处，然后单击创建一个锚点，在两个锚点之间会自动生成一条直线路径，如图6-23所示。

步骤03 继续在其他的网格上创建出锚点，如图6-24所示。

图6-23   图6-24

步骤04 将鼠标指针放置在起点上，当鼠标指针变成 ♦。形状时，单击闭合路径，取消网格，绘制的多边形如图6-25所示。

图6-25

6.1.3 添加锚点工具

添加锚点可以增强对路径的控制，也可以扩展开放路径，但最好不要添加多余的点。点数较少的路径更易于编辑、显示和打印。

步骤01 选择要修改的路径。若要添加锚点，单击工具箱中的"添加锚点工具"按钮 ♦ 或使用快捷键"+"，并将指针置于路径段上，然后单击，如图6-26所示。

步骤02 使用同样的方法，继续添加另外3个锚点，然后使用直接选择工具拖曳新添加的锚点，形成一个四角星形，如图6-27所示。

图6-26   图6-27

6.1.4 删除锚点工具

可以通过删除不必要的锚点来降低路径的复杂性。添加和删除锚点的工作方式与各个 Adobe 应用程序中的相应操作类似。

若要删除锚点，单击工具箱中的"删除锚点工具"按钮 或使用快捷键"-"，并将指针置于锚点上，然后单击，如图6-28所示。

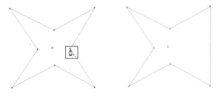

图6-28

6.1.5 转换锚点工具

转换锚点工具可以使角点变得平滑或使平滑的点变得尖锐，从而改变路径的形态。

步骤01 单击工具箱中的"转换锚点工具"按钮 或使用快捷键Shift+C，将鼠标指针放置在锚点上，如图6-29所示。

步骤02 单击并向外拖曳鼠标，可以看出锚点上拖曳出方向线，锚点转换成平滑曲线锚点，如图6-30所示。

步骤03 同理，将另一锚点转换为平滑曲线锚点，效果如图6-31所示。

图6-29　　　图6-30　　　图6-31

步骤04 单击平滑曲线锚点可以将其直接转换为角点，如图6-32所示。

图6-32

步骤05 如果要将平滑点转换成具有独立方向线的角点，需要单击任一方向点，如图6-33所示。

图6-33

实例练习——使用钢笔工具绘制卡通小鸟

案例文件	实例练习——使用钢笔工具绘制卡通小鸟.ai
视频教学	实例练习——使用钢笔工具绘制卡通小鸟.flv
难易指数	★★★★★
知识掌握	钢笔工具、转换锚点工具、添加锚点工具

案例效果

案例效果如图6-34所示。

图6-34

操作步骤

步骤01 使用新建快捷键Ctrl+N创建新文档。

步骤02 单击工具箱中的"钢笔工具"按钮 ，在要创建第一个锚点的位置上单击，然后继续单击添加锚点进行绘制，如图6-35所示。

步骤03 单击工具箱中的"转换锚点工具"按钮 ，再单击要转换为曲线锚点的锚点对象，拖动鼠标控制曲线，将曲线调整到所需要的状态，如图6-36所示。

图6-35　　　图6-36

步骤04 继续使用钢笔工具绘制出闭合路径，并在转角处使用转换锚点工具进行调整，如图6-37所示。

图6-37

 技巧提示

由于在使用钢笔工具绘制的过程中使用了转换锚点工具，所以再次使用钢笔工具在下一个锚点处单击可能会出现绘制了新路径，与之前的路径断开的情况。遇到这种情况，只需使用钢笔工具在之前最后绘制的锚点上单击，并继续向下一个锚点位置单击即可延续之前的路径进行绘制。

步骤05 将路径保持选中状态，选择"窗口>颜色"命令，在"颜色"面板中设置填充为橘色，如图6-38所示。

步骤06 单击工具箱中的"钢笔工具"按钮 ，绘制出另一个图形，填充为黑色，如图6-39所示。

图6-38　　　　　图6-39

步骤07 单击工具箱中的"选择工具"按钮 ，选中新绘制的图形，右击，在弹出的快捷菜单中选择"排列>置于底层"命令，如图6-40所示。

图6-40

 技巧提示

将所选对象置于底层的快捷键为Shift+Ctrl+[。

步骤08 单击工具箱中的"矩形工具"按钮 ，绘制一个长方矩形，再单击工具栏中的"自由变换工具"按钮 ，矩形上出现了一个定界框，将鼠标指针放置到定界框的外侧，鼠标指针将变成 状态，拖曳鼠标对对象进行旋转操作，如图6-41所示。

步骤09 单击工具箱中的"添加锚点工具"按钮 ，在长方矩形上下两个边上各加两个锚点。再单击工具箱中的"直接选择工具"按钮 ，选中锚点进行移动，使图形发生改变。绘制出一个眉毛，如图6-42所示。

图6-41　　　　　　　　图6-42

 答疑解惑——如何删除多余的锚点？

单击工具箱中的"删除锚点工具"按钮 ，在将要删除的锚点上单击，即可删除多余的锚点。

步骤10 继续使用"矩形工具"按钮 和"添加锚点工具"按钮 ，按照同样的方法绘制另外一个"眉毛"，如图6-43所示。

图6-43

步骤11 绘制眼睛。单击"钢笔工具"按钮 ，绘制出左眼的轮廓，填充为紫色。再用同样方法绘制出右眼，颜色为黑色，如图6-44所示。

图6-44

步骤12 使用钢笔工具在紫色眼圈上绘制闭合路径，填充黑色。继续绘制并填充白色。依次一层层地进行绘制，绘制出左眼，并用同样的方法绘制出右侧眼睛，如图6-45所示。

图6-45

步骤13 制作嘴部分。使用钢笔工具勾勒出上嘴唇的轮廓，然后填充为黑色，使用选择工具将黑色嘴选中，使用"复制"命令与"原位粘贴"命令，并按Shift +Alt快捷键将其等比例缩小，设置填充为黄色，如图6-46所示。

步骤14 按照上述同样的方法制作出下嘴唇，如图6-47所示。

图6-46　　　　　　图6-47

步骤15 制作面部阴影与高光区域，在头顶部使用钢笔工具绘制出一个高光轮廓，然后填充为浅黄色。按照同样的方法继续绘制阴影，并分别设置相应的填充颜色，如图6-48所示。

图6-48

步骤16 置入背景素材文件，最终效果如图6-49所示。

图6-49

6.2 画笔工具

　　画笔工具是一个自由的绘画工具，用于为路径创建特殊风格的描边，可以将画笔描边用于现有的路径，也可以使用画笔工具直接绘制带有画笔描边的路径。画笔工具多用于绘制徒手画和书法线条，以及路径图稿和路径图案。Illustrator 中丰富的画笔库和画笔的可编辑性使绘图变得更加简单、更加有创意。如图6-50所示为使用画笔工具制作的作品。

图6-50

6.2.1 认识画笔工具

　　单击工具箱中的"画笔工具"按钮 ，在控制栏中可以对画笔描边颜色与粗细进行设置。单击"描边"按钮，可以在弹出的描边窗口中设置具体参数。继续在"配置文件"下拉列表框中选择一种合适的变量，并选择一种合适的画笔，如图6-51所示。

　　双击工具箱中的"画笔工具"按钮 ，弹出"画笔工具选项"对话框。在该对话框中可以对画笔的容差、选项等参数进行设置，如图6-52所示。

图6-51

图6-52

- 保真度：控制向路径中添加新锚点的鼠标移动距离。
- 平滑度：控制使用工具时Illustrator应用的平滑量。百分比数值越大，路径越平滑。
- 填充新画笔描边：将填色应用于路径，该选项在绘制封闭路径时最有用。
- 保持选定：确定在绘制路径之后是否保持路径的选中状态。
- 编辑所选路径：确定是否可以使用画笔工具更改现有路径。
- 范围：用于设置使用画笔工具来编辑路径的鼠标指针与路径间距离的范围。该选项仅在选中"编辑所选路径"复选框时可用。
- 重置：通过单击该按钮，将对话框中的参数调整到软件的默认状态。

6.2.2 认识"画笔"面板

选择"窗口>画笔"命令,打开"画笔"面板。散点画笔、艺术画笔和图案画笔都包含完全相同的着色选项,如图6-53所示。

图6-53

⊙ 画笔库菜单 █: 单击该按钮即可显示出画笔库菜单。

⊙ 移去画笔描边 ☒: 去除画笔描边样式。

⊙ 所选对象的选项 ✍: 单击该按钮可以自定义艺术画笔或图案画笔的描边实例,然后设置描边选项。对于艺术画笔,可以设置描边宽度,以及翻转、着色和重叠选项。对于图案画笔,可以设置缩放选项以及翻转、描摹和重叠选项。

⊙ 新建画笔 █: 单击该按钮,弹出"新建画笔"对话框,设置适合的画笔类型即可将当前所选对象定义为新画笔,如图6-54所示。

⊙ 删除画笔 █: 删除当前所选的画笔预设。

图6-54

 技术拓展: 画笔类型详解

⊙ 散点画笔: 沿着路径弥散特定的画笔形状。即一个对象重复多次出现并沿着路径分布。
⊙ 书法画笔: 沿着路径中心创建具有书法效果的画笔。所创建的描边,类似用笔尖呈某个角度的书法画笔,沿着路径的中心绘制出来。
⊙ 图案画笔: 绘制由重复的图案组成的路径。绘制一种图案,该图案由沿路径重复的各个拼贴组成。图案画笔最多可以包括5种拼贴,即图案的边线、内角、外角、起点和终点。
⊙ 艺术画笔: 沿路径长度均匀拉伸画笔形状或对象形状。

6.2.3 使用画笔库

画笔库是自带的预设画笔的合集。选择"窗口>画笔库>库"命令,然后从子菜单中选择一种画笔库打开。也可以使用"画笔"面板菜单来打开画笔库,从而选择不同风格的画笔。例如,打开"装饰_文本分隔线"面板,可以看到许多种分隔线,如图6-55所示。

要在启动 Illustrator 时自动打开画笔库,可以在画笔库面板菜单中选择"保持"命令,如图6-56所示。

如果想要将某个画笔库中的画笔复制到"画笔"面板,可以直接将画笔拖到"画笔"面板中,或者单击该画笔,如图6-57所示。

如果想要快速地将多个画笔从画笔库面板复制到"画笔"面板中,可以在画笔库面板中按住Ctrl键加选所有需要复制的画笔,然后在画笔库的面板菜单中选择"添加到画笔"命令即可,如图6-58所示。

图6-55　　　　　　　　　　　图6-56

图6-57　　　　　　　　　　　图6-58

6.2.4　应用画笔描边

画笔描边可以应用于由任何绘图工具，例如钢笔工具、铅笔工具或基本的形状等工具所创建的路径。

步骤01 选择路径，然后从画笔库、"画笔"面板或"控制"面板中选择一种画笔类型，画笔描边即可呈现在路径上，如图6-59所示。

步骤02 也可以在"画笔"面板中选中某个画笔，并将画笔直接拖到路径上，如图6-60所示。

步骤03 如果所选的路径已经应用了画笔描边，则新画笔将取代旧画笔，如图6-61所示。

步骤04 也可以单击工具箱中的"画笔工具"按钮，在控制栏中可以对画笔描边颜色与粗细进行设置。单击"描边"按钮，可以在弹出的描边窗口中设置具体参数。继续在"变量宽度配置文件"中选择一种合适的变量，在"画笔定义"中选择一种合适的画笔，如图6-62所示。

图6-62

步骤05 在画板中按住鼠标进行拖曳，即可绘制出一条带有设定样式的路径，另外也可以在"画笔"面板中选择合适的画笔样式，如图6-63所示。

图6-59　　　　　　　　图6-60

图6-61

图6-63

6.2.5　清除画笔描边

选择一条用画笔绘制的路径，单击"画笔"面板菜单按钮，在菜单中选择"移去画笔描边"命令，或者单击"移去画笔描边"按钮即可删除画笔描边，如图6-64所示。

图6-64

6.2.6　将画笔描边转换为轮廓

在Illustrator中，画笔的描边宽度并不属于路径的真正范围内，但是可以将画笔描边转换为轮廓路径并进行编辑。首先选择一条用画笔绘制的路径，并选择"对象>扩展外观"命令。扩展路径中的组件将被置入一个组中，组内包含一条路径和一个包含画笔描边轮廓的子组，如图6-65所示。

图6-65

6.3 铅笔工具组

铅笔工具组包含3个工具，即铅笔工具、平滑工具和路径橡皮擦工具。铅笔工具主要用于创建路径，而平滑工具和路径橡皮擦工具则用于快速地修改和删除路径。使用铅笔工具组的工具可以快速地制作绘画效果，如图6-66所示为使用这些工具完成的作品。

图6-66

6.3.1 铅笔工具

　　铅笔工具可用于随意地绘制开放路径和闭合路径，就像用铅笔在纸上绘图一样。可以利用铅笔工具快速地完成较为复杂的绘画。这对于快速素描或创建手绘外观最有用。

　　双击工具箱中的"铅笔工具"按钮 ，弹出"铅笔工具选项"对话框，在该对话框中进行铅笔工具的保真度、平滑度等参数的设置，如图6-67所示。

- ● 保真度：控制向路径中添加新锚点的鼠标移动距离。
- ● 平滑度：控制使用铅笔工具时Illustrator应用的平滑量。百分比数值越大，路径越平滑。
- ● 填充新铅笔描边：将填色应用于路径，该选项在绘制封闭路径时最有用。
- ● 保持选定：确定在绘制路径之后是否保持路径的选中状态。
- ● 编辑所选路径：确定是否可以使用铅笔工具更改现有路径。

图6-67

- ● 范围：用于设置使用铅笔工具来编辑路径的鼠标指针与路径间距离的范围。该选项仅在选中"编辑所选路径"复选框时可用。
- ● 重置：通过单击该按钮，将对话框中的参数调整到软件的默认状态。

理论实践——使用铅笔工具绘图

　　单击工具箱中的"铅笔工具"按钮或按N键，将鼠标指针移动到画面中，此时鼠标指针变为 形状。在画面中按住鼠标左键并拖动即可自由绘制路径，如图6-68所示。

图6-68

理论实践——使用铅笔工具快速绘制闭合图形

　　使用铅笔工具，在按住鼠标左键并拖动的过程中按下Alt键，此时鼠标指针变为 形状，表示此时绘制的路径即使不是闭合路径，在完成之后也会自动以起点和终点进行首尾相接，形成闭合图形，如图6-69所示。

图6-69

理论实践——使用铅笔工具改变路径形状

　　在"铅笔工具选项"对话框中选中"编辑所选路径"复选框时，即可使用铅笔工具直接更改路径形状。

步骤01 单击工具箱中的"铅笔工具"按钮，将鼠标指针移动到画面中，此时鼠标指针变为 形状。在画面中拖曳鼠标即可自由绘制路径，如图6-70所示。

步骤02 选择要更改的路径，将铅笔工具定位在要重新绘制的路径上或附近。当鼠标指针由 变为 形状时，即表示指针与路径非常接近，如图6-71所示。

步骤03 按住鼠标左键并拖动进行绘制即可改变路径的形状，如图6-72所示。

图6-70　　　图6-71　　　图6-72

理论实践——使用铅笔工具连接两条路径

　　使用铅笔工具还可以快速地连接两条不相连的路径。首先选择两条路径，接着选择工具箱中的铅笔工具，将鼠标指针定位到其中一条路径的某一端，然后向另一条路径拖动。

　　开始拖移后按住Ctrl键，铅笔工具会显示为 形状，拖动到另一条路径的端点上即可将两条路径连接为一条路径，如图6-73所示。

图6-73

6.3.2 平滑工具

平滑工具是铅笔工具的一个辅助工具，使用该工具可以将绘制的路径对象的不平滑位置进行平滑处理。

双击工具箱中的"平滑工具"按钮 ，弹出"平滑工具选项"对话框。在该对话框中进行相应的设置，然后单击"确定"按钮，如图6-74所示。

- 🌑 保真度：用于控制向路径添加新描点前移动鼠标的最远距离。
- 🌑 平滑度：用于控制使用平滑工具时应用的平滑量。
- 🌑 重置：通过单击该按钮，将对话框中的参数调整到软件的默认状态。

图6-74

理论实践——使用平滑工具

使用平滑工具可以快速地平滑所选路径，并且尽可能地保持路径原来的形状。该工具的使用方法比较简单，只需要在工具箱中单击"平滑工具"按钮 ，当所选的路径对象不在平滑的位置上时，按照希望的形态拖动鼠标即可，如图6-75所示。

图6-75

技巧提示

如果当前所选工具为铅笔工具，按住Alt键可以快速切换为平滑工具。

6.3.3 路径橡皮擦工具

橡皮擦工具主要通过从对象中擦除路径和锚点，快速删除路径中任意的部分。选中要修改的对象，单击工具箱中的"路径橡皮擦工具"按钮，沿着要擦除的路径线段长度拖动鼠标，即可擦除部分路径，被擦除的闭合路径会变为开放路径，如图6-76所示。

图6-76

技巧提示

橡皮擦工具不能用于文本对象或者网格对象的擦除。

6.4 斑点画笔工具

斑点画笔工具与画笔工具不同，使用画笔工具绘制的图形为一个描边效果，而使用斑点画笔工具绘制的路径则是一个填充的效果。另外，当在相邻的两个由斑点画笔工具绘制的图形之间进行相连绘制时，可以将两个图形连接为一个图形。如图6-77所示分别为使用画笔工具和斑点画笔工具绘制的对比效果，可以看到使用画笔工具绘制出的是带有描边的路径，而使用斑点画笔工具绘制出的是带有填充的形状。

双击工具箱中的"斑点画笔工具"按钮，弹出"斑点画笔工具选项"对话框。在该对话框中进行相应的设置，然后单击"确定"按钮，如图6-78所示。

图6-77　　　　　　　　　　　　　　　　　　图6-78

Illustrator CC 中文版从入门到精通

- 保持选定：指定绘制合并路径时，所有路径都将被选中，并且在绘制过程中保持被选中状态。该选项在查看包含在合并路径中的全部路径时非常有用。选中该复选框后，"仅与选区合并"复选框将被停用。

- 仅与选区合并：指定如果选择了图稿，则斑点画笔工具只可与选定的图稿合并。如果没有选择图稿，则斑点画笔工具可以与任何匹配的图稿合并。

- 保真度：控制必须将鼠标或光笔移动多大距离，Illustrator 才会向路径添加新锚点。例如，保真度值为 2.5，表示小于 2.5 像素的工具移动将不生成锚点。保真度的范围可介于 0.5～20 像素；值越大，路径越平滑，复杂程度越小。

- 平滑度：控制使用工具时 Illustrator 应用的平滑量。平滑度范围为 0～100%；百分比的值越大，路径越平滑。

- 大小：决定画笔的大小。

- 角度：决定画笔旋转的角度。拖移预览区中的箭头，或在该文本框中输入一个值。

- 圆度：决定画笔的圆度。将预览区中的黑点朝向或背离中心方向拖移，或者在该文本框中输入一个值。该值越大，圆度就越大。

理论实践——使用斑点画笔工具

斑点画笔工具的使用方法与前面章节讲解过的画笔工具和铅笔工具的绘制方法基本相同。

步骤01 单击工具箱中的"斑点画笔工具"按钮 📝，或按 Shift+B 快捷键。在页面中要进行绘制的位置上按住鼠标左键并拖动鼠标，即可按照鼠标指针移动的轨迹在画板中创建出有填充、无描边的路径，如图6-79所示。

步骤02 使用斑点画笔工具绘制路径时，新路径将与所遇到的最匹配路径合并。如果新路径在同一组或同一图层中遇到多个匹配的路径，则所有交叉路径都会合并在一起，如图6-80所示。

步骤03 使用斑点画笔工具可以合并由其他工具创建的路径。首先需要确保路径的排列顺序必须相邻，图稿的填充颜色需要相同，并且没有描边，然后将斑点画笔工具设置为具有相同的填充颜色，并绘制与所有想要合并在一起的路径交叉的新路径，如图6-81所示。

步骤04 要对斑点画笔工具应用例如效果或透明度上色属性，需要选择画笔，并在开始绘制之前在"外观"面板中设置各种属性，如图6-82所示。

图6-79

图6-80

图6-81

图6-82

6.5 橡皮擦工具组

橡皮擦工具组的工具主要用于擦除、切断路径，是矢量绘图中必不可少的常用工具。该工具组包含3种工具，即橡皮擦工具、剪刀工具和刻刀工具，如图6-83所示为优秀的矢量插画欣赏。

图6-83

6.5.1 橡皮擦工具

橡皮擦工具可以快速地擦除已经绘制单个路径或是成组的图形。双击工具箱中的"橡皮擦工具"按钮 ，弹出"橡皮擦工具选项"对话框。在该对话框中进行相应的设置，然后单击"确定"按钮，如图6-84所示。

图6-84

- 角度：调整该选项中的参数，确定此工具旋转的角度。拖移预览区中的箭头，或在"角度"文本框中输入一个值。

- 圆度：调整该选项中的参数，确定此工具的圆度。将预览区中的黑点或向背离中心的方向拖移，或者在该文本框中输入一个值。该值越大，圆度就越大。

- 大小：调整该选项中的参数，确定此工具的直径。可以使用"大小"滑块，或在"大小"文本框中输入一个值进行调整。

  每个选项右侧弹出的下拉列表中的选项可以控制此工具的形状变化，可选择以下选项之一。

- 固定：选择该选项，可以使用固定的角度、圆度或大小。

- 随机：选择该选项，可以使角度、圆度或直线随机变化。在"变量"文本框中输入一个值，来指定画笔特征的变化范围。

- 压力：选择该选项，可以根据绘画光笔的压力使角度、圆度或大小发生变化。

- 光笔轮：选择该选项，可以根据光笔轮的操作使大小发生变化。

- 倾斜：选择该选项，可以根据绘画光笔的倾斜角度、圆度或大小发生变化。此选项与"圆度"选项一起使用时非常有用。

- 方位：选择该选项，可以根据绘画光笔的压力使角度、圆度和大小发生变化。此选项对于控制书法画笔的角度非常有用。

- 旋转：选择该选项，可以根据绘画光笔的压力使角度、圆度和大小发生变化。此选项对于控制书法画笔的角度非常有用，仅当具有可以检测这种旋转类型的图形输入板时，才能使用此选项。

> **技巧提示**
>
> 橡皮擦工具与路径橡皮擦工具虽然都是用于擦除对象，但是路径橡皮擦工具擦除的部分只能是图形中的路径部分。而橡皮擦工具还可以将图形中填充部分和其他的内容进行擦除。

理论实践——使用橡皮擦工具

步骤01 单击工具箱中的"橡皮擦工具"按钮 ，在未选中任何对象时在要擦除的图形位置上拖动鼠标，即可擦除鼠标指针移动范围以内的所有路径。擦除后自动在路径的末尾生成了一个新的节点，并且路径处于被选中的状态，如图6-85所示。

步骤02 如果当前文件中某些部分处于被选中的状态，那么使用橡皮擦工具只能够擦除鼠标指针移动范围以内的被选中对象中的部分，如图6-86所示。

图6-85

图6-86

Illustrator CC 中文版从入门到精通

步骤03 使用橡皮擦工具时按住Shift键可以沿水平、垂直或者斜45°角进行擦除，如图6-87所示。

步骤04 使用橡皮擦工具时按住Alt键可以以矩形的方式进行擦除，如图6-88所示。

步骤05 使用橡皮擦工具时按住Shift键与Alt键可以以正方形的方式进行擦除，如图6-89所示。

图6-87　　　　　　　图6-88

图6-89

6.5.2 剪刀工具

使用剪刀工具可以针对路径、图形框架或空文本框架进行操作。剪刀工具将一条路径分割为两条或多条路径，并且每个部分都具有独立的填充和描边属性，如图6-90所示。

图6-90

理论实践——使用剪刀工具

步骤01 单击工具箱中的"剪刀工具"按钮✂，然后将要进行剪切的路径选中，在要进行剪切的位置上单击，可以将一条路径拆分成两条路径。使用选取工具移动可以将拆分成的两条路径从之前的同一路径中移动到其他位置，如图6-91所示。

图6-91

当前锚点分割为两个重叠但是断开的锚点，此时形状变为开放路径，如图6-92所示。

步骤03 继续在另外一个锚点处单击，该锚点也被分割为两个重叠但是断开的锚点，如图6-93所示。

步骤04 右下角的部分变为了独立的路径，可以进行移动调整等编辑操作，如图6-94所示。

步骤02 单击工具箱中的"剪刀工具"按钮✂，在闭合路径上进行操作可以将形状快速切分为多个部分，而且分割处为直线。使用剪刀工具在形状的其中一个锚点上单击，即可将

图6-92　　　　图6-93　　　　图6-94

6.5.3 刻刀工具

使用刻刀工具可以将一个对象以任意的分割线划分为各个构成部分的表面。如图6-95所示为将一个完整的星星分别以曲线分割线、直线分割线和折线分割线进行分割的效果。

图6-95

理论实践——使用刻刀工具

步骤01 单击工具箱中的"刻刀工具"按钮，将要进行剪切的路径选中。使用鼠标沿着要进行裁切的路径进行拖曳，被选中的路径被分割为两个部分，与之重合的其他路径没有被分割，如图6-96所示。

图6-96

步骤02 在没有选择任何对象时，直接使用刻刀工具在对象上进行拖动即可将指针移动范围以内的所有对象进行分割，如图6-97所示。

步骤03 使用刻刀工具的同时按住Alt键可以以直线分割对象，如图6-98所示。

步骤04 使用刻刀工具的同时按住Shift键与Alt键可以以水平直线、垂直直线或斜45°的直线分割对象，如图6-99所示。

图6-97   图6-98   图6-99

实例练习——使用刻刀制作移动客户端网店图块化页面

案例文件	实例练习——使用刻刀制作移动客户端网店图块化页面.ai
视频教学	实例练习——使用刻刀制作移动客户端网店图块化页面.flv
难易指数	☆☆☆☆☆
知识掌握	刻刀工具

案例效果

本案例效果如图6-100所示。

图6-100

操作步骤

步骤01 选择"文件>新建"命令，打开"新建文档"对话框在其中设置"宽度"为720px，"高度"为1080px，"颜色模式"RGB，"栅格效果"为"屏幕（72ppi）"，如图6-101所示。

图6-101

步骤02 单击工具箱中的"矩形工具"按钮 ▭，在控制栏中设置填充颜色为粉色，按住鼠标左键拖曳绘制一个与画板等大的矩形，如图6-102所示。

图6-102

步骤03 单击工具箱中的"刻刀工具"按钮 ✎，将鼠标指针定位到矩形的左侧边缘处，按住Alt键并按住Shift键（Alt键用于控制切割线条为直线而非曲线，Shift键用于控制绘制的切割线条是否水平/垂直），然后按住鼠标左键自左向右拖动，此时拖曳出的为水平的直线切割线条，如图6-103所示。

图6-103

Illustrator CC 中文版从入门到精通

步骤04 松开鼠标后，可以看到矩形被分割为两个部分，如图6-104所示。

图6-104

步骤05 继续使用刻刀工具，将鼠标指针定位到下半部分的矩形上，按住鼠标左键的同时按住Alt和Shift键，绘制一条垂直的切割线，如图6-105所示。松开鼠标后得到切分的效果，如图6-106所示。

图6-105　　　　　图6-106

步骤06 用同样的方法继续对版面中的各个部分进行切分。切分完毕后使用选择工具，依次选中各个部分的矩形块，在控制栏中更改每个部分的填充颜色，如图6-107所示。

图6-107

步骤07 置入素材。选择"文件>置入"命令，将素材1.png置入画面中，然后单击控制栏中的"嵌入"按钮进行嵌入。将其移动到左上角的位置，如图6-108所示。接着使用文字工具在控制栏中设置填充颜色为白色，然后在素材的两侧输入"<""＞"，如图6-109所示。

图6-108　　　　　图6-109

步骤08 在素材下方绘制图形。单击工具箱中的"圆角矩形工具"按钮 ⬜️，在控制栏中设置"填充"颜色为无，"描边"为白色。在要绘制图形的地方单击，打开"圆角矩形工具"面板，设置"半径"为3mm，设置合适的宽度和高度，得到一个圆角矩形，摆放在下方，如图6-110所示。

图6-110

步骤09 要在画面上输入文字，单击工具栏中的"文字工具"按钮 Ｔ，在控制栏中设置填充颜色为白色，调整合适的字体、字号，然后在产品图片的下方单击，并输入文字，到这里页面的第一个图块部分就制作完成了，效果如图6-111所示。用同样的方法制作另外几个产品展示的图块，如图6-112所示。

图6-111　　　　　图6-112

步骤10 单击工具箱中的"圆角矩形工具"按钮 ，在控制栏中设置合适的填充以及描边颜色，然后在画面中按住鼠标左键拖曳绘制出多个圆角矩形，如图6-113所示。使用文字工具在控制栏中设置合适的字体、字号，然后在图形上输入文字，修改文字的位置，如图6-114所示。

步骤11 用同样的方法，继续使用圆角矩形工具和文字工具添加其他图块上的文字，最终效果如图6-115所示。

图6-115

图6-113 　　　　　　　　　图6-114

6.6 透视图工具

在Illustrator中，透视图工具可以在绘制透视效果时作为辅助工具，使对象以当前设置的透视规则进行变形。例如，制作透视感极强的建筑、道路等，如图6-116所示。

图6-116

6.6.1 透视网格工具

透视图工具包括透视网格工具和透视选区工具两种。透视网格工具是在文档中定义或编辑一点透视、两点透视和三点透视的实用工具。单击工具箱中的"透视网格工具"按钮 可以在画布中显示出透视网格，使用快捷键Shift+Ctrl+I也可以显示或隐藏可见的网格，如图6-117所示。

选择"视图>透视网格"命令，在子菜单中可以对网格进行显示、隐藏、对齐、锁定等操作，如图6-118所示。

- 隐藏网格：使用该命令可以隐藏透视网格，也可以使用快捷键Shift+Ctrl+I。
- 显示标尺：该命令仅沿真实高度线的标尺刻度，网格线单位决定了标尺刻度。要在"透视网格"中查看标尺，请选择"视图>透视网格>显示标尺"命令。
- 对齐网格：该命令允许在透视中加入对象并在透视中移动、缩放和绘制对象时对齐网格线。
- 锁定网格：该命令可以限制网格移动和使用透视网格工具进行其他网格编辑，仅可以更改可见性和平面位置。
- 锁定站点：选择该命令时，移动一个消失点将带动其他消失点同步移动。如果未选中，则独立移动，站点也会移动。

图6-117 　　　　　　　　　图6-118

6.6.2 调整透视网格状态

调整透视网格的状态，即其透视的角度和区域，可使用透视网格工具拖动透视网格各个区域的控制手柄进行调整，还可以对透视网格的角度和密度进行调整。

步骤01▶单击工具箱中的透视网格工具，在画布中显示出透视网格，如图6-119所示。

步骤02▶按住鼠标左键并拖动底部的"水平网格平面控制"控制柄，改变平面部分的透视效果，如图6-120所示。

步骤03▶单击并向右拖动"左侧消失点"控制柄，可以调整左侧网格的透视状态，如图6-121所示。

步骤04▶单击并向下拖动"网格单元格大小"控制柄可以使网格更加密集，如图6-122所示。

步骤05▶单击并向上拖动"网格单元格大小"控制柄可以使网格更加宽松，如图6-123所示。

步骤06▶单击并向右拖动底部的"左侧网格平面控制"控制柄，调整透视网格透视块面的区域，如图6-124所示。

步骤07▶最终效果如图6-125所示。

图6-119 图6-120 图6-121

图6-122 图6-123 图6-124 图6-125

6.6.3 使用透视网格预设

在Illustrator中，选择"视图>透视网格"命令，在子菜单中可以进行透视网格预设的选择。如图6-126所示分别为一点透视、两点透视和三点透视。

一点透视 两点透视 三点透视

图6-126

技术拓展：透视类型详解

● 一点透视：也叫平行透视，就是有一面与画面成平行的正方形或长方形物体的透视。这种透视将产生整齐、平展、稳定、庄严的感觉。

● 两点透视：也叫成角透视，就是任何一面都不与平行的正方形或长方形的物体透视。这种透视能使构图较有变化。

● 三点透视：也叫倾斜透视，就是立方体相对于画面，其面及棱线都不平行时，面的边线可以延伸为3个消失点，用俯视或仰视等去看立方体就会形成三点透视。

6.6.4 平面切换构件

在使用透视网格工具时将会出现平面切换构件，在平面切换构件上的某个平面上单击即可将所选平面设置为活动的网格平面。在透视网格中，"活动平面"是指绘制对象的平面。使用快捷键1可以选中左侧网格平面；使用快捷键2可以选中水平网格平面；使用快捷键3可以选中右侧网格平面；使用快捷键4可以选中无活动的网格平面，如图6-127所示。

双击工具箱中的"透视网格工具"按钮🔲，在弹出的"透视网格选项"对话框中可以设置是否显示平面构件，或者设置平面构建所处的位置，如图6-128所示。

无活动的网格平面

左侧网格平面 ━━━ 右侧网格平面

水平网格平面

图6-127

图6-128

● 显示现用平面构件：如果要取消选中该复选框，则构件将不会与透视网格工具一起显示出来。

● 构件位置：可以选择在文档窗口的左上方、右上方、左下方或右下方显示构件。

6.6.5 在透视网格中创建对象

在透视网格开启的状态下绘制图形时，所绘制的图形将自动沿网格透视进行变形。在平面切换构件中选择不同的平面时，鼠标指针也会呈现不同形状，⊹为右侧网格，⊹为左侧网格，⊹为平面网格。

步骤01 在平面切换构件上单击右侧网格平面，然后单击工具箱中的"矩形工具"按钮□，将鼠标指针移动到右侧网格平面上，此时鼠标指针变为⊹形状，如图6-129所示。

图6-129

步骤02 单击并向右下拖曳鼠标，此时可以看到绘制出了带有透视效果的矩形，如图6-130所示。

图6-130

步骤03 在平面切换构件上单击水平网格平面，单击工具箱中的椭圆工具，在底部的水平网格区域单击并拖曳，即可绘制出带有透视感的椭圆，如图6-131所示。

图6-131

6.6.6 透视选区工具

透视选区工具可以在透视网格中加入对象、文本和符号，以及在透视空间中移动、缩放和复制对象。向透视中加入现有对象或图稿时，所选对象的外观和大小将发生更改。在移动、缩放、复制和将对象置入透视时，透视选区工具将使对象与活动面板网格对齐，如图6-132所示。

图6-132

使用透视选区工具在透视平面中移动和复制对象时，有以下3种情况，如图6-133所示：

- 指针显示为▶ₕ，表示为左侧网格平面，也可以使用快捷键1选中左侧网格平面。
- 指针显示为▶ₜ，表示为水平网格平面，也可以使用快捷键2选中水平网格平面。
- 指针显示为▶ₕ，表示为右侧网格平面，也可以使用快捷键3选中右侧网格平面。

图6-133

 技巧提示

如果在使用透视网格工具时按住Ctrl键，可以临时切换为透视选区工具；按下Shift+V快捷键则可以切换到透视选区工具。

6.6.7 将对象加入透视网格

若要将常规对象加入透视网格中，可以单击"透视选区工具"按钮▷选择对象，然后通过使用平面切换构件或快捷键选择要置入对象的活动平面，直接将对象拖放到所需位置即可。

Illustrator CC 中文版从入门到精通

步骤01 单击工具箱中的"透视网格工具"按钮，画面中出现了透视网格，置入需要置入的矢量对象，如图6-134所示。

图6-134

步骤02 在平面切换构件中单击左侧网格平面，然后单击工具箱中的"透视选区工具"按钮，选中需要置入透视网格的对象，按住鼠标左键并拖动到左侧透视网格中，如图6-135所示。

图6-135

步骤03 此时对象呈现与网格相同的透视效果，松开鼠标，如图6-136所示。

步骤04 选择"对象>透视>附加到现用平面"命令，也可以将已经创建了的对象放置到透视网格的活动平面上，如图6-137所示。

图6-136　　　　图6-137

步骤05 使用透视选区工具将鼠标指针移动到对象的一角处，单击并向外拖动，即可在保持透视效果的状态下放大对象，如图6-138所示。

图6-138

6.6.8 在透视网格中移动对象

步骤01 要在透视网格中移动对象，需要使用工具箱中的"透视选区工具"按钮，单击选中需要移动的对象，然后使用方向键或拖动鼠标即可按当前透视规则改变对象位置，如图6-139所示。

图6-139

步骤02 也可以沿着与当前对象位置垂直的方向来移动对象，这在创建平行对象时很有用。使用透视选区工具选择对象，然后按住5键不放，将对象拖动到所需位置，此操作将沿对象的当前位置平行移动对象，如图6-140所示。

图6-140

> **技巧提示**
>
> 在移动时使用Alt键以及数字键5，则会将对象复制到新位置，而不会改变原始对象。在"背面绘图"模式下，此操作可在原对象背面创建对象。

6.6.9 释放透视对象

如果要释放带透视视图的对象，选择"对象>透视>通过透视释放"命令。所选对象将从相关的透视平面中释放，并可作为正常图稿使用，如图6-141所示。

图6-141

将未释放的对象向右移动时整体呈现按当前透视关系变小的效果，如图6-142所示。

对其选择"对象>透视>通过透视释放"命令，完成后再次向右移动，可以看到对象形状不再发生变化，如图6-143所示。

图6-142　　　　图6-143

实例练习——卡通游乐场标志设计

案例文件	实例练习——卡通游乐场标志设计.ai
视频教学	实例练习——卡通游乐场标志设计.flv
难易指数	★★★★★
知识掌握	形状工具、文字工具、"渐变"命令、"路径查找器"命令、钢笔工具

案例效果

案例效果如图6-144所示。

图6-144

操作步骤

步骤01 使用新建快捷键Ctrl+N创建新文档。

步骤02 绘制标志中城堡部分的屋顶，单击工具箱中的"钢笔工具"按钮，在画布中单击并绘制出图形。选择"窗口>颜色"命令，打开"颜色"面板，设置"填充"为蓝色，如图6-145所示。

图6-145

步骤03 制作屋顶的光泽。首先使用钢笔工具在左侧底部勾画出一个轮廓，选择"窗口>渐变"命令，打开"渐变"面板，设置"类型"为"线性"，并编辑一种白色到透明的渐变，此时屋顶左侧的部分出现光泽效果，如图6-146所示。

图6-146

答疑解惑——如何填充透明渐变？

选择"窗口>渐变"命令，调出"渐变"面板。设置"类型"为"线性"，设置两侧渐变滑块都为白色，如图6-147所示。

图6-147

单击左边的渐变滑块并设置"不透明度"为65%，如图6-148所示。

再单击右边的渐变滑块设置"不透明度"为0%，此时可以看到渐变图形的一侧变成透明，如图6-149所示。

图6-148　　　　图6-149

步骤04 选择左侧透明渐变的光泽图形，按住Alt键拖曳复制出一个，右击，在弹出的快捷菜单中选择"变换>对称"命令，在弹出的"镜像"对话框中设置"轴"为"垂直"，"角度"为90°，单击"确定"按钮完成操作，如图6-150所示。

图6-150

步骤05 单击工具箱中的"钢笔工具"按钮，在下面勾勒出城堡主体轮廓，设置"填充"为蓝色，如图6-151所示。

步骤06 将城堡主体保持选中状态，进行"复制"与"粘贴"操作，并为其添加自上而下的半透明渐变光泽效果，如图6-152所示。

图6-151　　图6-152

复制所选对象的快捷键为Ctrl+C。粘贴所选对象的快捷键为Ctrl+V。原位粘贴所选对象的快捷键为Ctrl+F。

步骤07 单击工具箱中的"矩形工具"按钮，在适当的位置绘制一个矩形，并填充为白色，如图6-153所示。

步骤08 使用选择工具选中所有的图形，右击，在弹出的快捷菜单中选择"编组"命令，如图6-154所示。

图6-153　　　　　　　图6-154

　技巧提示

　　编组对象的快捷键为Ctrl+G。取消编组对象的快捷键为Shift+Ctrl+G。

步骤09 复制出一个城堡并移动到左边，将复制的图形等比例放大，然后单击工具箱中的"旋转工具"按钮，将鼠标指针放置在定界框边缘旋转适当角度，再改变其填充颜色为粉色，如图6-155所示。

图6-155

步骤10 单击"直接选择工具"按钮，选中粉色图形上的透明渐变光泽。单击工具箱中的"渐变工具"按钮，在画面中横向拖曳改变其渐变的方向，如图6-156所示。

步骤11 继续使用"直接选择工具"按钮选中白色矩形，调整大小及位置并多次复制，如图6-157所示。

图6-156　　　　　　　图6-157

步骤12 按照上述同样的方法制作出多个城堡，并更改其颜色，如图6-158所示。

步骤13 单击工具箱中的"文字工具"按钮，在控制栏中设置字体和大小，然后输入英文，如图6-159所示。

图6-158　　　　　　　图6-159

步骤14 使用选择工具选中文字，选择"变换>扩展"命令。在"扩展"面板中选中"对称"和"填充"复选框，单击"确定"按钮完成操作，如图6-160所示。

图6-160

步骤15 选择"窗口>颜色"命令，调出"颜色"面板填充红色，如图6-161所示。

图6-161

步骤16 复制文字并等比放大，设置填充色为白色。将白色文字放置在红色文字的下一层中，如图6-162所示。

步骤17 以同样的方法绘制出另一个文字，将其摆放在下层并填充为黄色，如图6-163所示。

图6-162　　　　　　　图6-163

步骤18 将黄色文字选中，选择"效果>3D>凸出和斜角"命令，在"3D 凸出和斜角选项"对话框中设置"位置"为"自定旋转"，"凸出厚度"为50pt，如图6-164所示。

图6-164

步骤19 框选所有对象，右击，在弹出的快捷菜单中选择"编组"命令，再选择"编辑>复制"命令和"编辑>原位粘贴"命令。选中新复制出的组选择"对象>扩展外观"命令，右击，在弹出的快捷菜单中选择"变换>对称"命令，在"镜像"面板中设置轴为"水平"，角度为180°，单击"确定"按钮完成操作，如图6-165所示。

图6-165

步骤20 使用工具箱中的矩形工具，在下半部分绘制一个矩形，并填充白色到黑色的渐变，如图6-166所示。

图6-166

步骤21 选中渐变矩形和倒着的城堡组，然后选择"窗口>透明度"命令，打开"透明度"面板，在面板菜单中选择"建立不透明蒙版"命令，此时倒着的城堡呈现出半透明的倒影效果，如图6-167所示。

图6-167

制作透明渐变前，先绘制出黑白渐变，将想要保留的部分设置为"白色"，将想要隐藏的部分设置为"黑色"，如图6-168所示。

图6-168

步骤22 单击工具箱中的"星形工具"按钮，在空白处单击，在弹出的"星形"对话框中设置"半径1"为9mm，"半径2"为18mm，"角点数"为5，单击"确定"按钮完成操作，设置颜色为黄色，如图6-169所示。

图6-169

步骤23 选中星形对象，选择"编辑>复制"命令与"编辑>原位粘贴"命令，并将星形等比例缩小，如图6-170所示。

步骤24 单击工具箱中的"椭圆工具"按钮，在星形的下半部分绘制一个椭圆形，如图6-171所示。

图6-170   图6-171

步骤25 单击"选择工具"按钮 ,选中椭圆和小的星形。选择"窗口>路径查找器"命令,在打开的"路径查找器"对话框中单击"减去顶层"按钮,如图6-172所示。

图6-172

步骤26 选中剩余的图形,选择"窗口>渐变"命令,编辑一种黑白渐变,如图6-173所示。

图6-173

步骤27 选择"窗口>透明度"命令,在"透明度"面板中设置"混合模式"为"滤色","不透明度"为87%,如图6-174所示。

图6-174

步骤28 单击"钢笔工具"按钮 ,在星形右侧绘制出3组侧面,并填充不同的颜色,模拟出立体效果,如图6-175所示。

图6-175

步骤29 将星形正面和侧面全部选中,右击,在弹出的快捷菜单中选择"编组"命令将图形编组,如图6-176所示。

步骤30 复制多个星形,并更改颜色放置在合适位置,如图6-177所示。

图6-176   图6-177

步骤31 再次单击"星形工具"按钮 ,在空白处绘制出多个星形,并填充渐变颜色,丰富画面效果,如图6-178所示。

步骤32 单击"钢笔工具"按钮 ,绘制出3组条形路径,分别填充渐变颜色,然后将3个渐变条一起选中,右击,在弹出的快捷菜单中选择"编组"命令进行编组,并将其放置在最底层,如图6-179所示。

图6-178   图6-179

步骤33 复制之前绘制完成的立体星形和彩色形状,摆放在右半部分,如图6-180所示。

步骤34 单击工具箱中的"钢笔工具"按钮 ,在主图形的边缘绘制出轮廓图形,在控制栏中设置填充色为白色,描边色为白色,描边粗细为8pt,并放置在城堡的下一层,如图6-181所示。

图6-180   图6-181

步骤35 置入背景素材文件,选中背景素材,右击,在弹出的快捷菜单中选择"排列>置于底层"命令,最终效果如图6-182所示。

图6-182

案例文件	实例练习——绘制有趣的米老鼠头像.ai
视频教学	实例练习——绘制有趣的米老鼠头像.flv
难易指数	★★★★★
知识掌握	钢笔工具、椭圆工具、混合工具、高斯模糊效果

案例效果

本例主要是通过绘制复杂图形工具制作米老鼠效果，如图6-183所示。

图6-183

操作步骤

步骤01 选择"文件>新建"命令或按Ctrl+N快捷键新建一个文档。

步骤02 绘制米老鼠的耳朵。单击工具箱中的"椭圆工具"按钮○，绘制出一个圆形。再次绘制一个大小相近的圆形，设置填充色为灰蓝色，如图6-184所示。

图6-184

步骤03 复制灰蓝色圆形，设置填充颜色为深蓝色，并将其向左适当移动，如图6-185所示。

步骤04 单击工具箱中的"钢笔工具"按钮 ，绘制一个形状并填充黑色。使用选择工具选中两个蓝色的圆形以及顶层的黑色形状，如图6-186所示。

图6-185　　　　　图6-186

步骤05 双击工具箱中的"混合工具"按钮 ，弹出"混合选项"对话框。然后设置间距为"指定的步数"，步数设为10，选择第一个取向。在要进行混合的对象上依次单击即可，此时耳朵部分呈现出自然的过渡效果，如图6-187所示。

步骤06 按照上述同样的方法制作出另一个耳朵，如图6-188所示。

图6-187　　　　　图6-188

步骤07 继续使用圆形工具在面部的区域绘制3个圆形，并依次填充与耳朵相同的颜色，调整好位置，如图6-189所示。

步骤08 使用钢笔工具在面部中间区域勾出一个形状，将"颜色"设置为黑色，如图6-190所示。

图6-189　　　　　图6-190

步骤09 按照同样的方法选中两个蓝色圆形以及顶部黑色形状，然后双击工具箱中的"混合工具"按钮 ，在弹出的"混合选项"对话框中设置"间距"为"指定的步数"，步数为30，选择第一个取向。在要进行混合的对象上依次单击，如图6-191所示。

步骤10 单击工具箱中的"钢笔工具"按钮 ，勾出米老鼠面部的轮廓，在控制栏中设置填充颜色为肉色，如图6-192所示。

图6-191　　　　　图6-192

步骤**11**▷将面部保持选中状态，按住Alt键并移动复制出另一个面部，然后将填充颜色设置为较浅一些的肉色，并将其向上位移，如图6-193所示。

图6-196

步骤**15**▷将眼睛选中，按住Alt键移动复制出另一个眼睛，并调整大小和角度将其放置在右侧，如图6-197所示。

步骤**16**▷制作鼻子。首先使用钢笔工具勾出阴影部分轮廓，设置填充颜色为深一些的肉色，如图6-198所示。

图6-193

步骤**12**▷继续使用钢笔工具勾出一个形状，设置填充颜色为更浅的肉色。同样选中前两个面部形状并使用混合工具进行混合，制作出柔和的颜色过渡效果，如图6-194所示。

图6-197　　　　图6-198

技巧提示

　　绘制同一区域内的对象时，往往会使用到相同的颜色，这时使用吸管工具进行吸取是一个比较方便又精准的方法。

图6-194

步骤**13**▷单击工具箱中的"钢笔工具"按钮，在面部顶端勾出高光轮廓，设置填充颜色为白色。选择"效果>模糊>高斯模糊"命令，设置高斯模糊半径为5像素。在控制栏中设置"不透明度"为57，并按住Alt键移动复制出另一个高光放置在右侧位置，如图6-195所示。

步骤**17**▷单击工具箱中的"椭圆工具"按钮，绘制出一个椭圆形。选择"窗口>渐变"命令，打开"渐变"面板，设置"类型"为"径向"，"角度"为"-0.78°"，"长宽比"为83.14，编辑一种与耳朵部分颜色接近的渐变色，如图6-200所示。

步骤**18**▷用同样的方法制作出鼻子高光效果，如图6-200所示。

图6-195

步骤**14**▷使用钢笔工具勾出眼睛轮廓，设置"颜色"为肉色。继续绘制稍小一些的形状并填充白色，作为眼白部分。继续使用同样的方法绘制出黑眼球和白色的高光，如图6-196所示。

图6-199　　　　图6-200

步骤19 使用钢笔工具勾出一个轮廓在鼻子上，将填充颜色设置为黑色，如图6-201所示。

步骤20 绘制嘴部分，使用钢笔工具勾出嘴的轮廓，设置填充颜色为肉色，如图6-202所示。

图6-201　　　　　　图6-202

步骤21 继续使用钢笔工具绘制出嘴巴内部形状，设置填充颜色为黑色。再次在左侧绘制形状，填充为深红色，如图6-203所示。

图6-203

步骤22 使用钢笔工具勾出一个心形轮廓，设置填充颜色为土红色，按住Alt键移动复制并等比缩小，设置填充颜色为浅粉色。将两个图形同时选中，使用混合工具进行混合，如图6-204所示。

图6-204

步骤23 再次使用钢笔工具在嘴巴里绘制一个形状，设置填充颜色为更浅的粉色，如图6-205所示。

步骤24 置入背景素材文件，并将其放置在底层位置，最终效果如图6-206所示。

图6-205　　　　　　图6-206

实例练习——儿童动画电影宣传易拉宝广告

案例文件	实例练习——儿童动画电影宣传易拉宝广告.ai
视频教学	实例练习——儿童动画电影宣传易拉宝广告.flv
难易指数	★★★★★
知识掌握	钢笔工具、填充颜色与描边颜色的设置、路径偏移

案例效果

本案例效果如图6-207所示。

图6-207

操作步骤

步骤01 选择"文件>新建"命令，打开"新建文档"对话框，在对话框中设置"单位"为"毫米"，设置易拉宝的"宽度"为300mm，"高度"为600mm，"取向"为"纵向"，"颜色模式"为CMYK，"栅格效果"为"高（300ppi）"，如图6-208所示。

图6-208

Illustrator CC 中文版从入门到精通

步骤02 绘制一个蓝色系渐变背景。单击工具箱中的"矩形工具"按钮 ▣ ，单击"工具箱"底部的"渐变"按钮 ▣ ，设置填充方式为"渐变"。然后在弹出的"渐变"面板中设置"类型"为"线性"，编辑渐变颜色为淡蓝色系的渐变，"角度"为45°，如图6-209所示。设置完成后，在画面中按住鼠标左键拖曳，绘制一个与画板等大的矩形，效果如图6-210所示。

图6-209　　　　　图6-210

步骤03 选择"文件>置入"命令，将素材1.png置入画面中，然后单击控制栏中的"嵌入"按钮，进行嵌入。选中背景的渐变矩形，选择"对象>排列>前移一层"命令，然后将素材和背景矩形加选，右击，在弹出的快捷键菜单中选择"建立剪切蒙版"命令，如图6-211所示。效果如图6-212所示。

图6-211　　　　　图6-212

步骤04 在顶部绘制易拉宝的顶边图形。单击工具箱中的"圆角矩形工具"按钮 ▣ ，在顶部按住鼠标左键拖曳，绘制出圆角矩形。接着设置矩形填充颜色，单击"工具箱"底部的"渐变"按钮 ▣ ，在弹出的"渐变"面板中设置"类型"为"线性"，"角度"为-90°，渐变颜色为黑色系的渐变，如图6-213所示。设置完成后易拉宝的顶边出现了渐变的效果，如图6-214所示。用同样的方法制作底边部分。

图6-213　　　　　图6-214

步骤05 单击工具箱中的"椭圆工具"按钮 ⬭ ，在控制栏中设置"填充"颜色为洋红色，设置完成后，在画面中按住鼠标左键拖曳绘制出正圆形，移动合适位置，如图6-215所示。用同样的方法绘制出另外两个颜色不同的圆形，如图6-216所示。

图6-215　　　　　图6-216

步骤06 接着在画面上输入文字。单击工具栏中的"文字工具"按钮 T ，在控制栏中设置填充颜色为白色，调整合适的字体、字号，然后在顶部单击并输入文字，如图6-217所示。

图6-217

步骤07 下面开始在画面中绘制立体图形。单击工具箱中的"钢笔工具"按钮 ✐ ，设置填充颜色为橙色，然后在画面上绘制不规则的四边形，作为立体图形的正面，如图6-218所示。

图6-218

步骤08 使用钢笔工具继续绘制立体图形的侧面，在控制栏中设置稍深一些的填充颜色，如图6-219所示。

图6-219

步骤09 采用相同的方法继续绘制右侧的蓝色立体图形，如图6-220所示。

图6-220

步骤10 在图形上输入文字。使用文字工具在画面中单击，然后在控制栏中设置填充颜色为白色，在控制栏中调整合适的字体、字号。设置完毕后在图形上输入文字，并调整文字的角度及位置，如图6-221所示。

步骤11 在图形下方继续输入文字，在控制栏中设置填充颜色为红色，如图6-222所示。文字输入完成后选中文字对象，选择"文字>创建轮廓"命令。

图6-221　　　　　　　　图6-222

步骤12 选中文字对象，选择"编辑>复制"命令，继续选择"编辑>贴在后面"命令。然后对粘贴出的对象选择"对象>路径>偏移路径"命令，在弹出的对话框中设置"位移"数值为4mm，"连接"为"圆角"，单击"确定"按钮，如图6-223所示，效果如图6-224所示。

图6-223

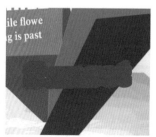

图6-224

步骤13 将偏移路径后的对象在控制栏中设置填充颜色为白色，如图6-225所示。

步骤14 选中红色文字和白色边缘，并适当旋转，效果如图6-226所示。

图6-225　　　　　　　　图6-226

步骤15 继续单击工具栏中的"文字工具"按钮 T，在控制栏中分别设置合适的字体、字号及颜色，然后输入多个大小不同的单独的字母，并适当旋转角度，调整位置，如图6-227所示。

步骤16 接着要在画面上绘制圆角矩形。单击工具箱中的"圆角矩形工具"按钮，在控制栏中设置填充颜色为粉色，描边颜色为黄色。设置完成后，在画面中按住鼠标左键拖曳绘制出圆角矩形，并适当旋转，如图6-228所示。

图6-227　　　　　　　　图6-228

步骤17 使用文字工具，在控制栏中设置合适的字体、字号及颜色，然后输入文字，摆放在粉色圆角矩形上，并适当旋转，如图6-229所示。

图6-229

步骤18 采用相同方法制作另一个带有文字的圆角矩形，如图6-230所示。

图6-230

步骤19 置入素材。选择"文件>置入"命令，将素材1.jpg置入到画面中，然后单击控制栏中的"嵌入"按钮，进行嵌入，如图6-231所示。

图6-231

步骤20 使用圆角矩形工具，在控制栏中设置填充颜色为粉色，描边颜色为白色，设置完成后，在素材上按住鼠标左键拖曳绘制出圆角矩形，如图6-232所示。

图6-232

步骤21 使用选择工具加选素材和图形，右击，在弹出的快捷键菜单中选择"建立剪切蒙版"命令，如图6-233所示，效果如图6-234所示。

图6-233

图6-234

步骤22 选中圆角矩形的照片，在控制栏中设置"描边"为白色，"粗细"为12pt。适当调整角度及位置，然后多次选择"对象>排列>后移一层"命令，效果如图6-235所示。

图6-235

步骤23 选择图形，使用快捷键Ctrl+C进行复制，Ctrl+V进行粘贴，移动到右侧相应位置，并适当旋转，如图6-236所示。

图6-236

步骤24 在画面下方输入文字。单击工具栏中的"文字工具"按钮 **T**，在控制栏中分别设置合适的字体、字号及颜色，然后输入文字，修改文字的位置，最终效果如图6-237所示。

图6-237

6.7 图像描摹

在Illustrator中，将照片、扫描和其他图片置入软件中，在控制栏上单击"图像描摹"按钮，就可以将置入Illustrator中的位图转换为矢量图形。之后可以对矢量图路径进行编辑、改变大小等操作。在Illustrator中提供了多种图像描摹的类型可供用户选择，如图6-238所示为可以使用到图像描摹进行制作的作品。

图6-238

6.7.1 图像描摹方式

图像描摹最简单的方式是打开或将位图文件置入Illustrator 中，然后单击控制栏中的"图像描摹"按钮，或选择"对象>图像描摹>建立"命令，即可使用默认描摹选项描摹图像，如图6-239所示。

图6-239

6.7.2 图像描摹类型的设置

创建描摹对象后，可以随时调整描摹的结果。选择描摹对象，在控制栏中单击"预设"下拉列表框的下拉箭头，可以在下拉列表中选择不同的描摹类型，如图6-240所示。单击控制栏中的"图像描摹面板"按钮 ，即可打开"图像描摹"面板，在"图像描摹"面板中可以进行描摹模式、颜色等参数的设置，如图6-241所示。

图6-240

图6-241

6.7.3 扩展描摹对象

如果需要对描摹后的对象进行进一步的编辑，可将描摹对象进行扩展。扩展后的对象将成为矢量对象，不再具有描摹对象的属性，但是可以像普通图形一样进行编辑，例如，调整路径形状、删除或添加锚点等。

步骤01 置入需要描摹的对象。将置入的图像调整到适当的大小。单击控制栏中的"图像描摹"按钮，使用默认的预设描摹对象，如图6-242所示。

步骤02 保持描摹对象的选中状态，单击控制栏中的"扩展"按钮，或选择"对象>图像描摹>扩展"命令，将描摹转换为路径。此时画面中出现很多锚点，通过直接选择工具可以选中锚点或路径进行编辑，如图6-243所示。

图6-242

图6-243

 技巧提示

扩展后的对象通常都为编组对象，选中该对象并右击，在弹出的快捷菜单中选择"解除编组"命令即可。

6.7.4 释放描摹对象

当在一个位图图像中执行了"图像描摹"操作后，如果要放弃描摹，但保留原始置入的图像，可释放描摹对象，选择"对象>图像描摹>释放"命令。

141

案例文件	实例练习——使用图像描摹制作矢量海报.ai
视频教学	实例练习——使用图像描摹制作矢量海报.flv
难易指数	★★★★★
知识掌握	图像描摹

案例效果

本例主要是通过使用描摹命令制作出矢量效果的人像海报，如图6-244所示。

图6-244

操作步骤

步骤01 选择"文件>新建"命令，创建新的文档。选择"文件>置入"命令，将素材1.jpg置入画面中，然后单击控制栏中的"嵌入"按钮，进行嵌入，如图6-245所示。

图6-245

步骤02 选择素材，单击控制栏中的"图像描摹"下拉箭头，在下拉列表中选择"16色"命令，如图6-246所示，效果如图6-247所示。

图6-246

图6-247

步骤03 选择描摹过的照片，单击控制栏中的"扩展"按钮，如图6-248所示，效果如图6-249所示。

图6-248

图6-249

步骤04 单击"选择工具"按钮，选择扩展后的人物素材。右击，在弹出的快捷键菜单中选择"取消编组"命令，如图6-250所示。

图6-250

步骤05 选择照片的白色背景部分，按下键盘上的Delette键进行删除，如图6-251所示。至此，照片部分处理完毕，全部选中后右击，在弹出的快捷菜单中选择"编组"命令，接着选择"编辑>复制"命令。

图6-251

步骤06 选择"文件>打开"命令，将素材2.ai打开，如图6-252所示。选择"编辑>粘贴"命令，将矢量的人物对象粘贴到当前文档中，多次选择"对象>排列>后移一层"命令，将其放置在前景对象的后方，最终效果如图6-253所示。

图6-252   图6-253

综合实例——音乐节网站排行榜页面设计

案例文件	实例练习——音乐节网站排行榜页面设计.ai
视频教学	实例练习——音乐节网站排行榜页面设计.flv
难易指数	
知识掌握	钢笔工具、渐变填充的设置、不透明度及混合模式的设置

案例效果

案例效果如图6-254所示。

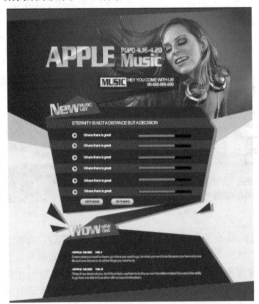

图6-254

操作步骤

步骤01 选择"文件>新建"命令，创建一个新文件，首先绘制一个灰色矩形作为背景。单击工具箱中的"矩形工具"按钮，在控制栏中设置填充颜色为灰色，设置完成后在画面一角处按住鼠标左键拖曳绘制一个与画板等大的灰色矩形，如图6-255所示。

图6-255

步骤02 绘制一个紫色系渐变的不规则图形作为网页顶部的背景色。单击工具箱中的"钢笔工具"按钮，接着单击"工具箱"底部的"渐变"按钮，在"渐变"面板中设置"类型"为"径向"，编辑渐变颜色为紫色系的渐变，如图6-256所示。设置完成后，使用钢笔工具绘制出五边形，如渐变效果未到达理想效果，可通过渐变工具调整渐变位置，如图6-257所示。

143

图6-256

图6-257

步骤03 继续使用工具箱中的钢笔工具,在控制栏中设置填充颜色为紫色,设置完成后,使用钢笔工具绘制出不规则图形,如图6-258所示。同样使用钢笔工具绘制其他图形,分别修改图形的颜色,并摆放在如图6-259所示的位置上。

图6-258

图6-259

步骤04 制作图形的阴影部分。单击工具箱中的"选择工具" 按钮,选择不规则图形,将其使用快捷键Ctrl+G编组,如图6-260所示。选中图形,使用快捷键Ctrl+C进行复制,使用快捷键Ctrl+V进行粘贴,如图6-261所示。

图6-260

图6-261

步骤05 使用选择工具选择下层不规则图形,在控制栏中设置填充颜色为深灰色,选择"窗口>透明度"命令,打开透"透明度"面板,设置"不透明度"为30%,如图6-262所示。将其进行移动,如图6-263所示。

图6-262　　　　　　　　图6-263

步骤06 单击工具箱中的"钢笔工具"按钮 ,在控制栏中设置填充颜色为浅紫色,设置完成后,在紫色图形上使用钢笔工具绘制出多个浅紫色的条形,如图6-264所示。

步骤07 导入素材。选择"文件>置入"命令,将素材1.jpg置入画面中,单击控制栏中的"嵌入"按钮。选中素材,多次选择"对象>排列>后移一层"命令,并移动到相应位置,如图6-265所示。

图6-264　　　　　　　　图6-265

步骤08 将素材选中,选择"窗口>透明度"命令,在"透明度"面板中设置"混合模式"为"滤色",如图6-266所示。此时效果如图6-267所示。

图6-266　　　　　　　　图6-267

步骤09 单击工具箱中的"矩形工具"按钮 ,在控制栏中设置"填充"颜色为深绿色,"描边"颜色为黑色,按住鼠标左键拖曳绘制出矩形,如图6-268所示。接着选中矩形,使用快捷键Ctrl+C进行复制,使用快捷键Ctrl+V进行粘贴,如图6-269所示。

图6-268 图6-269

采用相同方法继续复制图形,将其矩形加选,在控制栏中单击"水平居中对齐"按钮,移动到相应位置,如图6-270所示。

图6-270

步骤11 单击工具箱中的"矩形工具"按钮 ▭,单击"工具箱"底部的"渐变"按钮,在弹出的"渐变"面板中设置"类型"为"线性","角度"为-90°,渐变颜色为绿色系的渐变,如图6-271所示。设置完成后,在之前绘制的长条矩形上绘制带有突起感的条形,如图6-272所示。

图6-271 图6-272

步骤12 再次使用快捷键Ctrl+C进行复制,使用快捷键Ctrl+V进行粘贴,依次粘贴到其他条状矩形上,如图6-273所示。

步骤13 要在画面中绘制图形。单击工具箱中的"椭圆工具"按钮 ◯ 在控制栏设置"填充"颜色为白色,设置完成后按住鼠标左键拖曳绘制出正圆,如图6-274所示。

图6-273 图6-274

步骤14 在白色圆形上绘制三角形,单击工具箱中的"钢笔工具"按钮 ✎在控制栏中设置填充颜色为紫色,设置完成后绘制一个三角形,如图6-275所示。选中图形将其编组,然后将其复制到相应位置,如图6-276所示。

图6-275 图6-276

步骤15 下面开始制作网页顶部的渐变色主体文字。单击工具栏中的"文字工具"按钮 T,在控制栏中设置合适的字体、字号,在画面顶部单击输入几组文字,然后将文字选中,右击在弹出的快捷菜单中选择"创建轮廓"命令,接着单击"工具箱"底部的"渐变"按钮,在弹出的"渐变"面板中设置"类型"为"线性"、渐变颜色为金黄色系的渐变,如图6-277所示。文字效果如图6-278所示。

图6-277 图6-278

步骤16 使用相同方法继续输入文字，如图6-279所示。

步骤18 接着在黄色按钮上面输入文字，如图6-282所示。对这个按钮进行复制粘贴操作，移动到右侧并更改按钮上的文字，本案例制作完成，最终效果如图6-283所示。

图6-282

图6-279

步骤17 单击工具箱中的"圆角矩形工具"按钮 ，单击"工具箱"底部的"渐变"按钮，在弹出的"渐变"面板中设置"类型"为"线性""角度"为90°，渐变颜色为黄色系的渐变。在控制栏中设置描边颜色为橙色，如图6-280所示。设置完成后在画面中按住鼠标左键拖曳绘制出圆角矩形，如图6-281所示。

图6-283

图6-280

图6-281

 读书笔记

Chapter 7
第7章

文字

在使用Illustrator进行平面设计时，经常要用到文字元素。如果作品中需要大量的文字内容，可以直接使用"置入"命令将已有文本置入Illustrator中；此外，还可以从Illustrator文档中导出文本，以便在其他应用程序中编辑。

本章学习要点：

- 掌握多种文字工具的使用方法
- 掌握置入与导出文本的方法
- 掌握文字常用的编辑方法
- 掌握"字符"面板与"段落"面板的使用方法

7.1 置入与导出文本

在使用Illustrator进行平面设计时，经常要用到文字元素。如果作品中需要大量的文字内容，可以直接使用"置入"命令将已有文本置入到Illustrator中；此外，还可以从Illustrator文档中导出文本，以便在其他应用程序中编辑，如图7-1所示。

图7-1

7.1.1 在Illustrator中添加外部文本

步骤01 如果要在Illustrator中打开包含所需要文本的文件，可以选择"文件>打开"命令，在弹出的"打开"对话框中选择要打开的文件，在此选择"白雪公主.doc"文件，然后单击"打开"按钮，如图7-2所示。

步骤02 在弹出的"Microsoft Word选项"对话框中对"包含"和"移去文本格式"等参数进行设置后，单击"确定"按钮，即可在Illustrator中打开该文件，如图7-3所示。

图7-2

图7-3

 技巧提示

除了.doc格式的Word文件外，在Illustrator中还可以打开纯文本文件（.txt）。

步骤03 如果要将文本置入当前文件中，可选择"文件>置入"命令，在弹出的"置入"对话框中选择要置入的文件，然后单击"置入"按钮，如图7-4所示。如果要置入的是Word文件，则单击"置入"按钮后会弹出"Microsoft Word选项"对话框，如图7-5所示。在该对话框中可以选择要置入的文本包含哪些内容；选中"移去文本格式"复选框，可将其作为纯文本置入。完成设置后，单击"确定"按钮即可将文本置入。

步骤04 如果要置入的是纯文本文件（.txt），则单击"置入"按钮会弹出"文本导入选项"对话框，如图7-6所示。在该对话框中，可以设置"编码"的"平台"和"字符集"；在"额外回车符"选项组中，可以指定Illustrator在文件中如何处理额外的回车符；如果希望Illustrator用制表符替换文本中的空格，则选中"额外空格"选项组中的"替换"复选框，并在其右侧的文本框中输入要用制表符替换的空格数。完成设置后单击"确定"按钮，即可将文本置入。

图7-4　　　　图7-5

图7-6

7.1.2　将文本导出到Word或文本文件

如果要将Illustrator中的文本导出到Word或文本文件中，可以单击工具箱中的"文字工具"按钮 T，选择要导出的文本；然后选择"文件>导出"命令，在弹出的"导出"对话框中依次设置文件保存位置、保存类型和文件名，单击"导出"按钮；在弹出的"文本导出选项"对话框中选择一种平台和编码方法，单击"导出"按钮，即可将文本导出，如图7-7所示。

图7-7

7.2 创建文本

在所有的应用软件中，创建文本最基本的方法就是通过键盘进行输入。在Illustrator中输入文字时，可以使用文字工具、区域文字工具、路径文字工具、直排文字工具、直排区域文字工具和直排路径文字工具等来完成，如图7-8所示。

图7-8

7.2.1 使用文字工具创建文本

文字工具是Illustrator中最常用的创建文本的工具，使用该工具可以按照横排的方式，由左至右进行文字的输入。

理论实践——文字工具的应用

步骤01 单击工具箱中的"文字工具"按钮 **T** 或按T键，然后在要创建文字的位置上单击并输入文字，即可创建点文本，如图7-9所示。

图7-9

步骤02 若要创建区域文本，可在要创建文本的区域上拖动鼠标，创建一个矩形的文本框，如图7-10所示。

步骤03 接下来，在此矩形文本框中输入文本（按Enter键可换行），使用选择工具选择文本对象，完成文本的输入，回到图像的编辑状态，如图7-11所示。

图7-10   图7-11

实例练习——水晶质感描边文字

案例文件	实例练习——水晶质感描边文字.ai
视频教学	实例练习——水晶质感描边文字.flv
难易指数	★★★★☆
知识掌握	文字工具、"路径查找器"面板、"透明度"面板

案例效果

本例将利用文字工具、"路径查找器"面板和"透明度"面板等制作水晶质感描边文字，最终效果如图7-12所示。

图7-12

操作步骤

步骤01 选择"文件>新建"命令或按Ctrl+N快捷键，在弹出的"新建文档"对话框中按照图7-13所示进行设置，然后单击"确定"按钮，新建一个文档。

图7-13

步骤02 单击工具箱中的"文字工具"按钮 **T**，然后选择"窗口>文字>字符"命令，打开"字符"面板，从中选择一种文字样式，设置文字大小为350pt，再单击右上角的 ▼■ 按钮，在弹出的下拉菜单中选择"全部大写字母"命令；在画面中单击并输入文字，如图7-14所示。

步骤03 选择"文字>创建轮廓"命令或按Shift+Ctrl+O组合键，将文字对象转换为图形对象，如图7-15所示。

图7-14

图7-15

步骤04 选择"对象>路径>偏移路径"命令，在弹出的"偏移路径"对话框中设置"位移"为2，"连接"为"斜接"，"斜接限制"为4，如图7-16所示。

图7-16

步骤05 选择"对象>取消编组"命令，将上层文字保持选中状态，选择"窗口>渐变"命令，在弹出的"渐变"面板中设置"类型"为"线性"，"角度"为-23.8°，然后拖动滑块调整颜色，使上层文字产生浅粉色到粉色渐变效果，如图7-17所示。

图7-17

步骤06 选中下层文字，然后在"渐变"面板中设置"类型"为"线性"，"角度"为-27°，然后拖动滑块调整渐变颜色，使下层文字产生灰色渐变效果，如图7-18所示。

图7-18

步骤07 在"图层"面板中选择上层文字，复制之后在原位置粘贴，如图7-19所示。

图7-19

步骤08 单击工具箱中的"钢笔工具"按钮，在文字上方绘制一个不规则图形，如图7-20所示。

图7-20

步骤09 打开"路径查找器"面板，选中不规则图形与顶层文字，单击"分割"按钮，如图7-21所示。

图7-21

步骤10 删除多余部分，并将剩余部分选中后填充为白色，如图7-22所示。

图7-22

步骤11 将白色部分选中，打开"透明度"面板，设置"混合模式"为"叠加"，"不透明度"为30%，如图7-23所示。

图7-23

步骤12 选中下层文字，选择"效果>风格化>阴影"命令，在弹出的"阴影"对话框中设置"模式"为"正片叠底"，"X位移"为2.47mm，"Y位移"为2.47mm，"模糊"为2mm，"颜色"为黑色，如图7-24所示。

图7-24

步骤13 置入背景素材文件，放置在最底层，如图7-25所示。

图7-25

7.2.2 使用区域文字工具创建文本

区域文本可以利用对象的边界来控制字符排列。当文本触及边界时会自动换行，以落在所定义区域的外框内。当创建包含一个或多个段落的文本时，这种输入文本的方式相当有用。区域文本常用于大量文字的排版上，如书籍、杂志等页面的制作，如图7-26所示。

图7-26

理论实践——区域文字工具的应用

步骤01 单击工具箱中的"圆形工具"按钮 ⬛，在画板上绘制一个圆形，如图7-27所示。

步骤02 单击工具箱中的"区域文字工具"按钮 ⬛，然后单击对象路径上的任意位置，将路径转换为文字区域，在其中输入文字，可以看到文字将充满椭圆形状，如图7-28所示。

图7-27   图7-28

理论实践——调整文本区域的大小

步骤01 使用区域文字工具时，可以通过调整区域形状改变文本对象的排列。单击工具箱中的"选择工具"按钮 ⬛，然后拖动定界框上的手柄，即可改变区域的形状，如图7-30和图7-31所示。

图7-30   图7-31

Illustrator CC 中文版从入门到精通

步骤02 单击工具箱中的"直接选择工具"按钮 ，选择文字路径上的锚点，拖动以调整路径的形状，如图7-32所示。

步骤03 使用选择工具选择文本对象，然后选择"文字>区域文字选项"命令，在弹出的"区域文字选项"对话框中设置"高度"和"宽度"以调整形状，然后单击"确定"按钮，如图7-33所示。

图7-32　　　　　　　　　　　　　　　　　　　　　图7-33

理论实践——更改文本区域的边距

在使用区域文本对象时，可以控制文本和边框路径之间的边距，这个边距被称为内边距。首先选择区域文本对象，然后选择"文字>区域文字选项"命令，在弹出的"区域文字选项"对话框中指定"内边距"的值，单击"确定"按钮，即可更改文本区域的边框，如图7-34所示。

图7-34

理论实践——设置区域文字选项

选择文本对象，然后选择"文字>区域文字选项"命令，在弹出的"区域文字选项"对话框中可进行相应的设置，如图7-35所示。

图7-35

- 宽度/高度：确定对象边框的尺寸。
- 数量：指定希望对象包含的行数和列数。
- 跨距：指定单行高度和单列宽度。
- 固定：确定调整文本区域大小时行高和列宽的变化情况。选中该复选框后，若调整区域大小，只会更改行

数和栏数，而行高和列宽不会改变。

- 间距：指定行间距或列间距。
- 内边距：可以控制文本和边框路径之间的边距。
- 首行基线：选择"字母上缘"选项，字符的高度将降到文本对象顶部之下；选择"大写字母高度"选项，大写字母的顶部触及文字对象的顶部；选择"行距"选项，将以文本的行距值作为文本首行基线和文本对象顶部之间的距离；选择"X 高度"选项，字符"X"的高度降到文本对象顶部之下；选择"全角字框高度"选项，亚洲字体中全角字框的顶部将触及文本对象的顶部。
- 最小值：指定文本首行基线与文本对象顶部之间的距离。
- "按行"按钮 /"按列"按钮 ：选择"文本排列"选项，以确定行和列间的文本排列方式。

实例练习——使用区域文字工具制作旅行画册

案例文件	实例练习——使用区域文字工具制作旅行画册.ai
视频教学	实例练习——使用区域文字工具制作旅行画册.flv
难易指数	★★★★★
知识掌握	区域文字工具、钢笔工具、文字工具

案例效果

本例主要使用区域文字工具在不规则的矢量图形中添加文字，最终效果如图7-36所示。

图7-36

操作步骤

步骤01 选择"文件>新建"命令，创建一个A4大小的横版文档。单击工具箱中的"矩形工具"按钮 ，在控制栏中设置填充颜色为中黄色，然后在画面上按住鼠标左键拖曳绘制出矩形。用同样的方法在画板底部绘制另一个矩形底边，如图7-37所示。

图7-37

步骤02 单击工具箱中的"钢笔工具"按钮 ，在控制栏中设填充颜色为中黄色，设置完成后，使用钢笔工具在左侧页面中绘制三角形，如图7-38所示。

图7-38

步骤03 选择"文件>置入"命令，将素材1.jpg置入画面中，单击控制栏中的"嵌入"按钮。使用钢笔工具在素材上绘制出平行四边形，接着将图形和照片素材加选，右击，在弹出的快捷键菜单中选择"建立剪切蒙版"命令，如图7-39所示，效果如图7-40所示。

图7-39 图7-40

步骤04 单击工具箱中的"钢笔工具"按钮 ，在控制栏中设填充颜色为中黄色，设置完成后，使用钢笔工具绘制出四边形，如图11-41所示。

图7-41

步骤05 选中图形，选择"窗口>透明度"命令，打开透"透明度"面板，在面板中设置"混合模式"为"正片叠底"，"不透明度"为60%，如图7-42所示，效果如图7-43所示。

图7-42 图7-43

步骤06 接着在图形上绘制用于创建区域文字的图形。单击工具箱中的"钢笔工具"按钮 ，在控制栏中设填充颜色为任意颜色，设置完成后，使用钢笔工具绘制出三角形，如图7-44所示。

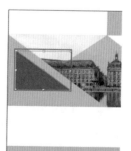

图7-44

步骤07 单击工具箱中的"区域文字工具"按钮 **T**，在控制栏中设置合适的字体、字号，将鼠标指针定位到灰色三角形中。单击并输入文字，此时文字全部分布在三角形的范围内，如图7-45所示。使用相同方法制作右侧的区域文字，如图7-46所示。

步骤08 单击工具栏中的"文字工具"按钮 **T**，在控制栏中设置合适的字体、字号，调整填充颜色，然后在画面左上方单击，分别输入两行文字，最终效果如图7-17所示。

图7-45

图7-46

图7-47

7.2.3 使用路径文字工具创建文本

使用路径文字工具可以将普通路径转换为文字路径，然后在文字路径上输入和编辑文字，输入的文字将沿路径形状进行排列，如图7-48所示。

图7-48

理论实践——创建路径文字

步骤01 单击工具箱中的"钢笔工具"按钮 ◇ 或按P键，在图像中定义一条路径（可以是开放路径，也可以是封闭路径），如图7-49所示。

步骤02 单击工具箱中的"路径文字工具"按钮 ◇，将鼠标指针置于路径上并单击，然后使用键盘输入文字，即可看到文字沿路径排列，如图7-50所示。

图7-49

图7-50

理论实践——设置路径文字选项

选择路径文本对象，然后选择"文字>路径文字"命令，在弹出的子菜单中选择一种效果，如图7-51所示。

图7-51

也可以选择"文字>路径文字>路径文字选项"命令，在弹出对话框的"效果"下拉列表框中选择一个选项，然后单击"确定"按钮，如图7-52所示。

通过"对齐路径"下拉列表框，可以指定如何将所有字符对齐到路径，如图7-53所示。

图7-52

图7-53

- 字母上缘：沿字母上边缘对齐。
- 字母下缘：沿字母下边缘对齐。
- 居中：沿字母上、下边缘间的中心点对齐。
- 基线：沿基线对齐。这是默认设置。

7.2.4　使用直排文字工具创建文本

使用直排文字工具创建的文本会从上至下进行排布；在换行时，下一行文字会排布在该行的左侧。

单击工具箱中的"直排文字工具"按钮 ，然后在要创建文字的位置上单击并输入文字，即可创建点文本，如图7-54所示。

若要创建区域文本，在要创建文字的区域上拖动鼠标，创建一个矩形的文本框，然后在其中输入文本，最后使用选择工具选择文本对象，即可完成文字的输入，回到图像的编辑状态，如图7-55所示。

图7-54

图7-55

7.2.5　使用直排区域文字工具创建文本

直排区域文字工具与区域文字工具的使用方法基本相同，只是文字方向为直排。单击工具箱中的"星形工具"按钮 ，在画板上绘制一个星形，然后单击工具箱中的"直排区域文字工具"按钮 ，将封闭路径转换为文字区域，在此文字区域中即可输入与编辑文字，如图7-56所示。

图7-56

7.2.6 使用直排路径文字工具创建文本

直排路径文字工具的用法与路径文字工具相似，只是输入的文字方向与路径平行。单击工具箱中的"多边形工具"按钮 ，在画板上绘制一个多边形；单击工具箱中的"直排路径文字工具"按钮 ，将路径转换为直排文字路径；在此文字路径上即可输入与编辑文字，如图7-57所示。

图7-57

7.2.7 串接对象之间的文本

当创建区域文本或路径文本时，输入的文本信息超出区域或路径的容纳量时，可以通过文本串接，将未显示完全的文字显示在其他区域，并且两个区域内的文字仍处于相互关联的状态。另外，也可以将现有的两段文字进行串接，但其文本必须为区域文本或路径文本，而不是点文本。

理论实践——串接文本

步骤01 使用选择工具选择区域文本对象，然后单击所选文本对象的输入连接点或输出连接点 ，鼠标指针会变成已加载文本效果 ，如图7-58所示。

步骤02 若要链接现有对象，需要将鼠标指针置于第一段文本对象的输出连接点上，当其变为 形状时单击；当鼠标指针变为 形状时移至第二个文本对象的输入连接点上，单击即可链接对象，如图7-59所示。

步骤03 也可以选择需要串接的对象，选择"文字>串接文本>创建"命令，如图7-60所示。

步骤04 若要链接新对象，需要将鼠标指针置于第一段文本对象的输出连接点上，当其变为 形状时单击；当鼠标指针变为 形状时在画板上的空白部分单击，可以创建与原始对象具有相同大小和形状的对象，在画板上的空白部分拖动，则可创建任意大小的矩形对象，如图7-61所示。

图7-58　　　　　图7-59

图7-60　　　　　图7-61

理论实践——删除或中断串接

若要中断对象间的串接，选择链接的文字对象，双击串接任一端的连接点，即可断开文字串接，并且将文本排列到第一个对象中，如图7-62所示。

要从文本串接中释放对象，可以通过选择"文字>串接文本>释放所选文字"命令，将文本排列到下一个对象中，如图7-63所示。

图7-62

图7-63

若要删除所有串接，可选择"文字>串接文本>移去串接文字"命令，文本将保留在原位置。

7.2.8 创建文本绕排

在Illustrator中，可以制作文字与图片紧密结合的效果。通过文本绕排功能可以将区域文本绕排在任何对象的周围，其中包括文本对象、置入的图像以及在 Illustrator 中绘制的对象。如果绕排对象是嵌入的位图图像，Illustrator 则会在不透明或半透明的像素周围绕排文本，而忽略完全透明的像素。如图7-64所示为使用该功能制作的作品。

图7-64

理论实践——绕排文本

步骤01 单击工具箱中的"圆形工具"按钮 ⊙，在画板上绘制一个正圆；然后单击工具箱中的"区域文字工具"按钮 ⊤，再单击对象路径上的任意位置，将路径转换为文字区域；接着从插入点开始输入文字，直到区域内全部充满文字，如图7-65所示。

图7-65

步骤02 将矢量图形移动到文字中，调整至合适大小，并将其放置在文字的上层；单击工具箱中的"选择工具"按钮 ▶，将文字和图像全部选中；选择"对象>文本绕排>建立"命令，在弹出的对话框中单击"确定"按钮，如图7-66所示。

理论实践——设置文本绕排选项

可以在绕排文本之前或之后设置绕排选项。首先选择绕排对象，然后选择"对象>文本绕排>文本绕排选项"命令，在弹出的"文本绕排选项"对话框中设置相应的参数，单击"确定"按钮，如图7-68所示。

- 位移：指定文本和绕排对象之间的间距大小。可以输入正值或负值。

- 反向绕排：围绕对象反向绕排文本。

图7-66

步骤03 使用选择工具选中图形并拖动鼠标，可以将图形放置在文本的任何位置。随着图形位置的变化，文本排列方式也将发生变化，如图7-67所示。

图7-67

图7-68

Illustrator CC 中文版从入门到精通

实例练习——使用路径文本与区域文本排版

案例文件	实例练习——使用路径文本与区域文本排版.ai
视频教学	实例练习——使用路径文本与区域文本排版.flv
难易指数	★★★★★
知识掌握	文字工具、"段落"命令、钢笔工具、路径文字工具、区域文字工具

案例效果

本例将使用路径文字工具和区域文字工具进行版面的编排，案例效果如图7-69所示。

图7-69

操作步骤

步骤01 选择"文件>打开"命令，在弹出的"打开"对话框中选择要打开的文件，单击"打开"按钮，如图7-70所示。

图7-70

步骤02 选择"文件>置入"命令，置入一幅美女图像，并调整到适当大小，如图7-71所示。

图7-71

步骤03 单击工具箱中的"椭圆工具"按钮 ◯，在美女图像上方按住鼠标左键并拖动，绘制一个椭圆形，如图7-72所示。

步骤04 单击工具箱中的"添加锚点工具"按钮 ⌖，在椭圆形适当的位置上单击，添加锚点，如图7-73所示。

图7-72　　　　　图7-73

步骤05 单击工具箱中的"删除锚点工具"按钮 ⌖，将椭圆形下面的锚点删除，如图7-74所示。

图7-74

步骤06 单击工具箱中的"选择工具"按钮 ▶，框选图像和不规则图形，右击，在弹出的快捷菜单中选择"建立剪切蒙版"命令，如图7-75所示。

图7-75

步骤07 单击工具箱中的"文字工具"按钮T，在黄色色块上方单击，在控制栏中设置合适的字体和大小，输入文字Buena Mesa并填充为黑色，如图7-76所示。

图7-76

步骤08 保持文字工具的选中状态，在题目文字的右上方拖动鼠标创建文字区域，在控制栏中设置合适的字体和大小，输入文字并填充为黑色，如图7-77所示。

图7-77

步骤09 选择"窗口>文字>段落"命令，打开"段落"面板，设置段落样式为"右对齐"，如图7-78所示。

图7-78

步骤10 单击工具箱中的"钢笔工具"按钮，在画板上绘制一条路径。单击工具箱中的"路径文字工具"按钮，将鼠标指针放置在路径上，在控制栏中设置合适的字体和大小，输入文字并填充黑色，如图7-79所示。

图7-79

步骤11 单击工具箱中的"文字工具"按钮T，选中英文字母O。选择"窗口>颜色"命令，打开"颜色"面板，设置填充色为黄色，如图7-80所示。

图7-80

步骤12 使用相同方法将字母A的颜色改为橘色，如图7-81所示。

步骤13 使用钢笔工具，在现有的路径文本下方绘制另一条路径；单击工具箱中的"路径文字工具"按钮，将鼠标指针设置在路径上，在控制栏中设置合适的字体和大小，输入文字并填充为黑色，如图7-82所示。

图7-81   图7-82

Illustrator CC 中文版从入门到精通

步骤14 按照上述相同的方法继续绘制多段路径文本，如图7-83所示。

步骤15 单击工具箱中的"钢笔工具"按钮 ，在美女图像的左边绘制一个不规则图形，如图7-84所示。

图7-83　　　　　　　图7-84

步骤16 单击工具箱中的"区域文字工具"按钮 ，将鼠标指针放到闭合路径中，在控制栏中设置合适的字体和大小，入文本，并填充为黑色，如图7-85所示。

步骤17 单击工具箱中的"文字工具"按钮 ，在控制栏中设置合适的字体和大小。在段落文本下方单击，输入文字并填充为黑色，如图7-86所示。

图7-85　　　　　　　图7-86

步骤18 保持文字工具的选中状态，选中要改变颜色的英文字母，选择"窗口>颜色"命令，在弹出的"颜色"面板中设置填充色为绿色，如图7-87所示。

图7-87

7.3 编辑文字

　　Illustrator具有强大的文字编辑功能，可以方便地在平面设计中制作多种多样的文字效果。如图7-88所示为包含文字元素的设计作品。

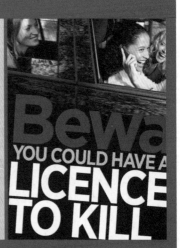

图7-88

7.3.1　更改字体

字体是由一组具有相同粗细、宽度和样式的字符（字母、数字和符号）构成的完整集合，通过对相应的字符定义不同的字体，可以表现出不同的风格，如图7-89所示。

图7-89

选择文字后，在控制栏的"字体"下拉列表框中可以选择需要的字体，如图7-90所示。

也可以选择"文字>字体"命令，在弹出的子菜单中选择需要的字体，如图7-91所示。

图7-90　　　　　　　　图7-91

选择"文字>最近使用的字体"命令，在弹出的子菜单中可以看到最近使用过的字体列表，如图7-92所示。从中选择任一字体，即可快速调用该字体，非常方便。

图7-92

技巧提示

要更改"最近使用的字体"子菜单中显示的字体数目，选择"编辑>首选项"命令，在弹出的"首选项"对话框左上角的下拉列表框中选择"文字"选项，然后设置"最近使用的字体数目"选项即可，如图7-93所示。

图7-93

7.3.2　更改大小

选择要更改的字符或文字对象，选择"文字>大小"命令，在弹出的子菜单中选择所需大小，即可更改其字号。如果选择"其他"命令，则可以在"字符"面板中输入新的字号，如图7-94所示。

也可以在"字符"面板或控制栏中设置字号，如图7-95所示。

图7-94　　　　　　　　图7-95

技巧提示

如果更改字号前没有选择任何文本，则所设置字号会应用于创建的新文本。

7.3.3　字形

作为一种特殊形式的字符，字形是由具有相同整体外观的字体构成的集合，如 Adobe Garamond。选择"窗口>文字>字形"命令，打开"字形"面板，从中可以查看所选字体中的字形，并在文档中插入特定的字形，如图7-96所示。

 在左下角的"字体"下拉列表框中可以选择系统安装的所有字体。选择任一字体后，在中间的列表框中将显示当前字体的所有字符和符号。

图7-96

步骤02 在底部中间的"字形"下拉列表框中，可以选择该字体的变形字体，如斜体、粗体、粗斜体等。

步骤03 通过单击"放大"按钮 和"缩小"按钮 ，可以调整列表框中字符的显示尺寸。

步骤04 每一种字体中的字符和符号都非常多，不可能在"字形"面板中间显示。此时可以在"显示"下拉列表框中选择要使用的字符类型。

步骤05 如果在文档中选择了任何字符，可通过从面板顶部的"显示"下拉列表框中选择"当前所选字体的替代字"选项来显示替代字符，如图7-97所示。

步骤06 通过拖动右侧的滑块，可以查看未完整显示的其他字符和符号，找到所需字符或符号后，双击即可将其输入到插入符的位置上。

图7-97

7.3.4 复合字体

在Illustrator中可以将多种字体合并为一种"复合字体"使用。例如，将某种日文字体中的汉字部分和某种西文字体中的字母部分字符混合起来，作为一种复合字体。复合字体显示在字体列表的起始处。

理论实践——创建复合字体

选择"文字>复合字体"命令，弹出"复合字体"对话框，如图7-98所示。

- **新建**：单击该按钮，弹出"新建复合字体"对话框，如图7-99所示。在"名称"文本框中输入复合字体的名称，然后单击"确定"按钮，即可新建复合字体。

图7-98　　　　　图7-99

- **复合字体**：如果此前存储了一些复合字体，则可以从该下拉列表框中选择一种复合字体，以将其作为新复合字体的基础。
- **单位**：指定字体属性要使用的单位：%或Q（级）。
- **显示示例**：若要查看复合字体的示例，单击"显示示例"按钮即可。可使用下列方式更改示例：单击示例右侧的按钮以显示或隐藏代表"表意字框" **字**、"全角字框" **軍**、"基线" **Ba**、"大写字母高度" **CH**、"最大上缘/下缘" **Ap**、"最大字母上缘" **d** 和"X高度" **X** 的线段。
- **缩放**：从"缩放"下拉列表框中选择一个放大比例。
- **存储**：单击该按钮，以存储复合字体的设置。

理论实践——设置复合字体的字体属性

在"复合字体"对话框中，可对复合字体的如下属性进行设置，如图7-100所示。

图7-100

- **大小**：字符相对于日文汉字字符的大小。即使使用相同等级的文字大小，不同字体的文字大小仍可能不同。
- **基线**：基线相对于日文汉字字符基线的位置。
- **垂直缩放/水平缩放**：这两项指的是字符的缩放程度。可以缩放假名字符、半角假名字符、日文汉字字符、半角罗马字符和数字。
- **⊞（从中心缩放）**：缩放假名字符。选中该按钮时，字符会从中心进行缩放。取消选择该按钮时，字符会从罗马基线缩放。

第7章 文字

7.3.5 避头尾法则设置

不能位于行首或行尾的字符被称为避头尾字符。避头尾法则用于中文或日文文本的换行方式的设置，例如，通过设置使用避头尾法则可以避免某些标点符号出现在行首的位置。Illustrator 具有严格避头尾集和宽松避头尾集，宽松避头尾集或弱避头尾集均忽略长音符号和小平假名字符。

步骤01 使用文字工具选中需要设置避头尾间断的文字，然后从"段落"面板菜单中选择"避头尾法则类型"命令，在子菜单中设置合适的方式即可，如图7-101所示。

图7-101

- 先推入：将字符向上移到前一行，以防止禁止的字符出现在一行的结尾或开头。
- 先推出：将字符向下移到下一行，以防止禁止的字符出现在一行的结尾或开头。
- 只推出：不会尝试推入，而总是将字符向下移到下一行，以防止禁止的字符出现在一行的结尾或开头。

步骤02 默认的避头尾法则如果并不适合当前的文档设置，也可以进行法则的调整。要设置避头尾法则，需要选择"文字>避头尾法则设置"命令，在弹出的"避头尾法则设置"对话框中可以进行设置，如图7-102所示。

步骤03 在"避头尾法则设置"对话框中，单击"新建集"按钮，弹出"新建避头尾法则集"对话框，然后在新建的法则集中添加"不能位于行首的字符"和"不能位于行尾的字符"，如图7-103所示。

图7-102　　　　图7-103

7.3.6 标点挤压设置

当进行大量文字的排版时，段落文本中经常会出现由于标点符号等的特殊字符空隙而造成的字符排列不规整的情况。而设定了合理的标点挤压方式，则能够有效减少这一问题的出现。利用"标点挤压设置"命令可以设置亚洲字符、罗马字符、标点符号、特殊字符、行首、行尾和数字之间的间距，确定中文或日文排版方式。

理论实践——创建新的标点挤压

步骤01 选择"文字>标点挤压设置"命令，或者在"段落"面板的"标点挤压集"下拉列表框中选择"标点挤压设置"选项，弹出如图7-104所示的"标点挤压设置"对话框。

步骤02 单击"新建"按钮，弹出"新建标点挤压"对话框，在"名称"文本框中输入新标点挤压集的名称，在"基于"下拉列表框中指定新的标点挤压集将基于的现有标点挤压集，然后单击"确定"按钮，如图7-105所示。

图7-104　　　　图7-105

步骤03 在"名称"文本框中右侧的"单位"下拉列表框中选择"%"（使用百分比）或"全角空格"选项，如图7-106所示。

步骤04 为各选项指定"所需值"、"最小值"和"最大值"（"最小值"用于压缩避头尾文本行；"最大值"用于扩展两端对齐的文本行），然后单击"存储"或"确定"按钮以存储设置，如图7-107所示。

图7-106　　　　图7-107

理论实践——使用标点挤压集

步骤01 选择"文字>标点挤压设置"命令，在弹出的"标点挤压设置"对话框中进行相应的设置，如图7-108所示。

图7-108

步骤02 若要导出标点挤压集，单击"导出"按钮，在弹出的如图7-109所示的"导出标点挤压设置"对话框中选

择文件保存位置，输入文件名，然后单击"保存"按钮，Illustrator就会将该文件存储为MJK格式。

若要置入标点挤压集，单击"置入"按钮，在弹出的"置入中外文间距组设置"对话框中选择一个MJK文件，然后单击"打开"按钮，如图7-110所示。

要删除某个标点挤压集，可以从"段落"面板的"标点挤压集"下拉列表框中选择该标点挤压集，然后单击"删除"按钮。在此要注意的是，预定义的标点挤压设置不能删除。

图7-109　　　　图7-110

7.3.7 适合标题

单击工具箱中的"文字工具"按钮**T**，然后单击要对齐文字区域两端的段落，选择"文字>适合标题"命令，如图7-111所示。

图7-111

7.3.8 创建轮廓

将文字转换为轮廓就是将文字对象转换为普通的图形对象，使文字丧失原有的文字属性，但是可以对其进行锚点路径级别的编辑和处理，就像任何其他图形对象一样。将要转换的文字对象选中，选择"文字>创建轮廓"命令或按Shift+Ctrl+O组合键，即可将文字对象转换为图形对象，如图7-112所示。

图7-112

7.3.9 查找字体

步骤01 选中要查找某种字体的文本，选择"文字>查找字体"命令，弹出"查找字体"对话框，如图7-113所示。

图7-113

步骤02 在"文档中的字体"列表框中选择要查找的字体名称。

步骤03 从"替换字体来自"下拉列表框中选择一个选项，选择"文档"选项，将只列出文档中使用的字体；选择"系统"选项，将列出计算机上的所有字体。

步骤04 单击"更改"按钮只更改当前选定的文字。

步骤05 单击"全部更改"按钮更改所有使用该字体的文字。

步骤06 如果文档中不再有使用这种字体的文字，其名称将会从"文档中的字体"列表框中删除。

 技巧提示

在使用"查找字体"命令替换字体时，其他文字属性仍会保持原样。

7.3.10 更改大小写

选择要更改大小写的字符或文字对象，选择"文字>更改大小写"命令，在弹出的子菜单中选择"大写"、"小写"、"词首大写"或"句首大写"命令即可，如图7-114所示。

- 大写：将所有字符全部更改为大写。
- 小写：将所有字符全部更改为小写。
- 词首大写：将每个单词的首字母大写。
- 句首大写：将每个句子的首字母大写。

图7-114

7.3.11 智能标点

利用"智能标点"命令可搜索键盘标点字符，并将其替换为相同的印刷体标点字符。此外，如果字体包括连字符和分数符号，可以使用智能标点统一插入连字符和分数符号。如果要替换特定文本中的字符，而不是文档中的所有文本，可选所需的文本对象或字符，选择"文字>智能标点"命令，在弹出的"智能标点"对话框中进行相应的设置，如图7-115所示。

图7-115

- ff、fi、ffi连字：将ff、fi或ffi字母组合转换为连字。
- ff、fl、ffl连字：将ff、fl或ffl字母组合转换为连字。
- 智能引号：将键盘上的直引号改为弯引号。
- 智能空格：消除句号后的多个空格。
- 全角、半角破折号：用半角破折号替换两个键盘破折号，用全角破折号替换3个键盘破折号。
- 省略号：用省略点替换3个键盘句点。
- 专业分数符号：用同一种分数字符替换所有用来表示分数的各种字符。
- 替换范围：选中"仅所选文本"单选按钮，则仅替换所选文本中的符号；选中"整个文档"单选按钮可替换整个文档中的文本符号。
- 报告结果：选中该复选框，可看到所替换符号数的列表。

7.3.12 视觉边距对齐方式

利用"视觉边距对齐方式"命令可以控制是否将标点符号和某些字母的边缘悬挂在文本边距以外，以便使文字在视觉上呈现对齐状态。选中要对齐视觉边距的文本，选择"文字>视觉边距对齐方式"命令即可，如图7-116所示。

图7-116

7.3.13 显示隐藏字符

在设置文字格式和编辑文字时，选择"文字>显示隐藏字符"命令，可以将隐藏的字符（主要是非打印字符）显示出来，如图7-117所示。

图7-117

7.3.14 文字方向

将要改变方向的文本对象选中，然后选择"文字>文字方向>横排"命令，或选择"文字>文字方向>直排"命令，即可切换文字的排列方向，如图7-118所示。

图7-118

7.3.15 旧版文本

使用"旧版文本"命令可以更新文档中的所有旧版文本，打开文档后，选择"文字>旧版文本>更新所有旧版文本"命令。

- 要更新文本而不创建副本，可选择文本，然后选择"文字>旧版文本>更新所选的旧版文本"命令。
- 选择"文字>旧版文本>显示副本"或"隐藏副本"命令，可以显示或隐藏复制的文本对象。
- 选择"文字>旧版文本>选择副本"命令，可以选择复制的文本对象。
- 选择"文字>旧版文本>删除副本"命令，可以删除复制的文本对象。

7.3.16 查找/替换文本

选中要进行查找和替换操作的文本，选择"编辑>查找和替换"命令，在弹出的"查找和替换"对话框中输入要查找或替换的文本。单击"查找"和"替换为"下拉列表框右侧的▶按钮，在弹出的下拉列表中可以选择各种特殊字符，如图7-119所示。

图7-119

- 区分大小写：选中该复选框，将仅搜索大小写与"查找"下拉列表框中所输入文本的大小写完全匹配的文本字符串。
- 全字匹配：选中该复选框，将只搜索与"查找"框中所输入文本匹配的完整单词。

- 向后搜索：选中该复选框，将从堆栈顺序的最下方向最上方搜索文件。
- 检查隐藏图层：选中该复选框，将搜索隐藏图层中的文本。
- 检查锁定图层：选中该复选框，将搜索锁定图层中的文本。
- 查找：单击该按钮，将开始搜索。
- 替换：单击该按钮，可以替换文本字符串，然后单击"查找下一个"按钮查找下一个实例。
- 替换和查找：单击该按钮，可以替换文本字符串并查找下一个实例。
- 全部替换：单击该按钮，可以替换文档中文本字符串的所有实例。
- 完成：单击该按钮，可以关闭对话框。

7.3.17　拼写检查

在Illustrator中，可以进行文本拼写的错误检查，并且能够根据用户需要自行编辑拼写词典。

步骤01 选中要进行拼写检查的文本，选择"编辑>拼写检查"命令，在弹出的"拼写检查"对话框中进行相应设置，然后单击"开始"按钮，即可开始进行拼写检查，如图7-120所示。

图7-120

步骤02 单击"忽略"或"全部忽略"按钮，将继续进行拼写检查，而不更改特定的单词。

步骤03 从"建议单词"列表框中选择一个单词，或在顶部的列表框中输入正确的单词，然后单击"更改"按钮，可以只更改出现拼写错误的单词。

步骤04 单击"全部更改"按钮，将更改文档中所有出现拼写错误的单词。

步骤05 单击"添加"按钮，可将Illustrator可接受但未识别出的单词存储到词典中，以便在以后的操作中不再将其判断为拼写错误。

7.3.18　清理空文字

如果无意中使用文字工具在图稿中创建出了无用的空文字，应及时清理，以让图稿操作更加顺畅，并减小文件大小。选择"对象>路径>清理"命令，在弹出的"清理"对话框中选中"空文本路径"复选框，然后单击"确定"按钮即可，如图7-121所示。

图7-121

实例练习——可爱风格LOGO设计

案例文件	实例练习——可爱风格LOGO设计.ai
视频教学	实例练习——可爱风格LOGO设计.flv
难易指数	★★★★★
知识掌握	文字工具、"扩展"命令、"渐变"工具、"描边"命令

案例效果

本例将利用文字工具、"扩展"命令、"渐变"工具和"描边"命令等设计一个可爱的LOGO，最终效果如图7-122所示。

图7-122

操作步骤

步骤01 按Ctrl+N快捷键，在弹出的"新建文档"对话框中进行相应的设置，然后单击"确定"按钮，创建一个新文档，如图7-123所示。

图7-123

步骤02 单击工具箱中的"文字工具"按钮 T，在控制栏中设置合适的字体和大小，然后在空白区域单击，输入文字"笛子娃娃"，如图7-124所示。

笛子娃娃

图7-124

步骤03 单击工具箱中的"选择工具"按钮 ，选中文字；选择"窗口>颜色"命令，打开"颜色"面板，设置描边颜色为黑色；再次选择"窗口>描边"命令，打开"描边"面板，设置"粗细"为2pt，如图7-125所示。

图7-125

步骤04 选择"对象>扩展"命令，打开"扩展"对话框，选中"对象"和"填充"复选框，单击"确定"按钮，如图7-126所示。

图7-126

步骤05 单击工具箱中的"直接选择工具"按钮 ，框选扩展后的文字图形；单击工具箱中的"删除锚点工具"按钮 ，单击并删除文字图形中封闭图形的锚点，如图7-127所示。

笛子娃娃

图7-127

答疑解惑——如何删除多余的锚点？

❶ 单击工具箱中的"删除锚点工具"按钮 ，再单击所要删除的锚点，如图7-128所示。

❷ 按照相同的方法依次单击所要删除的锚点，如图7-129所示。

笛子娃娃
笛子娃娃

图7-128

笛子娃娃

图7-129

步骤06 单击工具箱中的"选择工具"按钮 ，选中文字图形，然后右击鼠标右键，在弹出的快捷菜单中选择"取消编组"命令，将各文字分离为独立的个体，如图7-130所示。

图7-130

步骤07 选中单个文字，通过拖动，将其错位摆放，如图7-131所示。

笛子娃娃

图7-131

步骤08 单击工具箱中的"转换锚点工具"按钮 ，再单击文字的每一个锚点，将尖角转换为圆角，如图7-132所示。

图7-132

答疑解惑——如何创建曲线？

① 单击工具箱中的"转换锚点工具"按钮 ，再单击要转换为曲线锚点的锚点对象，拖动鼠标将曲线调整到所要的状态，如图7-133所示。

② 按照相同的方法依次单击所要转换的锚点，如图7-134所示。

图7-133　　　　图7-134

步骤09 单击工具箱中的"选择工具"按钮 ，框选这几个文字图形，然后选择"窗口>渐变"命令，打开"渐变"面板，编辑一种黄色到白色的渐变，如图7-135所示。

图7-135

步骤10 单击工具箱中的"选择工具"按钮 ，框选所有的文字图形；然后右击，在弹出的快捷菜单中选择"编组"命令，如图7-136所示。

图7-136

步骤11 将编组后的文字图形进行复制并在原位置粘贴；然后设置填充色为深绿色，描边"粗细"为10pt；接着将其置于底层；再全部选中并旋转合适的角度，如图7-137所示。

图7-137

步骤12 单击工具箱中的"圆角矩形工具"按钮 ，在空白区域单击，在弹出的"圆角矩形"对话框中设置"宽度"为11mm，"高度"为6mm，"圆角半径"为10mm，单击"确定"按钮，绘制一个圆角矩形并填充为深绿色，如图7-138所示。

图7-138

步骤13 单击工具箱中的"选择工具"按钮 ，选中深绿色圆角矩形，然后在按住Alt键的同时拖动鼠标，复制出几个圆角矩形，并将其放到适当的位置，如图7-139所示。

图7-139

Illustrator CC 中文版从入门到精通

步骤14 单击工具箱中的"选择工具"按钮，选择深绿色的文字组；然后在按住Alt键的同时拖动鼠标，复制出3个副本，并将其置于底层；接着向下位移，依次增大并分别填充为绿色、白色和灰色，如图7-140所示。

图7-140

步骤15 置入背景素材文件，并将其放置在最底层，效果如图7-141所示。

图7-141

7.4 "字符"面板

选择"窗口>文字>字符"命令或按Ctrl+T快捷键，即可打开"字符"面板。该面板专门用来定义页面中字符的属性，如图7-142所示。

图7-142

 技巧提示

默认情况下，"字符"面板中只显示一些最常用的选项。要显示所有选项，可以单击右上角的 按钮，在弹出的菜单中选择"显示选项"命令，如图7-143所示。

图7-143

- **设置字体系列**：在该下拉列表框中可以选择文字的字体。
- **设置字体样式**：设置所选字体的字体样式。
- **设置字体大小**：在该下拉列表框中可以选择字号，也可以输入自定义数字。
- **设置行距**：用于设置字符行之间的大小。
- **水平缩放**：用于设置文字的水平缩放百分比。
- **垂直缩放**：用于设置文字的垂直缩放百分比。
- **设置两个字符间的字距微调**：设置两个字符间的间距。
- **字距调整**：用于设置所选字符的间距。
- **插入空格（左）**：用于设置如何在字符左端插入空格。

- **比例间距**：用于设置日语字符的比例间距。
- **插入空格（右）**：用于设置如何在字符右端插入空格。
- **设置基线偏移**：用来设置文字与文字基线之间的距离。
- **字符旋转**：用于设置字符的旋转角度。
- **下划线**：单击该按钮，可为所选文字添加下划线。
- **删除线**：单击该按钮，可为所选文字添加删除线。
- **设置消除锯齿方法**：在该下拉列表框中，可选择文字消除锯齿的方式。
- **语言**：用于设置文字的语言类型。

7.5 "段落"面板

选择"窗口>文字>段落"命令或按Ctrl+Alt+T组合键，即可打开"段落"面板。该面板主要用来更改段落的格式，如图7-144（a）所示。

如果"段落"面板中只显示一些最常用的选项。要显示所有选项，可以单击右上角的 ■ 按钮，在弹出的菜单中选择"显示选项"命令，如图7-144（b）所示。

图7-144

7.5.1 对齐文本

当要对文本框中的一个段落进行对齐操作时，可以单击工具箱中的"文字工具"按钮 T，然后在要对齐的文字段落中单击，将插入符定位在该段落中，再在"段落"面板或控制栏中单击相应的对齐按钮，如图7-145所示。

图7-145

● 左对齐 ■：单击该按钮时，文字将与文本框的左侧对齐，并在每一行中放置更多的单词，如图7-146所示。

图7-146

● 居中对齐 ■：单击该按钮时，文字将按照中心线的位置和文本框对齐。这种方式将每一行的剩余空间分成两部分，分别放置到文本行的前面和后面，从而导致文本行的左右不整齐，如图7-147所示。

图7-147

● 右对齐 ■：单击该按钮时，文字将与文本框的右侧对齐，并在每一行中放置更多的单词，如图7-148所示。

图7-148

● 双齐末尾齐左 ■：单击该按钮时，将在每行中尽量排入更多的文字，两端和文本框对齐，再将不能排入的文字放置在最后一行中，并和文本框的左侧对齐，如图7-149所示。

图7-149

Illustrator CC 中文版从入门到精通

- 双齐末尾居中▤：单击该按钮时，将在每行中尽量排入更多的文字，两端和文本框对齐，再将不能排入的文字放置在最后一行中，并和文本框的中心线对齐，如图7-150所示。

- 双齐末尾齐右▤：单击该按钮时，将在每行中尽量排入更多的文字，两端和文本框对齐，再将不能排入的文字放置在最后一行中，并和文本框的右侧对齐，如图7-151所示。

- 全部强制齐行▤：单击该按钮时，文本框中的所有文字将按照文本框两侧进行对齐，中间通过添加字间距来填充，如图7-152所示。

图7-152

图7-150　　　　　　　图7-151

7.5.2　缩进文本

缩进是指文字和段落文本边界间的间距量。缩进只影响选中的段落文本，因此可以很容易地为多个段落设置不同的缩进，如图7-153所示。

使用文字工具单击要缩进的段落，然后在"段落"面板中设置适当的缩进值，如图7-154所示。

图7-153　　　　　　　图7-154

- 要将整个段落缩进1pt，在"左缩进"数值框中输入一个值。

- 要将段落首行缩进1pt，在"首行左缩进"数值框中输入一个值。

- 要创建 1pt的悬挂缩进，在"左缩进"数值框中输入一个正值（如1p），然后在"首行左缩进"数值框中输入一个负值（如-1p）。

实例练习——设置对齐方式制作时尚杂志版面

案例文件	实例练习——设置对齐方式制作时尚杂志版面.ai
视频教学	实例练习——设置对齐方式制作时尚杂志版面.flv
难度指数	★★★★★
知识掌握	文字工具　文字对齐方式的设置

案例效果

本例最终效果如图7-155所示。

操作步骤

步骤01　选择"文件>新建"命令，创建一个A4大小的横版文件。单击工具箱中的"矩形工具"按钮 ▣，接着在控制栏中设置填充颜色为白色，按住鼠标左键拖曳绘制出与画板等大的矩形，然后单击工具箱中的"钢笔工具"按钮 ▨，在控制栏中设置填充颜色为蓝色，设置完成后，在背景相应位置上，使用钢笔工具绘制三角形，如图7-156所示。

图7-155

图7—156

步骤02 "文件>置入"命令，将素材1.jpg置入画面中，然后单击控制栏中的"嵌入"按钮，进行嵌入。将素材移动相应位置，如图7-157所示。

图7—157

步骤03 单击工具箱中的"钢笔工具"按钮，在控制栏中设置填充颜色为白色，设置完成后在画面左上角的位置绘制四边形，如图7-158所示。

图7—158

步骤04 使用选择工具将素材和图形加选，然后右击，在弹出的快捷键菜单中选择"建立剪切蒙版"命令，如图7-159所示。效果如图7-160所示。

图7—159　　　　　图7—160

步骤05 使用同样方法制作另一部分图像，如图7-161所示。

步骤06 在画面上绘制图形。使用钢笔工具在画面顶部绘制多个三角形，并在控制栏中设置合适的填充颜色，如图7-162所示。

图7—161　　　　　图7—162

步骤07 单击工具箱中"文字工具"按钮 T，在控制栏中设置合适的字体、字号、颜色，然后在画面左下角按住鼠标左键并拖动，绘制出段落文本框。接下来在文本框中输入文字，如图7-163所示。

图7—163

步骤08 使用选择工具选中输入完成的段落文本，单击控制栏中的"段落"按钮，在弹出的"段落"面板中单击 按钮，设置对齐方式，如图7-164所示。效果如图7-165所示。

图7—164　　　　　图7—165

步骤09 继续使用文字工具，在控制栏中设置文字填充颜色、字体以及字号，并设置对齐方式为"左对齐"，在画面底部单击，输入文字，如图7-166所示。

图7—166

步骤10 用同样的方法，继续使用文字工具在页面右侧白色的区域内制作两组段落文字，效果如图7-167所示。

图7-167

步骤11 单击"矩形工具"按钮 ▢，在画面外按住鼠标左键拖曳绘制一个矩形。然后单击工具箱底部的"渐变"按钮 ▣，在弹出的"渐变"面板中设置"类型"为"线性"，设置渐变颜色为灰白色系的半透明渐变，效果如图7-168所示。

图7-168

步骤12 选择矩形，选择"窗口>透明度"命令，打开"透明度"面板。设置"混合模式"为"正片叠底"，如图7-169所示，然后将矩形移动到左侧页面上，效果如图7-170所示。

图7-169

图7-170

7.6 "字符样式"/"段落样式"面板

字符样式是许多字符格式属性的集合，可应用于所选的文本范围。段落样式包括字符和段落格式属性，可应用于单个段落，也可应用于一定的段落范围。在文本中应用字符样式和段落样式可节省时间，还可确保格式的一致性。

"字符样式"面板和"段落样式"面板的使用方法非常相近，使用"字符样式"面板可以设置字符的样式，使用"段落样式"面板可以设置文字的段落样式。下面以"字符样式"面板的使用方法为例进行讲解。

步骤01 要创建字符样式，可以选择"窗口>文字>字符样式"命令，在弹出的"字符样式"面板中，单击面板菜单按钮，在面板菜单中选择"新建样式"命令。在弹出的对话框中输入字符样式名称即可，如图7-171所示。

步骤02 在面板菜单中选择"字符样式选项"或"段落样式选项"命令对样式进行设置。编辑完成后，单击"确定"按钮，如图7-172所示。

步骤03 选择画面中的文字。单击新创建的字符样式，此时文字就被赋予了字符样式，效果如图7-173所示。

图7-171

图7-172

图7-173

步骤04 要对已有样式进行修改时，可以在样式面板中选择要修改的样式，在面板菜单中选择"字符样式选项"或"段落样式选项"命令，如图7-174所示，然后对样式进行修改，单击"确定"按钮即可完成修改。如图7-175所示。

图7-174　　　　　图7-175

7.7 使用"制表符"

制表符定位点可应用于整个段落。在设置第一个制表符时，Illustrator会删除其定位点左侧的所有默认制表符定位点。设置更多的制表符定位点时，Illustrator会删除所设置的制表符间的所有默认制表符。

7.7.1 "制表符"面板

在段落中插入光标，或选择要为所有段落设置制表符定位点的文字对象，然后选择"窗口>文字>制表符"命令，打开"制表符"面板，从中设置段落或文字对象的制表符，如图7-176所示。

在"制表符"面板中，单击任一制表符对齐按钮，指定如何相对于制表符位置来对齐文本。

图7-176

- 左对齐制表符：靠左对齐横排文本，右边距可因长度不同而参差不齐。
- 居中对齐制表符：按制表符标记居中对齐文本。
- 右对齐制表符：靠右对齐横排文本，左边距可因长度不同而参差不齐。

- 小数点对齐制表符：将文本与指定字符对齐放置。在创建数字列时，此按钮尤为有用。

在X文本框中输入一个位置，然后按Enter键。如果选定了X值，按上、下方向键，可分别增加或减少制表符的值（增量为1点）。

前导符是制表符和后续文本之间的一种重复性字符模式（如一连串的点或虚线）。

单击"磁铁"按钮，"制表符"面板将移到选定文本对象的正上方，并且零点与左边距对齐。如有必要，可以拖动面板右下角的"调整大小"按钮以扩展或缩小标尺。

7.7.2 重复制表符

"重复制表符"命令可根据制表符与左缩进，或前一个制表符定位点间的距离创建多个制表符。首先在段落中单击以设置一个插入点，然后在"制表符"面板中，从标尺上选择一个制表位，再从面板菜单中选择"重复制表符"命令，如图7-177所示。

图7-177

7.7.3 使用"制表符"面板设置缩进

制表符可以将文本框中的文字定位到一个统一的位置上，并按照这些位置的不同属性进行对齐操作。

步骤01 选择画面中的段落文字。选择"窗口>文字>制表符"命令，可以打开"制表符"面板，在该面板中刻度尺的左上角有两个三角形滑块，分别是"首行缩进"和"左缩进"，如图7-178所示。

图7-178

步骤02 选中段落文本，向右拖曳"左缩进"滑块▼，可以看到除了首行以外的文字都统一向右移动了，而且这些文字都统排列在一条垂直线上，如图7-179所示。接着选择"首行缩进"滑块▲并将其向右拖曳，效果如图7-180所示。

图7-179　　　　　图7-180

7.8 OpenType选项

　　OpenType 采用一种适用于 Windows® 和 Macintosh® 计算机的字体文件，因此可以将文件从一个平台移到另一个平台，而不用担心字体替换或其他导致文本重新排列的问题。它们可能包含一些当前 PostScript 和 TrueType 字体所不具备的功能，如花饰字和自由连字。

　　OpenType也叫Type 2字体，是由Microsoft和Adobe公司联合开发的另外一种字体格式。它也是一种轮廓字体，只不过功能比TrueType更为强大，最明显的一个好处就是可以把PostScript字体嵌入到TrueType软件中，并且还支持多个平台，提供更大的字符集，以及版权保护。可以说，OpenType是Type 1和TrueType的超集。OpenType标准还定义了OpenType文件名的后缀名，其中包含TrueType字体的OpenType文件后缀名为.ttf；包含PostScript字体的文件后缀名为.OTF；如果是包含一系列TrueType字体的字体包文件，那么其后缀名为.ttc。

　　OpenType的主要优点如下：

- 增强的跨平台功能。
- 更好地支持Unicode标准定义的国际字符集。
- 支持高级印刷控制。
- 生成的文件尺寸更小。
- 支持在字符集中加入数字签名，以保证文件的集成。

　　选择"窗口>文字>OpenType"命令，在打开的OpenType面板中可指定如何应用 OpenType 字体中的替代字符，如图7-181所示。

图7-181

- **数字**：在该下拉列表框中选择数字的格式，其中"默认数字"为当前字体使用的默认样式；"定宽，全高"是使用宽度相同的全高数字；"变宽，全高"是使用宽度不同的全高数字；"变宽，变高"是使用宽度和高度均不同的数字；"定宽，变高"是使用高度不同而固定等宽的数字。

- **位置**：在该下拉列表框中选择字符位置，其中包括"默认位置"、"上标"、"下标"、"分子"和"分母"。

- **OpenType的特殊特征**：包括"标准连字"按钮ﬁ、"上下文替代字"按钮ℴ、"自由连字"按钮ﬆ、"花饰字"按钮𝒜、"文体替代字"按钮a̅a̅、"标题替代字"🅣、"序数字"按钮1ˢᵗ和"分数字"按钮½。

- **等比公制字**：使用等比公制字体复合字符。

- **水平或垂直样式字**：切换日文平假名字体。平假名字体有不同的水平和垂直字形，如气音、双子音和语音索引等。

- **罗马斜体字**：将半角字母与数字更改为斜体。

> 🧑 **技巧提示**
>
> 　　OpenType 系列的各种字体间的功能差别较大，并不是每种字体都能使用OpenType面板中的所有选项。可以使用"字形"面板来查看字体中的字符。

实例练习——制作彩色文字

案例文件	案例练习——制作彩色文字.ai
视频教学	实例练习——制作彩色文字.flv
难易指数	★★★★★★
知识掌握	文字工具、"外观"面板、"图层样式"面板

案例效果

本例主要使用文字工具、"外观"面板、"图层样式"面板等制作彩色文字，最终效果如图7-182所示。

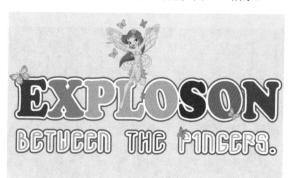

图7-182

操作步骤

步骤01 选择"文件>新建"命令或按Ctrl+N快捷键，在弹出的"新建文档"对话框中按照图7-183所示进行设置，然后单击"确定"按钮，新建一个文档。

步骤02 单击工具箱中的"矩形工具"按钮，绘制一个矩形；然后在控制栏中设置颜色为黄色，描边为无，制作出画板背景，如图7-184所示。

图7-183　　　　　图7-184

步骤03 单击工具箱中的"文字工具"按钮，在画板上输入一个字母E，然后使用选择工具将其选中，如图7-185所示。

图7-185

步骤04 选择"窗口>外观"命令，在弹出的"外观"面板中单击右上角的按钮，在弹出的菜单中选择"添加新填色"命令，如图7-186所示。

图7-186

步骤05 此时可以看到"外观"面板中多了一个"填色"，将其改为白色，如图7-187所示。

图7-187

步骤06 在"外观"面板中将"填色"拖曳至"字符"的下方，如图7-188所示。

图7-188

步骤07 选择"效果>路径>位移路径"命令，在弹出的"偏移路径"对话框中设置"位移"为3mm，"连接"为"圆角"，"斜接限制"为4，然后单击"确定"按钮，如图7-189所示。

图7-189

步骤08 此时在"外观"面板中可以看到，新填色上包含了"位移路径"效果。将该填色再复制一个，并将其颜色改为蓝色，如图7-190所示。

图7-190

步骤09 在"填色"（蓝色）中，双击"位移路径"，在弹出的"偏移路径"对话框中将"位移"改为6mm，如图7-191所示。

图7-191

步骤10 选择"窗口>图形样式"命令，打开"图形样式"面板。使用选择工具选中字母E，然后拖曳到"图层样式"面板中，创建出一种新的图层样式。至此，图形样式创建完成，下面就可以隐藏原始文字了，如图7-192所示。

图7-192

步骤11 单击工具箱中的"文字工具"按钮，然后选择"窗口>文字>字符"命令，打开"字符"面板，选择一种文字样式，设置"文字大小"为271.38pt，并在面板菜单中选择"全部大写字母"命令，如图7-193所示。

图7-193

步骤12 再次使用文字工具在底部创建文字，然后在"字符"面板中调整其样式作为装饰，如图7-194所示。

图7-194

步骤13 保持两部分文字对象的选中状态，然后在"图层样式"面板中单击新创建的图形样式，为文字应用该样式，如图7-195所示。

图7-195

步骤14 选择一个字母，选择"窗口>颜色"命令，打开"颜色"面板，从中设置文字颜色，如图7-196所示。

图7-196

步骤15 按照上述同样的方法将每个字母都填充为不同的色彩，效果如图7-197所示。

图7-197

步骤16 置入前景素材文件，并调整好大小和位置，如图7-198所示。

图7-198

综合实例——使用文字工具进行杂志的排版

案例文件	实例练习——使用文字工具进行杂志的排版.ai
视频教学	实例练习——使用文字工具进行杂志的排版.flv
难易指数	★★★★★
知识掌握	文字工具、椭圆工具、柱形图工具、直线段工具

案例效果

本例将利用文字工具、椭圆工具、柱形图工具、直线段工具等进行杂志的排版，最终效果如图7-199所示。

图7-199

操作步骤

步骤01 选择"文件>打开"命令，在弹出的"打开"对话框中选择要打开的文件，单击"打开"按钮，如图7-200所示。

图7-200

步骤02 单击工具箱中的"矩形工具"按钮，在画板的左上方单击，然后拖动鼠标至画板的右下角，绘制一个矩形。选择"窗口>颜色"命令，打开"颜色"面板，设置填充色为白色，如图7-201所示。

图7-201

步骤03 选择"效果>风格化>投影"命令，打开"投影"面板，设置相应参数后单击"确定"按钮，如图7-202所示。

图7-202

步骤04 选中左侧矩形，按住Shift和Alt键的同时向右拖动，复制出一个副本并放置在右侧位置，如图7-203所示。

图7-203

步骤05 单击工具箱中的"矩形工具"按钮，在画板的中间绘制一个适当大小的矩形。选择"窗口>渐变"命令，打开"渐变"面板，编辑一种从灰色到透明的渐变，如图7-204所示。

图7-204

步骤06 单击工具箱中的"文字工具"按钮 T，在白色矩形的左上角单击，在控制栏中设置合适的字体和大小，输入文字，然后选择"窗口>颜色"命令，在弹出的"颜色"面板中设置填充色为黑色，如图7-205所示。

图7-205

答疑解惑——如何制作透明渐变？

如果要调整一个色标的透明度，只需选中该色标，将"不透明度"文本框下方的滑块向左拖动，如图7-206所示。

图7-206

步骤07 单击工具箱中的"矩形工具"按钮▢，在文字下方适当的位置绘制一个矩形。选择"窗口>颜色"命令，打开"颜色"面板，设置填充色为粉色，如图7-207所示。

图7-207

步骤08 单击工具箱中的"文字工具"按钮T，在控制栏中设置合适的字体和大小后，在粉色矩形上单击，输入文字；然后选择"窗口>颜色"命令，打开"颜色"面板，设置填充色为白色，如图7-208所示。

图7-208

步骤09 在粉色矩形下方单击，在控制栏中设置合适的字体和大小后，输入文字；然后选择"窗口>颜色"命令，打开"颜色"面板，设置填充色为黑色，如图7-209所示。

图7-209

步骤10 单击工具箱中的"文字工具"按钮T，在控制栏中选择合适的字体和大小，设置颜色为黑色，创建一个矩形的文本区域，然后输入文字，如图7-210所示。

图7-210

步骤11 将光标移至第二行首字母前面，按住Space将第二排文字向右移动，如图7-211所示。

图7-211

步骤12 选择"文件>置入"命令，置入一幅图像，并调整至合适的大小和位置，如图7-212所示。

图7-212

步骤13 单击工具箱中的"矩形工具"按钮 ▢，在图像上绘制一个矩形。单击工具箱中的"选择工具"按钮 ▸，框选图像和矩形，然后右击，在弹出的快捷菜单中选择"建立剪切蒙版"命令，如图7-213所示。

图7-216

步骤16 单击工具箱中的"文字工具"按钮 **T**，在控制栏中选择合适的字体和大小，设置填充色为粉色，然后在图像右侧单击并输入文字，如图7-216所示。

步骤17 保持文字工具的选中状态，在英文字母N的右侧创建一个矩形的文本区域；然后在控制栏中选择合适的字体和大小，设置填充色为黑色；接着在矩形文本区域中输入文字；以同样方法在其下方继续创建区域文本，如图7-217所示。

图7-217

图7-213

步骤14 单击工具箱中的"文字工具"按钮 **T**，在控制栏中选择合适的字体和大小，设置填充色为白色，然后在图像右上角的位置创建一个矩形的文本区域，并输入文字，如图7-214所示。

图7-214

步骤15 选择"窗口>文字>段落"命令，打开"段落"面板，设置段落样式为"右对齐"，如图7-215所示。

图7-215

步骤18 单击工具箱中的"椭圆工具"按钮 ○，在空白处单击，在弹出的"椭圆"对话框中设置"宽度"为1mm，"高度"为1mm，单击"确定"按钮，创建一个正圆。选择"窗口>颜色"命令，打开"颜色"面板，设置填充色为粉色，如图7-218所示。

图7-218

步骤19 单击工具箱中的"文字工具"按钮 **T**，在正圆左侧按住鼠标左键并拖动，创建一个矩形的文本区域；在控制栏中设置合适的字体和大小，输入文字；选择"窗口>颜色"命令，打开"颜色"面板，设置填充色为粉色，如图7-219所示。

图7-219

步骤20 选择"文件>置入"命令，置入一幅图像，并调整至适当大小，如图7-220所示。

图7-220

步骤21 单击工具箱中的"矩形工具"按钮，在置入的图像上绘制一个稍大一些的白色矩形，并将其放置在图像下层。选择"效果>风格化>投影"命令，在弹出的"投影"对话框中设置相关参数，然后单击"确定"按钮，如图7-221所示。

图7-221

步骤22 单击工具箱中的"选择工具"按钮，框选图像和矩形；右击，在弹出的快捷菜单中选择"编组"命令；再将鼠标指针放到定界框的边缘，单击将其旋转，如图7-222所示。

图7-222

步骤23 使用同样的方法置入另一幅图像，并绘制矩形边框以及投影效果，如图7-223所示。

图7-223

步骤24 单击工具箱中的"柱形图工具"按钮，在空白处单击并向右下方拖动鼠标，松开鼠标左键后打开柱形图设置窗口，从中设置柱形图的相应参数，然后单击"应用"按钮，如图7-224所示。

图7-224

步骤25 单击工具箱中的"选择工具"按钮 ▶，选择柱形图，设置填充色为蓝色，如图7-225所示。

步骤26 单击工具箱中的"文字工具"按钮 T，在柱形图下方单击，再在控制栏中设置合适的字体和大小，输入文字，如图7-226所示。

图7-225

图7-226

步骤27 单击工具箱中的"矩形工具"按钮 ⬜，在文字下方适当的位置绘制一个矩形，然后选择"窗口>颜色"命令，打开"颜色"面板，设置填充色为粉色，如图7-227所示。

图7-227

步骤28 单击工具箱中的"文字工具"按钮 T，在粉色矩形上单击，再在控制栏中选择合适的字体和大小，设置填充色为白色，然后输入文字，如图7-228所示。

图7-228

步骤29 单击工具箱中的"直线段工具"按钮 ╲，在矩形框下方单击，然后按住Shift键向右拖动鼠标绘制一条直线。选择"窗口>颜色"命令，打开"颜色"面板，设置填充色为粉色，描边色为粉色。再次选择"窗口>描边"命令，打开"描边"面板，设置"粗细"为0.5pt，如图7-229所示。

图7-229

步骤30 单击工具箱中的"文字工具"按钮 T，在空白处单击鼠标左键；再在控制栏中选择合适的字体和大小，设置填充色为黑色；然后输入文字，如图7-230所示。

图7-230

步骤31 使用文字工具在底部空白处创建一个矩形的文本区域，再在控制栏中选择合适的字体和大小，设置填充色为黑色，然后输入文字，如图7-231所示。

图7-231

步骤32 选择"窗口>文字>段落"命令，打开"段落"面板，设置段首间距为32pt，如图7-232所示。

图7-232

Illustrator CC 中文版从入门到精通

184

步骤33 单击工具箱中的"文字工具"按钮 **T**，在下方空白处单击；再在控制栏中选择合适的字体和大小，设置填充色为黑色，然后输入文字，如图7-233所示。

图7-233

步骤34 单击工具箱中的"钢笔工具"按钮，在画板右侧绘制一个形状，然后选择"窗口>颜色"命令，打开"颜色"面板，设置填充色为橙色，如图7-234所示。

图7-234

步骤35 单击工具箱中的"文字工具"按钮 **T**，在橙色形状上单击，再在控制栏中设置合适的字体和大小，然后输入文字，如图7-235所示。

图7-235

步骤36 保持文字工具的选中状态，在空白处按住鼠标左键并拖动，创建一个矩形的文本区域，再在控制栏中选择合适的字体和大小，设置填充色为黑色，然后输入文字，如图7-236所示。

图7-236

步骤37 当文字输入过多时，在文本区域的右下角将出现 ⊞ 标记。将鼠标指针放到标记上并单击，再在文本区域右边拖动鼠标绘制一个新的文本区域，如图7-237所示。

图7-237

步骤38 保持文字工具的选中状态，将要改变颜色和字体的文字选中，在控制栏中更改字体、字号和填充色，如图7-238所示。

图7-238

步骤39 按照上述相同的方法改变其他文字，效果如图7-239所示。

步骤40 继续使用文字工具在下方空白处输入其他文字，如图7-240所示。

图7-239　　　　　　　图7-240

步骤41 单击工具箱中的"直线段工具"按钮，在画板右侧单击，然后按住Shift键向下拖动鼠标，绘制一条直线；在控制栏中设置描边色为黑色，"粗细"为0.5pt，效果如图7-241所示。

图7-241

步骤42 单击工具箱中的"钢笔工具"按钮 ✎，在画板右侧绘制一个不规则图形。选择"窗口>颜色"命令，打开"颜色"面板，设置填充色为蓝色，如图7-242所示。

图7-242

步骤43 单击工具箱中的"文字工具"按钮 T，在不规则图形上单击，输入两组文字，如图7-243所示。

图7-243

步骤44 继续使用文字工具在图形下方输入3组装饰文字，如图7-244所示。

图7-244

步骤45 选择"文件>置入"命令，置入一幅图像，并调整到适当大小。单击工具箱中的"钢笔工具"按钮 ✎，绘制一个四边形。单击工具箱中的"选择工具"按钮 ▶，框选图像和四边形，然后右击，在弹出的快捷菜单中选择"建立剪切蒙版"命令，如图7-245所示。

图7-245

步骤46 单击工具箱中的"椭圆工具"按钮 ○，在图像的左侧绘制一个正圆，并填充为黑色，如图7-246所示。

图7-246

步骤47 使用文字工具在圆形上输入两组文字，如图7-247所示。

图7-247

步骤48 单击工具箱中的"矩形工具"按钮 □，在底部绘制一个适当大小的矩形，并填充为粉色，如图7-248所示。

步骤49 使用文字工具在矩形上单击并输入文字，如图7-249所示。

图7-248

图7-249

步骤50 单击工具箱中的"选择工具"按钮 ▶，选中文字和矩形，然后将鼠标指针放置到定界框的边缘，旋转定界框，如图7-250所示。

图7-250

综合实例——使用文字工具制作创意文字招贴

案例文件	综合实例——使用文字工具制作创意文字招贴.ai
视频教学	综合实例——使用文字工具制作创意文字招贴.flv
难易指数	★★★★★
知识掌握	文字工具、创建轮廓

案例效果

本例主要使用到文字工具创建出大量的文字，并通过对文字进行创建轮廓操作，调整文字形态，制作出创意招贴，最终效果如图7-253所示。

图7-253

步骤51 使用选择工具选中左侧页面的页眉与页脚，按住Shift和Alt键的同时向右拖动进行复制，并摆放在合适位置，如图7-251所示。

图7-251

步骤52 至此完成杂志的排版，最终效果如图7-252所示。

图7-252

操作步骤

步骤01 选择"文件>新建"命令，创建一个A4大小的文档。单击工具箱中的"矩形工具"按钮 □，按住鼠标左键拖曳，绘制与画板等大的矩形。单击"工具箱"底部的"渐变"按钮，在弹出的"渐变"面板中设置"类型"为"线性"，"角度"为45°，渐变颜色为青蓝色系的渐变，效果如图7-254所示。

图7-254

步骤02 在画面上输入文字。单击工具箱中的"文字工具"按钮 T，在控制栏中设置填充颜色为白色，调整合适的字体、字号，然后在画面上单击，并输入文字，如图7-255所示。

图7-255

步骤03 选中文字对象，选择"文字>创建轮廓"命令。单击工具箱中的"直接选择工具"按钮 ▶，在文字上单击，出现锚点。选择顶部的锚点，在控制栏中单击"平滑锚点"按钮，然后在锚点控制柄上按住鼠标并拖曳，调整文字形态，如图7-256所示。

步骤04 用同样方法继续对文字的其他位置进行变形，如图7-257所示。

图7-256　　　　　　　图7-257

步骤05 接着使用钢笔工具绘制文字下方的底色。单击工具箱中的"钢笔工具"按钮 ✍，设置填充颜色为青色，然后沿文字外轮廓绘制图形，如7-258所示。

图7-258

步骤06 在对象上右击并选择"排列>后移一层"命令，将轮廓图形排列在文字后方。如图7-259所示。

步骤07 选择字母W使用快捷键Ctrl+C进行复制，使用快捷键Ctrl+V进行粘贴。在控制栏中设置填充颜色为淡蓝色，选择字母W，将其纵向进行缩放，如图7-260所示。

图7-259　　　　　　　图7-260

步骤08 单击工具箱中的"选择工具"按钮选择复制出的字母W，再次使用快捷键Ctrl+C进行复制，使用快捷键Ctrl+V进行粘贴，如图7-261所示。

步骤09 在画面上绘制图形。单击工具箱中的"矩形工具"按钮 □，在控制栏中设置填充颜色为淡蓝色。设置完成后绘制一个长条的矩形，然后适当旋转，如图7-262所示。

图7-261　　　　　　　图7-262

步骤10 使用选择工具加选字母和图形，选择"窗口>路径查找器"命令，打开"路径查找器"面板。在面板中单击"交集"按钮 ▣，得到了交叉区域的图形，效果如图7-263所示。将图形移动相应位置，如图7-264所示。

图7-263　　　　　　　图7-264

步骤11 使用同样方法制作其他图形，如图7-265所示。

图7-265

步骤12 使用钢笔工具在控制栏中设置填充颜色为淡蓝色，设置完成后在字母F上绘制图形，如图7-266所示。

图7-266

步骤13 继续使用钢笔工具，在控制栏中设置填充颜色为白色，设置完成后在字母上绘制图形，作为字母的光泽部分，如图7-267所示。使用同样方法绘制其他图形，如图所7-268示

图7-267　　　　　　图7-268

步骤14 使用选择工具选中第一组文字上的图形部分，使用快捷键Ctrl+G进行编组操作，如图7-269所示。

图7-269

步骤15 使用同样方法制作其他两组文字，移动到相应位置，如图7-270和图7-271所示。

图7-270　　　　　　图7-271

步骤16 在画面右上角上输入文字。单击工具箱中的"文字工具"按钮 T，在控制栏中设置填充颜色为白色，设置合适的字体、字号，在画面右上角单击，输入3行文字，如图7-272所示。

图7-272

步骤17 使用选择工具选择文字，选择"窗口>文字>段落"命令，打开"段落"面板，在面板中单击"右对齐"按钮，效果如图7-273所示。

图7-273

步骤18 使用选择工具再次选择文字，调整文字的位置及角度，如图7-274所示。

图7-274

步骤19 接着使用钢笔工具在控制栏中设置填充颜色为蓝色，设置完成后沿文字的外轮廓绘制底色效果，并将图形移动到文字的下方，如图7-275所示。

图7-275

步骤20 单击工具箱中的"圆角矩形工具"按钮 ▣，在画面中按住鼠标左键拖曳，在相应位置绘制圆角矩形。单击"工具箱"底部的"渐变"按钮，在弹出的"渐变"面板中设置"类型"为"径向"，渐变颜色为黄色系的渐变，如图7-276所示，效果如图7-277所示。

图7-276　　　　　　　图7-277

步骤21 选择圆角矩形，使用快捷键Ctrl+C进行复制，使用快捷键Ctrl+V进行粘贴，旋转90°，并与之前的圆角矩形排列成十字，移动到右侧的位置，如图7-278所示。

图7-278

步骤22 加选这两个圆角矩形，使用快捷键Ctrl+G编组。适当进行旋转，如图7-279所示。

图7-279

步骤23 使用文字工具继续输入文字，在控制栏中设置合适的字体、字号，修改颜色及角度，调整相应位置，如图7-280所示。使用"钢笔工具"绘制文字下方的底色图形，如图7-281所示。

图7-280　　　　　　　图7-281

步骤24 使用同样方法，继续在主体文字的周围添加其他的辅助文字，如图7-282所示。

图7-282

步骤25 最后选择"文件>置入"命令，将素材1.ai置入到画面中，然后单击控制栏中的"嵌入"按钮，进行嵌入，如图7-283所示。选择素材，移动到相应位置，本案例制作完成，效果如图7-284所示。

图7-283　　　　　　　图7-284

Chapter 8

第8章

对象管理

当文档中包含大量的对象时，对象的排列、堆叠方式就会直接影响到画面的最终效果。在Illustrator中可以通过"对齐"面板对所选对象的对齐方式以及分布方式进行调整。除此之外，通过对象的"编组""锁定""隐藏"等操作也能够方便地进行文档管理。

本章学习要点：

- 掌握调整对象排列的方法
- 掌握对齐与分布命令的使用方法
- 掌握编组与锁定功能的使用方法

8.1 对象的排列

对象的堆叠方式决定了最终的显示效果，在Illustrator中对象的堆叠顺序取决于使用的绘图模式。使用"排列"命令可以随时更改图稿中对象的堆叠顺序。如图8-1所示为对象处于不同的排列顺序下作品展现出的不同效果。

图8-1

技巧提示

在正常绘图模式下创建新图层时，新图层将放置在现用图层的正上方，且任何新对象都在现用图层的上方绘制出来。但是，在使用背面绘图模式创建新图层时，新图层将放置在现用图层的正下方，且任何新对象都在选定对象的下方绘制出来。

8.1.1 使用命令更改对象排列

选择"对象>排列"命令，在子菜单中包含多个可以用于调整对象排列顺序的命令。或者在画布中选中对象，右击，在弹出的快捷菜单中选择"排列"命令，也会出现相同的子菜单，如图8-2所示。

选择"对象>排列>前移一层"命令，可以将对象按堆叠顺序向前移动一个位置，如图8-4所示。

选择"对象>排列>后移一层"命令，可以将对象按堆叠顺序向后移动一个位置，如图8-5所示。

图8-2

图8-4

图8-5

选择"对象>排列>置于顶层"命令，可以将对象移到其组或图层中的顶层位置，如图8-3所示。

图8-3

选择"对象>排列>置于底层"命令，可以将对象移到其组或图层中的底层位置，如图8-6所示。

图8-6

8.1.2 使用"图层"面板更改堆叠顺序

位于"图层"面板顶部的图稿在堆叠顺序中位于前面，而位于"图层"面板底部的图稿在堆叠顺序中位于后面。同一图层中的对象也是按结构进行堆叠的。展开图层可以看到当前画面中存在的编组或对象，拖动项目名称，当黑色的插入标记出现在期望位置时，释放鼠标按钮。黑色插入标记出现在面板中其他两个项目之间，或出现在图层或组的左边和右边。在图层或组之上释放的项目将被移动至项目中所有其他对象上方，如图8-7所示。

图8-7

 技巧提示

在项目选择列中单击，将选择颜色框拖至其他项目的选择颜色框，并释放鼠标。如果项目选择颜色框被拖至对象时，项目便会被移动到对象上方；如果项目选择颜色框被拖至图层或组，项目便会被移动到图层或组中所有其他对象上方。

8.2 对齐与分布

进行平面设计时经常会需要在画面中添加大量排列整齐的对象。在Illustrator中可以使用对齐与分布命令实现这一目的。如图8-8所示为使用对齐与分布命令进行制作的作品。

图8-8

8.2.1 对齐对象

在Illustrator中，使用"对齐"面板和控制栏中的对齐选项都可以沿指定的轴对齐或分布所选对象。首先将要进行对齐的对象选中，选择"窗口>对齐"命令或按Shift+F7快捷键，打开"对齐"面板，在其中的"对齐对象"选项中可以看到对齐控制按钮，如图8-9所示。

图8-9

 技巧提示

将要进行对齐的对象选中，在控制栏中也可以看到相应的对齐控制按钮，如图8-10所示。

图8-10

○ 左对齐 ：单击该按钮时，选中的对象将以最左侧的对象为基准，将所有对象的左边界调整到一条基线上，如图8-11所示。

图8-11

○ 垂直居中对齐 ：单击该按钮时，选中的对象将以中心的对象为基准，将所有对象的垂直中心线调整到一条基线上，如图8-12所示。

图8-12

○ 右对齐 ：单击该按钮时，选中的对象将以最右侧的对象为基准，将所有对象的右边界调整到一条基线上，如图8-13所示。

图8-13

○ 顶部对齐 ：单击该按钮时，选中的对象将以顶部的对象为基准，将所有对象的上边界调整到一条基线上，如图8-14所示。

图8-14

○ 水平居中对齐 ：单击该按钮时，选中的对象将以水平的对象为基准，将所有对象的水平中心线调整到一条基线上，如图8-15所示。

图8-15

○ 底部对齐 ：单击该按钮时，选中的对象将以底部的对象为基准，将所有对象的下边界调整到一条基线上，如图8-16所示。

图8-16

技巧提示

当要对选中的对象进行中心对齐时，可以同时单击"垂直居中对齐"按钮 和"水平居中对齐"按钮 ，效果如图8-17所示。

图8-17

8.2.2 分布对象

选择"窗口>对齐"命令或按Shift+F7快捷键，将"对齐"面板显示出来。在"分布对象"选项组中可以看到相应的分布控制按钮，如图8-18所示。

图8-18

技巧提示

将要进行分布的对象选中，在控制栏中也可以看到相应的分布控制按钮，如图8-19所示。

图8-19

⚙ 垂直顶部分布▤：单击该按钮时，将平均每一个对象顶部基线之间的距离，调整对象的位置，如图8-20所示。

图8-20

⚙ 垂直居中分布▤：单击该按钮时，将平均每一个对象水平中心基线之间的距离，调整对象的位置，如图8-21所示。

图8-21

⚙ 底部分布▤：单击该按钮时，将平均每一个对象底部基线之间的距离，调整对象的位置，如图8-22所示。

图8-22

⚙ 左分布▥：单击该按钮时，将平均每一个对象左侧基线之间的距离，调整对象的位置，如图8-23所示。

图8-23

⚙ 水平居中分布▥：单击该按钮时，将平均每一个对象垂直中心基线之间的距离，调整对象的位置，如图8-24所示。

图8-24

⚙ 右分布▥：单击该按钮时，将平均每一个对象右侧基线之间的距离，调整对象的位置，如图8-25所示。

图8-25

8.2.3　调整对齐依据

在Illustrator中可以对对齐依据进行设置，在"对齐"面板菜单中选择"显示选项"命令，在"对齐"面板的底部可以看到这里提供了3种对齐依据："对齐所选对象"、"对齐关键对象"和"对齐画板"。设置不同的对齐依据得到的对齐或分布效果也各不相同，如图8-26所示。

图8-26

♻ 对齐所选对象：使用该选项可以相对于所有选定对象的定界框对齐或分布，如图8-27所示。

图8-27

♻ 对齐关键对象：该选项可以相对于一个锚点对齐或分布。在对齐之前首先需要使用选择工具，单击要用作关键对象的对象，关键对象周围出现一个轮廓。然后单击与所需的对齐或分布类型对应的按钮即可，如图8-28所示。

图8-28

♻ 对齐画板：选择要对齐或分布的对象，在对齐依据中选择该选项，然后单击与所需的对齐或分布类型对应的按钮，即可将所选对象按照当前的画板进行对齐或分布，如图8-29所示。

图8-29

技巧提示

默认情况下，Illustrator 会根据对象路径计算对象的对齐和分布情况。当处理具有不同描边粗细的对象时，可以改为使用描边边缘来计算对象的对齐和分布情况。若要执行此操作，在"对齐"面板菜单中选择"使用预览边界"命令即可，如图8-30所示。

图8-30

8.2.4 按照特定间距分布对象

步骤01 在Illustrator中能够以特定的间距数值来分布对象。首先需要选中要进行分布的对象，如图8-31所示。

步骤02 使用选择工具，单击要在其周围分布其他对象的关键对象。此时"关键对象"上出现红色轮廓效果，并且将在原位置保留不动，如图8-32所示。

步骤03 此时对齐依据为"对齐关键对象"，输入要在对象之间显示的间距量，如图8-33所示。

步骤04 在"分布间距"选项组中，分别单击"垂直分布间距"按钮和"水平分布间距"按钮。可以看到关键对象没有移动，而另外两个对象则以当前设置的间距数值，分别在水平方向和垂直方向均匀分布，如图8-34所示。

图8-31

图8-32

图8-33

图8-34

技巧提示

如果未显示"分布间距"选项组，则在面板菜单中选择"显示选项"命令即可，如图8-35所示。

图8-35

实例练习——使用"对齐"命令制作记事本

案例文件	实例练习——使用"对齐"命令制作记事本.ai
视频教学	实例练习——使用"对齐"命令制作记事本.flv
难易指数	★★★★★
知识掌握	"对齐"与"分布"命令的使用

案例效果

本案例主要通过"对齐"命令制作记事本，效果如图8-36所示。

图8-36

操作步骤

步骤01 打开本书配套光盘中的背景素材文件，如图8-37所示。

步骤02 单击工具箱中的"圆角矩形工具"按钮，拖曳鼠标绘制一个圆角矩形，如图8-38所示。

图8-37　　　　　　　图8-38

步骤03 选择"窗口>渐变"命令，打开"渐变"面板，在该面板中编辑一种绿色系渐变，"类型"为"线性"，如图8-39所示。

图8-39

步骤04 使用选择工具选择圆角矩形对象，按住Alt键向下拖曳，松开鼠标复制出副本，再次复制并向下移动，如图8-40所示。

图8-40

步骤05 将3个圆角矩形一起选中，然后选择"窗口>对齐"命令，打开"对齐"面板，单击"水平居中对齐"按钮，再单击"垂直居中对齐"按钮，此时3个圆角矩形均匀地分布在左侧页面上，如图8-41所示。

图8-41

步骤06 使用圆角矩形工具绘制圆角矩形，并填充为白色。用同样的方法复制出另外两个白色圆角矩形，并在"对齐"面板中进行对齐与分布，如图8-42所示。

步骤07 使用圆角矩形工具在右侧页面底部绘制一个圆角矩形。打开"渐变"面板，在该面板中编辑一种灰色系渐变，"类型"为"线性"，如图8-43所示。

图8-42　　　　　　　图8-43

步骤08 复制该圆角矩形，并等比例居中缩放，在控制栏中设置填充为无，描边为白色，然后选择"窗口>描边"命令，打开"描边"面板，设置"粗细"为1pt，选中"虚线"复选框，设置"虚线"为8pt，"配置文件"为"等比"，如图8-44所示。

图8-44

步骤09 将灰色渐变和虚线描边一起选中，右击，在弹出的快捷菜单中选择"编组"命令，如图8-45所示。

图8-45

步骤10 将灰色圆角矩形组选中，复制出3个副本。选中这4个圆角矩形，在"对齐"面板中单击"水平居中对齐"按钮和"垂直居中对齐"按钮使其均匀分布，如图8-46所示。

图8-46

步骤11 选择"文件>置入"命令，置入前景素材文件，最终效果如图8-47所示。

图8-47

8.3 对象的成组与解组

进行平面设计时，作品中经常会包含大量的内容，而且每部分都可能由多个对象组成。如果需要对多个对象同时进行相同的操作，可以将这些对象组合成一个整体"组"，成组后的对象仍然保持其原始属性，并且可以随时解散组合，如图8-48所示为优秀的设计作品。

图8-48

8.3.1 成组对象

　　首先将要进行成组的对象选中，选择"对象>编组"命令或按Ctrl+G快捷键即可将对象进行编组，也可右击，在弹出的快捷菜单中选择"编组"命令。编组后，使用选择工具进行选择时只能选中该组，只有使用编组选择工具才能选中组中的某个对象，如图8-49所示。

图8-49

 技巧提示

　　组还可以是嵌套结构，也就是说，组可以被编组到其他对象或组中，形成更大的组。组在"图层"面板中显示为"＜编组＞项目"形式。可以使用"图层"面板在组中移入或移出项目。

8.3.2 取消编组

　　当需要对编组对象解除编组时，可以选中该组，选择"对象>取消编组"命令，或在对象上右击，在弹出的快捷菜单中选择"取消编组"命令，或按Shift +Ctrl +G组合键，组中的对象即可解组为独立对象，如图8-50所示。

图8-50

8.4 锁定与解锁

　　在制图过程中经常会遇到需要将页面中暂时不需要编辑的对象固定在一个特定的位置，使其不能进行移动、变换等编辑，此时可以运用锁定功能。一旦需要对锁定的对象进行编辑时，还可以使用解锁功能恢复对象的可编辑性。

8.4.1 锁定对象

　　首先选择要锁定的对象，然后选择"对象>锁定>所选对象"命令，或按Ctrl+2快捷键即可将所选对象锁定。锁定之后的对象无法被选中，也无法被编辑，如图8-51所示。

　　如果文件中包含重叠对象，选中处于底层的对象，选择"对象>锁定>上方所有图稿"命令，即可锁定与所选对象所在区域有所重叠且位于同一图层中的所有对象，如图8-52所示。

图8-51

图8-52

8.4.2 解锁对象

选择"对象>全部解锁"命令，或按Ctrl+Alt+2组合键即可解锁文档中的所有锁定的对象。若要解锁单个对象，则需要在"图层"面板中选择要解锁的对象对应的锁定图标 🔒 即可，如图8-53所示。

 技巧提示

关于"图层"面板的相关知识将在第14章中进行详细讲解。

图8—53

8.5 隐藏与显示

当文件中包含过多对象时，可能会出现不利于细节观察的问题。在Illustrator中可以将对象进行隐藏，以便于对其他对象的观察。隐藏的对象是不可见、不可选择的，而且也无法被打印出来，但隐藏仍然存在于文档中，文档关闭和重新打开时，隐藏对象会重新出现，如图8-54所示。

图8—54

8.5.1 隐藏对象

选择要隐藏的对象，选择"对象>隐藏>所选对象"命令，或按Ctrl+3快捷键即可将所选对象隐藏，如图8-55所示。

图8—55

若要隐藏某一对象上方的所有对象，可以选择该对象，然后选择"对象>隐藏>上方所有图稿"命令即可，如图8-56所示。

若要隐藏除所选对象或组所在图层以外的所有其他图层，选择"对象>隐藏>其他图层"命令，效果如图8-57所示。

图8-56

图8-57

8.5.2 显示对象

选择"对象>显示全部"命令或按Ctrl+Alt+3组合键，之前被隐藏的所有对象都将显示出来，并且之前选中的对象仍保持选中状态，如图8-58所示。

 技巧提示

使用"显示全部"命令时，无法只显示少数几个隐藏对象。若要只显示某个特定对象，可以通过"图层"面板进行控制。

图8-58

实例练习——使用"对齐"与"分布"命令制作淡雅底纹卡片

案例文件	实例练习——使用"对齐"与"分布"命令制作淡雅底纹卡片.ai
视频教学	实例练习——使用"对齐"与"分布"命令制作淡雅底纹卡片.flv
难易指数	★★★★★
知识掌握	锁定、编组、对齐、分布

案例效果

本例主要通过使用"对齐"与"分布"功能制作淡雅底纹卡片效果，如图8-59所示。

图8-59

操作步骤

步骤01 选择"文件>新建"命令或按Ctrl+N快捷键新建一个文档，具体参数设置如图8-60所示。

步骤02 单击工具箱中的"矩形工具"按钮，拖曳鼠标绘制一个矩形，设置填充颜色为绿色。为了便于后面的操作，选中绿色矩形，选择"对象>锁定>所选对象"命令，如图8-61所示。

图8-60   图8-61

也可以在"图层"面板中展开该图层，并在相应路径上单击"锁定"按钮将其锁定，如图8—62所示。

图8—62

步骤03 选择"文件>置入"命令将素材1.ai置入画面中，如图8-63所示。选择素材进行嵌入，单击控制栏中的"嵌入"按钮。如图8-64所示。

图8—63　　　　　　　　图8—64

步骤04 单击工具箱中的"选择工具"按钮 ，选择素材，按住Alt键并向右侧移动，进行移动复制。沿水平方向复制出多个花纹，如图8-65所示。

图8—65

步骤05 为了使花纹摆放得更加整齐，需要选择"窗口>对齐"命令，打开"对齐"面板，选中这些花纹素材，单击"顶部对齐"按钮 ，使其处于同一水平线上，如图8-66所示。

图8—66

步骤06 单击"水平居中分布"按钮 ，使其在水平方向间距相同，如图8-67所示。

步骤07 选中这5个花纹，右击，在弹出的快捷菜单中选择"编组"命令，如图8-68所示。

图8—67　　　　　　　　图8—68

步骤08 复制该编组，并使用移动复制的方法复制出多行花纹，依次向下错落摆放，同样可以使用"对齐"面板对花纹间距进行调整，如图8-69所示。

图8—69

步骤09 由于当前花纹有很多超出画面的区域，所以需要使用矩形工具在画面中绘制一个矩形，选中矩形与全部花纹，右击，在弹出的快捷菜单中选择"建立剪切蒙版"命令，此时花纹超出矩形的部分即可被隐藏，如图8-70所示。

图8—70

步骤10 最后选择"文件>置入"命令，置入素材文件2.ai，选择素材，单击控制栏中的"嵌入"按钮，最终效果如图8-71所示。

图8—71

综合实例——社交软件登录界面设计

案例文件	综合实例——社交软件登录界面设计.ai
视频教学	综合实例——社交软件登录界面设计.flv
难易指数	★★★★★
知识掌握	选择对象、对齐对象、编组对象

案例效果

本案例效果如图8-72所示。

图8-72

操作步骤

步骤01 选择"文件>新建"命令，创建新的空白文件。选择"文件>置入"命令，将素材1.jpg置入画面中，单击控制栏中的"嵌入"按钮，如图8-73所示。

图8-73

步骤02 接下来制作一个蓝色系渐变矩形作为登录界面的背景色。单击工具箱中的"矩形工具"按钮 ▣，接着单击工具箱底部的"渐变"按钮 ▣，在弹出的"渐变"面板中设置"类型"为"线性"，"角度"为90°，渐变颜色为蓝色系的渐变。设置完成后，在画面中按住鼠标左键拖曳，绘制出蓝色系渐变矩形，如图8-74所示。

图8-74

步骤03 单击工具箱中的"矩形工具"按钮 ▣，在控制栏中设置填充颜色为白色，描边为蓝色，然后在画面中绘制矩形。使用复制命令快捷键Ctrl+C、粘贴命令快捷键Ctrl+V，复制出一个相同的矩形，放到相应位置，如图8-75所示。

图8-75

步骤04 再次使用矩形工具，绘制一个填充为绿色渐变，描边颜色为深绿色，描边粗细为1pt的矩形，如图8-76所示。

图8-76

步骤05 选中这3个矩形，选择"窗口>对齐"命令，打开"对齐"面板，在这里单击"水平居中对齐"按钮。此时画面效果如图8-77所示。

图8-77

步骤06 继续在界面下方绘制一个白色矩形，如图8-78所示。

图8-78

步骤07 单击"椭圆工具"按钮，在控制栏设置填充颜色为白色，设置完成后按住鼠标左键拖曳绘制出圆形。使用Ctrl+C快捷键进行复制，接着多次使用Ctrl+V快捷键进行粘贴，并将粘贴的圆形移动到合适位置。使用"选择工具"，按住Shift键并依次单击这些圆形和矩形，进行加选。使用编组快捷键Ctrl+G将这些图形进行编组，如图8-79所示。

图8-79

步骤08 单击工具箱中的"文字工具"按钮 T，在控制栏中设置合适的字体、字号，颜色为蓝色，描边为白色，然后在界面的上方单击并输入文字，如图8-80所示。

图8-80

步骤09 选中文字对象，选择"效果>风格化>投影"命令，在"投影"对话框中设置"模式"为"正片叠底"，"不透明度"为75%，"X位移"为0.2mm，"Y位移"为0.2mm，"模糊"为0mm，如图所8-81示。此时文字效果如图8-82所示。

图8-81　　　　　　　　图8-82

步骤10 最后使用文字工具和椭圆工具在画面中添加其他的提示文字以及按钮图标，最终效果如图8-83所示。

图8-83

 读书笔记

Illustrator CC 中文版从入门到精通

Chapter 9
第9章

对象的高级操作

　　本章主要讲解多种对于矢量对象形态编辑的功能，例如，使用变形工具组可以对矢量对象的外形进行轻松的编辑，使用网格工具可以进行不规则的色彩填充，使用封套扭曲可以对矢量图形的外形进行扭曲，使用路径查找器可以将多个矢量图形进行"相加""相减"等操作。

本章学习要点：
- 掌握变形工具组的使用方法
- 掌握网格工具的使用方法
- 掌握形状生成器工具的使用方法
- 掌握高级路径的编辑方法
- 掌握封套扭曲的使用方法
- 掌握路径查找器的使用方法

9.1 变形工具组

Illustrator 的变形工具组（又称液化工具组）中包含8种变形工具：宽度工具、变形工具、旋转扭曲工具、缩拢工具、膨胀工具、扇贝工具、晶格化工具和皱褶工具。与其他变形工具有所不同，使用这些工具能够使对象产生更为丰富的变形效果。如图9-1所示为使用液化工具制作的效果。

图9-1

9.1.1 宽度工具

使用宽度工具可将路径描边变宽，产生丰富多变的形状效果。此外，在创建可变宽度笔触后，可将其保存为可应用到其他笔触的配置文件。如图9-2所示为可以使用到该工具制作的效果。

图9-2

步骤01 选中需要调整的对象，单击工具箱中的"宽度工具"按钮，当鼠标指针滑过一个笔触时，带句柄的圆将出现在路径上。按住鼠标左键并拖动即可调整笔触宽度、移动宽度点数、复制宽度点数和删除宽度点数，如图9-3所示。

图9-3

步骤02 使用宽度工具直接在对象上按住鼠标左键并拖动，可以直接更改两侧的宽度点数；如果只想更改某一侧的宽度点数，可以按住Alt键并拖动鼠标，如图9-4所示。

图9-4

步骤03 使用宽度工具双击路径，在弹出的"宽度点数编辑"对话框中可以对"边线"以及"总宽度"等具体参数进行相应的设置，如图9-5所示。

步骤04 宽度工具在调整宽度变量时将区别连续点和非连续点。如果再创建非连续宽度点，可以使用不同笔触宽度在一个笔触上创建两个宽度点，然后将一个宽度点拖动到另一个宽度点上，即可为该笔触创建一个非连续宽度点，如图9-6所示。

图9-5

图9-6

9.1.2 变形工具

变形工具可以随鼠标指针的移动塑造对象形状，能够使对象的形状按照鼠标拖拉的方向产生自然变形。如图9-7所示为可以使用到该工具制作的效果。

图9-7

单击工具箱中的"变形工具"按钮 或按Shift+R快捷键，然后在要调整的图形上直接单击并拖曳鼠标，鼠标指针所经过的图形部分将发生相应的变化，如图9-8所示。

在对变形工具进行处理操作之前，双击工具箱中的"变形工具"按钮 ，弹出"变形工具选项"对话框。可以按照不同的状态对工具进行相应的设置，如图9-9所示。

图9-8

图9-9

- 宽度：调整该选项中的参数，可以调整鼠标笔触的宽度。
- 高度：调整该选项中的参数，可以调整鼠标笔触的高度。
- 角度：指变形工具画笔的角度。
- 强度：指变形工具画笔按压的力度。

- 使用压感笔：当选中该复选框时，将不能使用强度值，而是使用来自写字板或书写笔的输入值。
- 细节：表示即时变形工具应用的精确程度，数值越大则表现得越细致。
- 简化：设置即时变形工具应用的简单程度，设置范围是0.2~100。
- 显示画笔大小：显示变形工具画笔的尺寸。

技巧提示

各变形工具属性设置不同，选择点不同，按住鼠标时间长短不同等，都可以使图形发生不同的变化，可以按照需要对图形进行改变。

9.1.3 旋转扭曲工具

旋转扭曲工具可以在对象中创建旋转扭曲，使对象的形状卷曲形成漩涡状，如图9-10所示为使用该工具制作的效果。

图9-10

图9-11

技巧提示

选中图像后将只对选中的图形进行编辑，不进行选择操作时，将对鼠标影响区域的所有对象进行编辑。

单击工具箱中的"旋转扭曲工具"按钮 ，然后在要进行旋转扭曲的图形上单击并按住鼠标左键，相应的图形即发生旋转扭曲的变化，按住的时间越长，旋转扭曲的角度越大，如图9-11所示。

在对旋转扭曲工具进行处理操作之前，双击工具箱中的"旋转扭曲工具"按钮 ，弹出"旋转扭曲工具选项"对话框。可以按照不同的状态对工具进行相应的设置，如图9-12所示。

图9-12

- ⬤ 宽度：调整该选项中的参数，可以调整鼠标笔触的宽度。
- ⬤ 高度：调整该选项中的参数，可以调整鼠标笔触的高度。
- ⬤ 角度：当鼠标指针为椭圆形时，通过调整该选项中的参数，可以控制工具光标的方向。

- ⬤ 强度：通过调整该选项中的参数，可以指定扭曲的改变速度。
- ⬤ 使用压感笔：当选中该复选框时，将不能使用强度值，而是使用来自写字板或书写笔的输入值。
- ⬤ 旋转扭曲速率：调整该选项中的参数，可以指定应用于旋转扭曲的速率。
- ⬤ 细节：选中该复选框，表示即时变形工具应用的精确程度，数值越大则表现得越细致。
- ⬤ 简化：选中该复选框，并调整相应的参数，可以指定减少多余点的数量，而不会影响形状的整体外观。
- ⬤ 显示画笔大小：选中该复选框，将在绘制时通过鼠标指针查看影响的范围尺寸。

9.1.4 缩拢工具

缩拢工具可通过向十字线方向移动控制点的方式收缩对象，使对象的形状产生收缩的效果。单击工具箱中的"缩拢工具"按钮 ，然后在要进行收缩的图形上单击并按住鼠标左键，相应的图形即发生收缩的变化，按住的时间越长，收缩的程度越大，如图9-13所示。

在对缩拢工具进行处理操作之前，双击工具箱中的"缩拢工具"按钮 ，弹出"收缩工具选项"对话框。可以按照不同的状态对工具进行相应的设置，如图9-14所示。

图9-13

图9-14

- ⬤ 宽度：调整该选项中的参数，可以调整鼠标笔触的宽度。
- ⬤ 高度：调整该选项中的参数，可以调整鼠标笔触的高度。
- ⬤ 角度：当鼠标指针为椭圆形时，通过调整该选项中的参数，可以控制工具光标的方向。
- ⬤ 强度：通过调整该选项中的参数，可以指定扭曲的改变速度。
- ⬤ 使用压感笔：当选中该复选框时，将不能使用强度值，

而是使用来自写字板或书写笔的输入值。如果没有附带的压感写字板，此选项将为灰色。

- ⬤ 细节：选中该复选框，并调整相应的参数，可以指定引入对象轮廓的各点间的间距。
- ⬤ 简化：选中该复选框，并调整相应的参数，可以指定减少多余点的数量，而不会影响形状的整体外观。
- ⬤ 显示画笔大小：选中该复选框，将在绘制时通过鼠标指针查看影响的范围尺寸。

9.1.5 膨胀工具

膨胀工具通过向远离十字线方向移动控制点的方式扩展对象，使对象的形式产生膨胀的效果，与缩拢工具相反。单击工具箱中的"膨胀工具"按钮 ，然后在要进行膨胀的图形上单击并按住鼠标左键，相应的图形即发生膨胀的变化，按住的时间越长，膨胀的程度越大，如图9-15所示。

图9-15

在对缩拢工具进行处理操作之前，双击工具箱中的"膨胀工具"按钮，弹出"膨胀工具选项"对话框。可以按照不同的状态对工具进行相应的设置。膨胀工具的属性设置与缩拢工具相同，这里不再重复讲解，如图9-16所示。

图9-16

9.1.6 扇贝工具

使用扇贝工具可以向对象的轮廓添加随机弯曲的细节，使对象产生类似贝壳般起伏的效果。

单击工具箱中的"扇贝工具"按钮，然后在要进行扇贝处理的图形上单击并按住鼠标左键，相应的图形即发生扇贝效果的变化，按住的时间越长，扇贝效果的程度越大，如图9-17所示。

在对扇贝工具进行处理操作之前，双击工具箱中的"扇贝工具"按钮，弹出"扇贝工具选项"对话框。可以按照不同的状态对工具进行相应的设置，如图9-18所示。

图9-17　　　　图9-18

- 复杂性：调整该数值框中的参数值，可以指定对象轮廓上特殊画笔效果之间的间距。该值与细节值有密切的关系，细节值用于指定引入对象轮廓的各点间的间距。
- 画笔影响锚点：当选中该复选框，使用工具进行操作时，将对相应图形的内侧切线手柄进行控制。
- 画笔影响内切线手柄：当选中该复选框，使用工具进行操作时，将相对应图形的内侧切线手柄进行控制。
- 画笔影响外切线手柄：当选中该复选框，使用工具进行操作时，将相对应图形的外侧切线手柄进行控制。
- 显示画笔大小：当选中该复选框，将在绘制时通过鼠标指针查看影响的范围尺寸。

9.1.7 晶格化工具

使用晶格化工具可以向对象的轮廓添加随机锥化的细节，使对象表面产生尖锐凸起的效果。如图9-21所示为使用该工具制作的效果。

图9-19

单击工具箱中的"晶格化工具"按钮，然后在要进行晶格化处理的图形上单击并按住鼠标左键，相应的图形即发生晶格化效果的变化，按住的时间越长，晶格化效果的程度越大，如图9-20所示。

图9-20

在对晶格化工具进行处理操作之前，双击工具箱中的"晶格化工具"按钮，弹出"晶格化工具选项"对话框。可以按照不同的状态对工具进行相应的设置。"晶格化工具"的属性设置与扇贝工具的参数基本相同，这里不再重复讲解，如图9-21所示。

图9-21

9.1.8 皱褶工具

　　使用皱褶工具可以向对象的轮廓添加类似于皱褶的细节，使对象表面产生皱褶效果。如图9-22所示为使用该工具制作的效果。

图9-22

　　单击工具箱中的"皱褶工具"按钮，然后在要进行皱褶处理的图形上单击并按住鼠标左键，相应的图形即发生皱褶效果的变化，按住的时间越长，皱褶效果的程度越大，如图9-23所示。

　　在对皱褶工具进行处理操作之前，双击工具箱中的"皱褶工具"按钮，弹出"皱褶工具选项"对话框。可以按照不同的状态对工具进行相应的设置，如图9-24所示。

- 水平：通过调整该选项中的参数，可以调整水平方向上放置的控制点之间的距离。
- 垂直：通过调整该选项中的参数，可以调整垂直方向上放置的控制点之间的距离。

图9-23　　　　　　图9-24

9.2 网格工具

　　网格工具可以基于矢量对象创建网格对象，在图形或图像上形成网格，即创建单个多色对象。"网格对象"是一种多色对象，其上的颜色可以沿不同方向顺畅分布且从一点平滑过渡到另一点。创建网格对象时，将会有多条线（称为网格线）交叉穿过对象，这为处理对象上的颜色过渡提供了一种简便方法。通过移动和编辑网格线上的点，可以更改颜色的变化强度，或者更改对象上的着色区域范围。网格工具在矢量写实作品中应用得非常多，如图9-25所示为使用网格工具制作的作品。

　　在两网格线相交处有一种特殊的锚点，称为网格点。网格点以菱形显示，且具有锚点的所有属性，只是增加了接受颜色的功能。可以添加和删除网格点、编辑网格点，或更改与每个网格点相关联的颜色，如图9-26所示。

图9-25　　　　　　　　　　　　　　　　图9-26

 技巧提示

　　网格中也同样会出现锚点（区别在于其形状为正方形而非菱形），这些锚点与Illustrator中的任何锚点一样，可以添加、删除、编辑和移动。锚点可以放在任何网格线上；可以单击一个锚点，然后拖动其方向控制手柄来修改该锚点。

9.2.1 创建渐变网格

理论实践——自动创建渐变网格

使用网格工具进行渐变上色时，首先要对图形进行网格的创建，Illustrator中提供了一种自动创建网格的方式。将要创建网格的图形选中，执行"对象>创建渐变网格"命令，弹出"创建渐变网格"对话框，如图9-27所示。

图9-27

- 行数：调整该文本框中的参数，定义渐变网格线的行数。
- 列数：调整该文本框中的参数，定义渐变网格线的列数。
- 外观：表示创建渐变网格后的图形高光的表现方式，包含"平淡色"、"至中心"和"至边缘"3个选项。选择"平淡色"选项时，图像表面的颜色均匀分布（只创建了网格，颜色未发生变化）。会将对象的原色均匀地覆盖在对象表面，不产生高光。选择"至中心"选项时，在对象的中心创建高光。选择"至边缘"选项时，图形的高光效果在边缘。至边缘会在对象的边缘处创建高光。

- 高光：调整该文本框中的参数，定义白色高光处的强度。100%代表将最大的白色高光值应用于对象，0%则代表不将任何白色高光应用于对象。

 技巧提示

将渐变填充对象转换为网格对象，选择该对象，选择"对象>扩展"命令，然后选择"渐变网格"选项，单击"确定"按钮。所选对象将被转换为具有渐变形状的网格对象：圆形（径向）或矩形（线性）。

理论实践——手动创建渐变网格

自动创建渐变网格虽然很快捷，但是在使用时可能并不尽如人意，所以可以使用另外一种方法手动创建便于操作的网格。

首先选中要添加渐变网格的对象，单击工具箱中的"网格工具"按钮 或使用快捷键U，在图形要创建网格的位置上单击，即可创建一组行和列的网格线，如图9-28所示。

反复使用该工具在图形上进行单击，创建出所需数量的渐变网格，如图9-29所示。

图9-28　　　　图9-29

9.2.2 编辑渐变网格

渐变网格创建完毕后，可以使用多种方法来修改网格对象，如添加、删除和移动网格点；可以更改网格点和网格面片的颜色，以及将网格对象恢复为常规对象等。

步骤01 选中网格对象，单击工具箱中的网格工具、直接选择工具或编组工具，将定义颜色的网点选中。选择"窗口>颜色"命令，打开"颜色"面板。在该面板中选中要使用的颜色，即可在已有的网格上添加颜色，如图9-30所示。

图9-30

步骤02 若要添加网格点，单击工具箱中的"网格工具"按钮 ，然后为新网格点选择填充颜色。再单击网格对象中的任意一点，即可在添加新的网格的同时添加颜色，如图9-31所示。

图9-31

步骤03 若要删除网格点，按住Alt 键，用网格工具单击该网格点即可删除，如图9-32所示。

图9-32

步骤04 若要移动网格点，请用网格工具或直接选择工具拖动它。按住Shift键使用网格工具拖动网格点，可使该网格点保持在网格线上。沿一条弯曲的网格线移动网格点而不使该网格线发生扭曲，如图9-33所示。

图9-33

 技巧提示

可以设置渐变网格中的透明度和不透明度以及指定单个网格节点的透明度和不透明度值。首先选择一个或多个网格节点或面片。然后通过"透明"面板、控制栏或"外观"面板中的"不透明度"滑块设置不透明度。

实例练习——使用渐变网格绘制卡通兔子

案例文件	实例练习——使用新变网格绘制卡通兔子.ai
视频教学	实例练习——使用渐变网格绘制卡通兔子.flv
难易指数	
知识掌握	渐变网格工具

案例效果

案例效果如图9-34所示。

图9-34

操作步骤

步骤01 选择"文件>新建"命令或按Ctrl+N快捷键新建一个文档。单击工具箱中的"钢笔工具"按钮 ，在画板上绘制一个封闭路径，设置填充颜色为肉色，作为兔子面部，如图9-35所示。

步骤02 单击工具箱中的"网格工具"按钮 ，在选中的对象上单击，创建相应的渐变网格，如图9-36所示。

图9-35　　　　　　　图9-36

Illustrator CC 中文版从入门到精通

步骤03 选择"窗口>颜色"命令,打开"颜色"面板。在"色板库"菜单中打开"系统"色板。单击选择颜色,为该锚点附近的网格定义颜色,如图9-37所示。

图9-37

步骤04 在相对应的右侧单击添加锚点,创建渐变网格,如图9-38所示。

步骤05 在中间区域添加几个锚点创建出渐变网格,按住Shift键调整网格的形状,然后在"颜色"面板中单击选择浅粉色,定义锚点附近的颜色,如图9-39所示。

图9-38　　　　　图9-39

步骤06 采用相同的方法继续在网格上添加颜色,如图9-40所示。

图9-40

步骤07 单击工具箱中的"钢笔工具"按钮,绘制出一个兔子耳朵的封闭路径。设置"颜色"与面部颜色相同,然后选择"对象>排列>置于底层"命令,如图9-41所示。

图9-41

步骤08 使用网格工具为耳朵创建渐变网格,并为其添加颜色,如图9-42所示。

图9-42

步骤09 采用同样的方法绘制耳朵内部,如图9-43所示。

图9-43

步骤10 单击工具箱中的"选择工具"按钮,选中耳朵,右击,在弹出的快捷菜单中选择"变换>对称"命令。在弹出的对话框中选中"垂直"单选按钮,单击"复制"按钮。将复制出的耳朵放置在右侧位置,如图9-44所示。

图9-44

步骤11 用绘制耳朵的方法绘制出兔子面部的下半部分，如图9-45所示。

步骤12 继续使用钢笔工具绘制出鼻子的封闭路径，然后再使用渐变网格工具添加颜色，如图9-46所示。

图9-45　　　　　　　　　图9-46

步骤13 使用钢笔工具在鼻子下方绘制路径，然后在控制栏中设置描边为灰色，调整描边粗细为2pt，如图9-47所示。

步骤14 单击工具箱中的"椭圆工具"按钮 ，绘制出一个椭圆形状，保持该对象为选中状态，选择"窗口>渐变"命令，打开"渐变"面板，设置"类型"为"线性"，单击滑块编辑一种紫色系的渐变，如图9-48所示。

图9-47　　　　　　　　　图9-48

步骤15 继续使用椭圆工具绘制一个圆形，在控制栏中设置颜色为黑色，然后在上面绘制一个白色的小圆形，作为眼睛的高光，如图9-49所示。

图9-49

步骤16 使用钢笔工具绘制一个封闭路径，然后使用网格工具添加颜色，如图9-50所示。

步骤17 使用钢笔工具绘制出睫毛封闭路径，再在控制栏中设置颜色为紫色，如图9-51所示。

图9-50　　　　　　　　　图9-51

步骤18 将眼睛全部选中，右击，在弹出的快捷菜单中选择"编组"命令。按住Alt键，拖曳复制出一个眼睛放置在左侧位置，效果如图9-52所示。

图9-52

步骤19 打开1.ai素材，将制作好的卡通兔子复制到素材背景上相应位置，最终效果如图9-53所示。

图9-53

9.3 混合工具

　　使用混合工具可以混合对象以创建形状，并在两个对象之间平均分布形状。也可以在两个开放路径之间进行混合，在对象之间创建平滑的过渡；或组合颜色和对象的混合，在特定对象形状中创建颜色过渡。如图9-54所示为使用混合工具制作的效果。

　　在对象之间创建了混合之后，就会将混合对象作为一个对象看待。如果移动了其中一个原始对象，或编辑了原始对象的锚点，则混合将会随之变化。此外，原始对象之间混合的新对象不会具有其自身的锚点。可以扩展混合，以将混合分割为不同的对象。

图9-54

9.3.1 创建混合

　　可以使用混合工具和"对象>混合>建立"命令来创建混合，这是两个或多个选定对象之间的一系列中间对象和颜色。

步骤01 单击工具箱中的"混合工具"按钮，或按W键，在要进行混合的对象上依次单击即可创建混合效果，如图9-55所示。

图9-55

步骤02 除了采用混合工具选择要混合的对象外，还可以将要进行混合的对象选中，选择"对象>混合>建立"命令或按Ctrl+Atl+B组合键，采用命令的方法进行对象混合，如图9-56所示。

图9-56

9.3.2 设置混合参数

　　在使用混合工具对图形进行混合之前，应先对混合工具进行相应的设置，这样可以非常容易控制混合后的效果。双击工具箱中的"混合工具"按钮，弹出"混合选项"对话框，然后进行相应数值的设置，如图9-57所示。

图9-57

- 间距：在该下拉列表框中选择不同的选项，可以定义对象之间的混合方式。
- 平滑颜色：让Illustrator自动计算混合的步骤数。如果对象是使用不同的颜色进行的填色或描边，则计算出的步骤数将是为实现平滑颜色过渡而取的最佳步骤数。如果对象包含相同的颜色，或包含渐变或图案，则步骤数将根据两对象定界框边缘之间的最长距离计算得出，效果如图9-58所示。
- 指定的步骤：用来控制在混合开始与混合结束之间的步骤数，如图9-59所示。

图9-58

图9-60

⊙ 取向：在该选项组中单击不同的按钮，可以确定混合对象的方向。选择 ∧∧∧∧∧（对齐页面）可以使混合垂直于页面的X轴；选择 ∧∧∧∧（对齐路径）可以使混合垂直于路径。

图9-59

⊙ 指定的距离：用来控制混合步骤之间的距离。指定的距离是指从一个对象边缘起到下一个对象相对应边缘之间的距离（例如，从一个对象的最右边到下一个对象的最右边），如图9-60所示。

 技巧提示

制作混合效果时，只要在图像范围之内单击即可，但是落点的不同会导致混合效果的不同。

9.3.3 编辑混合图形

两个对象进行混合时，对象中间的混合对象将按照直线进行排列，并且混合后在这些混合对象中间会显示出相应的路径。通过调整这条路径的形态，可以直接控制混合对象的排列。

理论实践——调整混合路径

首先将要控制路径的混合对象选中，此时将显示出相应的路径。然后通过使用钢笔工具组中的各个工具，对该路径进行普通路径的操作，将直接影响到混合对象的动态，如图9-61所示。

图9-61

理论实践——替换混合轴

要使用其他路径替换混合轴，首先需要绘制一个路径以用作新的混合轴。选择混合轴对象和混合对象，然后选择"对象>混合>替换混合轴"命令，如图9-62所示。

图9-62

理论实践——反向混合轴

当要翻转混合对象的混合顺序时，可以选中该混合对象，然后选择"对象>混合>反向混合轴"命令，此时相应的混合对象的位置将发生翻转，如图9-63所示。

图9-63

理论实践——颠倒混合对象中的堆叠顺序

混合对象之间同样存在堆叠的关系，当混合对象之间出现叠加的现象时会非常明显。如果要颠倒混合对象中的堆叠顺序，可以将相应的混合对象选中，选择"对象>混合>反向堆叠"命令即可，如图9-64所示。

图9-64

9.3.4 扩展与混合图形

创建混合效果之后，图形就成为一个由原混合图形和图形之间的路径组成的整体，不可以单独选中。扩展一个混合对象会将混合分割为一系列不同对象，可以像编辑其他对象一样编辑其中的任意一个对象。

选中混合图形后，选择"对象>混合>扩展"命令，将混合图形进行扩展，如图9-65所示。

扩展后的混合图形一般会作为编组对象而不能独立编辑，如果要独立编辑，需要在图形上右击，在弹出的快捷菜单中选择"取消编组"命令，再使用选择工具选中混合图形中的各个图形，可以看到每个图形都可以被独立选中，如图9-66所示。

图9-65 　　　　　　　　　　　　　　　　　　图9-66

9.3.5 释放混合对象

如果要释放混合对象，选择"对象>混合>释放"命令即可。

实例练习——使用混合工具制作网页广告

案例文件	实例练习——使用混合工具制作网页广告.ai
视频教学	实例练习——使用混合工具制作网页广告.flv
难易指数	
知识掌握	混合工具的使用

案例效果

案例效果如图9-67所示。

图9-67

操作步骤

步骤01 选择"文件>新建"命令，创建一个A4大小的横向文档。单击工具箱中的"矩形工具"按钮 ▢ ，接着单击工具箱底部的"渐变"按钮 ▢ ，设置填充类型为渐变。在弹出的"渐变"面板中设置"类型"为"线性"，"角度"为-90°，颜色为蓝色系的渐变，如图9-68所示。

图9-68

步骤02 设置完成后，在画面中按住鼠标左键拖曳绘制出与画板等大的矩形，如图9-69所示。

图9-69

步骤03 单击"钢笔工具"按钮 ✐ ，在底部绘制三角形。填充为同样的渐变，单击工具箱中的"渐变工具"按钮 ▢ ，在三角形上拖曳，调整渐变角度，如图9-70所示。

图9-70

步骤04 使用同样方法继续在左侧页面区域绘制三角形，并利用渐变工具的调整渐变的角度，如图9-71所示。

图9-71

步骤05 单击工具箱中的"多边形工具"按钮 ⬡，在控制栏中设置填充颜色为白色，然后在画面中单击，打开"多边形"对话框，设置"半径"为20mm，"边数"为3，然后单击"确定"按钮，如图9-72所示。得到一个三角形，将其移动到画板外，如图9-73所示。

图9-72　　　　　图9-73

步骤06 使用选择工具选择三角图形，使用快捷键Ctrl+C进行复制，Ctrl+V进行粘贴，水平移动到右侧，如图9-74所示。

图9-74

步骤07 双击工具箱中的"混合工具"按钮 ⬡，打开"混合选项"对话框，设置"间距"为"指定的步数"，数值设置为5，如图9-75所示。

图9-75

步骤08 单击"混合工具"按钮 ⬡，依次单击两个三角图形，两个图形之间出现混合效果，如图9-76所示。

图9-76

步骤09 使用选择工具选择这一排图形，使用快捷键Ctrl+C进行复制，Ctrl+V进行粘贴，移动到下方，如图9-77所示。

图9-77

步骤10 使用相同方法继续复制出大量的三角形，如图9-78所示。

图9-78

步骤11 选中这些三角形，使用快捷键Ctrl+G进行编组。选择"窗口>透明度"命令，打开"透明度"面板，在面板中设置"不透明度"为5%，然后将这些三角形移动到背景上。多次选择"对象>排列>后移一层"命令，摆放在两个大三角形的下方，如图9-79所示。

图9-79

Illustrator CC 中文版从入门到精通

步骤12 将照片素材置入。选择"文件>置入"命令，将素材1.png置入画面中，然后单击控制栏中的"嵌入"按钮，进行嵌入。将素材移动到相应位置，如图9-80所示。

图9-80

步骤13 在画面中绘制圆形。单击工具箱中的"椭圆工具"按钮 ⬭，在控制栏设置填充颜色为粉色，设置完成后在画面中按住鼠标左键并按住Shift键拖曳，绘制出正圆形，如图9-81所示。

图9-81

步骤14 使用快捷键Ctrl+C进行复制，Ctrl+V进行粘贴，粘贴出多个圆形，并横向排列在相应位置上，如图9-82所示。

图9-82

步骤15 在画面中输入文字。单击工具箱中的"文字工具"按钮 T，在控制栏中设置合适的字体、字号，然后输入文字，修改文字的位置，如图9-83所示。继续使用文字工具输入其他文字，本案例制作完成，效果如图9-84所示。

图9-83

图9-84

9.4 形状生成器工具

形状生成器工具是可以通过合并或擦除简单形状创建出复杂形状的交互式工具。对简单复合路径有效，可以直观地高亮显示所选艺术对象中可合并为新形状的边缘和选区。"边缘"是指一个路径中的一部分，该部分与所选对象的其他任何路径都没有交集。选区是一个边缘闭合的有界区域，如图9-85所示。

图9-85

9.4.1 设置形状生成器工具选项

双击工具箱中的"形状生成器工具"按钮 ⬚，弹出"形状生成器工具选项"对话框，然后可以设置并自定义多种选项，如间隙检测、拾色来源和高光，以获取所需合并功能和更好的视觉反馈，如图9-86所示。

- 间隙检测：使用"间隙长度"下拉列表框设置间隙长度，可用值为"小"、"中"和"大"。如果想要提供精确间隙长度，则选中"自定"复选框。选择间隙长度后，Illustrator 将查找仅接近指定间隙长度值的间隙。确保间隙长度值与艺术对象的实际间隙长度接近（大概接近）。可以检查该间隙是否由提供不同间隙长度值检测，直到检测到艺术对象中的间隙。例如，如果设置间隙长度为12点，然而需要合并的形状包含了3点的间隙，Illustrator可能就无法检测此间隙，如图9-87所示。

图9-86　　　　　　图9-87

- 将开放的填色路径视为闭合：如果选中该复选框，则会为开放路径创建一段不可见的边缘以生成一个选区。单击选区内部时，会创建一个形状。

- 在合并模式中单击"描边分割路径"：选中该复选框时，在合并模式中单击描边即可分割路径。该选项允许将父路径拆分为两个路径。第一个路径将从单击的边缘创建，第二个路径是父路径中删除第一个路径外剩余的部分。如果选中该复选框，则在拆分路径时鼠标指针将更改为形状。

- 拾色来源：可以从颜色色板中选择颜色，或从现有图稿所用的颜色中选择，来给对象上色。在"拾色来源"下拉列表框中选择"颜色色板"或"图稿"选项。如果选择"颜色色板"选项，则可使用"光标色板预览"选项。可以选中"光标色板预览"复选框来预览和选择颜色。选中该复选框时，会提供实时上色风格光标色板。允许使用方向键循环选择色板中的颜色。

- 填充：默认为选中状态。如果选中该复选框，当鼠标指针滑过所选路径时，可以合并的路径或选区将以灰色突出显示。如果未选中该复选框，所选选区或路径的外观将是正常状态。

- 可编辑时突出显示描边：选中该复选框，Illustrator将突出显示可编辑的笔触。可编辑的笔触将以从"颜色"下拉列表框中选择的颜色显示。

> **技巧提示**
>
> 若要更改笔触颜色，移动指针从对象边缘滑过高亮显示部分并更改笔触颜色。此选项仅在选中"在合并模式中单击'描边分割路径'"复选框时才可用。可以通过指向文档上任意位置来选择选区的填充色。

9.4.2　使用形状生成器工具创建形状

使用选择工具选中需要使用形状生成器工具创建的形状，然后单击工具箱中的"形状生成器工具"按钮，默认情况下，该工具处于合并模式，在该模式下，可以合并不同的路径。该模式中的鼠标指针显示为形状。接着识别要选取或合并的选区。若要从形状的剩余部分打断或选取选区，则需要移动鼠标指针并单击所选选区，如图9-88所示。

图9-88

若要合并路径，沿选区拖动并释放鼠标，两个选区将合并为一个新形状，如图9-89所示。

图9-89

若要使用形状生成器工具的抹除模式，需要按住Alt键并单击想要删除的闭合选区，此时鼠标指针变为形状。在抹除模式下，可以在所选形状中删除选区，如果要删除的某个选区由多个对象共享，则分离形状的方式是将选框所选中的选区从各形状中删除，也可以在抹除模式中删除边缘，如图9-90所示。

图9-90

> **技巧提示**
>
> 按住Shift键并按住鼠标左键并拖动以显示一个矩形形状，可以轻松合并多个路径。

技巧提示

合并得到的新形状的艺术样式取决于以下几点：

❶ 开始拖动时将鼠标指针起始位置所在对象的艺术样式应用到合并形状上。

❷ 如果在按下鼠标左键时没有可用的艺术样式，则会对合并形状应用释放鼠标时可用的艺术样式。

❸ 如果按下和释放鼠标时都没有可用的艺术样式，则应用"图层"面板中最上层所选对象的艺术样式。

9.5 高级路径编辑

路径是Adobe Illustrator软件的灵魂，如果没有路径，根本无法绘制出任何矢量图形。该软件为用户提供了一些对于路径和描边的高级编辑功能，可以更好地完成路径的绘制，更快捷地完成任务，如图9-91所示。

图9-91

9.5.1 连接

将两条路径的两个端点连接在一起时，可以使用"连接"命令，这样可以将两条路径连接为一条。当锚点未重合时，Illustrator 将添加一个直线段来连接要连接的路径。当连接两个以上路径时，Illustrator 首先查找并连接彼此之间端点最近的路径。此过程将重复进行，直至连接完所有路径。如果只选择连接一条路径，将转换成封闭路径。

首先使用直接选择工具或套索工具选择需要连接的端点，然后选择"对象>路径>连接"命令或按Ctrl+J快捷键。如果端点重合，就会弹出"连接"对话框，对其进行相应的设置，单击"确定"按钮进行连接。如果两个端点的距离较大，则会以直线段连接，如图9-92所示。

图9-92

 技巧提示

无论选择锚点连接还是整个路径，连接选项都只生成角连接。但是对于重叠锚点，如果选择平滑或角连接选项，则使用Shift+Ctrl+Alt+J组合键。

9.5.2 平均

使用"平均"命令可以将所选择的两个或多个锚点移动到它们当前位置的中部。

步骤01 将两条路径中要进行对齐的锚点同时选中。选择"对象>路径>平均"命令或按Ctrl+Alt+J组合键，如图9-93所示。

图9-93

步骤02 在弹出的"平均"对话框中选中"水平"单选按钮，可以看到此时的锚点沿水平方向平均分布，如图9-94所示。

图9-94

技巧提示

平均锚点的位置是从另一种角度简化路径的一种方法，但是本操作会较大幅度地改变路径形状。

9.5.3 轮廓化描边

选中需要进行轮廓化的路径对象，选择"对象>路径>轮廓化描边"命令，此时该路径对象将转换为轮廓，即可对路径进行形态的调整，如图9-95所示。

图9—95

9.5.4 偏移路径

"偏移路径"命令可以使路径偏移以创建出新的路径副本，可用于创建同心圆与同心的其他图形。

选中需要进行偏移的路径，选择"对象>路径>偏移路径"命令，弹出"偏移路径"对话框，然后设置偏移路径选项，设置完后单击"确定"按钮进行偏移，偏移得到的新路径会被选中，偏移得到的路径效果如图9-96所示。

图9—96

9.5.5 简化

"简化"命令可以删除多余的锚点而不改变路径形状。删除不需要的锚点可简化图稿，减小文件大小，使显示和打印速度更快。

首先选中要简化的路径。选择"对象>路径>简化"命令，在弹出的"简化"对话框中设置相应的选项，单击"确定"按钮进行简化。选中"预览"复选框可以显示简化路径的预览，并且列出原始路径与简化路径中点的数量，如图9-97所示。

图9—97

- 曲线精度：输入0～100的值，设置简化路径与原始路径的接近程度。越高的百分比将创建越多点并且越接近。除曲线端点和角点外的任何现有锚点将忽略（除非为"角度阈值"输入了值）。
- 角度 值：输入0°和180°间的值以控制角的平滑度。如果角点的角度小于角度阈值，将不更改该角点。如果"曲线精度"值小，该选项有助于保持角锐利。
- 直线：在对象的原始锚点间创建直线。如果角点的角度大于"角度阈值"中设置的值，将删除角点。
- 显示原路径：显示简化路径背后的原路径。

9.5.6 添加锚点

当要在路径上添加锚点时，选择"对象>路径>添加锚点"命令，可以快速地、成倍地在路径上添加锚点。这一点在编辑一些路径时非常有用，例如，绘制折线效果，如图9-98所示。

图9—98

9.5.7 减去锚点

9.5.5节中介绍的"简化"命令，虽然可以清除多余锚点，但是要删除某个锚点时并不能直接指定，只能通过调整相应的参数进行控制。如果要清除指定的锚点，可以将其选中并按Delete键，但是删除锚点后的路径也就相应地断开了，出现这种情况时可以选中要删除的锚点，选择"对象>路径>减去锚点"命令，相应的锚点即可被删除，但不会影响路径的完整性，如9-99所示。

图9-99

9.5.8 分割为网格

如果要将一个或多个封闭路径对象转换为网格对象，则可选择"分割为网格"命令，效果如图9-100所示。

图9-100

选中要分割为网格的路径，选择"对象>路径>分割为网格"命令，在弹出的"分割为网格"对话框中设置完毕后，单击"确定"按钮，即可将相应的对象转换为一个不同属性的网格，如图9-101所示。

图9-101

- 数量：输入相应的数值，定义对应的行或列的数量。
- 高度：输入相应的数值，定义每一行的高度。
- 宽度：输入相应的数值，定义每一列的宽度。
- 栏间距：输入相应的数值，定义行与行之间的距离。
- 间距：输入相应的数值，定义列与列之间的距离。
- 总计：输入相应的数值，定义行与列间距和数值总和的尺寸。
- 添加参考线：选中该复选框时，将按照相应的表格自动定义出参考线。
- 预览：通过选中该复选框，可以在执行该操作前查看到相应的效果。

9.5.9 清理

在绘制一个比较复杂的图形作品时，经常会出现一些绘制了但是没有进行上色、没有使用的部分，而这些对象在没有被选中时是看不到的。在完成一个作品时，需要对整个图形中没有使用的对象进行清理。选择"对象>路径>清理"命令，在弹出的"清理"对话框中选中相应的选项，单击"确定"按钮即可，如图9-102所示。

- 游离点：选中该复选框时，将删除没有使用到单独锚点的对象。
- 未上色对象：选中该复选框时，将删除没有认定填充和描边颜色的路径对象。
- 空文本路径：选中该复选框时，将删除没有任何文字的文本路径对象。

图9-102

实例练习——制作放射背景

案例文件	实例练习——制作放射背景.ai
视频教学	实例练习——制作放射背景.flv
难易指数	★★★★★
知识掌握	"平均"命令、渐变工具

案例效果

本例主要是通过"平均"命令、渐变工具制作放射背景，如图9-103所示。

图9-103

操作步骤

步骤01 选择"文件>新建"命令或按Ctrl+N快捷键新建一个文档，具体参数设置如图9-104所示。

图9-104

步骤02 单击工具箱中的"矩形工具"按钮，在一个角点单击，将鼠标拖曳到对角角点位置，绘制一个正方形，然后在控制栏中设置描边为蓝色，描边粗细为5pt，如图9-105所示。

图9-105

步骤03 保持该对象的选中状态，选择"窗口>描边"命令，打开"描边"面板，调整描边粗细为15pt，选中"虚线"复选框，设置虚线为15pt，如图9-106所示。

图9-106

步骤04 选择"对象>扩展"命令，在弹出的"扩展"对话框中选中"填充"和"描边"复选框，每个正方形变为个体路径效果，如图9-107所示。

图9-107

步骤05 单击工具箱中的"直接选择工具"按钮，框选其内侧的锚点，如图9-108所示。

步骤06 选择"对象>路径>平均"命令，在弹出的"平均"对话框中选中"两者兼有"单选按钮，如图9-109所示。

图9-108　　　　　　　图9-109

 技巧提示

在框选锚点时，如有未被选中的锚点，按住Shift键单击锚点，完成锚点添加。

步骤07 保持放射对象的选中状态，选择"窗口>渐变"命令，打开"渐变"面板，设置"类型"为"径向"，单击滑块编辑一种蓝色系渐变，如图9-110所示。

图9-110

步骤08 置入前景素材文件，如图9-111所示。

图9-111

Illustrator CC 中文版从入门到精通

9.6 封套扭曲

"封套"是对选定对象进行扭曲和改变形状的对象。可以利用画板上的对象来制作封套，或使用预设的变形形状或网络作为封套。封套扭曲可以应用在除图表、参考线或链接对象以外的任何对象中，如图9-112所示。

图9-112

9.6.1 用变形建立

用变形建立，可以将选中的一个或多个对象，按照设置的几个类型形状进行变形。变形的形状是软件预置的，但是可以充分地进行参数控制。首先将该对象或多个对象同时选中，选择"对象>封套扭曲>用变形建立"命令，在弹出的"变形选项"对话框中选择一种变形样式并设置选项，如图9-113所示。

图9-113

- 🔘 样式：在该下拉列表框中选择不同的选项，可以定义不同的变形样式。可以选择弧形、下弧形、拱形、凸出、凹壳、凸壳、旗形、波形、鱼形、上升、鱼眼、膨胀、挤压和扭转选项，如图9-114所示。

图9-114

- 🔘 水平/垂直：选中"水平"单选按钮时，文本扭曲的方向为水平方向，如图9-115（a）所示；选中"垂直"单选按钮时，文本扭曲的方向为垂直方向，如图9-115（b）所示。

(a)	(b)

图9-115

- 🔘 弯曲：用来设置文本的弯曲程度，如图9-116所示分别是"弯曲"为-50%和100%时的效果。

图9-116

- 🔘 水平：设置水平方向的透视扭曲变形的程度，如图9-117所示分别是"水平"为-66%和86%时的扭曲效果。

图9-117

- 🔘 垂直：用来设置垂直方向的透视扭曲变形的程度，如图9-118所示分别是"垂直"为-60%和60%时的扭曲效果。

图9-118

9.6.2 用网格建立

使用"用网格建立"命令建立的封套变形，除了可以通过调整参数和控制变形外，还可以使用直接选择工具进行调整，如图9-119所示。

使用"用网格建立"命令建立的封套，必须要进行一定的变形，可以选择"对象>封套扭曲>用网格建立"命令或按Shift+Ctrl+W组合键，在弹出的"封套网格"对话框中设置行数和列数，单击"确定"按钮即可完成网格的设置，如图9-120所示。

变形网格创建完毕后，通过使用直接选择工具进行调整，即可完成自定义的变形处理，如图9-121所示。

图9-119

图9-120　　　　　图9-121

9.6.3 用顶层对象建立

使用"用顶层对象建立"封套命令需要至少两个形状，然后根据上层对象的形状、大小和位置，变换底层的图形形状。

在要进行变形处理的对象上绘制一个要进行变形的形状对象。将要进行变形的对象和要变形的形状对象同时选中，选择"对象>封套扭曲>用顶层对象建立"命令或使用快捷键Ctrl+Alt+C，要进行变形的对象即可按照顶部变形的形状对象进行变化，如图9-122所示。

图9-122

9.6.4 设置封套选项

当对一个或多个对象进行封套变形后，除了可以使用直接选择工具进行调整外，还可以对整体进行设置。封套选项决定应以何种形式扭曲图稿以适合封套。将要进行调整的封套对象选中，然后选择"对象>封套扭曲>封套选项"命令，在弹出的"封套选项"对话框中进行相应的设置，如图9-123所示。

图9-123

- 消除锯齿：在用封套扭曲对象时，可使用该复选框来平滑栅格，取消选中该复选框可降低扭曲栅格所需的

时间。

- 保留形状，使用：当用非矩形封套扭曲对象时，可使用该选项组指定栅格应以何种形式保留其形状。选中"剪切蒙版"单选按钮以在栅格上使用剪切蒙版，或选中"透明度"单选按钮以对栅格应用 Alpha 通道。

- 保真度：指定要使对象适合封套模型的精确程度。增加"保真度"百分比会向扭曲路径添加更多的点，而扭曲对象所花费的时间也会随之增加。

- 扭曲外观：将对象的形状与其外观属性一起扭曲（例如，已应用的效果或图形样式）。

- 扭曲线性渐变填充：将对象的形状与其线性渐变一起扭曲。

- 扭曲图案填充：将对象的形状与其图案属性一起扭曲。

 技巧提示

如果使用一种选定的"扭曲"选项来扩展封套，其各自属性会分别扩展。

9.6.5 释放或扩展封套

可以通过释放封套或扩展封套的方式来删除封套。释放套封对象可创建两个单独的对象、保持原始状态的对象和保持封套形状的对象。扩展封套对象的方式可以删除封套，但对象仍保持扭曲的形状。

将要转换为普通对象的封套对象选中，然后选择"对象>封套扭曲>释放"命令，此时不但会将封套对象恢复到操作之前的效果，还会保留封套的部分，如图9-124所示。

将要转换为普通对象的封套对象选中，然后选择"对象>封套扭曲>扩展"命令，即可将该封套对象转换为普通的对象，并且该对象不会发生任何形状的变化，如图9-125所示。

图9-124

图9-125

9.6.6 编辑内容

当一个对象被执行了任意一种封套编辑后，使用工具箱中的直接选择工具或其他编组工具对该对象进行编辑时，将只能选中该对象的封套部分，而不能对该对象本身进行调整。

当需要对对象本体进行调整时，需要选中该对象并选择"对象>封套扭曲>编辑内容"命令或按Shift+Ctrl+V组合键，此时该对象的内部将被选中，并且可以进行相应的编辑，编辑好的本体将自动进行封套的变形。编辑内容的操作将始终存在，只有选择"对象>封套扭曲>编辑封套"命令，才能恢复到编辑封套的状态，如图9-126所示。

图9-126

实例练习——利用封套扭曲制作丝带光效

案例文件	实例练习——利用封套扭曲制作丝带光效.ai
视频教学	实例练习——利用封套扭曲制作丝带光效.flv
难易指数	★★★★★
知识掌握	再次变换、封套扭曲、"透明度"面板

案例效果

案例效果如图9-127所示。

图9-127

操作步骤

步骤01 选择"文件>新建"命令或按Ctrl+N快捷键新建一个文档，为了便于观察，单击工具箱中的"矩形工具"按钮，绘制一个画板大小的矩形，设置填充颜色为黑色。选择"对象>锁定>所选对象"命令将其锁定，如图9-128所示。

步骤02 单击工具箱中的"钢笔工具"按钮，首先单击确定一个顶点位置，然后按住Shift键向下拖曳画出直线。在控制栏中设置颜色为无，描边为白色，描边粗细为1pt，如图9-129所示。

图9-128　　　　图9-129

步骤03 单击工具箱中的"选择工具"按钮 ，选择直线，按Enter键。在弹出的对话框中，设置"水平"和"垂直"文本框，分别输入1mm和0mm，并单击"复制"按钮，然后多次选择"对象>变化>再次变换"命令，或多次按Ctrl+D快捷键，制作出一系列紧密的直线条，如图9-130所示。

步骤04 单击工具箱中的"钢笔工具"按钮 ，在画板上绘制出一个闭合路径，保持路径的选中状态，然后选择"对象>排列>置于顶层"命令或按Shift+Ctrl+]组合键，如图9-131所示。

图9-130　　　　　　　　　图9-131

步骤05 单击工具箱中的"选择工具"按钮 ，使对象处于全部选中状态，如图9-132所示。

步骤06 选择"对象>封套扭曲>用顶层对象建立"命令，对之前绘制的细线进行封套扭曲，如图9-133所示。

图9-132　　　　　　　　　图9-133

步骤07 选择黑色矩形，单击工具箱中的"渐变工具"按钮 ，在打开的"渐变"面板中设置"类型"为"径向"，"角度"为-90°，渐变颜色为红黄色渐变，如图9-134所示。

图9-134

步骤08 选择"文件>置入"命令，将素材1.png置入画面中，然后单击控制栏中的"嵌入"按钮，进行嵌入。将素材移动到相应位置，如图9-135所示。

图9-135

步骤09 选择之前绘制的丝带光效图形，将其调整角度、大小，移动到画面上合适的位置，如图9-136所示。

图9-136

步骤10 选择丝带光效图形，使用快捷键Ctrl+C进行复制，Ctrl+V进行粘贴，并移动合适的角度、大小及位置，最终效果如图9-137所示。

图9-137

9.7 路径查找器

"路径查找器"能够从重叠对象中创建新的形状。通过选择"窗口>路径查找器"命令或使用快捷键Shift+Ctrl+F9可以调出"路径查找器"面板，"路径查找器"面板中的路径查找器效果可应用于任何对象、组和图层的组合，单击"路径查找器"按钮时即创建了最终的形状组合；创建之后便不能够再编辑原始对象。如果这种效果产生了多个对象，这些对象会被自动编组到一起。如图9-138所示即为用到路径查找器制作的效果。

图9-138

9.7.1 路径查找器命令详解

选中要进行操作的对象，在"路径查找器"面板中单击相应的按钮，即可观察到不同的效果，如图9-139所示。

- 联集▣：描摹所有对象的轮廓，就像它们是单独的、已合并的对象一样。该选项产生的结果形状会采用顶层对象的上色属性交集，描摹被所有对象重叠的区域轮廓，如图9-140所示。

- 减去顶层▣：从最后面的对象中减去最前面的对象。应用该选项，可以通过调整堆栈顺序来删除插图中的某些区域，如图9-141所示。

图9-139 　　　　　　　　　　图9-140 　　　　　　　　　　图9-141

- 交集▣：描摹被所有对象重叠的区域轮廓，如图9-142所示。

- 差集▣：描摹对象所有未被重叠的区域，并使重叠区域透明。若有偶数个对象重叠，则重叠处会变成透明。而有奇数个对象重叠时，重叠的地方则会填充颜色，如图9-143所示。

- 分割▣：将一份图稿分割为作为其构成成分的填充表面（表面是未被线段分割的区域），如图9-144所示。

- 修边▣：删除已填充对象被隐藏的部分，会删除所有描边，且不会合并相同颜色的对象，如图9-145所示。

图9-142 　　　　　　图9-143 　　　　　　图9-144 　　　　　　图9-145

- 合并 ：删除已填充对象被隐藏的部分。会删除所有描边，且会合并具有相同颜色的相邻或重叠的对象，如图9-146所示。

- 裁剪 ：将图稿分割为作为其构成成分的填充表面，然后删除图稿中所有落在最上方对象边界之外的部分，还会删除所有描边，如图9-147所示。

- 轮廓 ：将对象分割为其组件线段或边缘。准备需要对叠印对象进行陷印的图稿时，该选项非常有用，如图9-148所示。

- 减去后方对象 ：从最前面的对象中减去后面的对象。应用该选项，可以通过调整堆栈顺序来删除插图中的某些区域，如图7-149所示。

图9-146　　　　图9-147

图9-148　　　　图9-149

9.7.2 设置路径查找器选项

比较简单的图形在进行路径查找操作时，运行速度比较快，查找的精度也比较准确。当图形比较复杂时，可以在"路径查找器"面板中单击菜单按钮，在弹出的"路径查找器选项"对话框中进行相应的操作，如图9-150所示。

图9-150

- 精度：在该文本框中输入相应的数值，可以影响路径查找器计算对象路径时的精确程度。计算越精确，绘图就越准确，生成结果路径所需的时间就越长。

- 删除冗余点：选中该复选框，在单击"路径查找器"按钮时可以删除不必要的点。

- 分割和轮廓将删除未上色图稿：选中该复选框时，再单击"分割"或"轮廓"按钮可以删除选定图稿中的所有未填充对象。

9.7.3 创建复合形状

将要进行复合形状的对象选中，在"路径查找器"面板中，按住Alt键单击"形状模式"选项组中的按钮，会按照不同的方式对对象进行组合，如图9-151所示。

图9-151

技巧提示

复合形状中可包括路径、复合路径、组、其他复合形状、混合、文本、封套和变形。选择的任何开放式路径都会自动关闭。

9.7.4 释放和扩展复合形状

释放复合形状可将其拆分回单独的对象。在"路径查找器"面板菜单中选择"释放复合形状"命令即可，如图9-152所示。

图9-152

扩展复合形状会保持复合对象的形状，但不能再选择其中的单个组件。首先将要进行复合形状的对象选中，在"路径查找器"面板中单击"扩展"按钮，或者从"路径查找器"面板菜单中选择"扩展复合形状"命令即可，如图9-153所示。

图9-153

实例练习——使用路径查找器制作现代感 LOGO

案例文件	实例练习——使用路径查找器制作现代感LOGO.ai
视频教学	实例练习——使用路径查找器制作现代感LOGO.flv
难度级别	★★★★★
知识掌握	路径查找器

案例效果

案例效果如图9-154所示。

图9-154

操作步骤

步骤01 按Ctrl+N快捷键创建新文档，如图9-155所示。

步骤02 单击工具箱中的"圆角矩形工具"按钮，绘制出一个圆角矩形。在控制栏中设置颜色为蓝色，如图9-156所示。

图9-155 　　　　　　　图9-156

步骤03 选中圆角矩形对象，单击工具箱中的"自由变换工具"按钮，此时会出现定界框，通过单击右上角定界框上的控制点，按住鼠标左键的同时按下Ctrl键，鼠标指针变为如图9-157（a）所示的形状，然后调节该控制点的位置，如图9-157（b）所示。

（a）　　　　　　　　（b）

图9-157

步骤04 按照上述同样的方法调整控制点的位置，如图9-158所示。

步骤05 再次单击"圆角矩形工具"按钮，创建另外一个圆角矩形，用同样的方法调整其形状，如图9-159所示。

图9-158 　　　　　　　图9-159

步骤06 使用选择工具选中两个圆角矩形。选择"窗口>路径查找器"命令，打开"路径查找器"面板，单击"分割"按钮，两个图形被分割为3个，如图9-160所示。

图9-160

步骤07 选择顶部对象，选择"窗口>渐变"命令，打开"渐变"面板，在该面板中编辑一种蓝色系的渐变，如图9-161所示。

图9-161

步骤08 选择底部对象，打开"渐变"面板，在该面板中编辑一种黄绿色系的渐变，如图9-162示。

步骤10▶使用文字工具设置合适的字体和大小，在文字Water上方单击，输入文字。使用自由变换工具拖曳鼠标对文字进行旋转操作，如图9-164所示。

图9-162

步骤09▶单击工具箱中的"文字工具"按钮 **T.**，在控制栏中设置合适的字体和大小，输入文字Water，如图9-163所示。

图9-164

步骤11▶置入花纹素材，最终效果如图9-165所示。

图9-163

图9-165

答疑解惑——如何编辑渐变色？

首先要定义渐变色应用到当前或创建对象的填充上，在工具箱中单击"填充"按钮。

❶ 单击工具箱中的"渐变工具"按钮。

❷ 如果"渐变"面板未显示在界面中，可以选择"窗口>渐变"命令，或者按快捷键Ctrl+F9打开"渐变"面板。

❸ 在"类型"下拉列表框中可以选择"线性"或"径向"选项。当选择"径向"选项时，渐变色将按照从中心到边缘的方式进行变化。当选择"线性"选项时，可以通过在"角度"文本框中输入数值来定义渐变的角度。

❹ 当要调整渐变色中每一个颜色的位置时，可以通过拖动"颜色"标记的同时，在"位置"文本框中输入相应的数值。

综合实例——多彩网页首页设计

案例文件	综合实例——多彩网页首页设计.ai
视频教学	综合实例——多彩网页首页设计.flv
难易指数	★★★★★
知识掌握	变形工具

案例效果

案例效果如图9-166所示。

操作步骤

步骤01▶选择"文件>新建"命令，创建一个A4大小的横版文档。单击工具箱中的"矩形工具"按钮 ，在控制栏中设置"填充"颜色为白色，按住鼠标左键拖曳绘制出与画板等大的矩形，如图9-167所示。

图9-166

图9-167

步骤02 继续使用矩形工具，在画面中按住鼠标左键拖曳绘制出矩形，并在控制栏中设置填充颜色为粉色，如图9-168所示。

图9-168

步骤03 依次绘制出其他矩形并分别填充合适的颜色，如图9-169所示。

图9-169

步骤04 接着要使矩形变形。单击工具箱中的"变形工具"按钮 ，双击变形工具打开"变形工具"对话框，设置"宽度"为100mm、"高度"为100mm。将鼠标指针移动到黄色矩形上，按住鼠标左键在矩形上拖曳使矩形变形，如图9-170所示。

图9-170

步骤05 用同样的方法继续在右侧的青色矩形上按住鼠标左键向左拖动，如图9-171所示。

图9-171

步骤06 采用相同的方法使矩形底部变形，变形之前仍然需要双击变形工具，在相应对话框中设置画笔的宽度和高度均为30mm，如图9-172所示，然后在3个彩色矩形的底部按住鼠标左键并拖动，得到波浪效果，如图9-173所示。

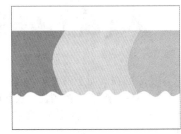

图9-172　　　　　　　　　　图9-173

步骤07 页面底部也需要添加一个带有波浪效果的图形，首先使用矩形工具在底部绘制一个浅色矩形，然后单击工具箱中的"变形工具"按钮 ，在图形上按住鼠标左键并向下拖动，如图9-174所示，效果如图9-175所示。

图9-174　　　　　　　　　　图9-175

步骤08 接下来要制作网页的标志部分。单击工具箱中的"椭圆工具"按钮 ⬭，在控制栏中设置填充颜色为无，描边颜色为粉色。设置完成后，在画面的左上角按住鼠标左键拖曳绘制正圆形，如图9-176所示。

图9-176

步骤09 选择"文件>置入"命令，将素材1.ai置入画面中。单击控制栏中的"嵌入"按钮，然后调整图片大小和位置，将其放到正圆中，如图9-177所示。

图9-177

步骤10 下面在画面上添加文字信息。单击工具栏中的"文字工具"按钮 T，在控制栏中设置填充颜色为粉色，调整合适的字体、字号，然后输入文字，移动到合适的位置，如图9-178所示。

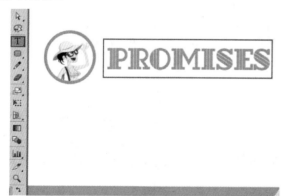

图9-178

步骤11 在画面中添加辅助图形。单击工具箱中的"矩形工具"按钮 ▭ 在控制栏中设置填充颜色为灰色，按住鼠标左键拖曳绘制出矩形，将其移动到相应位置，如图9-179所示。

图9-179

步骤12 下面开始制作"搜索栏"区域，单击工具箱中的"圆角矩形工具"按钮 ⬭，在控制栏中设置填充颜色为无，描边为深灰色。然后在画面中单击，设置"宽度"为35mm，"高度"为7mm，"半径"为3mm，设置完成后单击"确定"按钮，如图9-180所示。将绘制好的圆角矩形摆放在页面右上方，如图9-181所示。

图9-180　　　　　图9-181

步骤13 继续使用工具箱中的椭圆工具以及矩形工具，在圆角矩形中绘制正圆形与矩形，分别调整颜色、位置及角度，模拟出放大镜的效果，如图9-182所示。

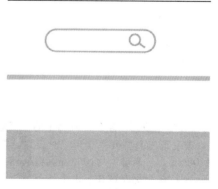

图9-182

步骤14 下面开始制作导航栏的按钮。单击工具箱中的"圆角矩形工具"按钮 ▢ ，在控制栏中设置填充颜色为粉色，设置完成后，在画面上按住鼠标左键拖曳绘制圆角矩形，如图9-183所示。

图9-183

步骤15 单击工具箱中的"文字工具"按钮 T ，在控制栏中设置填充颜色为白色，设置合适的字体以及字号，在图形上单击并输入文字，如图9-184所示。

图9-184

步骤16 采用同样的方法，继续在画面上输入其他文字，调整合适的颜色、位置，如图9-185所示。

图9-185

步骤17 将页面左上角的标志部分选中，使用复制快捷键Ctrl+C复制标志，然后多次使用粘贴快捷键Ctrl+V，粘贴出另外4个标志图形，分别摆放在页面的底部，如图9-186所示。

图9-186

步骤18 分别选中正圆边框部分，在控制栏中更改描边颜色，如图9-187和图9-188所示。

图9-187　　　　　　　　图9-188

步骤19 单击工具栏中的"文字工具"按钮 T ，在控制栏中设置合适的字体、字号、颜色，然后输入文字，然后移动到合适的位置，最终效果如图9-189所示。

图9-189

235

案例文件	综合实例——制作设计感招贴 .ai
视频教学	综合实例——制作设计感招贴 .flv
难易指数	★★★★★
技术要点	对齐、路径查找器、建立剪切蒙版

案例效果

案例效果如图 9-190 所示。

图 9-190

操作步骤

步骤01 使用快捷键 Ctrl+N 创建新文档，如图 9-191 所示。

步骤02 单击工具箱中的"椭圆工具"按钮 ◎ ，在空白区域单击，在弹出的"椭圆"对话框中设置圆角矩形的"宽度"为 52mm，"高度"为 52mm，单击"确定"按钮完成操作，绘制出一个正圆形，设置颜色为灰色，如图 9-192 所示。

图 9-191

图 9-192

步骤03 再次使用椭圆工具，在右侧绘制一个较小的黑色正圆形，如图 9-193 所示。

图 9-193

步骤04 将两个圆形全部选中，选择"窗口 > 对齐"命令，在打开的"对齐"面板中单击"水平居中对齐"按钮 ◒ 和"垂直居中对齐"按钮 ◓ ，使两个正圆形以圆心点对齐，如图 9-194 所示。

图 9-194

步骤05 选择"窗口 > 路径查找器"命令，在打开的"路径查找器"面板中单击"分割"按钮，完成后可以看到两个图形被分割，再选中小圆，将其删除，如图 9-195 所示。

图 9-195

步骤06 选择圆环对象，选择"窗口 > 渐变"命令，打开"渐变"面板，在该面板中编辑红色到橘色渐变，设置类型为"线性"，如图 9-196 所示。

图 9-196

步骤07 将圆环对象保持选中状态，然后按住 Alt 键将其向外拖曳复制圆环副本，设置颜色为白色，将其放置在下一层中，并用同样方法再制作出一个灰色圆环，如图 9-197 所示。

图 9-197

技巧提示

　　复制所选对象：框选将要复制的对象，按住Alt键向外拖动即可。

步骤08 单击工具箱中的"椭圆工具"按钮 ，在圆环上绘制出多个大小不同的白色正圆，如图9-198所示。

图9-198

步骤09 将白色正圆全部选中，按住 Ctrl+G 快捷键群组白色正圆。选择"窗口>透明度"命令，打开"透明度"面板，选择"叠加"选项，如图9-199所示。

图9-199

步骤10 使用选择工具选中红橙渐变的圆环，按 Ctrl+C、Ctrl+F 快捷键将复制的圆环粘贴到原有位置上，将新复制的圆环放置在最顶层，再选择圆环副本和白色斑点的正圆组，右击，在弹出的快捷菜单中选择"建立剪切蒙版"命令，使圆环以外的部分被隐藏，如图9-200所示。

图9-200

 技巧提示

　　群组所选对象快捷键为 Ctrl+G，复制所选对象快捷键为 Ctrl+C，原位粘贴所选对象快捷键为 Ctrl+F。

步骤11 单击工具箱中的"圆角矩形工具"按钮 ，在空白区域单击左键，在弹出的"圆角矩形"对话框中设置圆角矩形的"宽度"为100mm，"高度"为60mm，"圆角半径"为10mm，单击"确定"按钮完成操作，绘制出一个圆角矩形，如图9-201所示。

图9-201

步骤12 选中圆角矩形对象，按住 Alt 键向外拖曳复制出一个圆角矩形副本，然后将两个圆角矩形一起选中。选择"窗口>路径查找器"命令，打开"路径查找器"面板，单击"减去顶层"按钮，如图9-202所示。

图9-202

步骤13 单击工具栏中的"自由变换工具"按钮，将鼠标指针放置到界定框的外侧，鼠标指针将变成形状，拖曳旋转一定角度，如图9-203所示。

图9-203

步骤14 选择圆角矩形对象，选择"窗口>渐变"命令，打开"渐变"面板，在该面板中编辑橙黄色渐变，设置"类型"为"线性"，如图9-204所示。

图9-204

步骤15 将矩形对象保持选中状态，按住 Alt 键拖曳复制出一个副本，设置颜色为白色，并将其放置在下一层，然后用同样方法再制作一个灰色矩形，如图 9-205 所示。

图9-205

步骤16 按照上述同样的方法继续进行制作，然后选择制作完成的图形复制副本。将其一起选中后，选择"窗口>透明度"命令，打开"透明度"面板，选择"滤色"命令，如图 9-206 所示。

图9-206

步骤17 将复制完成的图形放置在如图 9-207 所示的位置，并旋转到合适角度。

图9-207

步骤18 选择绘制完成的圆环和矩形，多次进行复制，调整大小和位置，如图 9-208 所示。

步骤19 单击工具箱中的"文字工具"按钮 **T**，在控制栏中设置字体和大小，颜色为黑色。在底部输入文字，如图 9-209 所示。

图9-208　　　　　　　　图9-209

步骤20 置入背景素材文件 1.ai，右击，在弹出的快捷菜单中选择"排列>置于底层"命令，最终效果如图 9-210 所示。

图9-210

 读书笔记

Illustrator CC 中文版从入门到精通

Chapter 10

第10章

透明度

在Illustrator中可以通过"透明度"面板对图形图像进行透明度的设置，只要通过数值的修改即可更改对象的透明效果。除此之外，还可以在"透明度"面板中设置对象的混合模式，使之与底层内容产生混合效果。通过"透明度"面板为对象添加"透明度蒙版"则可以使对象的局部产生隐藏的效果。

本章学习要点：

- 掌握透明度与混合模式的使用方法
- 掌握透明度蒙版的使用方法

在Illustrator 中，透明度是一个非常简单的概念，只要通过数值的修改即可对一个对象的透明度进行调整。透明度在位图处理软件中是非常常见的，但是在早期的版本中是没有透明度功能的，如果要表现透明度的效果，只能考虑使用相应的颜色进行表现。如图10-1所示为使用到透明效果的作品。

图10-1

10.1.1 认识"透明度"面板

选择"窗口>透明度"命令或使用快捷键Shift+Ctrl+F10，打开"透明度"面板，如图10-2所示。

图10-2

- 混合模式：设置所选对象与下层对象的颜色混合模式。
- 不透明度：通过调整数值控制对象的透明效果，数值越大，对象越不透明；数值越小，对象越透明。
- 对象缩览图：所选对象缩览图。
- 不透明度蒙版：显示所选对象的不透明度蒙版效果。
- 制作蒙版：单击该按钮即可为所选对象添加不透明度蒙版。
- 剪切：将对象剪切为当前对象的剪切蒙版。
- 反相蒙版：将当前对象的蒙版颜色反相。

 技巧提示

默认情况下，"隔离混合"、"挖空组"和"不透明度和蒙版用来定义挖空形状"不会显示在面板中，在面板菜单中选择"显示选项"命令即可显示。

10.1.2 调整对象透明度

步骤01 选中要进行透明度调整的对象，此时对象不透明度为100%，如图10-3所示。

图10-3

步骤02 在"透明度"面板中可以通过调整"不透明度"的数值控制对象的不透明度，当调整数值为30%时，对象呈现出半透明，很好地模拟出了倒影效果，如图10-4所示。

图10-4

10.2 调整对象混合模式

使用混合模式可以用不同的方法将对象颜色与底层对象的颜色混合。将一种混合模式应用于某一对象时，在此对象的图层或组下方的任何对象上都可看到混合模式的效果。在Illustrator中提供了十几种不同的混合模式，通过这些样式的使用可以制作出丰富的画面效果，如图10-5所示为可以使用到混合模式制作的作品。

图10-5

10.2.1 混合模式详解

选择一个要设置混合模式的对象，例如，选中了图中的卡通耳机部分。在"透明度"面板中单击"混合模式"下拉列表框，可以看到多种混合模式，单击即可定义对象的混合模式，如图10-6所示。

图10-6

● 正常：使用混合色对选区上色，而不与基色相互作用。这是默认模式，如图10-7所示。

图10-7

● 变暗：选择基色或混合色中较暗的一个作为结果色。比混合色亮的区域会被结果色所取代，比混合色暗的区域将保持不变，如图10-8所示。

● 正片叠底：将基色与混合色相乘。得到的颜色总是比基色和混合色都要暗一些。将任何颜色与黑色相乘都会产生黑色，将任何颜色与白色相乘则颜色保持不变，如图10-9所示。

图10-8　　　　　　　　图10-9

● 颜色加深：加深基色以反映混合色。与白色混合后不产生变化，如图10-10所示。

● 变亮：选择基色或混合色中较亮的一个作为结果色。比混合色暗的区域将被结果色所取代，比混合色亮的区域将保持不变，如图10-11所示。

图10-10　　　　　　　　图10-11

● 滤色：将混合色的反相颜色与基色相乘，得到的颜色总是比基色和混合色都要亮一些。用黑色滤色时颜色保持不变，用白色滤色将产生白色，如图10-12所示。

● 颜色减淡：加亮基色以反映混合色。与黑色混合不发生变化，如图10-13所示。

图10-12　　　　　　　图10-13

- 叠加：将对颜色进行相乘或滤色，具体取决于基色。图案或颜色叠加在现有的图稿上，在与混合色混合以反映原始颜色的亮度和暗度的同时，保留基色的高光和阴影，如图10-14所示。
- 柔光：将使颜色变暗或变亮，具体取决于混合色。此效果类似于漫射聚光灯照在图稿上，如图10-15所示。

图10-14　　　　　　　图10-15

- 强光：对颜色进行相乘或过滤，具体取决于混合色。此效果类似于耀眼的聚光灯照在图稿上。用纯黑色或纯白色上色会产生纯黑色或纯白色，如图10-16所示。
- 差值：从基色减去混合色或从混合色减去基色，具体取决于哪一种的亮度值较大。与白色混合将反转基色值，与黑色混合则不发生变化，如图10-17所示。

图10-16　　　　　　　图10-17

- 排除：创建一种与"差值"模式相似但对比度更低的效果。与白色混合将反转基色分量，与黑色混合则不发生变化，如图10-18所示。
- 色相：用基色的亮度和饱和度以及混合色的色相创建结果色，如图10-19所示。

图10-18　　　　　　　图10-19

- 饱和度：用基色的亮度和色相以及混合色的饱和度创建结果色。在无饱和度（灰度）的区域上用此模式着色不会产生变化，如图10-20所示。
- 混色：用基色的亮度以及混合色的色相和饱和度创建结果色。这样可以保留图稿中的灰阶，对于给单色图稿上色以及给彩色图稿染色都非常有用，如图10-21所示。

图10-20　　　　　　　图10-21

- 明度：用基色的色相和饱和度以及混合色的亮度创建结果色。此模式创建与"颜色"模式相反的效果，如图10-22所示。

图10-22

10.2.2　更改对象的混合模式

　　选择需要调整"混合模式"的对象或组，然后按下快捷键Shift+Ctrl+F10，打开"透明度"面板，在面板左侧混合模式的下拉列表框中选择一种混合模式，此时所选对象以下的所有对象都出现了混合效果，如图10-23所示。

　　可以将混合模式与已定位的图层或组进行隔离，以使其下方的对象不受影响。要实现这一操作，在"图层"面板中选择一个组或图层右侧的定位图标，在"透明度"面板中选中"隔离混合"复选框。如果未显示"隔离混合"复选框，从"透明度"面板菜单中选择"显示选项"命令即可，如图10-24所示。

图10-23　　　　　　　图10-24

实例练习——使用透明度制作名签

案例文件	实例练习——使用透明度制作名签.ai
视频教学	实例练习——使用透明度制作名签.flv
难易指数	★★★★★
知识掌握	透明度的设置、混合模式的设置、图案填充

案例效果

案例效果如图10-25所示。

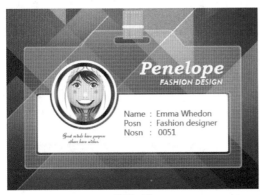

图10—25

操作步骤

步骤01 选择"文件>新建"命令，创建一个新文档。选择"文件>置入"命令，将素材1.jpg置入画面中，然后单击控制栏中的"嵌入"按钮，如图10-26所示。

图10—26

步骤02 单击工具箱中的"矩形工具"按钮 ▭，在控制栏中设置填充颜色为黄色，描边颜色为银灰色，然后在画面中绘制矩形，如图10-27所示。

图10—27

步骤03 继续使用矩形工具在其中绘制一个稍小的矩形，在控制栏中设置填充颜色为无，描边颜色为白色，描边类型为虚线，如图10-28所示。

图10—28

步骤04 单击工具箱中的"圆角矩形工具"按钮 ▢，在控制栏中设置填充颜色为灰色，描边为深灰色。在画面中单击，设置合适的宽度和高度，设置"圆角半径"为3mm，设置完成后单击"确定"按钮，得到的圆角矩形如图10-29所示。

图10—29

步骤05 继续使用圆角矩形工具制作名签的主体，仍然设置"圆角半径"为3mm，在控制栏中设置填充颜色为白色，设置完成后按住鼠标左键并拖曳，绘制出圆角矩形，如图10-30所示。

图10—30

步骤06 使用相同的方法继续绘制一个稍小的圆角矩形，接着单击工具箱中的"自由变换工具"按钮 ，单击"透视扭曲"按钮 ，然后将鼠标指针移动到较小的圆角矩形的左下角处，按住鼠标左键并向左侧拖曳，如图10-31所示。此时圆角矩形变为圆角梯形，效果如图10-32所示。

图10-31　　　　　　　　　　　图10-32

步骤07 将两个图形加选，选择"窗口>路径查找器"命令，打开"路径查找器"面板，单击"联集"按钮 ，两个图形合并为一个对象，效果如图10-33所示。

图10-33

步骤08 继续使用圆角矩形工具在白色矩形上绘制另外一个圆角矩形，然后选中这个圆角矩形与底部的图形，如图10-34所示。

图10-34

步骤09 在"路径查找器"面板中单击"减去顶层"按钮 ，得到挖空的效果，如图10-35所示。

图10-35

步骤10 再次使用圆角矩形工具，在名签顶部绘制一个稍小的圆角矩形，同样选择这两部分，如图10-36所示。再次在"路径查找器"面板中单击"减去顶层"按钮 ，效果如图10-37所示。

图10-36　　　　　　　　　　　图10-37

步骤11 单击工具箱中的"选择工具"按钮 ，选择名签的主体部分，使用快捷键Ctrl+C进行复制，使用Ctrl+V进行粘贴，如图10-38所示，然后将名签的主体复制一份放置在画板外。

图10-38

步骤12 选中名签主体部分，选择"窗口>色板>图案>基本图案>线条"命令，打开"基本图形_线条"面板，在其中选择一种合适的图案，如图10-39所示。此时名签被填充为这种线条图案，如图10-40所示。

图10-39　　　　　　　　　　　图10-40

步骤13 选中名签主体部分，选择"窗口>透明度"命令，打开"透明度"面板，在面板中设置"混合模式"为"滤色"，此时名签主体效果如图10-41所示。

图10-41

步骤14 单击工具箱中的"选择工具"按钮 ，选中之前复制并摆放在画板以外的名签主体部分。在控制栏中设置填充颜色为深灰色。选中深灰色矩形，选择"窗口>透明度"命令，打开"透明度"面板，在其中设置"混合模式"为"滤色"，并移动相应位置，此时这个部分被隐藏，如图10-42所示。

图10-42

步骤15 继续选择"效果>风格化>内发光"命令，打开"内发光"对话框，设置"模式"为"正常"、"不透明度"为80%、"模糊"为2mm，如图10-43所示。

图10-43

步骤16 再次选择"效果>风格化>外发光"命令，打开"外发光"对话框，设置"模式"为"正片叠底"、"不透明度"为100%、"模糊"为3mm，效果如图10-44所示。

图10-44

步骤17 利用圆角矩形工具以及椭圆工具在名签的空缺处绘制两个图形，并采用上面相同的方法将图形相减，效果如图10-45所示。

图10-45

步骤18 在画面中绘制圆形。单击工具箱中的"椭圆工具"按钮 ，在控制栏设置填充颜色为白色，设置完成后，按住Shift键并按住鼠标左键拖曳绘制出正圆形，如图10-46所示。

图10-46

步骤19 单击工具箱底部的"渐变"按钮 ，在弹出的"渐变"面板中设置"类型"为"线性"，渐变颜色设置为黑色系渐变，在白色正圆上，再次使用椭圆工具绘制一个正圆形，将图形移动到相应位置，效果如图10-47所示。

图10-47

步骤20 使用同样方法绘制其他圆形，移动相应位置，如图10-48所示。

步骤21 选择"文件>置入"命令，将素材2.png置入画面中，然后单击控制栏中的"嵌入"按钮，将其图形移动到相应位置，如图10-49所示。

图10-48   图10-49

步骤22 在画面中输入文字。单击"文字工具"按钮 ，在控制栏中设置合适的字体、字号，在名签上分别输入企业信息以及个人信息。本案例制作完成，效果如图10-50所示。

图10-50

10.3 不透明蒙版

在Illustrator中包含两种蒙版：剪切蒙版与不透明蒙版。不透明蒙版可以创建类似于剪切蒙版的遮罩效果，也可以创建透明和渐变透明的蒙版遮罩效果。在不透明蒙版中遵循以下原理：黑色为100%透明，白色为0%透明，灰色则为半透明效果，而不同级别的灰度为不同级别的透明度。如图10-51所示为透明度蒙版与图像显示效果。

图10—51

 技巧提示

灰白棋盘格为背景，完全显示灰白棋盘格效果，也就说明这部分图像完全透明。

10.3.1 创建不透明蒙版

步骤01 选中要添加蒙版的一个或多个对象，也可以选择组对象。选择"窗口>透明度"命令或使用快捷键Shift+Ctrl+F10，打开"透明度"面板，此时该面板中会显示出相应选中的对象，如图10-52所示。

图10—52

步骤02 单击"透明度"面板中的"制作蒙版"按钮，或在面板菜单中选择"建立不透明蒙版"命令，或者直接在"透明度"面板的缩略图右侧双击，都可以创建透明度蒙版，如图10-53所示。

图10—53

步骤03 默认情况下，创建蒙版以后，该对象将被隐藏，也就是相当于蒙版中为黑色的图形。在"透明度"面板中单击右侧的蒙版图标，进入蒙版的编辑状态。可以使用工具箱中

任何绘制图形的工具，采用不同的灰度定义蒙版的状态，重新将图形显示出来。如图10-54所示为在不透明度蒙版添加了3个白色圆形的效果。

图10—54

◐ **剪切**：默认情况下，"剪切"复选框是被选中的，此时蒙版为全部不显示，通过编辑蒙版可以将图形显示出来。如果不选中"剪切"复选框，图形将完全被显示，绘制蒙版将把相应的区域隐藏。

 技巧提示

"剪切"复选框会将蒙版背景设置为黑色。因此选中"剪切"复选框时，用来创建不透明蒙版的黑色对象将不可见。若要使对象可见，可以使用其他颜色，或取消选中"剪切"复选框。

◐ **反相蒙版**：选中该复选框时，将对当前的蒙版进行翻转，使原始显示的部分隐藏，隐藏的部分将显示出来。这会反相被蒙版图像的不透明度。

10.3.2 取消链接或重新链接不透明蒙版

蒙版和图形连接在一起的状态下，执行移动、缩放等编辑操作时，图形对象和蒙版是同步处理的。取消链接则可以对图形和蒙版进行单独编辑。

若要解除链接的蒙版，单击"透明度"面板中缩览图之间的链接符号 ⏺ 。或者，从"透明度"面板菜单中选择"取消链接不透明蒙版"命令即可，如图10-55所示。

若要重新链接蒙版，单击"透明度"面板中缩览图之间的区域，或者从"透明度"面板菜单中选择"链接不透明蒙版"命令，如图10-56所示。

图10-55

图10-56

10.3.3 停用与删除不透明蒙版

如果暂时取消蒙版效果，在"透明度"面板菜单中选择"停用不透明蒙版"命令即可。

此时该蒙版效果将隐藏，重新选择该命令可以重新将其显示出来，如图10-57所示。

如果要永久删除蒙版，可以从 "透明度"面板中单击"释放"按钮，该蒙版将被删除，如图10-58所示。

图10-57

图10-58

实例练习——使用蒙版制作宝宝大头贴

案例文件	实例练习——使用蒙版制作宝宝大头贴.ai
视频教学	实例练习——使用蒙版制作宝宝大头贴.flv
难易指数	★★★★★
知识掌握	不透明度蒙版

案例效果

案例效果如图10-59所示。

图10-59

操作步骤

步骤01▶ 使用打开快捷键Ctrl+O，打开背景素材文件，如图10-60所示。

图10-60

步骤02▶ 选择"文件>置入"命令，置入一张照片素材，并且在控制栏中单击嵌入按钮，如图10-61所示。

图10-61

步骤03 将照片素材调整到合适的大小，摆放在右侧的相框上，并旋转到合适的角度，此时可以看到照片的大小与相框不相符，如图10-62所示。

图10-62

步骤04 选择照片，打开"透明度"面板，单击"制作蒙版"按钮，此时蒙版为全黑状态，所以照片被隐藏，如图10-63所示。

图10-63

步骤05 在控制栏中设置填充颜色为白色，描边为无，然后使用钢笔工具沿相框内边缘部分绘制出白色矩形，通过绘制可以看到照片部分被显示出来，如图10-64所示。

图10-64

图10-64（续）

步骤06 采用同样的方法置入另外一个儿童照片素材，并为其添加不透明度蒙版，使多余的部分被隐藏，效果如图10-65所示。

图10-65

步骤07 置入前景素材，最终效果如图10-66所示。

图10-66

实例练习——使用透明度蒙版制作儿童摄影招贴

案例文件	实例练习——使用透明度蒙版制作儿童摄影招贴.ai
视频教学	实例练习——使用透明度蒙版制作儿童摄影招贴.flv
难易指数	★★★★★
知识掌握	透明蒙版

案例效果

案例效果如图10-67所示。

图10-67

操作步骤

步骤01 选择"文件>新建"命令，创建一个A4大小的横向文档，接着选择"文件>置入"命令，将素材1.jpg置入画面中，然后单击控制栏中的"嵌入"按钮，进行嵌入，如图10-68所示。

图10-68

步骤02 继续将素材2.jpg置入到画面中，如图10-69所示。

图10-69

步骤03 为照片素材添加透明度蒙版。将照片素材选中，选择"窗口>透明度"命令，在打开的"透明度"面板中单击"制作蒙版"按钮，如图10-70所示。

图10-70

步骤04 此时蒙版为全黑状态，所以照片为隐藏状态。在"透明度"面板上单击黑色蒙版，如图10-71所示。

步骤05 单击工具箱中的"矩形工具"按钮 ▢ ，在控制栏中设置"填充"颜色为白色，按住Shift键的同时，按住鼠标左键拖曳绘制出白色矩形，使照片局部显示出来，如图10-72所示。

图10-71   图10-72

步骤06 将鼠标指针移动到蒙版中的矩形对象的一角处，按住Shift键并拖动，将矩形旋转45°角，如图10-73所示。

步骤07 继续在不透明度蒙版中添加其他的白色图形，并调整图形的位置、大小角度，绘制完成后单击照片缩览图，回到照片编辑的状态，如图10-74所示。

图10-73   图10-74

步骤08 绘制图形进行画面的装饰。使用矩形工具、钢笔工具在照片周围添加一些橙色系的方形和三角形，如图10-75所示。

图10-75

步骤09 在图形上输入文字。单击工具栏中的"文字工具"按钮 T，在控制栏中设置合适的字体、字号，并在画面中合适位置单击，输入文字，然后分别修改文字的位置及颜色，完成效果如图10-76所示。

图10-76

综合实例——制作时尚杂志内页

案例文件	综合实例——制作时尚杂志内页.ai
视频教学	综合实例——制作时尚杂志内页.flv
难易指数	★★★★★
知识掌握	混合模式、透明度、剪切蒙版、不透明度蒙版

案例效果

案例效果如图10-77所示。

图10-77

操作步骤

步骤01 使用新建快捷键Ctrl+N创建新文档，如图10-78所示。

图10-78

步骤02 单击工具箱中的"矩形工具"按钮，绘制出一个矩形。设置填充为深蓝紫色，如图10-79所示。

图10-79

步骤03 选择"文件>置入"命令，置入图片素材文件1.jpg，并将其调整到适当的位置和大小，如图10-80所示。

图10-80

步骤04 选择"文件>置入"命令，置入另一个图片2.jpg，放在画面右侧，并调整到适当的位置和大小，如图10-81所示。

图10-81

步骤05 由于右侧的图像素材只需要保留其中一部分，所以需要使用钢笔工具在图片上绘制一个适当大小的多边形。选中图片和多边形，右击，在弹出的快捷菜单中选择"建立剪切蒙版"命令，如图10-82所示。

图10-82

步骤06 再置入一张人像素材文件3.jpg，将其放在画面右下角，并按照上述同样的方法为其添加剪切蒙版，如图10-83所示。

图10-83

步骤07 单击工具箱中的"矩形工具"按钮，在画板中间绘制一个矩形，设置填充为灰色。再选择"窗口>透明度"命令，打开"透明度"面板，设置"混合模式"为"柔光"，如图10-84所示。

图10-84

步骤08 单击"直接选择工具"按钮，框选矩形定界框下方的两个锚点，按住Shift键将鼠标向右拖曳，移动到适当位置，如图10-85所示。

图10-85

技巧提示

将所选的对象水平移动时需要同时按住Shift键进行。

步骤09 单击工具箱中的"剪刀工具"按钮✂，在超出页面的部分绘制并删除，如图10-86所示。

图10-86

步骤10 单击工具箱中的"直线段工具"按钮✎，绘制与矩形斜度平行的直线，在控制栏中设置填充为白色，描边为白色，再选择"窗口>描边"命令，打开"描边"面板，设置"粗细"为0.25pt，如图10-87所示。

图10-87

步骤11 按照同样的方法绘制另一条直线，如图10-88所示。

图10-88

步骤12 单击工具箱中的"矩形工具"按钮▭，在画板下方绘制一个适当的矩形，设置填充为紫色。再选择"窗口>透明度"命令，调出"透明度"面板，设置"类型"为"颜色加深"，"不透明度"为55%，如图10-89所示。

图10-89

步骤13 单击工具箱中的"直接选择工具"按钮 ▸ ，框选矩形定界框右上方的锚点，按住Shift键将鼠标向左拖曳，移动到适当位置，如图10-90所示。

图10-90

步骤14 按照上述相同的方法制作出两个图形，如图10-91所示。

图10-91

步骤15 单击工具箱中的"钢笔工具"按钮 ◊ 绘制一个四边形，如图10-92所示。

图10-92

步骤16 单击工具箱中的"区域文字工具"按钮 ⊞ ，在控制栏中设置合适的字体和大小，填充为紫色。在四边形上单击即可输入区域文字，再选择"窗口>透明度"命令，调出"透明度"面板，设置"混合模式"为"滤色"，如图10-93所示。

图10-93

步骤17 使用文字工具在段落文字的上方输入文字，并选择"对象>扩展"命令，打开"扩展"对话框，选中"对象"和"填充"复选框，单击"确定"按钮完成操作，如图10-94所示。

图10-94

步骤18 选择"窗口>渐变"命令，打开"渐变"面板，编辑一种紫色系渐变，设置"类型"为"径向"，如图10-95所示。

图10-95

步骤19 选择"效果>风格化>投影"命令,打开"投影"面板,进行相应的设置,单击"确定"按钮完成操作,如图10-96所示。

图10-96

步骤20 单击"选择工具"按钮,将文字选中,再将其复制和原位粘贴。选择"窗口>渐变"命令,打开"渐变"面板,编辑另一种紫色系渐变,设置"类型"为"径向",如图10-97所示。

图10-97

步骤21 单击工具箱中的"椭圆工具"按钮,在文字上方绘制一个椭圆形,设置填充色为浅灰色,如图10-98所示。

步骤22 单击工具箱中的"选择工具"按钮,框选椭圆形和文字,在"透明度"面板中选择"建立不透明度蒙版"命令,使文字只保留上半部分,如图10-99所示。

图10-98

图10-99

步骤23 再次使用文字工具在底部输入文字,作为装饰文字,如图10-100所示。

步骤24 在文字上面绘制多个光斑,最终效果如图10-101所示。

图10-100

图10-101

Illustrator CC 中文版从入门到精通

Chapter 11
第11章

外观与效果的应用

在Illustrator中可以通过使用"效果"菜单为图形添加多种多样的特殊效果，这些效果显示在"外观"面板中。"外观"面板是使用外观属性的入口，在该面板中还显示了已应用于对象、组或图层的填充、描边、图形样式以及效果。在"外观"面板中可以为对象编辑外观属性，也可以添加效果。

本章学习要点：
- 掌握"外观"面板的使用方法
- 掌握效果的添加与编辑方法
- 掌握Illustrator 效果的使用方法
- 掌握Photoshop效果的使用方法

11.1 "外观"面板

"外观"面板是使用外观属性的入口，在该面板中还显示了已应用于对象、组或图层的填充、描边、图形样式以及效果。在"外观"面板中可以为对象编辑外观属性，也可以添加效果。如图11-1所示为使用到"外观"面板制作的作品。

图11-1

11.1.1 认识"外观"面板

通过选择"窗口>外观"命令，打开"外观"面板来查看和调整对象、组或图层的外观属性。填充和描边将按堆栈顺序列出，面板中从上到下的顺序对应于图稿中从前到后的顺序。各种效果按其在图稿中的应用顺序从上到下排列，如图11-2所示。

图11-2

选择"窗口>外观"命令，打开"外观"面板。选中要更改的对象，在"外观"面板中单击"填色"选项，在弹出的窗口中选择另外一种渐变填充，可以看到当前对象的属性发生了变化，如图11-3所示。

图11-3

Illustrator CC 中文版从入门到精通

展开"描边"和"填色"选项，还可以查看单独的某一项描边或填充的不透明度属性，单击即可在弹出的"透明度"面板中进行不透明度、混合模式等属性的调整，如图11-4所示。

如果没有对不透明度进行任何设置，将显示为"默认值"字样，如图11-5所示。

图11-4　　　　　　　　　　图11-5

单击"不透明度"链接，可以对整个对象进行不透明度属性的调整，如图11-6所示。

图11-6

11.1.2　使用"外观"面板调整属性的层次

更改"外观"面板中属性的层次能够影响当前对象的显示效果。在"外观"面板中向上或向下拖动外观属性，当鼠标拖移外观属性的轮廓出现在所需位置时，释放鼠标即可，如图11-7所示。

图11-7

11.1.3　使用"外观"面板编辑或添加效果

选中要添加新效果的对象，在"外观"面板中选中相应的填充或描边选项，单击"添加新效果"按钮 *fx.*，在子菜单中选中某一效果命令，在弹出的相应效果对话框中进行参数设置后，单击"确定"按钮，即可为相应属性添加效果，如图11-8所示。

图11-8

选中要添加新效果的对象，在"外观"面板中不选择任何属性，直接单击"添加新效果"按钮$fx_{\cdot}$，可以为整个对象添加效果，如图11-9所示。

图11-9

11.1.4　使用"外观"面板复制属性

首先选中要复制属性的对象，在"外观"面板中选择一种属性选项，然后单击该面板中的"复制所选项目"按钮，即可复制当前属性；或从面板菜单中选择"复制项目"命令；也可以直接将需要复制的外观属性拖动到面板中的"复制所选项目"按钮上，如图11-10所示。

图11-10

11.1.5　删除"外观"属性

若要删除一个特定属性，可以在"外观"面板中选择该属性，然后单击"删除"按钮，或从"外观"面板菜单中选择"移去项目"命令，也可以将该属性拖到"删除"按钮上，如图11-11所示。

若要清除对象所有的外观属性，可以直接单击"外观"面板中的"清除外观"按钮，或从面板菜单中选择"清除外观"命令，如图11-12所示。

图11-11　　　　　图11-12

11.1.6　使用"外观"面板隐藏属性

在Illustrator中可以快速地更改外观属性的显示或隐藏状态。要暂时隐藏应用于画板的某个属性，单击"外观"面板中的"可视性"按钮。再次单击该按钮可再次看到应用的该属性。如果要将所有隐藏的属性重新显示出来，可以单击该面板中的菜单按钮，选择"显示所有隐藏的属性"命令，如图11-13所示。

图11-13

实例练习——使用"外观"面板制作网页通栏广告

案例文件	实例练习——使用外观面板制作网页通栏广告.ai
视频教学	实例练习——使用外观面板制作网页通栏广告.flv
难易指数	★★★★★
知识掌握	外观面板

案例效果

案例效果如图11-14所示。

图11-14

操作步骤

步骤01 选择"文件>新建"命令。在"新建文档"对话框中设置"宽度"为750px,"高度"为430px,"取向"为"横向","颜色模式"为RGB,如图11-15所示。

图11-15

步骤02 首先创建一个粉色系渐变的背景。单击工具箱中的"矩形工具"按钮 ,单击工具箱底部的"渐变"按钮,在弹出的"渐变"面板中设置"类型"为"径向",渐变颜色为粉色系的渐变。设置完成后,使用矩形工具按住鼠标左键拖曳绘制一个与画板等大的矩形,效果如图11-16所示。

图11-16

步骤03 在画面上绘制正圆形。单击工具箱中的"椭圆工具"按钮 ,单击工具箱底部的"渐变"按钮。在弹出的"渐变"面板中设置"类型"为"径向",渐变颜色为粉色系的渐变,如图11-17所示。设置完成后在画面中按住Shift键的同时按住鼠标左键拖曳绘制出正圆形,如图11-18所示。

图11-17 　　　　　　　　图11-18

步骤04 使用选择工具选择圆形,选择"窗口>外观"命令,打开"外观"面板。单击"外观"面板底部的"添加新效果"按钮,在弹出的效果菜单中选择"风格化>外发光"命令,如图11-19所示。

图11-19

步骤05 打开"外发光"对话框,设置"模式"为"滤色","不透明度"为75%,"模糊"为5mm,颜色为淡粉色,此时圆形效果如图11-20所示。

图11-20

步骤06 在画面上绘制图形。单击工具箱中的"钢笔工具"按钮 ,在控制栏中设置填充颜色为无,描边颜色为白色。在控制栏中单击"描边"按钮,打开"描边"面板,设置"粗细"为2pt,选中"虚线"复选框,设置虚线间隔为5pt,如图11-21所示。设置完成后,在画面中绘制出不规则的图形,如图11-22所示。

图11-21

图11-22

步骤07 选择不规则的虚线图形，选择"对象>排列>后移一层"命令，摆放在圆形后方，如图11-23所示。

图11-23

步骤08 单击工具箱中的"钢笔工具"按钮 ，单击工具箱底部的"渐变"按钮，在弹出的"渐变"面板中设置"类型"为"线性"，渐变颜色为粉色系渐变。在控制栏中设置描边颜色为白色，粗细为2pt。设置完成后在画面中按住鼠标拖曳绘制出心形图形，如图11-24所示。

图11-24

步骤09 选中心形图形，使用"编辑>复制"以及"编辑>粘贴"命令，粘贴出多个心形图形，适当缩放以及旋转，摆放在各个尖角处，如图11-25所示。

图11-25

步骤10 在画面上输入文字，单击工具箱中"文字工具"按钮 ，在控制栏中设置填充颜色为蓝色，调整合适的字体、字号，输入文字，然后修改文字的角度，移动相应位置，如图11-26所示。

图11-26

步骤11 选择文字，右击，在弹出的快捷键菜单中选择"创建轮廓"命令，如图11-27所示。

图11-27

步骤12 使用选择工具选择文字，右击，在弹出的快捷键菜单中选择"取消编组"命令，如图11-28所示，然后分别选中各个字母，并修改其大小，效果如图11-29所示。

图11-28

图11-29

步骤13 选择字母E，使用快捷键Ctrl+C进行复制，使用Ctrl+V进行粘贴，如图11-30所示。

图11-30

步骤14 使用选择工具选择下层字母E，在控制栏中设置填充颜色为无，描边颜色为白色，粗细为7pt，然后移动到相应位置，如图11-31所示。

图11-31

步骤15 继续在画面上输入文字。单击工具箱中的"文字工具" T，在控制栏中设置填充颜色为白色，调整合适的字体、字号，输入文字，然后修改文字角度，如图11-32所示。

图11-32

步骤16 为文字添加投影。使用选择工具选中全部文字，然后使用快捷键Ctrl+G编组。在"外观"面板中单击底部的"添加新效果"按钮，在弹出的效果菜单中选择"风格化>投影"命令。在"投影"对话框中设置"模式"为"正片叠底"，"不透明度"为60%，"X位移"为1mm，"Y位移"为1mm，"模糊"为0.5mm，"颜色"为深灰色，如图11-33所示。效果如图11-34所示。

图11-33

图11-34

步骤17 选择"文件>置入"命令，将素材1.png置入画面中，然后单击控制栏中的"嵌入"按钮，进行嵌入。将素材移动到相应位置，如图11-35所示。

图11-35

步骤18 选择素材，选择"窗口>外观>不透明度"命令，打开"不透明度"面板，设置"混合模式"为明度，如图11-36所示。

步骤19 选择素材将其调整角度及位置，效果如图11-37所示。

图11-36　　　　图11-37

步骤20 使用选择工具选择素材，多次选择"对象>排列>后移一层"命令，移动到文字后方的位置，如图11-38所示。

图11-38

步骤21 选择"文件>置入"命令，置入素材2.ai，移动到合适位置，本次案例制作完成，效果如图11-39所示。

图11-39

11.2 使用"效果"菜单命令

在Illustrator中包含多种效果，单击菜单栏中的"效果"按钮，在弹出的菜单中可以看到多种效果菜单命令。可以对某个对象、组或图层应用这些效果，以更改其特征。如图11-40所示为使用到效果菜单命令制作的作品。

Illustrator 中的效果主要包含两大类：Illustrator 效果和Photoshop效果。Illustrator 效果主要用于矢量对象，但是3D 效果、SVG 效果、变形效果、变换效果、投影、羽化、内发光以及外发光效果也可以应用于位图对象。而Photoshop效果既可以应用于位图对象的编辑处理，也可以应用于矢量对象，如图11-41所示。

图11-40　　　　　　　　　　　　　　　　　　　　　　　图11-41

11.2.1　应用"效果"命令

首先选中要应用效果的对象，然后从"效果"命令菜单中选择一个命令。在弹出的相应的对话框中设置相应选项，并且单击"确定"按钮，如图11-42所示。

图11-42

 技巧提示

对位图对象应用效果时，如果对链接的位图应用效果，则此效果将应用于嵌入的位图副本，而非原始位图。若要对原始位图应用效果，必须将原始位图嵌入文档。

11.2.2　应用上次使用的效果

要应用上次使用的效果和设置，需要选择"效果>应用[效果名称]"命令，如图11-43所示。
要应用上次使用的效果并设置其选项，需要选择"效果>[效果名称]"命令，如图11-44所示。

图11-43　　　图11-44

11.2.3 栅格化效果

与能够使对象永久栅格化的"对象"菜单下的"栅格化"命令不同，"效果"菜单中的"栅格化"命令可以创建栅格化外观，而不更改对象的底层结构。选择"效果>栅格化"命令，在弹出的对话框中可以对栅格化选项进行设置，如图11-45所示。

图11-45

- 颜色模型：用于确定在栅格化过程中所用的颜色模型。可以生成 RGB 或 CMYK 颜色的图像（这取决于文档的颜色模式）、灰度图像或 1 位图像（黑白位图或是黑色和透明色，这取决于所选的背景选项）。

- 分辨率：用于确定栅格化图像中的每英寸像素数（ppi）。栅格化矢量对象时，选择"使用文档栅格效果分辨率"选项，可以使用全局分辨率设置。

- 背景：用于确定矢量图形的透明区域如何转换为像素。选中"白色"单选按钮可用白色像素填充透明区域，选中"透明"单选按钮可使背景透明。如果选中"透明"单选按钮，则会创建一个 Alpha 通道（适用于除 1 位图像以外的所有图像）。如果图稿被导出到 Photoshop 中，则 Alpha 通道将被保留。

- 消除锯齿：应用消除锯齿效果，可以改善栅格化图像的锯齿边缘外观。设置文档的栅格化选项时，若不设置"消除锯齿"选项，则保留细小线条和细小文本的尖锐边缘。栅格化矢量对象时，若选择"无"选项，则不会应用消除锯齿效果，而线稿图在栅格化时也将保留其尖锐边缘。选择"优化图稿"选项，可应用最适合无文字图稿的消除锯齿效果。选择"优化文字"选项，可应用最适合文字的消除锯齿效果。

- 创建剪切蒙版：创建一个使栅格化图像的背景显示为透明的蒙版。如果已在"背景"选项组中选中"透明"单选按钮，则不需要再创建剪切蒙版。

- 添加环绕对象：可以通过指定像素值，为栅格化图像添加边缘填充或边框。结果图像的尺寸等于原始尺寸加上"添加环绕对象"所设置的数值。

11.2.4 修改或删除效果

在"外观"面板中可以对已经添加的效果进行修改或删除操作。首先保持效果对象的选中状态，若要修改效果，在"外观"面板中单击其带下划线的蓝色名称，在效果的对话框中进行所需的更改，如图11-46所示。

若要删除效果，在"外观"面板中选择相应的效果列表，然后单击"删除"按钮，如图11-47所示。

图11-46

图11-47

11.3 3D效果组

3D效果组可以将路径或是位图对象从二维图稿转换为可以旋转、受光、产生投影的三维对象，而且可以通过高光、阴影、旋转及其他属性来控制3D对象的外观。还可以将图稿贴到3D对象中的每一个表面上。如图11-48所示为使用到3D效果组制作的作品。

图11-48

11.3.1 "凸出和斜角"效果

使用"凸出和斜角"效果可以沿对象的Z轴拉伸，使对象产生厚度，从而转化为三维图形。例如，一个矩形添加"凸出和斜角"效果，则会出现一个立方体，如图11-49所示。

选择"效果>3D>凸出和斜角"命令，在弹出的"3D凸出和斜角选项"对话框中进行相应的设置，如图11-50所示。

图11-49　　　　　　　　　　　　　　　　　　　　　图11-50

- 位置：设置对象如何旋转以及观看对象的透视角度。在该下拉列表框中提供预设位置选项，也可以通过右侧的3个文本框进行不同方向的旋转调整，还可以直接使用鼠标拖曳，如图11-51所示。

图11-52

图11-51

图11-53

- 透视：通过调整该选项中的参数来调整该对象的透视效果，数值为0°时没有任何效果，角度越大，透视效果越明显，如图11-52所示。
- 凸出厚度：设置对象深度，使用介于 0 ～ 2000 的值。
- 端点：指定显示的对象是实心（打开端点 ）还是空心（关闭端点 ）对象，如图11-53所示。
- 斜角：沿对象的深度轴（Z 轴）应用所选类型的斜角边缘。

- 高度：设置介于 1 ～ 100 的高度值。如果对象的斜角高度太大，则可能导致对象自身相交，产生意料之外的结果。
- 斜角外扩 ：将斜角添加至对象的原始形状。
- 斜角内缩 ：自对象的原始形状砍去斜角。

● 表面：表面底纹选项。"线框"绘制对象几何形状的轮廓，并使每个表面透明。"无底纹"不向对象添加任何新的表面属性。3D对象具有与原始2D对象相同的颜色。"扩散底纹"使对象以一种柔和、扩散的方式反射光。"塑料效果底纹"使对象以一种闪烁、光亮的材质模式反射光，如图11-54所示。

图11-54

● 更多选项：单击"更多选项"按钮，可以查看完整的选项列表；或单击"较少选项"按钮，可以隐藏额外的选项，如图11-55所示。

图11-55

● 光源强度：在0～100之间控制光源强度。

● 环境光：控制全局光照，统一改变所有对象的表面亮度。请输入一个介于0～100的值。

● 高光强度：用来控制对象反射光的多少，取值范围在0～100。较小值产生暗淡的表面，而较大值则产生较为光亮的表面。

● 高光大小：用来控制高光的大小，取值范围由大（100%）到小（0）。

● 混合步骤：用来控制对象表面所表现出来的底纹的平

滑程度。请输入一个介于1～256之间的值。步骤数越多，所产生的底纹越平滑，路径也越多。

● "后移光源"按钮：将选定光源移到对象后面。

● "前移光源"按钮：将选定光源移到对象前面。

● "新建光源"按钮：添加一个光源。默认情况下，新建光源出现在球体正前方的中心位置。拖动球体中的小图标可以改变光源的位置。

● "删除光源"按钮：删除所选光源。

● 底纹颜色：控制对象的底纹颜色。

● 保留专色：保留对象中的专色，如果在"底纹颜色"下拉列表框中选择"自定"选项，则无法保留专色。

● 绘制隐藏表面：显示对象的隐藏背面。如果对象透明，或是展开对象并将其拉开时，便能看到对象的背面。

● 贴图：将图稿贴到3D对象表面上。由于"贴图"功能是用符号来执行贴图操作，因此可以编辑一个符号实例，然后自动更新所有贴了此符号的表面，如图11-56所示。

图11-56

● 预览：选中"预览"复选框以在文档窗口中预览效果。

 技巧提示

对象在"3D选项"对话框中旋转，则对象的旋转轴将始终与对象的前表面相垂直，并相对于对象移动。

实例练习——制作立体动感齿轮

案例文件	实例练习——制作立体动感齿轮.ai
视频教学	实例练习——制作立体动感齿轮.flv
难易指数	★★★★★
知识掌握	凸出和斜角效果、钢笔工具、"渐变"面板、"描边"面板

案例效果

案例效果如图11-57所示。

操作步骤

步骤01 ▶ 选择"文件>新建"命令或按Ctrl+N快捷键新建一个文档。单击工具箱中的"钢笔工具"按钮，勾出齿轮轮廓。设置填充色为橘色，如图11-58所示。

图11-57

图11-58

步骤02 保持齿轮对象的选中状态，选择"效果>3D>突出和斜角"命令，在弹出的"3D凸出和斜角选项"对话框中设置"凸出厚度"为77pt，单击"确定"按钮，如图11-59所示。

图11-59

步骤03 按住Alt键，复制出一个齿轮的副本，然后选择"对象>扩展外观"命令，使用直接选择工具选择侧面形状，打开"渐变"面板，设置从橘色到红色渐变，为侧面添加渐变效果，如图11-60所示。

图11-60

步骤04 保持正面对象的选中状态，打开"渐变"面板，设置从白色到透明渐变，为正面添加渐变效果，如图11-61所示。

图11-61

步骤05 单击工具箱中的"钢笔工具"按钮，在左侧亮部区域绘制出高光路径。设置"描边"为白色，接着打开"描边"面板，设置"粗细"为3pt，并设置合适的配置文件，如图11-62所示。

图11-62

步骤06 采用同样的方法制作另外几个橘色光泽效果，如图11-63所示。

步骤07 选中齿轮部分，选择"对象>编组"命令，并且将该图层拖曳到创建新图层按钮复制出多个副本，调整大小与角度进行摆放，如图11-64所示。

图11-63　　　　　　　　图11-64

步骤08 置入背景素材文件，并将其放置在底层位置，如图11-65所示。

图11-65

步骤09 置入前景素材，并将其放置在顶层位置，效果如图11-66所示。

图11-66

11.3.2 "绕转"效果

"绕转"效果与"凸出和斜角"效果相似，都可以将平面的对象创建为立体的效果。"绕转"效果可以将图形沿自身的Y轴绕转成三维的立体对象，如图11-67所示。

选择对象并选择"效果>3D>绕转"命令，在弹出的"3D绕转选项"对话框中可以进行相应的设置，如图11-68所示。

图11-67

图11-68

- 角度：设置0°～360°的路径绕转度数，效果如图11-69所示。
- 端点：指定显示的对象是实心（打开端点）还是空心（关闭端点）对象。
- 偏移：在绕转轴与路径之间添加距离。例如，可以创建一个环状对象，再输入一个介于0～1000的值。
- 自：设置对象绕之转动的轴，可以是"左边"，也可以是"右边"。

图11-69

11.3.3 "旋转"效果

"绕转"效果和"旋转"效果可以对对象的外形、位置方面的属性进行调整。旋转效果可以让平面的对象产生带透视的扭曲效果，如图11-70所示。

图11-70

选择对象并选择"效果>3D>旋转"命令，在弹出的"3D旋转选项"对话框中进行相应的设置，如图11-71所示。

图11-71

- 位置：设置对象如何旋转以及观看对象的透视角度。
- 透视：要调整透视角度，在"透视"文本框中输入一个介于0～160的值。较小的镜头角度类似于长焦照相机镜头，较大的镜头角度类似于广角照相机镜头。
- 更多选项：单击"更多选项"按钮，可以查看完整的选项列表；单击"较少选项"按钮，可以隐藏额外的选项，如图11-72所示。
- 表面：创建各种形式的表面，从暗淡、不加底纹的不光滑表面到平滑、光亮，看起来类似塑料的表面。

图11-72

案例文件	实例练习——使用"绕转"效果制作花瓶.ai
视频教学	实例练习——使用"绕转"效果制作花瓶.flv
难易指数	★★★★★
知识掌握	"绕转"效果、钢笔工具、"渐变"面板、"透明度"面板

案例效果

本例主要是通过"绕转"效果制作花瓶效果，如图11-73所示。

图11-73

操作步骤

步骤01 选择"文件>新建"命令或按Ctrl+N快捷键新建一个文档，具体参数设置如图11-74所示。

步骤02 单击工具箱中的"钢笔工具"按钮，勾出花瓶横截面的轮廓。设置填充为灰色，如图11-75所示。

图11-74   图11-75

步骤03 选择"效果>3D>绕转"命令，在弹出的"3D绕转选项"对话框中拖曳移动正方形，调整角度，设置位置为"离轴-前方"，"角度"为360°，端点选择实心外观，表面为"塑料效果底纹"，单击"确定"按钮，如图11-76所示。

图11-76

步骤04 单击工具箱中的"钢笔工具"按钮，按照3D花瓶勾出花瓶的外轮廓，然后打开"渐变"面板，设置"类型"为"径向"，调整颜色从浅蓝色到蓝色渐变，单击添加渐变颜色，如图11-77所示。

图11-77

步骤05 选中渐变层，打开"透明度"面板，设置"混合模式"为"正片底叠"，调整"不透明度"为80%，如图11-78所示。

步骤06 置入前景花纹，并将其放置在花瓶上面，如图11-79所示。

图11-78   图11-79

步骤07 置入前景与背景素材，最终效果如图11-80所示。

图11-80

11.4 使用"SVG效果"

"SVG效果"就是一系列描述各种数学运算的XML属性。生成的效果会应用于目标对象而不是源图形。"SVG效果"基于XML并且不依赖于分辨率，所以它与位图效果有所不同。Adobe Illustrator 提供了一组默认的SVG 效果。可以使用这些效果的默认属性，还可以编辑XML代码以生成自定效果，或者写入SVG效果，如图11-81所示。

图11—81

11.4.1 认识"SVG效果"

"SVG效果"是将图像描述为形状、路径、文本和效果的矢量格式。选择"效果>SVG效果"命令，可以打开一组效果，选择"应用SVG效果"效果，即可打开"应用SVG滤镜"对话框，在该对话框的列表框中可以选择所需要的效果，选中"预览"复选框可以查看相应的效果，单击"确定"按钮添加相应的SVG效果，如图11-82所示。

如图11-83所示为SVG效果的预览效果。

图11—83

图11—82

 技巧提示

如果对象使用多个效果，SVG 效果必须是最后一个效果；换言之，它必须显示在"外观"面板底部。如果SVG效果后面还有其他效果，SVG输出将由栅格对象组成。

11.4.2 编辑"SVG效果"

将要添加效果的对象选中，要应用具有自定设置的效果，需要选择"效果>SVG 效果>应用 SVG 效果"命令。在弹出的"应用 SVG 滤镜"对话框单击"编辑 SVG 效果"按钮 *fx*，弹出"编辑 SVG 滤镜"对话框，在其中编辑默认代码，完成后单击"确定"按钮，即可回到"应用 SVG 滤镜"对话框中，如图11-84所示。

图11—84

11.4.3 自定义 "SVG效果"

　　将要添加效果的对象选中，要创建并应用新效果，需要选择 "效果>SVG 效果>应用 SVG 效果" 命令。在弹出的 "应用 SVG 滤镜" 对话框中单击 "新建 SVG 效果" 按钮 ，输入新代码，然后单击 "确定" 按钮，如图11-85所示。

图11-85

11.5 "变形" 效果

　　使用 "变形" 效果可以使对象的外观形状发生变化。"变形" 效果是实时的，不会永久改变对象的基本几何形状，可以随时修改或删除效果。如图11-86所示为使用 "变形" 效果组制作的作品。

图11-86

　　首先将一个或多个对象同时选中，选择 "效果>变形" 命令，在菜单中选择相应的命令，弹出 "变形选项" 对话框，对其中进行相应的设置，单击 "确定" 按钮，如图11-87所示。

- 样式：在该下拉列表框中选择不同的选项，定义不同的变形样式，如图11-88所示。
- 水平和垂直：选中 "水平" 或 "垂直" 单选按钮时，将定义对象变形的方向是水平还是垂直，如图11-89所示。

图11-87

图11-88

- 弯曲：调整该选项中的参数，定义扭曲的程度，绝对值越大，弯曲的程度越大。正值向左，负值向右。
- 水平：调整该选项中的参数，定义对象扭曲时在水平方向单独进行扭曲的效果，如图11-90所示。
- 垂直：调整该选项中的参数，定义对象扭曲时在垂直方向单独进行扭曲的效果，如图11-91所示。

图11-89

图11-90　　　　　　　图11-91

11.6 "扭曲和变换"效果组

"扭曲和变换"效果组可以对路径、文本、网格、混合以及位图图像使用一种预定义的变形进行扭曲或变换。使用"扭曲和变换"效果组可以方便地改变对象的形状，但不会永久改变对象的基本几何形状。"扭曲和变换"的效果是实时的，这就意味着可以随时修改或删除效果。效果组中分别为变换、扭拧、扭转、收缩和膨胀、波纹、粗糙化、自由扭曲。如图11-92所示为使用"扭曲和变换"效果组制作的作品。

图11-92

11.6.1 "变换"效果

"变换"效果可以通过调整对象大小、移动、旋转、镜像（翻转）和复制的方法来改变对象形状。选中要添加效果的对象，选择"效果>扭曲和变换>变换"命令，在弹出的"变换效果"对话框中进行相应的设置，单击"确定"按钮，如图11-93所示。

图11-93

- 缩放：在该选项组中分别调整"水平"和"垂直"文本框中的参数，定义缩放比例。如果不进行调整，则保持100%的参数。
- 移动：在该选项组中分别调整"水平"和"垂直"文本框中的参数，定义移动的距离。如果不进行调整，则保持0mm的参数。
- 角度：在该文本框中设置相应的数值，定义旋转的角度，也可以拖曳控制柄进行旋转。
- 副本：在该文本框中设置相应的数值，对变换对象复制相应份数。
- 对称X/对称Y：选中该复选框时，可以对对象进行镜像处理。
- 定位器：在选项区域中，可以变换中心点。
- 随机：选中该复选框时，将对调整的参数进行随机变换，而且每一个对象的随机数值并不相同。
- 预览：选中该复选框以在文档窗口中预览效果。

11.6.2 "扭拧"效果

"扭拧"效果可以随机地向内或向外弯曲和扭曲路径段。使用绝对量或相对量设置垂直和水平扭曲，可以指定是否修改锚点、移动通向路径锚点的控制点。选中要添加效果的对象，选择"效果>扭曲和变换>扭拧"命令，在弹出的"扭拧"对话框中进行相应的设置，单击"确定"按钮，如图11-94所示。

图11-94

- 水平：在该文本框中输入相应的数值，可以定义对象在水平方向的扭拧幅度。
- 垂直：在该文本框中输入相应的数值，可以定义对象在垂直方向的扭拧幅度。
- 相对：选中该单选按钮时，将定义调整的幅度为原水平的百分比。
- 绝对：选中该单选按钮时，将定义调整的幅度为具体的

尺寸。
- 锚点：选中该复选框时，将修改对象中的锚点。
- "导入"控制点：选中该复选框时，将修改对象中的置入控制点。
- "导出"控制点：选中该复选框时，将修改对象中的导出控制点。
- 预览：选中该复选框以在文档窗口中预览效果。

11.6.3 "扭转"效果

"扭转"效果可以旋转一个对象，中心的旋转程度比边缘的旋转程度大。输入一个正值将顺时针扭转，输入一个负值将逆时针扭转。选中要添加效果的对象，选择"效果>扭曲和变换>扭转"命令，在弹出的"扭转"对话框中进行相应的设置，单击"确定"按钮，如图11-95所示。

- 角度：在该文本框中输入相应的数值，定义对象扭转的角度。
- 预览：选中该复选框以在文档窗口中预览效果。

图11-95

11.6.4 "收缩和膨胀"效果

使用"收缩和膨胀"效果可以以对象中心点为基点，对对象进行收缩或膨胀的变形调整。选中要添加效果的对象，选择"效果>扭曲和变换>收缩和膨胀"命令，在弹出的"收缩和膨胀"对话框中进行相应的设置，单击"确定"按钮，如图11-96所示。

- 收缩/膨胀：在文本框输入相应的数值，对对象的膨胀或收缩进行控制，正值为膨胀，负值为收缩，如图11-97所示。
- 预览：选中该复选框以在文档窗口中预览效果。

图11-96

图11-97

11.6.5 "波纹"效果

"波纹"效果可以将对象的路径段变换为同样大小的尖峰和凹谷形成的锯齿和波形数组。使用绝对大小或相对大小可以设置尖峰与凹谷之间的长度。设置每个路径段的脊状数量，并在波形边缘或锯齿边缘之间做出选择。选中要添加效果的对象，选择"效果>扭曲和变换>波纹"命令，在弹出的"波纹效果"对话框中进行相应的设置，单击"确定"按钮，如图11-98所示。

- 大小：在该文本框中输入相应的数值，可以定义波纹效果的尺寸。
- 相对：选中该单选按钮时，将定义调整的幅度为原水平的百分比。

图11-98

- **绝对**：选中该单选按钮时，将定义调整的幅度为具体的尺寸。
- **每段的隆起数**：通过调整该选项中的参数，可以定义每一段路径出现波纹隆起的数量。
- **平滑**：选中该单选按钮时，将使波纹的效果比较平滑。
- **尖锐**：选中该单选按钮时，将使波纹的效果比较尖锐。
- **预览**：选中该复选框以在文档窗口中预览效果。

11.6.6 "粗糙化"效果

"粗糙化"效果可以将矢量对象的路径段变形为各种大小的尖峰和凹谷的锯齿数组。使用绝对大小或相对大小可以设置路径段的最大长度。设置每英寸锯齿边缘的密度，并在圆滑边缘和尖锐边缘（尖锐）之间做出选择。选中要添加效果的对象，选择"效果>扭曲和变换>粗糙化"命令，在弹出的"粗糙化"对话框中进行相应的设置，单击"确定"按钮，如图11-99所示。

图11-99

- **大小**：在该文本框中输入相应的数值，可以定义粗糙化效果的尺寸。
- **相对**：选中该单选按钮时，将定义调整的幅度为原水平的百分比。
- **绝对**：选中该单选按钮时，将定义调整的幅度为具体的尺寸。
- **细节**：通过调整该选项中的参数，可以定义粗糙化细节每英寸出现的数量。
- **平滑**：选中该单选按钮时，将使粗糙化的效果比较平滑。
- **尖锐**：选中该单选按钮时，将使粗糙化的效果比较尖锐。
- **预览**：选中该复选框以在文档窗口中预览效果。

11.6.7 "自由扭曲"效果

使用"自由扭曲"效果可以通过拖动4个角落任意控制点的方式来改变矢量对象的形状。选中要添加效果的对象，选择"效果>扭曲和变换>自由扭曲"命令，在弹出的"自由扭曲"对话框中拖曳四角上的控制点，从而调整对象的变形，单击"重置"按钮恢复原始效果，如图11-100所示。

图11-100

11.7 裁剪标记

裁剪标记应用于选定的对象。除了指定不同画板以裁剪用于输出的图稿外，还可以在图稿中创建和使用多组裁剪标记。裁剪标记指示了所需的打印纸张剪切位置。当需要围绕页面上的几个对象创建标记时，常用裁剪标记。

当要为一个对象添加裁剪标记时，将该对象选中，选择"效果>裁切标记"命令，该对象将自动按照相应的尺寸创建裁剪标记，如图11-101所示。

要删除可编辑的裁切标记，选择该裁切标记，然后按Delete键即可。要删除裁切标记效果，选择"外观"面板中的裁切标记，然后单击"删除所选项目"按钮即可。

图11-101

11.8 "路径"效果组

"路径"效果组可以将对象路径相对于对象的原始位置进行偏移，将文字转化为如同任何其他图形对象那样可进行编辑和操作的一组复合路径，将所选对象的描边更改为与原始描边相同粗细的填色对象。可以选择"效果>路径"命令，在子菜单中为对象添加路径效果；还可以使用"外观"面板将这些命令应用于添加到位图对象上的填充或描边，如图11-102所示。

图11-102

11.8.1 "位移路径"效果

当要依次完成增粗路径的描边宽度和路径的轮廓化时，可以在选中该路径对象的同时，选择"对象>路径>位移路径"命令，如图11-103所示。

图11-103

图11-104

- 位移：在该文本框中输入相应的数值，可以定义路径外扩的尺寸。

- 连接：在该下拉列表框中选中不同的选项，可以定义路径转换后的拐角和包头方式，包括"斜接"、"圆角"和"斜角"，如图11-104所示。

- 斜接限制：当在"连接"下拉列表框中选择"斜接"选项时，可以在该文本框中输入相应的数值，过小的数值可以限制尖锐角的显示。

- 预览：选中该复选框以在文档窗口中预览效果。

实例练习——使用"位移路径"效果制作字母标志

案例文件	实例练习——使用"位移路径"效果制作字母标志.ai
视频教学	实例练习——使用"位移路径"效果制作字母标志.flv
难易指数	★★★★★
知识掌握	"位移路径"效果的使用

案例效果

案例效果如图11-105所示。

图11-105

操作步骤

步骤01 选择"文件>新建"命令，创建新文档。选择"文件>置入"命令，将素材1.jpg置入画面中，如图11-106所示。

图11-106

步骤02 单击工具箱中的"文字工具"按钮 **T**，在控制栏中设置合适的字体、字号，在画面中单击并依次输入多个字母。在控制栏中更改每个字母的大小、颜色和角度，如图11-107所示。接着单击"椭圆工具"按钮 ⬭，在字母i上方绘制多个椭圆形，制作出"爪子"形状，如图11-108所示。

图11-107　　　　　　　　图11-108

步骤03 将之前输入好的文字全部选中，使用快捷键Ctrl+C进行复制、Ctrl+V进行粘贴，然后将复制出的文字选中，将其填充为稍深一些的颜色，如图11-109所示，接着多次选择"对象>排列>后移一层"命令，摆放在原始文字后方，作为文字的阴影部分，如图11-110所示。

图11-109　　　　　　　　图11-110

步骤04 继续使用快捷键Ctrl+C、Ctrl+V，复制出另外一组文字对象。选择"效果>路径>路径位移"命令，在"偏移路径"对话框中设置"位移"为3mm，"连接"为"斜接"，"斜接限制"为4，参数设置如图11-111所示。设置完成后单击"确定"按钮，接着将该图形填充为咖啡色，效果如图11-112所示。

图11-111　　　　　　　　图11-112

步骤05 多次选择"对象>排列>后移一层"命令，将该对象移动到文字的后方，制作出描边效果，如图11-113所示。

步骤06 重复两次上述操作，制作出另外两层描边效果。如图11-114所示。

图11-113　　　　　　　　图11-114

步骤07 制作文字上的眼睛。单击工具箱中的"椭圆工具"按钮 ⬭，在控制栏中设置填充颜色为蓝色描边颜色为绿色的正圆形，设置完成后按住鼠标左键拖曳绘制出圆形，如图11-115所示。继续使用椭圆工具绘制出眼睛的其他细节，如图11-116所示。

图11-115　　　　　　　　图11-116

步骤08 将绘制好的眼睛移到标志上字母d的位置，本案例制作完成，效果如图11-117所示。

图11-117

第11章　外观与效果的应用

11.8.2 "轮廓化对象"效果

使用"轮廓化对象"效果可以使对象得到轮廓化的效果，但不失去原始属性。选择"效果>路径>轮廓化对象"命令，此时可以直接为文字填充渐变效果，如图11-118所示。也可以更改字符以及字体、字号等文本属性，如图11-119所示。

图11-118

图11-119

 技巧提示

要根据实际字形的边框而不是字体度量值来对齐文本时，可以使用"效果>路径>轮廓化对象"命令对文本对象应用轮廓化对象实时效果。通过在"对齐"面板弹出式菜单中选择"使用预览边界"命令来设置"对齐"面板，以使用预览边界。应用这些设置后，即可获得与轮廓化文本完全相同的对齐结果，同时还可以灵活处理文本。

11.8.3 "轮廓化描边"效果

在画板中选中要进行轮廓化的描边对象，然后选择"效果>路径>轮廓化描边"命令，可以得到轮廓化描边的效果，而不改变对象原始的描边属性，如图11-120所示。

图11-120

11.9 "路径查找器"效果组

在前面的章节中曾经介绍过"路径查找器"面板的相关知识，这里的"路径查找器"效果组与"路径查找器"面板的功能与用法非常相似，但是使用"路径查找器"效果组对对象进行操作可以方便地创建对象组合，但不会永久改变对象的基本几何形状。如图11-121所示即为用到"路径查找器"效果组制作的图片效果。

图11-121

使用"路径查找器"效果组之前首先将要使用的对象编组到一起,然后选择该组,再选择"效果>路径查找器"命令,并选择一个路径查找器效果,如图11-122所示。

- 相加:描摹所有对象的轮廓,就像它们是单独的、已合并的对象一样。该选项产生的结果形状会采用顶层对象的上色属性,如图11-123所示,使对象处于选中状态。

图11-122　　　　　　　图11-123

- 交集:描摹被所有对象重叠的区域轮廓,如图11-124所示。

- 差集:描摹对象所有未被重叠的区域,并使重叠区域透明。若有偶数个对象重叠,则重叠处会变成透明。而有奇数个对象重叠时,重叠处则会填充颜色,如图11-125所示,使对象处于选中状态。

图11-124　　　　　　　图11-125

- 相减:从最后面的对象中减去最前面的对象。应用该选项,可以通过调整堆栈顺序来删除插图中的某些区域,如图11-126所示。

- 减去后方对象:从最前面的对象中减去后面的对象。选择该选项,可以通过调整堆栈顺序来删除插图中的某些区域,如图11-127所示。

图11-126　　　　　　　图11-127

- 分割:将一份图稿分割为作为其构成成分的填充表面(表面是未被线段分割的区域),如图11-128所示。

- 修边:用位于上方的对象修整位于下方的对象,如图11-129所示。

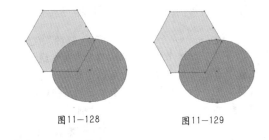

图11-128　　　　　　　图11-129

- 合并:删除已填充对象被隐藏的部分。选择该选项会删除所有描边,且会合并具有相同颜色的相邻或重叠的对象,如图11-130所示。

- 裁剪:将图稿分割为作为其构成成分的填充表面,然后删除图稿中所有落在最上方对象边界之外的部分,而且会删除所有描边,如图11-131所示。

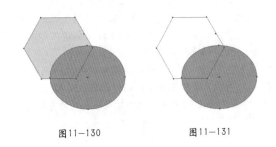

图11-130　　　　　　　图11-131

- 轮廓：将对象分割为其组件线段或边缘。当需要对叠印对象进行陷印时，该选项非常有用，如图11-132所示。
- 实色混合：通过选择每个颜色组件的最高值来组合颜色。例如，如果颜色1为20%青色、66%洋红色、40%黄色和0%黑色，而颜色2为40%青色、20%洋红色、30%黄色和10%黑色，则产生的实色混合色为40%青色、66%洋红色、40%黄色和10%黑色，如图11-133所示。

- 陷印：该选项通过识别较浅色的图稿并将其陷印到较深色的图稿中，为简单对象创建陷印。可以在"路径查找器"面板中选择"陷印"选项，或者将其作为效果进行应用。使用"陷印"效果的好处是可以随时修改陷印设置。在从单独的印版打印的颜色互相重叠或彼此相连处，印版套印不准会导致最终输出中的各颜色之间出现间隙。为补偿图稿中各颜色之间的潜在间隙，印刷商使用一种称为陷印的技术，在两个相邻颜色之间创建一个小重叠区域（称为陷印）。可用独立的专用陷印程序自动创建陷印，也可以用 Illustrator 手动创建陷印，如图11-135所示。

图11-132 　　　　　　　　　图11-133

- 透明混合：使底层颜色透过重叠的图稿可见，然后将图像划分为其构成部分的表面。可以指定在重叠颜色中的可视性百分比，如图11-134所示。

图11-134 　　　　　　　　　图11-135

 技术拓展：**详解"陷印"**

- 粗细：指定一个介于 0.01 和 5000 磅的描边宽度值。请与印刷商确认决定应使用的数值。
- 高度/宽度：把水平线上的陷印指定为垂直线上陷印的一个百分数。通过指定不同的水平和垂直陷印值，可以补偿印刷过程中出现的异常情况，如纸张的延展。请联系印刷商，让其帮助确定此值。默认值 100% 使水平线和垂直线上的陷印宽度相同。若要增加水平线上的陷印粗细而不更改垂直陷印，请将高度/宽度设置为大于100%。要减小水平线上的陷印粗细而不更改垂直陷印，请将"高度/宽度"设置为小于 100%，如图11-136所示。

图11-136

- 色调减淡：减小被陷印的较浅颜色的色调值；较深的颜色保持在100%。这个选项在陷印两个浅色对象时很有用，这种情况下，陷印线会透过两种颜色中的较深者显示出来，形成一个不美观的深色边框。例如，如果将一个浅黄色对象陷印到一个浅蓝色对象中，则可以在创建陷印的位置看到一个浅绿色的边框。请与印刷商联系，以找出最适合所用印刷机类型、油墨、纸料等的色调百分数。
- 印刷色陷印：将专色陷印转换为等价的印刷色。该选项创建专色中较浅者的一个对象，然后对其进行叠印。
- 反向陷印：将较深的颜色陷印到较浅的颜色中。该选项不能处理复色黑（即含有其他 CMY 油墨的黑色）。
- 精度：（仅作为效果）影响对象路径的计算精度。计算越精确，绘图就越准确，生成结果路径所需的时间就越长。

Illustrator CC 中文版从入门到精通

11.10 "转换为形状"效果组

应用"转换为形状"效果组可以将对象转换为指定形状。"转换为形状"效果组包括"矩形"、"圆角矩形"和"椭圆"效果，如图11-137所示为使用"转换为形状"效果组制作出的作品。

图11-137

11.10.1 "矩形"效果

选中要添加效果的对象，选择"效果>转换为形状>矩形"命令，在弹出的"形状选项"对话框中进行相应的设置，单击"确定"按钮，即可将选中的对象转换为矩形，如图11-138所示。

图11-138

- 绝对：选中该单选按钮，在"额外宽度"和"额外高度"文本框中输入相应的数值，可以定义转换的矩形对象的绝对尺寸。
- 相对：选中该单选按钮，在"额外宽度"和"额外高度"文本框中输入相应的数值，可以定义该对象添加或减少的尺寸。

11.10.2 "圆角矩形"效果

选中要添加效果的对象，选择"效果>转换为形状>圆角矩形"命令，在弹出的"形状选项"对话框中进行相应的设置，单击"确定"按钮，将选中的对象转换为圆角矩形，如图11-139所示。

图11-139

- 绝对：选中该单选按钮，在"额外宽度"和"额外高度"文本框中输入相应的数值，可以定义转换的圆角矩形对象的绝对尺寸。
- 相对：选中该单选按钮，在"额外宽度"和"额外高度"文本框中输入相应的数值，可以定义该对象添加或减少的尺寸。
- 圆角半径：在该文本框中输入相应的数值，可以定义圆角半径的尺寸。

11.10.3 "椭圆"效果

选中要添加效果的对象,选择"效果>转换为形状>椭圆"命令,在弹出的"形状选项"对话框中进行相应的设置,单击"确定"按钮,将选中的对象转换为椭圆形,如图11-140所示。

图11-140

- ⊙ 绝对:选中该单选按钮,在"额外宽度"和"额外高度"文本框中输入相应的数值,可以定义转换的椭圆形对象的绝对尺寸。
- ⊙ 相对:选中该单选按钮,在"额外宽度"和"额外高度"文本框中输入相应的数值,可以定义该对象添加或减少的尺寸。

11.11 "风格化"效果组

"风格化"效果组是较为常用的效果命令,通过使用"风格化"效果组中的效果,可以为图形添加非常逼真的特效,如图11-141所示。该效果组中包括7个效果,分别为内发光、圆角、外发光、投影、涂抹、添加箭头和羽化效果。

图11-141

11.11.1 "内发光"效果

"内发光"效果可以按照图形的边缘形状添加内部的发光效果。选中要添加效果的对象,选择"效果>风格化>内发光"命令,在弹出的"内发光"对话框中进行相应的设置,单击"确定"按钮,如图11-142所示。

图11-142

- 模式：指定发光的混合模式。
- 不透明度：指定所需的发光不透明度的百分比。
- 模糊：指定要进行模糊处理之处到选区中心或选区边缘的距离。
- 中心：（仅适用于内发光）应用从选区中心向外发散的发光效果。

- 边缘：（仅适用于内发光）应用从选区内部边缘向外发散的发光效果。

技巧提示

  对使用内发光效果的对象进行扩展时，内发光本身会呈现为一个不透明蒙版；如果使用外发光的对象进行扩展，外发光会变成一个透明的栅格对象。

11.11.2 "圆角"效果

  "圆角"效果可以将矢量对象的角落控制点转换为平滑的曲线。选中要添加效果的对象，选择"效果>风格化>圆角"命令，在弹出的"圆角"对话框中设置"半径"数值，然后单击"确定"按钮，如图11-143所示。

  半径：在该文本框中输入相应的数值，可以定义对尖锐角圆润处理的尺寸。

图11-143

11.11.3 "外发光"效果

  "外发光"效果可以按照该图形的边缘形状，添加外部发光的效果。选中要添加效果的对象，选择"效果>风格化>外发光"命令，在弹出的"外发光"对话框中进行相应的设置，单击"确定"按钮，如图11-144所示。

图11-144

- 模式：指定发光的混合模式。
- 不透明度：指定所需发光的不透明度百分比。
- 模糊：指定要进行模糊处理之处到选区中心或选区边缘的距离。

11.11.4 "投影"效果

  "投影"效果可以按照图形边缘的形状添加投影。选中要添加效果的对象，选择"效果>风格化>投影"命令，在弹出的"投影"对话框中进行相应的设置，单击"确定"按钮，如图11-145所示。

图11-145

- 模式：指定投影的混合模式。
- 不透明度：指定所需的投影不透明度百分比。
- X 位移/ Y 位移：指定希望投影偏离对象的距离。
- 模糊：指定要进行模糊处理之处距离阴影边缘的距离。Illustrator 会创建一个透明栅格对象来模拟模糊效果。
- 颜色：指定阴影的颜色。

- 暗度：指定希望为投影添加的黑色深度百分比。在 CMYK 文档中，如果将此值定为 100%，并与包含除黑色以外的其他填色或描边的所选对象一起使用，则会生成一种混合色黑影。如果将此值定为 100%，并与仅包含黑色填色或描边颜色的所选对象一起使用，会创建一种 100% 的纯黑阴影。如果将此值定为 0%，会创建一种与所选对象颜色相同的投影。

11.11.5 "涂抹"效果

使用"涂抹"效果可以按照该图形边缘形状添加手指涂抹的效果。选中要添加效果的对象，选择"效果>风格化>涂抹"命令，在弹出的"涂抹"对话框中进行相应的设置，单击"确定"按钮，如图11-146所示。

图11-146

- 设置：使用预设的涂抹效果，从"设置"菜单中选择一种。要创建一个自定涂抹效果，需从任意一种预设开始，在此基础上调整"涂抹"选项。
- 角度：用于控制涂抹线条的方向。可以单击"角度"图标中的任意点，围绕"角度"图标拖移角度线，或在文本框中输入一个介于-179 ~ 180 的值。
- 路径重叠：用于控制涂抹线条在路径边界内部距路径边界的量或在路径边界外距路径边界的量。负值将涂抹线条控制在路径边界内部，正值则将涂抹线条延伸至路径边界外部。
- 变化：用于控制涂抹线条彼此之间的相对长度差异。
- 描边宽度：用于控制涂抹线条的宽度。
- 曲度：用于控制涂抹曲线在改变方向之前的曲度。
- 变化：用于控制涂抹曲线彼此之间的相对曲度差异大小。
- 间距：用于控制涂抹线条之间的折叠间距量。
- 变化：用于控制涂抹线条之间的折叠间距差异量。

11.11.6 "羽化"效果

"羽化"效果可以按照该图形的边缘形状，添加边缘虚化效果。选中要添加效果的对象，选择"效果>风格化>羽化"命令，在弹出的"羽化"对话框中进行相应的设置，单击"确定"按钮，如图11-147所示。

- 半径：设置希望对象从不透明渐隐到透明的中间距离。

图11-147

 技巧提示

此效果组中还包括"添加箭头"效果，可以为对象添加不同样式的箭头效果。此效果使用比较简单，在此不做过多介绍。

11.12 Photoshop效果与"效果画廊"

Aodbe Illustrator 中的效果除了包含 Illustrator 效果外，还包含Photoshop效果。Photoshop效果与Adobe Photoshop中的效果非常相似，而且"效果画廊"与Photoshop中的"效果库"也大致相同。如图11-148所示为使用Photoshop效果制作的作品。

图11-148

效果画廊是一个集合了大部分常用效果的对话框。在效果画廊中，可以对某一对象应用一个或多个效果，或对同一图像多次应用同一效果，还可以使用其他效果替换原有的效果。选中要添加效果的对象，选择"效果>效果画廊"命令，在弹出的对话框中进行相应的设置，单击"确定"按钮，如图11-149所示。

图11-149

● 效果预览窗口：用来预览效果。

● 缩放预览窗口：单击－按钮，可以缩小显示比例；单击＋按钮，可以放大预览窗口的显示比例。另外，还可以在缩放列表中选择预设的缩放比例。

● 显示/隐藏效果缩略图：单击该按钮，可以隐藏效果缩略图，以增大预览窗口。

● 效果列表：在该列表中可以选择一个效果。这些效果是按名称汉语拼音的先后顺序排列的。

● 参数设置面板：单击效果组中的一个效果，可以将该效果应用于图像，同时在参数设置面板中会显示该效果的参数选项。

● 当前使用的效果：显示当前使用的效果。

● 效果组：效果库中共包含6组效果，单击效果组前面的▶图标，可以展开该效果组。

● 新建效果图层：单击该按钮，可以新建一个效果图层，在该图层中可以应用一个效果。

● 删除效果图层：选择一个效果图层以后，单击该按钮可以将其删除。

第 11 章 外观与效果的应用

283

11.13 "像素化"效果组

"像素化"效果是基于栅格的效果，无论何时对矢量对象应用这些效果，都将使用文档的栅格效果设置。

11.13.1 "彩色半调"效果

"彩色半调"效果可以模拟在图像的每个通道上使用放大的半调网屏的效果。首先选中要添加效果的对象，选择"效果>像素化>彩色半调"命令，在弹出的"彩色半调"对话框中进行相应的设置，单击"确定"按钮，如图11-150所示。

图11-150

- 最大半径：在该文本框中输入相应的数值，系统默认该度量单位是"像素"，取值范围是4～127。

- 网角（度）：在文本框中输入相应的数值，设定图像每一种原色通道网屏角度。所谓通道，即CMYK（4个）通道或RGB通道（3个）。

- 默认：对调整的设置不满意，单击该按钮即可恢复原默认值。

> **技巧提示**
>
> 若要使用效果，设置半调网点的最大半径为一个以像素为单位的值（介于4～127），再为一个或多个通道输入一个网屏角度值。对于灰度图像，只使用通道1。对于RGB图像，使用通道1、2和3，分别对应于红色通道、绿色通道与蓝色通道。对于CMYK图像，使用全部4个通道，分别对应于青色通道、洋红色通道、黄色通道以及黑色通道。

11.13.2 "晶格化"效果

"晶格化"效果可以使图像中颜色相近的像素结块形成多边形纯色。选中要添加效果的对象，选择"效果>像素化>晶格化"命令，在弹出的"晶格化"对话框中进行相应的设置，单击"确定"按钮，如图11-151所示。

单元格大小：用来设置每个多边形色块的大小。

图11-151

11.13.3 "点状化"效果

"点状化"效果可以将图像中的颜色分解为随机分布的网点，如同点状化绘画一样，并使用背景色作为网点之间的画布区域。选中要添加效果的对象，选择"效果>像素化>点状化"命令，在弹出的"点状化"对话框中进行相应的设置，单击"确定"按钮，如图11-152所示。

单元格大小：用来设置每个多边形色块的大小。

图11-152

11.13.4 "铜版雕刻"效果

"铜版雕刻"效果可以将图像转换为黑白区域的随机图案或彩色图像中完全饱和颜色的随机图案。选中要添加效果的
对象，选择"效果>像素化>铜版雕刻"命令，从"铜版雕刻"
对话框的"类型"弹出式菜单中选择一种网点图案，单击"确
定"按钮，如图11-153所示。

类型：分别为"精细点"、"中等点"、"粒状点"、
"粗网点"、"短线中长直线"、"长线短描边"、"中长描
边"和"长边"。

图11-153

11.14 "扭曲"效果组

"扭曲"命令可能会占用大量内存。这些效果是基于栅格的效果，无论何时对矢量对象应用这些效果，都将使用文档
的栅格效果设置。

11.14.1 "扩散亮光"效果

"扩散亮光"效果可以向图像中添加白色杂色，并从图像中心向外渐隐高光，使图像产生一种光芒漫射的效果。如
图11-154所示为原始图像、应用"扩散亮光"效果以后的效果以及参数面板。

- 粒度：用于设置在图像中添加的颗粒的数量。
- 发光量：用于设置在图像中生成的亮光的强度。
- 清除数量：用于限制图像中受到"扩散亮光"效果影响的范围。数值越大，"扩散亮光"效果影响的范围就越小。

图11-154

11.14.2 "海洋波纹"效果

"海洋波纹"效果可以将随机分隔的波纹添加到图像表面，使图像看上去像是在水中一样。如图11-155所示为原始图像、应用"海洋波纹"效果以后的图像以及参数面板。

- 波纹大小：用来设置生成的波纹的大小。
- 波纹幅度：用来设置波纹的变形幅度。

图11—155

11.14.3 "玻璃"效果

"玻璃"效果可以使图像产生透过不同类型的玻璃进行观看的效果。如图11-156所示为原始图像、应用"玻璃"效果以后的图像以及参数面板。

图11—156

- 扭曲度：用于设置玻璃的扭曲程度。
- 平滑度：用于设置玻璃质感扭曲效果的平滑程度。
- 纹理：用于选择扭曲时产生的纹理类型，包含"块状"、

"画布"、"磨砂"和"小镜头"4种类型。
- 缩放：用于设置所应用纹理的大小。
- 反相：选中该复选框，可以反转纹理效果。

11.15 "模糊"效果组

"效果"菜单的"模糊"子菜单中的命令是基于栅格的，无论何时对矢量对象应用这些效果，都将使用文档的栅格效果设置。

11.15.1 "径向模糊"效果

"径向模糊"效果用于模拟缩放或旋转相机时所产生的模糊，这是一种柔化的模糊效果。如图11-157所示为原始图像、应用"径向模糊"效果以后的图像以及"径向模糊"对话框。

图11-157

- 数量：用于设置模糊的强度。数值越大，模糊效果越明显。
- 模糊方法：选中"旋转"单选按钮时，图像可以沿同心圆环线产生旋转的模糊效果；选中"缩放"单选按钮时，可以从中心向外产生反射模糊效果。

- 中心模糊：将鼠标指针放置在设置框中，使用鼠标左键拖曳可以定位模糊的原点，原点位置不同，模糊中心也不同，如图11-158所示分别为不同原点的旋转模糊效果。

图11-158

- 品质：用来设置模糊效果的质量。"草图"的处理速度较快，但会产生颗粒效果；"好"和"最好"的处理速度较慢，但是生成的效果比较平滑。

11.15.2 "特殊模糊"效果

"特殊模糊"效果可以精确地模糊图像。如图11-159所示为原始图像、应用"特殊模糊"效果以后的图像以及"特殊模糊"对话框。

图11-159

- 半径：用来设置要应用模糊的范围。
- 阈值：用来设置像素具有多大差异后才会被模糊处理。
- 品质：设置模糊效果的质量，包含"低"、"中等"和"高"3种。

- 模式：选择"正常"选项，不会在图像中添加任何特殊效果；选择"仅限边缘"选项，将以黑色显示图像，以白色描绘出图像边缘像素亮度值变化强烈的区域；选择"叠加边缘"选项，将以白色描绘出图像边缘像素亮度值变化强烈的区域，如图11-160所示。

图11-160

11.15.3 "高斯模糊"效果

"高斯模糊"效果以可调的量快速模糊选区。该效果将移去高频出现的细节，并产生一种朦胧的效果。如图11-161所示为原始图像、应用"高斯模糊"效果以后的图像以及"高斯模糊"对话框。

图11-161

案例文件	实例练习——使用高斯模糊制作朦胧感个人网站首页设计.ai
视频教学	实例练习——使用高斯模糊制作朦胧感个人网站首页设计.flv
难易指数	★★★★★
知识掌握	"高斯模糊"效果、"投影"效果

案例效果

案例效果如图11-162所示。

图11-162

操作步骤

步骤01 选择"文件>新建"命令，创建新的文档。选择"文件>置入"命令，将素材1.jpg置入画面中，然后单击控制栏中的"嵌入"按钮，进行嵌入，如图11-163所示。

图11-163

步骤02 在画面上绘制矩形。单击工具箱中的"矩形工具"按钮 ▭，在控制栏中设置填充颜色为白色，在画面顶部按住鼠标左键拖曳绘制出矩形。选择矩形，使用快捷键Ctrl+C进行复制，Ctrl+V进行粘贴，将其移动到画面下方，如图11-164所示。

图11-164

步骤03 使用选择工具，单击选择照片素材，选择"效果>模糊>高斯模糊"命令，打开"高斯模糊"对话框，设置"半径"为"20像素"，如图11-165所示。效果如图11-166所示。

图11-165　　　　　　　图11-166

步骤04 单击工具箱中的"矩形工具"按钮 ▭，在控制栏中设置填充颜色为淡红色，然后在画面中央绘制一个矩形。接着在矩形下方绘制两条白色横线，如图11-167所示。

图11-167

步骤05 单击工具箱中的"钢笔工具"按钮 ✐，在控制栏中设置填充颜色为白色，然后在淡红色矩形上绘制一个白色三角形，如图11-168所示。

图11-168

步骤06 在画面上输入文字。单击工具箱中的"文字工具"按钮 T，在控制栏中设置合适的字体、字号，然后输入文字，如图11-169所示。

图11-169

步骤07 使用选择工具，单击文字将其选中。选择"效果>风格化>投影"命令，打开"投影"对话框，设置"模式"为"正片叠底"，"不透明度"为75%，"X位移"为0.6mm，"Y位移"为0.6mm，"模糊"为0mm，如图11-170所示。投影效果如图11-171所示。

步骤08 继续使用文字工具在版面中添加其他文字，最终效果如图11-172所示。

图11-170　　　　　　　图11-171

图11-172

11.16 "画笔描边"效果组

"画笔描边"效果是基于栅格的效果，无论何时对矢量对象应用该效果，都将使用文档的栅格效果设置。

11.16.1 "喷色"效果

"喷色"效果模拟喷溅喷枪的效果。增加选项值可以简化整体效果。如图11-173所示为原始图像、应用"喷色"效果以后的图像以及参数面板。

● **喷色半径**：用于处理不同颜色的区域。数值越大，颜色越分散。

● **平滑度**：用于设置喷射效果的平滑程度。

图11-173

11.16.2 "喷色描边"效果

"喷色描边"效果可以通过图像中的主导色用成角的、喷溅的颜色线条重新绘制图像，以生成飞溅效果。如图11-174所示为原始图像、应用"喷色描边"效果以后的图像以及参数面板。

图11—174

⬤ 描边长度：用于设置笔触的长度。

⬤ 喷色半径：用于控制喷色的范围。

⬤ 描边方向：用于设置笔触的方向。

11.16.3 "墨水轮廓"效果

"墨水轮廓"效果可以以钢笔画的风格，用细细的线条在原始细节上绘制图像。如图11-175所示为原始图像、应用"墨水轮廓"效果以后的图像以及参数面板。

⬤ 描边长度：用于设置图像中生成的线条的长度。

⬤ 深色强度：用于设置线条阴影的强度。数值越大，图像越暗。

⬤ 光照强度：用于设置线条高光的强度。数值越大，图像越亮。

图11—175

11.16.4 "强化的边缘"效果

使用"强化的边缘"效果可以强化图像边缘。当"边缘亮度"控制设置为较大的值时，强化效果看上去像白色粉笔。当将其设置为较小的值时，强化效果看上去像黑色油墨。如图11-176所示为原始图像、应用"强化的边缘"效果以后的图像以及参数面板。

图11—176

⬤ 边缘宽度：用来设置需要强化的边缘的宽度。

⬤ 边缘亮度：用来设置需要强化的边缘的亮度。数值越大，强化效果就越类似于白色粉笔；数值越小，强化

效果就越类似于黑色油墨。

⬤ 平滑度：用于设置边缘的平滑程度。数值越大，图像效果越柔和。

11.16.5 "成角的线条"效果

"成角的线条"效果可以使用对角描边重新绘制图像，用一个方向上的线条绘制亮部区域，用反方向上的线条来绘制暗部区域。如图11-177所示为原始图像、应用"成角的线条"效果以后的图像以及参数面板。

图11-177

- 方向平衡：用于设置对角线的倾斜角度，取值范围为0~100。
- 描边长度：用于设置对角线的长度，取值范围为3~50。
- 锐化程度：用于设置对角线的清晰程度，取值范围为0~10。

11.16.6 "深色线条"效果

"深色线条"效果可以用短而绷紧的深色线条绘制暗区，用长而白的线条绘制亮区。如图11-178所示为原始图像、应用"深色线条"效果以后的图像以及参数面板。

- 平衡：用于控制绘制的黑白色调的比例。
- 黑色强度/白色强度：用于设置绘制的黑色调和白色调的强度。

图11-178

11.16.7 "烟灰墨"效果

"烟灰墨"效果像是用蘸满油墨的画笔在宣纸上绘画，可以使用非常黑的油墨来创建柔和的模糊边缘。如图11-179所示为原始图像、应用"烟灰墨"效果以后的图像以及参数面板。

图11-179

- 描边宽度/描边压力：用于设置笔触的宽度和压力。
- 对比度：用于设置图像效果的对比度。

11.16.8 "阴影线"效果

"阴影线"效果可以保留原始图像的细节和特征，同时使用模拟的铅笔阴影线在图像中添加纹理，并使彩色区域的边缘变粗糙。如图11-180所示为原始图像、应用"阴影线"效果的图像以及参数面板。

图11-180

● 描边长度：用于设置线条的长度。

● 锐化程度：用于设置线条的清晰程度。

● 强度：用于设置线条的数量和强度。

11.17 "素描"效果组

许多"素描"效果都使用黑白颜色来重绘图像。这些效果是基于栅格的效果，无论何时对矢量图形应用这些效果，都将使用文档的栅格效果设置。

11.17.1 "便条纸"效果

"便条纸"效果可以创建类似于手工制作的纸张构建的图像效果。如图11-181所示为原始图像、应用"便条纸"效果以后的图像以及参数面板。

● 图像平衡：用来调整高光区域与阴影区域面积的大小。

● 粒度：用来设置图像中生成颗粒的数量。

● 凸现：用来设置颗粒的凹凸程度。

图11-181

11.17.2 "半调图案"效果

"半调图案"效果可以在保持连续的色调范围的同时模拟半调网屏效果。如图11-182所示为原始图像、应用"半调图案"效果以后的图像以及参数面板。

图11-182

- 大小：用来设置网格图案的大小。
- 对比度：用来设置前景色与图像的对比度。
- 图案类型：用来设置生成的图案的类型，包含"圆形"、"网点"和"直线"3种类型，效果如图11-183所示。

图11-183

11.17.3 "图章"效果

"图章"效果可以简化图像，常用于模拟橡皮或木制图章效果（该效果用于黑白图像时效果最佳）。如图11-184所示为原始图像、应用"图章"效果以后的图像以及参数面板。

图11-184

- 明/暗平衡：用来设置前景色和背景色之间的混合程度。
- 平滑度：用来设置图章效果的平衡程度。

11.17.4 "基底凸现"效果

"基底凸现"效果可以通过变换图像，使其呈现浮雕的雕刻状和突出光照下变化各异的表面，其中，图像的暗部区域呈现为前景色，而浅色区域呈现为背景色。如图11-185所示为原始图像、应用"基底凸现"效果以后的图像以及参数面板。

图11-185

● 细节：用来设置图像细节的保留程度。

● 平滑度：用来设置凸现效果的光滑度。

● 光照：用来设置凸现效果的光照方向。

11.17.5 "塑料效果" 效果

"塑料效果" 效果可以对图像进行类似塑料的塑模成像，然后使用黑色和白色为结果图像上色。暗区凸起，亮区凹陷。如图11-186所示为原始图像、应用 "塑料效果" 效果以后的图像以及参数面板。

图11-186

● 图像平衡：用来设置前景色和背景色之间的混合程度。

● 平滑度：用来设置凸现效果的光滑度。

● 光照：用来设置凸现效果的光照方向。

11.17.6 "影印" 效果

"影印" 效果可以模拟影印图像效果。如图11-187所示为原始图像、应用 "影印" 效果以后的图像以及参数面板。

● 细节：用来控制图像细节的保留程度。

● 暗度：用来控制图像暗部区域的深度。

图11-187

Illustrator CC 中文版从入门到精通

11.17.7 "撕边"效果

"撕边"效果可以重建图像，使之呈现由粗糙、撕破的纸片状组成，再使用前景色与背景色为图像着色。如图11-188所示为原始图像、应用"撕边"效果以后的图像以及参数面板。

- 图像平衡：用来设置前景色和背景色的混合比例。数值越大，前景色所占的比例越大。
- 平滑度：用来设置图像边缘的平滑程度。
- 对比度：用来设置图像的对比程度。

图11—188

11.17.8 "水彩画纸"效果

"水彩画纸"效果可以利用有污点的画笔在潮湿的纤维纸上绘画，使颜色产生流动效果并相互混合。如图11-189所示为原始图像、应用"水彩画纸"效果以后的图像以及参数面板。

图11—189

- 纤维长度：用来控制在图像中生成的纤维的长度。
- 亮度/对比度：用来控制图像的亮度和对比度。

11.17.9 "炭笔"效果

"炭笔"效果可以产生色调分离的涂抹效果，其中，图像中的主要边缘以粗线条进行绘制，而中间色调则用对角描边进行素描。另外，炭笔采用前景色，背景采用纸张颜色。如图11-190所示为原始图像、应用"炭笔"效果以后的图像以及参数面板。

图11-190

● 炭笔粗细：用来控制炭笔笔触的粗细程度。

● 细节：用来控制图像细节的保留程度。

● 明/暗平衡：用来设置前景色和背景色之间的混合程度。

11.17.10 "炭精笔"效果

"炭精笔"效果可以在图像上模拟出浓黑和纯白的炭精笔纹理，在暗部区域使用前景色，在亮部区域使用背景色。如图11-191所示为原始图像、应用"炭精笔"效果后的图像以及参数面板。

图11-191

● 前景色阶/背景色阶：用来控制前景色和背景色之间的平衡关系。

● 纹理：用来选择生产纹理的类型，包括"砖形"、"粗麻布"、"画布"和"砂岩"4种，效果如图11-192所示。

● 缩放：用来设置纹理的缩放比例。

● 凸现：用来设置纹理的凹凸程度。

● 光照：用来控制光照的方向。

● 反相：选中该复选框后，可以反转纹理的凹凸方向。

图11-192

11.17.11 "粉笔和炭笔"效果

"粉笔和炭笔"效果可以制作类似用粉笔和炭笔绘画的效果，其中，炭笔使用前景色绘制，粉笔使用背景色绘制。如图11-193所示为原始图像、应用"粉笔和炭笔"效果以后的图像以及参数面板。

图11-193

- 炭笔区：用来设置炭笔涂抹的区域大小。
- 粉笔区：用来设置粉笔涂抹的区域大小。

- 描边压力：用来设置画笔的笔触大小。

11.17.12 "绘图笔"效果

"绘图笔"效果可以使用细线状的油墨描边以捕捉原始图像中的细节。如图11-194所示原始图像，如图11-195所示为"绘图笔"参数面板。

图11-194

图11-195

- 描边长度：用来设置笔触的描边长度，即生成的线条的长度。
- 明/暗平衡：用来调节图像的亮部与暗部的平衡。
- 描边方向：用来设置生成的线条的方向，包含"右对角线"、"水平"、"左对角线"和"垂直"4个方向，如图11-196所示。

图11-196

11.17.13 "网状"效果

"网状"效果可以用来模拟胶片乳胶的可控收缩和扭曲来创建图像，使图像在阴影区域呈现为块状，在高光区域呈现为颗粒。如图11-197所示为原始图像、应用"网状"效果以后的图像以及参数面板。

- 浓度：用来设置网眼的密度。数值越大，网眼越密集。
- 前景色阶/背景色阶：用来控制前景色和背景色的色阶。

图11-197

实例练习——使用 Photoshop效果制作欧美海报

案例文件	实例练习——使用 Photoshop效果制作欧美海报.ai
视频教学	实例练习——使用 Photoshop效果制作欧美海报.flv
难易指数	★★★★★
知识掌握	矩形工具、"渐变"面板、外观、效果

案例效果

案例效果如图11-198所示。

图11-198

操作步骤

步骤01 选择"文件>打开"命令，打开"打开"面板，选中将要打开的背景文件1.jpg，单击"打开"按钮完成操作，如图11-199所示。

步骤02 选择"文件>置入"命令，打开"置入"面板，置入人像素材文件2.png，如图11-200所示。

图11-199　　　　　　　图11-200

步骤03 选择"人像"对象，进行复制，对顶层的人像选择"效果>素描>半调图案效果"命令，打开"半调图案"对话框。设置"大小"为2，"对比度"为8，"图案类型"为"网点"，并打开"透明度"面板，设置"不透明度"为50%，如图11-201所示。

图11-201

步骤04 选择"文件>置入"命令，打开"置入"面板，置入另一个人像素材文件3.png，并将其放置在左侧位置，如图11-202所示。

步骤05 创建一个副本，然后选择"效果>素描>半调图案效果"命令，打开"半调图案"对话框。设置"大小"为2，"对比度"为2，"图案类型"为"直线"。同样打开"透明度"面板，设置"不透明度"为50%，如图11-203所示。

步骤06 使用椭圆工具在人像边缘绘制出不同大小的圆，设置颜色为黑色，描边为无，最终效果如图11-204所示。

图11-202

图11-203

图11-204

11.18 "纹理"效果组

"纹理"效果是基于栅格的效果，无论何时对矢量图形应用这些效果，都将使用文档的栅格效果设置。

11.18.1 "拼缀图"效果

"拼缀图"效果可以将图像分解为用图像中该区域的主色填充的正方形。如图11-205所示为原始图像、应用"拼缀图"效果以后的图像以及参数面板。

● 方形大小：用来设置方形色块的大小。

● 凸现：用来设置色块的凹凸程度。

图11-205

11.18.2 "染色玻璃"效果

"染色玻璃"效果可以将图像重新绘制成用前景色勾勒的单色的相邻单元格色块。如图11-206所示为原始图像、应用"染色玻璃"效果以后的图像以及参数面板。

- 单元格大小：用来设置每个玻璃小色块的大小。
- 边框粗细：用来控制每个玻璃小色块的边界的粗细程度。

- 光照强度：用来设置光照的强度。

图11-206

11.18.3 "纹理化"效果

"纹理化"效果可以将选定的或外部的纹理应用于图像。如图11-207所示为原始图像、应用"纹理化"效果后的图像以及参数面板。

图11-207

- 纹理：用来选择纹理的类型，包括"砖形"、"粗麻布"、"画布"和"砂岩"4种（单击右侧的 按钮，可以载入外部的纹理），如图11-208所示。
- 缩放：用来设置纹理的尺寸大小。

- 凸现：用来设置纹理的凹凸程度。
- 光照：用来设置光照的方向。
- 反相：用来反转光照的方向。

图11-208

11.18.4 "颗粒"效果

"颗粒"效果可以模拟多种颗粒纹理效果。如图11-209所示为原始图像、应用"颗粒"效果后的图像以及参数面板。

图11-209

- 强度：用于设置颗粒的密度。数值越大，颗粒越多。
- 对比度：用于设置图像中颗粒的对比度。

- 颗粒类型：用于选择颗粒的类型，包括"常规"、"柔和"、"喷洒"、"结块"、"强反差"、"扩大"、"点刻"、"水平"、"垂直"和"斑点"。

11.18.5 "马赛克拼贴"效果

"马赛克拼贴"效果可以将图像用马赛克碎片拼贴起来。如图11-210所示为原始图像、应用"马赛克拼贴"效果以后的图像以及参数面板。

- 拼贴大小：用来设置马赛克拼贴碎片的大小。
- 缝隙宽度：用来设置马赛克拼贴之间的缝隙宽度。
- 加亮缝隙：用来设置马赛克拼贴缝隙的亮度。

图11-210

11.18.6 "龟裂缝" 效果

"龟裂缝" 效果可以将图像应用在一个高凸现的石膏表面上, 以沿着图像等高线生成精细的网状裂缝。如图11-211所示为原始图像、应用 "龟裂缝" 效果以后的图像以及参数面板。

- 裂缝间距: 用于设置生成的裂缝的间隔。
- 裂缝深度: 用于设置生成的裂缝的深度。
- 裂缝亮度: 用于设置生成的裂缝的亮度。

图11-211

11.19 "艺术效果" 效果组

"艺术效果" 是基于栅格的效果, 无论何时对矢量对象应用这些效果, 都将使用文档的栅格效果设置。

11.19.1 "塑料包装" 效果

"塑料包装" 效果可以在图像上涂上一层光亮的塑料, 以表现出图像表面的细节。如图11-212所示为原始图像、应用 "塑料包装" 效果以后的图像以及参数面板。

- 高光强度: 用来设置图像中高光区域的亮度。
- 细节: 用来调节作用于图像细节的精细程度。数值越大, "塑料包装" 效果越明显。
- 平滑度: 用来设置 "塑料包装" 效果的光滑程度。

图11-212

11.19.2 "壁画"效果

"壁画"效果可以使用一种粗糙的绘画风格来重绘图像。如图11-213所示为原始图像，应用"壁画"效果以后的图像以及参数面板。

图11-213

- 画笔大小：用来设置画笔笔触的大小。
- 画笔细节：用来设置画笔刻画图像的细腻程度。
- 纹理：用来设置添加的纹理的数量。

11.19.3 "干画笔"效果

"干画笔"效果可以使用干燥的画笔来绘制图像边缘。如图11-214所示为原始图像、应用"干画笔"效果以后的图像以及参数面板。

图11-214

- 画笔大小：用来设置干画笔的笔触大小。
- 画笔细节：用来设置绘制图像的细腻程度。

- 纹理：用来设置画笔纹理的清晰程度。

11.19.4 "底纹效果"效果

"底纹效果"效果可以在带纹理的背景上绘制底纹图像。如图11-215所示为原始图像、应用"底纹效果"效果以后的图像以及参数面板。

- 画笔大小：用来设置底纹纹理的大小。
- 纹理覆盖：用来设置笔触的细腻程度。

图11—215

11.19.5 "彩色铅笔"效果

"彩色铅笔"效果可以像使用彩色铅笔那样在纯色背景上绘制图像，并且可以保留图像的重要边缘。如图11-216所示为原始图像、应用"彩色铅笔"效果以后的图像以及参数面板。

图11—216

- 铅笔宽度：用来设置铅笔笔触的宽度。数值越大，铅笔线条越粗糙。
- 描边压力：用来设置铅笔的压力。数值越大，线条越粗糙。
- 纸张亮度：用来设置背景色在图像中的明暗程度。数值越大，背景色就越明显。

11.19.6 "木刻"效果

"木刻"效果可以将高对比度的图像处理成剪影效果，将彩色图像处理成由多层彩纸组成的效果。如图11-217所示为原始图像、应用"木刻"效果以后的图像以及参数面板。

- 色阶数：用来设置图像中的色彩层次。数值越大，图像的色彩层次越丰富。
- 边缘简化度：用来设置图像边缘的简化程度。数值越小，边缘越明显。
- 边缘逼真度：用来设置图像中所产生痕迹的精确度。数值越小，图像中的痕迹越明显。

图11—217

11.19.7 "水彩"效果

"水彩"效果可以实现用水彩风格绘制图像，当边缘有明显的色调变化时，该效果会使颜色更加饱满。如图11-218所示为原始图像、应用"水彩"效果以后的图像以及参数面板。

图11-218

- ● 画笔细节：用来设置画笔在图像中刻画的细腻程度。
- ● 阴影强度：用来设置画笔在图像中绘制暗部区域的范围。
- ● 纹理：用来调节水彩的材质肌理。

11.19.8 "海报边缘"效果

"海报边缘"效果可以减少图像中的颜色数量（对其进行色调分离），并查找图像的边缘，在边缘上绘制黑色线条。如图11-219所示为原始图像、应用"海报边缘"效果以后的图像以及参数面板。

- ● 边缘厚度：用来控制图像中黑色边缘的宽度。
- ● 边缘强度：用来控制图像边缘的绘制强度。
- ● 海报化：用来控制图像的渲染效果。

图11-219

11.19.9 "海绵"效果

"海绵"效果使用颜色对比度比较强烈、纹理较重的区域绘制图像，以模拟海绵效果。如图11-220所示为原始图像、应用"海绵"效果以后的图像以及参数面板。

- 清晰度：用来设置海绵的清晰程度。
- 平滑度：用来设置图像的柔化程度。

图11-220

11.19.10 "涂抹棒"效果

"涂抹棒"效果可以使用较短的对角描边涂抹暗部区域，以柔化图像。如图11-221所示为原始图像、应用"涂抹棒"效果以后的图像以及参数面板。

图11-221

- 描边长度：用来设置画笔笔触的长度。数值越大，生成的线条的长度越长。
- 高光区域：用来设置图像高光区域的大小。
- 强度：用来设置图像的明暗对比程度。

11.19.11 "粗糙蜡笔"效果

"粗糙蜡笔"效果可以在带纹理的背景上应用蜡笔描边。在亮部区域，蜡笔效果比较厚，几乎观察不到纹理；在深色区域，蜡笔效果比较薄，而纹理效果非常明显。如图11-222所示为原始图像、应用"粗糙蜡笔"效果后的图像以及参数面板。

图11-222

- 描边长度：用来设置蜡笔笔触的长度。
- 描边细节：用来设置在图像中刻画的细腻程度。
- 纹理：选择应用于图像中的纹理类型，包含"砖形"、"粗麻布"、"画布"和"砂岩"4种类型，效

果如图11-223所示。单击右侧的 按钮，可以载入外部的纹理。

- 缩放：用来设置纹理的缩放程度。
- 凸现：用来设置纹理的凸起程度。
- 光照：用来设置光照的方向。

图11-223

11.19.12 "绘画涂抹"效果

"绘画涂抹"效果可以使用6种不同类型的画笔来进行绘画。如图11-224所示为原始图像、应用"绘画涂抹"效果后的图像以及参数面板。

- 锐化程度：用来设置画笔涂抹的锐化程度。数值越大，绘画效果越明显。

图11-224

○ 画笔类型：用来设置绘画涂抹的画笔类型，包含"简单"、"未处理光照"、"未处理深色"、"宽锐化"、"宽模糊"和"火花"6种类型，效果如图11-225所示。

图11-225

11.19.13 "胶片颗粒"效果

"胶片颗粒"效果可以将平滑图案应用于阴影和中间色调上。如图11-226所示为原始图像、应用"胶片颗粒"效果以后的图像以及参数面板。

图11-226

● 颗粒：用来设置颗粒的密度。数值越大，颗粒越多。

● 高光区域：用来控制整个图像的高光范围。

● 强度：用来设置颗粒的强度。数值越大，图像的阴影部分显示为颗粒的区域越多；数值越小，将在整个图像上显示颗粒。

11.19.14 "调色刀"效果

"调色刀"效果可以减少图像中的细节，以生成淡淡的描绘效果。如图11-227所示为原始图像、应用"调色刀"效果以后的图像以及参数面板。

图11—227

- 描边大小：用来设置调色刀的笔触大小。
- 描边细节：用来设置图像的细腻程度。
- 软化度：用来设置图像边缘的柔和程度。数值越大，图像边缘就越柔和。

11.19.15 "霓虹灯光"效果

"霓虹灯光"效果可以将霓虹灯光效果添加到图像上，该效果可以在柔化图像外观时为图像着色。如图11-228所示为原始图像、应用"霓虹灯光"效果以后的图像以及参数面板。

图11—228

- 发光大小：用来设置霓虹灯的照射范围。数值越大，照射的范围越广。
- 发光亮度：用来设置灯光的亮度。
- 发光颜色：用来设置灯光的颜色。单击右侧的颜色图标，可以在弹出的"拾色器"对话框中设置灯光的颜色。

11.20 "视频"效果组

"视频"效果组包含两种效果：NTSC颜色和逐行。该组中的滤镜是用于编辑调整视频生成的图像或删除不必要的视频，或转换其颜色模式

11.20.1 "NTSC 颜色"效果

"NTSC颜色"效果可以将色域限制在电视机可接受的范围内，以防止过饱和颜色渗到电视扫描行中。

11.20.2 "逐行"效果

"逐行"效果可以移去视频图像中的奇数或偶数隔行线，使在视频上捕捉的运动图像变得平滑。如图11-229所示是"逐行"对话框以及应用逐行效果的前后对比效果。

- 消除：用来控制消除逐行的方式，包括"奇数场"和"偶数场"两种。

图11-229

- 创建新场方式：用来设置消除场以后用何种方式来填充空白区域。选中"复制"单选按钮，可以复制被删除部分周围的像素来填充空白区域；选中"插值"单选按钮，可以利用被删除部分周围的像素，通过插值的方法进行填充。

11.21 "风格化"效果组

"照亮边缘"效果是基于栅格的效果，无论何时对矢量图形应用这种效果，都将使用文档的栅格效果设置。选中要添加效果的对象，选择"效果>风格化>照亮边缘"命令，在弹出的"照亮边缘"对话框中进行相应的设置，单击"确定"按钮，如图11-230所示。

图11-230

- 边缘宽度/边缘亮度：用来设置发光边缘线条的宽度和亮度。
- 平滑度：用来设置边缘线条的光滑程度。

综合实例——使用效果制作拼贴风格海报

案例文件	综合实例——使用效果制作拼贴风格海报.ai
视频教学	综合实例——使用效果制作拼贴风格海报.flv
难易指数	★★★★★
知识掌握	皱褶工具、晶格化工具、海报边缘效果

案例效果

案例效果如图11-231所示。

操作步骤

步骤01 选择"文件>新建"命令，创建一个A4大小的纵向文档。首先绘制一个青绿色矩形作为背景。单击工具箱中的"矩形工具"按钮 ▢ ，在控制栏中设置填充为青绿色，设置完成后，按住鼠标左键拖曳绘制一个与画板等大的矩形，如图11-232所示。

图11-231　　　　图11-232

步骤02 绘制图形变形。单击工具箱中的"皱褶工具"按钮 ▨ ，将鼠标指针移动到矩形将要变形的位置，按住鼠标左键拖曳，将绿色矩形变形，如图11-233所示。

步骤03 单击工具箱中的"钢笔工具"按钮 ✒ ，设置填充颜色为黄色，在矩形上绘制不规则图形，如图11-234所示。

图11-233　　　　图11-234

步骤04 使用同样方法绘制不规则图形，然后选择工具箱中的晶格化工具和皱褶工具使图形变形，如图11-235所示。继续使用相同方法完成以下图形，如图11-236所示。

图11-235　　　　图11-236

步骤05 置入素材。选择"文件>置入"命令，将素材1.png置入画面中，然后单击控制栏中的"嵌入"按钮。对其多次选择"排列>后移一层"命令，摆放在前景装饰图形的后方，如图11-237所示。

图11-237

步骤06 将素材选中，选择"效果>效果画廊>海报边缘"命令，在"海报边缘"面板中设置"边缘厚度"为0，"边缘强度"为5，"海报化"为5，如图11-238所示。设置完成后单击"确定"按钮，如图11-239所示。

图11-238　　　　图11-239

步骤07 单击工具箱中的"文字工具"按钮 T ，在控制栏中设置合适的字体、字号，输入文字，然后单击工具箱中的"修饰文字工具"按钮。分别修改文字的大小、位置及颜色，如图11-240所示。接着在画面下方输入文字，使用相同方法继续修改文字，本案例制作完成，如图11-241所示。

图11-240　　　　图11-241

Chapter 12

└─ 第12章 ─┘

符号

　　在平面设计中经常会遇到需要在画面中出现大量重复对象的情况，如果使用"复制""粘贴"命令进行重复的制作不仅浪费时间，还会造成系统资源的浪费。在Illustrator中引入了"符号"这一概念，在这里符号是指在文档中可以重复使用的对象。每个"符号"实例都链接到"符号"面板中的符号或符号库。而将"符号"应用到画面中就需要使用到符号喷枪工具。符号喷枪工具就像一个粉雾喷枪，可快捷方便地将大量相同的对象添加到画板上。

本章学习要点：
- 熟悉"符号"面板与符号库的操作方法
- 掌握符号工具组的使用

12.1 了解Illustrator中的符号

在平面设计中经常会遇到需要在画面中出现大量重复对象的情况，如果使用"复制""粘贴"命令进行重复的制作不仅浪费时间，还会造成系统资源的浪费。在Illustrator中引入了"符号"这一概念，在这里，符号是指在文档中可以重复使用的对象。每个符号实例都链接到"符号"面板中的符号或符号库。而将符号应用到画面中就需要使用到符号喷枪工具，符号喷枪工具就像一个粉雾喷枪，可快捷方便地将大量相同的对象添加到画板上。如图12-1所示为使用到符号工具制作的作品。

图12-1

12.2 认识"符号"面板

在应用符号对象时，必须要使用到的组件就是"符号"面板，该面板用于载入符号、创建符号、应用符号以及编辑符号。选择"窗口>符号"命令，或使用快捷键Shift+Ctrl+F11可打开该面板，在该面板中可以选择不同类型的符号，也可以对符号库类型进行更改，还可以对符号进行编辑，如图12-2所示。

图12-2

12.2.1 更改"符号"面板的显示效果

单击面板右侧的按钮，在面板菜单中包含3种可选的视图显示方式，即"缩览图视图"、"小列表视图"和"大列表视图"，如图12-3所示。

- 缩览图视图：使用该选项可以显示符号缩览图，也是默认的显示方式，如图12-4所示。
- 小列表视图：使用该选项显示带有小缩览图的命名符号的列表，如图12-5所示。

- 大列表视图：使用该选项显示带有大缩览图的命名符号的列表，如图12-6所示。

在面板菜单中选择"按名称排序"命令，则可以按字母的顺序列出符号，如图12-7所示。

图12-3　　　　图12-4　　　　图12-5

图12-6　　　　　　图12-7

12.2.2 使用"符号"面板置入符号

在"符号"面板或符号库中可以直接置入符号到文件中。从"符号"面板中选中某个符号,并单击该面板中的"置入符号实例"按钮,即可将所选符号置入画板的中心位置。也可以直接选择符号,将符号拖动到在画板上显示的位置,如图12-8所示。

图12-8

12.2.3 创建新符号

虽然Illustrator中内置了丰富的符号素材,但是用户仍可以自行定义所需符号。首先选中要用作符号的图形,然后单击"符号"面板中的"新建符号"按钮或者将图稿拖动到"符号"面板,如图12-9所示。

弹出"符号选项"对话框,在这里可以对新建符号的名称、类型等参数进行相应的设置,接着在"符号"面板中会出现一个新符号,如图12-10所示。

- 名称:设置新符号的名称。
- 类型:选择作为影片剪辑或图形的符号类型。"影片剪辑"在Flash和Illustrator中是默认的符号类型。
- 套版色:在注册网格上指定要设置符号锚点的位置。锚点位置将影响符号在屏幕坐标中的位置。
- 启用9格切片缩放的参考线:如果要在 Flash 中使用 9格切片缩放,选中"启用 9 格切片缩放的参考线"复选框。
- 对齐像素网格:选中"对齐像素网格"复选框,可以对符号应用像素对齐属性。

> **技巧提示**
>
> 位图也可以被定义为符号,置入位图素材后,需要在控制栏中单击"嵌入"按钮,然后按照上述创建新符号的方式即可将位图定义为符号使用。

图12-9　　　　　　　　　图12-10

12.2.4 断开符号链接

在Illustrator中符号对象是不能够直接进行路径编辑的,当画面中包含符号对象时,断开符号链接即可将符号转换为可以编辑操作的路径。选择一个或多个符号实例,单击"符号"面板或"控制"面板中的"断开链接"按钮,如图12-11所示,或从面板菜单中选择"断开链接"命令。

另外,使用"扩展"命令也可以达到相同目的,选中对象后选择"对象>扩展"命令,并在"扩展"对话框中选择需要扩展的对象,单击"确定"按钮完成操作,如图12-12所示。

图12-11

图12-12

12.3 认识符号库

符号库是预设符号的集合。打开的符号库将被显示在新的面板中，而不是原有的"符号"面板中。打开"符号库"面板后可以在符号库中选择、排序和查看符号项目，其操作与在"符号"面板中的操作一样，如图12-13所示。

图12-13

- "符号库菜单"按钮 ：在弹出的菜单中选择不同的命令，可以打开其他的符号库。
- "加载上/下一个符号库"按钮 ：可以在相邻的符号库之间进行切换。

选择"窗口>符号库"命令，在子菜单中选择需要的符号库命令，即可打开相应的"符号库"面板。也可以单击"符号"面板上的"符号库菜单"按钮，并从显示的列表中选择一个库，如图12-14所示。

在该菜单中调出的符号库不可以进行任何的修改，单击符号库中的符号即可将该符号添加到"符号"面板中，添加到"符号"面板中即可对该符号进行修改或置入等操作。在"符号库"面板中也可以通过拖动的方式将符号置入画面中，如图12-15所示。

图12-14

图12-15

技巧提示

选择"窗口>符号库>其他库"命令或从"符号"面板菜单中选择"打开符号库>其他库"命令。然后选择要从中置入符号的文件，单击"打开"按钮，置入的符号将显示在"符号库"面板中，如图12-16所示。

图12-16

12.4 符号工具组

Illustrator中的"符号工具组"中包含8种工具，不仅用于将符号置入画面上，还包括多种用于调整符号间距、大小、颜色、样式的工具。配合多种工具的使用能够制作出丰富多彩的画面效果。如图12-17所示为使用该工具组制作的作品以及符号工具组的工具。

图12-17

12.4.1 符号工具选项设置

在使用各种符号工具前一般要进行相应的设置。通过双击工具箱中的"符号工具"按钮 🍀，弹出"符号工具选项"对话框。"直径"、"强度"和"符号组密度"等常规选项即出现在对话框顶部。特定于某一工具的选项则出现在对话框底部。在该对话框中可以通过单击不同的工具按钮，对不同的符号工具进行调整，如图12-18所示。

图12-18

- 直径：指定工具的画笔大小。
- 强度：指定更改的速率，值越大，更改越快。或选择"使用压感笔"以使用输入板或光笔的输入。
- 符号组密度：指定符号组的吸引值，值越大，符号实例堆积密度越大。
- 方法：指定"符号紧缩器"、"符号缩放器"、"符号旋转器"、"符号着色器"、"符号滤色器"和"符号样式器"工具调整符号实例的方式。
- 显示画笔大小和强度：使用工具时显示大小。

12.4.2 使用符号喷枪工具

在Illustrator软件中的符号喷枪工具，可以非常快捷地将相同或不同的符号实例放置到画板中，如图12-19所示。

图12-19

技术拓展：符号喷枪工具参数设置

仅当选择符号喷枪工具时，符号喷枪选项才会显示在"符号工具选项"对话框的"常规"下拉列表框中，并控制新符号实例添加到符号集的方式。每个参数都包含两个选项：选择"平均"为添加一个新符号，具有画笔半径内现有符号实例的平均值；选择"用户定义"为每个参数应用特定的预设值，如图12-20所示。

图12-20

- 紧缩：为基于原始符号大小。
- 大小：为使用原始符号大小。
- 旋转：为使用鼠标方向（如果鼠标不移动则没有方向）。
- 滤色：为使用100%不透明度。
- 染色：为使用当前填充颜色和完整色调量。
- 样式：为使用当前样式。

步骤01 首先在"符号"面板中选择一个符号，然后单击工具箱中的"符号喷枪工具"按钮，在要进行放置符号实例出现的位置上单击或在此位置拖动鼠标。在所经过的位置上将按照相应的设置进行实例的摆放，如图12-21所示。

图12-21

步骤02 若要在现有组中添加或删除符号实例，选择现有符号集，然后单击工具箱中的"符号喷枪工具"按钮，并在"符号"面板中选择一个符号。当要添加符号实例时，单击或拖动新实例显示的位置，如图12-22所示。

图12-22

步骤03 当要删除符号实例时，在单击或拖动要删除实例的位置按住Alt键即可删除鼠标指针行进路径上的符号，如图12-23所示。

图12-23

12.4.3 使用符号移位器工具

使用符号移位器工具可以更改符号组中符号实例的位置和堆叠顺序。

步骤01 首先需要选中要调整的实例组，单击工具箱中的"符号移位器工具"按钮，然后单击并向希望符号实例移动的方向拖动鼠标即可，如图12-24所示。

图12-24

步骤02 使用符号移位器工具还可以更改符号的堆叠顺序。要向前移动符号实例，需要按住 Shift 键单击符号实例，如图12-25所示。

步骤03 要将符号实例排列顺序后置，需要按住Alt键和Shift键并单击符号实例，如图12-26所示。

图12-25

图12-26

12.4.4 使用符号紧缩器工具

符号紧缩器工具主要用于调整符号分布的密度，也就是说，使用该工具可以使符号实例更集中或更分散。

首先选中要调整的符号实例组，单击工具箱中的"符号紧缩器工具"按钮，然后在希望距离靠近的符号区域处单击或拖动，即可使这部分符号实例靠近，如图12-27所示。

如果按住Alt键并单击或拖动，可以使这部分符号实例相互远离，如图12-28所示。

图12-27

图12-28

12.4.5 使用符号缩放器工具

符号缩放器工具可以调整符号实例的大小。首先选中要调整的符号实例组，单击工具箱中的"符号缩放器工具"按钮，然后单击或拖动要增大符号实例大小的区域，即可将该部分符号增大。如果按住Alt键，并单击或拖动可以减小符号实例的大小。按住Shift键单击或拖动可以在缩放时保留符号实例的密度，如图12-29所示。

图12-29

技术拓展：**符号缩放器工具参数设置**

仅在选择符号缩放器工具时，符号缩放器选项才会显示在"符号工具选项"对话框的常规工具选项下，如图12-30所示。

● 等比缩放：保持缩放时每个符号实例形状一致。

● 调整大小影响密度：放大时，使符号实例彼此远离；缩小时，使符号实例彼此靠拢。

图12-30

12.4.6 使用符号旋转器工具

符号旋转器工具可以旋转符号实例。保持要调整的实例组的选中状态，单击工具箱中的按钮，然后单击或拖动希望符号实例朝向的方向，如图12-31所示。

图12-31

12.4.7 使用符号着色器工具

符号着色器工具可以将文档中所选符号进行着色。根据单击的次数不同，着色的颜色深浅也会不同。单击次数越多，颜色变化越大，如果按住Alt键的同时单击则会减小颜色变化。如图12-32所示为使用该工具制作的作品。

保持要调整的实例组的选中状态，在"颜色"面板中选择要用作上色颜色的填充颜色。单击工具箱中的"符号着色器工具"按钮，单击或拖动要使用上色颜色着色的符号实例，上色量逐渐增加，符号实例的颜色逐渐更改为选定的上色颜色，如图12-33所示。

如果按住Alt键并单击或拖动可以减少着色量并显示更多原始符号颜色，如图12-34所示。

图12-32　　　　　　　　　　图12-33　　　　　　　　　　图12-34

12.4.8 使用符号滤色器工具

符号滤色器工具可以改变文档中所选符号的不透明度。保持要调整的实例组的选中状态，单击工具箱中的"符号滤色器工具"按钮，在符号上单击或拖动即可增加符号透明度，使其变为透明效果，如图12-35所示。

如果按住Alt键并单击或拖动，可以减少符号透明度，使其变得更不透明，如图12-36所示。

图12-35　　　　　　　　　图12-36

 技巧提示

涂抹的同时按住Alt键可以将已经添加的样式效果去除。

12.4.9 使用符号样式器工具

符号样式器工具可以配合"图形样式"面板使用在符号实例上来添加或删除图形样式。

步骤01 选择"窗口>图形样式"命令，打开"图形样式"面板，保持要调整的实例组的选中状态，如图12-37所示。

步骤02 单击工具箱中的"符号样式器工具"按钮 ◙，然后在"图形样式"面板中选择一个图形样式，如图12-38所示。

步骤03 在要进行附加样式的符号实例对象上单击并按住鼠标左键，即可在符号中出现样式效果，如图12-39所示。

图12-37 　　　　　 图12-38 　　　　　 图12-39

综合实例——使用符号制作促销海报

案例文件	实例练习——使用符号制作促销海报.ai
视频教学	实例练习——使用符号制作促销海报.flv
难易指数	★★★★★
知识掌握	符号工具、"符号"面板

案例效果

案例效果如图12-40所示。

图12-40

操作步骤

步骤01 选择"文件>新建"命令，创建一个A4大小的纵向文档。首先制作一个红色系渐变背景。单击工具箱中的"矩形工具"按钮 ▭，单击工具箱底部的"渐变"按钮，在弹出的"渐变"面板中设置"类型"为"径向"，渐变颜色为红色系的渐变。设置完成后，在画面一角处按住鼠标左键拖曳，绘制一个与画板等大的矩形，如图12-41所示。

图12-41

步骤02 单击工具箱中的"文字工具"按钮 T，在控制栏中设置合适的字体、字号，在画面中输入两行文字，设置文字颜色为白色，如图12-42所示。

步骤03 接着使画面上的文字出现裂痕。单击工具箱中的"选择工具"按钮 T 并选择文字，右击，在弹出的快捷键菜单中选择"创建轮廓"命令，如图12-43所示。

图12-42 　　　　　　 图12-43

步骤04 单击工具箱中的"橡皮擦工具"按钮 ◢，在文字上按住鼠标左键拖曳，擦除文字上的部分，如图12-44所示。

图12-44

步骤05 使用同样方法为其他文字表面进行擦除，如图12-45所示。

图12-45

步骤06 单击工具箱中的"钢笔工具"按钮 ，在控制栏中设置填充颜色为黑色，然后沿文字的外轮廓绘制图形，如图12-46所示。

步骤07 再次单击"钢笔工具"按钮 在控制栏中设置填充颜色为无，描边颜色为黑色，在控制栏中单击"描边"按钮打开"描边"窗口，设置"描边"为虚线，"粗细"为4pt，然后绘制虚线的轮廓图形，如图12-47所示。

图12-46　　　　　　图12-47

步骤08 在画面上添加符号。选择"窗口>符号"命令，在打开的"庆祝"面板中单击底部的"符号库"按钮 ，选择"庆祝"选项，在"庆祝"符号组中单击其中一种符号，如图12-48所示。设置完成后，单击工具箱中的"符号喷枪工具"按钮 ，在文字轮廓边缘处按住鼠标左键并拖动，在画面中添加符号，如图12-49所示。

图12-48　　　　　　图12-49

步骤09 选择符号，单击工具箱中的"符号位移器工具"按钮 ，在"符号"上按住鼠标左键并拖动，修改符号的位置，如图12-50所示。

步骤10 接着要使部分符号元素进行放大或缩小。选择符号，单击工具箱中的"符号缩放器工具"按钮 ，在符号上按住鼠标左键并拖动可以放大符号。按住鼠标左键，并拖曳同时按住Alt键可以使部分符号缩小，如图12-51所示。

图12-50　　　　　　图12-51

步骤11 由于此时黑色背景遮挡住了文字部分，选择黑色的背景，选择"对象>排列>后移一层"命令，效果如图12-52所示。

图12-52

步骤12 接着在画面上继续添加符号。在打开的"庆祝"面板中设置合适的符号，按住鼠标左键并向文字上拖动，效果如图12-53所示。使用同样的方法添加其他符号，移动相应位置，如图12-54所示。

图12-53　　　　　　图12-54

步骤13 最后可以利用工具箱中的文字工具、矩形工具以及星形工具在画面中添加其他辅助元素，最终效果如图12-55所示。

图12-55

Chapter 13
第13章

创建与编辑图表

为了获得更加精确、直观的效果，在对各种数据进行统计和比较时，经常运用图表的方式。Illustrator软件中提供了丰富的图表类型和强大的图表功能，使其在运用图表进行数据统计和比较时更加方便、快捷。

本章学习要点：

- 掌握图表工具的使用方法
- 掌握创建图表的使用方法
- 掌握自定义图表工具的使用方法

13.1 创建图表

为了获得更加精确、直观的效果，在对各种数据进行统计和比较时，经常运用图表的方式。Illustrator软件中提供了丰富的图表类型和强大的图表功能，使其在运用图表进行数据统计和比较时更加方便、快捷，如图13-1所示。

图13-1

13.1.1 输入图表数据

可以使用"图表数据"对话框来输入图表的数据。使用图表工具时会自动显示"图表数据"对话框，也可以选择"对象>图表>数据"命令，除非将其关闭，否则此对话框将保持打开状态，如图13-2所示。

- 单击左上角的单元格，然后单击"导入数据"按钮，并选择文本文件，即可导入数据文本文件。
- 如果不小心输反图表数据（即在行中输入了列的数据，或者相反），则单击"换位"按钮以切换数据行和数据列。
- 要切换散点图的 X 轴和 Y 轴，单击"切换X/Y"按钮即可。
- 单击"应用"按钮，或者按住Enter键，以重新生成图表。

输入文本框

应用
恢复
单元格样式
切换X/Y
换位行/列
导入数据

图13-2

理论实践——使用图表标签

标签是说明下面两方面的文字或数字——要比较的数据组和要比较的种类。对于柱形、堆积柱形、条形、堆积条形、折线、面积和雷达图，可以在工作表中输入标签。如果希望 Illustrator 为图表生成图例，那么需删除左上单元格的内容并保留此单元格为空白，如图13-3所示。

数据组标签

空白单元格
类别标签

图13-3

13.1.2 创建图表

柱形图工具创建的图表可用垂直柱形来比较数值。单击工具箱中的"柱形图工具"按钮，在画板中拖动绘制出一个矩形，松开鼠标时，弹出"图表数据"对话框，该对话框用于输入图表的数据，如图13-4所示。

图13-4

图13-6

在该对话框的图表中，按照实际的情况将相应的数据输入到表格中，并且要输入相应的行名称和列名称。只要在相应的单元上单击，并且在顶部的文本框中输入相应名称或数据即可完成操作，如图13-5所示。

单击工具箱中的"直接选择工具"按钮 ，在画板中同时选中黑色的数值轴及图例，调出"颜色"面板，设置一个颜色，然后使用同样的方法在其他数值轴和图例上填充其他颜色，如图13-7所示。

图13-5

单击"图表数据"对话框中的"应用"按钮 ，并单击"关闭"按钮，图表效果如图13-6所示。

图13-7

13.1.3 调整列宽或小数精度

调整列宽不会影响图表中列的宽度。这种方法只可用来在列中查看更多或更少的数字。由于默认值为2位小数，在单元格中输入的数字4在"图表数据"对话框中显示为4.00，在单元格中输入的数字1.55823显示为1.56。

通过单击"单元格样式"按钮 ，弹出"单元格样式"对话框，对其进行相应的设置，如图13-8所示。

图13-8

↪ 列宽度：在"列宽度"文本框中输入数值，可以定义单元格的位数宽度，设置完毕后单击"确定"按钮即可。

↪ 小数位数：在"小数位数"文本框中输入数值，可以定义数值小数的位置，如果没有输入小数部分，软件将会自动添加相应位数的小数。

13.2 图表工具

使用图表工具可以可视方式交流统计信息。在 Adobe Illustrator 中，可以创建9种不同类型的图表并自定这些图表以满足需要。单击并按住"工具"面板中的图表工具，可查看创建的所有不同类型的图表，如图13-9所示。

图13-9

13.2.1　柱形图工具

柱形图是Illustrator默认的图表类型，通过柱形图长度与数据数值成比例的垂直矩形，表示一组或多组数据之间的相互关系。柱形图可以将数据表中的每一行数据放在一起，供用户进行比较，如图13-6所示。该类型的图表将事物随时间的变化趋势很直观地表现出来。

13.2.2　堆积柱形图工具

堆积柱形图工具创建的图表与柱形图类似，但是它将各个柱形堆积起来，而不是互相并列。这种图表类型可用于表示部分和总体的关系。单击工具箱中的"堆积柱形图工具"按钮 ，在画板中拖动绘制出一个矩形，松开鼠标时，弹出"图表数据"对话框，在该对话框的图表中输入相应的数据。然后单击"图表数据"对话框中的"应用"按钮 ，并使用"颜色"面板进行颜色调整，如图13-10所示。

图13-10

13.2.3　条形图工具

条形图工具创建的图表与柱形图类似，但是水平放置条形而不是垂直放置柱形。单击工具箱中的"条形图工具"按钮 ，在画板中拖动绘制出一个矩形，松开鼠标时，弹出"图表数据"对话框，在该对话框的图表中输入相应的数据。然后单击"图表数据"对话框中的"应用"按钮 ，并使用"颜色"面板进行颜色调整，如图13-11所示。

图13-11

13.2.4　堆积条形图工具

堆积条形图工具创建的图表与堆积柱形图类似，但是条形是水平堆积而不是垂直堆积。单击工具箱中的"堆积条形图工具"按钮 ，在画板中拖动绘制出一个矩形，松开鼠标时，弹出"图表数据"对话框，在该对话框的图表中输入相应的数据。然后单击"图表数据"对话框中的"应用"按钮 ，并使用"颜色"面板进行颜色调整，如图13-12所示。

图13-12

13.2.5　折线图工具

折线图工具创建的图表使用点来表示一组或多组数值，并且对每组中的点都采用不同的线段来连接。这种图表类型通常用于表示在一段时间内一个或多个主题的趋势。单击工具箱中的"折线图工具"按钮 ，在画板中拖动绘制出一个矩形，松开鼠标时，弹出"图表数据"对话框，在该对话框的图表中输入相应的数据，然后单击"图表数据"对话框中的"应用"按钮 ，并使用"颜色"面板进行颜色调整，如图13-13所示。

图13-13

13.2.6　面积图工具

面积图工具创建的图表与折线图工具类似，但是它强调数值的整体和变化情况。单击工具箱中的"面积图工具"按钮■，在画板中拖动绘制出一个矩形，松开鼠标时，弹出"图表数据"对话框，在该对话框的图表中输入相应的数据，然后单击"图表数据"对话框中的"应用"按钮✔，并使用"颜色"面板进行颜色调整，如图13-14所示。

图13-14

13.2.7　散点图工具

散点图工具创建的图表沿 X轴和 Y轴将数据点作为成对的坐标组进行绘制。散点图可用于识别数据中的图案或趋势，还可表示变量是否相互影响。单击工具箱中的"散点图工具"按钮■，在画板中拖动绘制出一个矩形，松开鼠标时，弹出"图表数据"对话框，在该对话框的图表中输入相应的数据，然后单击"图表数据"对话框中的"应用"按钮✔，并使用"颜色"面板进行颜色调整，如图13-15所示。

图13-15

13.2.8　饼图工具

饼图工具可创建圆形图表，其楔形表示所比较的数值的相对比例。单击工具箱中的"饼图工具"按钮■，在画板中拖动绘制出一个饼形，松开鼠标时，弹出"图表数据"，在该对话框的图表中输入相应的数据，然后单击"图表数据"对话框中的"应用"按钮✔，并使用"颜色"面板进行颜色调整，如图13-16所示。

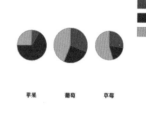

图13-16

13.2.9　雷达图工具

雷达图工具创建的图表可在某一特定时间点或特定类别上比较数值组，并以圆形格式表示。这种图表类型也称为网状图。单击工具箱中的"雷达图工具"按钮■，在画板中拖动绘制出一个矩形，松开鼠标时，弹出"图表数据"对话框，在该对话框的图表中输入相应的数据，然后单击"图表数据"对话框中的"应用"按钮✔，并使用"颜色"面板进行颜色调整，如图13-17所示。

图13-17

实例练习——制作堆积柱形图和饼图

案例文件	实例练习——制作堆积柱形图和饼图.ai
视频教学	实例练习——制作堆积柱形图和饼图.flv
难易指数	★★★★★
知识掌握	堆积柱形图工具、饼图工具

案例效果

案例效果如图13-18所示。

图13-18

操作步骤

步骤01 选择"文件>新建"命令或按Ctrl+N快捷键新建一个文档，具体参数设置如图13-19所示。

图13-19

步骤02 单击"堆积柱形图工具"按钮 ，在画板中拖动绘制堆积柱形图，松开鼠标时，弹出"图表数据"对话框，在该对话框的图表中输入相应的数据，然后单击"图表数据"对话框中的"应用"按钮 ，如图13-20所示。

图13-20

步骤03 此时的堆积柱形图效果如图13-21所示。

图13-21

步骤04 选择"对象>拼合透明度"命令，并在弹出的对话框中进行设置，单击"确定"按钮完成操作，如图13-22所示。

图13-22

步骤05 选择"对象>扩展"命令，并在弹出的对话框中单击"确定"按钮，如图13-23所示。

图13-23

步骤06 选择柱形图并右击，在弹出的快捷菜单中选择"取消编组"命令，如图13-24所示。

图13-24

步骤07 此时可以单独选择柱形图的每一个部分。选择每一个柱形的边框和柱形与柱形之间的小标志，并按Delete键删除，目的是使柱形看起来更整齐、简洁，如图13-25所示。

图13-25

步骤08 依次选择每一个柱形，并填充渐变颜色，如图13-26所示。

图13-26

第13章 创建与编辑图表

步骤09 使用钢笔工具并绘制一条转折的路径，单击控制栏中的"描边"按钮，在打开的"描边"面板中设置"粗细"为0.7pt，并设置合适的箭头，如图13-27所示。

图13-27

步骤10 单击工具箱中的"饼图工具"按钮，在画板中拖动绘制出一个饼形，松开鼠标时，弹出"图表数据"对话框，在该对话框的图表中输入相应的数据，然后单击"图表数据"对话框中的"应用"按钮，如图13-28所示。

图13-28

步骤11 此时的饼形图效果如图13-29所示。

图13-29

步骤12 选择"对象>拼合透明度"命令，并在弹出的对话框中单击"确定"按钮，如图13-30所示。

图13-30

步骤13 选择"对象>扩展"命令，并在弹出的对话框中单击"确定"按钮，如图13-31所示。

图13-31

步骤14 选择此时的饼形图并右击，在弹出的快捷菜单中选择"取消编组"命令，如图13-32所示。

步骤15 此时可以单独选择每一部分饼形。选择每一部分饼形的边框，并按Delete键删除，目的是使柱形看起来更整齐、简洁，如图13-33所示。

图13-32　　　　　　　　　图13-33

步骤16 移动饼图中的每一部分，使其出现缝隙效果，如图13-34所示。

步骤17 为饼图中的每一部分填充渐变颜色，如图13-35所示。

图13-34　　　　　图13-35

步骤18 使用钢笔工具绘制6条转折的路径，如图13-36所示。

图13-36

步骤19 使用文字工具创建6组文字，如图13-37所示。

图13-37

步骤20 此时堆积柱形图和饼图效果如图13-38所示。

图13-38

步骤21 置入背景素材文件，并将其置于底层，如图13-39所示。

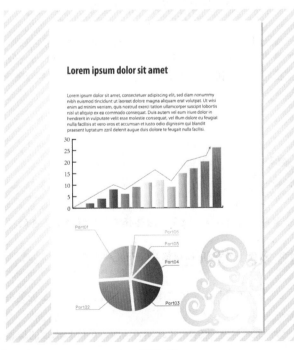

图13-39

13.3 编辑图表

创建图表后，可以使用多种方法来设置图表的格式，设置方法包括改变图表轴的外观和位置，添加投影、移动图例、组合显示不同的图表类型等。

13.3.1 定义坐标轴

除了饼图之外，所有的图表都有显示图表的测量单位的数值轴。可以选择在图表的一侧显示数值轴或者两侧都显示数值轴。条形、堆积条形、柱形、堆积柱形、折线和面积图也有在图表中定义数据类别的类别轴。可以控制每个轴上显示多少个刻度线，可以改变刻度线的长度，并将前缀和后缀添加到轴上的数字的相应位置。

首先使用选择工具选择图表，然后选择"对象>图表>类型"命令或者双击"工具"面板中的图表工具，要更改数值轴的位置，选择"数值轴"下拉列表中的选项，如图13-40所示。

要设置刻度线和标签的格式，从对话框顶部的弹出菜单中选择一个数值轴，如图13-41所示。

图13-40

图13-41

↬ **刻度值**：确定数值轴、左轴、右轴、下轴或上轴上的刻度线的位置。选中"忽略计算出的值"复选框，以手动计算刻度线的位置。创建图表时接受数值设置或者输入最小值、最大值和标签之间的刻度数量。

↬ **刻度线**：确定刻度线的长度和刻度线/刻度的数量。

↬ **添加标签**：确定数值轴、左轴、右轴、下轴或上轴上的数字的前缀和后缀。例如，可以将美元符号或百分号添加到轴数字。

13.3.2 不同图表类型的互换

通过使用选择工具选择图表，然后选择"对象>图表>类型"命令或者双击"工具"面板中的图表工具，在弹出的"图表类型"对话框中，单击与所需图表类型相对应的按钮，然后单击"确定"按钮，如图13-42所示。

图13-42

技巧提示

一旦用渐变的方式对图表对象进行上色，更改图表类型就会导致意外的结果。为了防止不需要的结果，需要到图表结束再应用渐变，或使用直接选择工具选择渐变上色的对象，并用印刷色上色这些对象，然后重新应用原始渐变。

13.3.3 常规图表选项

双击"工具"面板中的图表工具，在弹出的"图表类型"对话框中进行相应的设置，然后单击"确定"按钮，如图13-43所示。

↬ **数值轴**：确定数值轴（此轴表示测量单位）出现的位置。

↬ **添加投影**：为图表中的柱形、条形或线段后面以及整个饼图应用投影。

图13-43

在顶部添加图例：在图表顶部而不是图表右侧水平显示图例。

第一行在前："群集宽度"大于100%时，可以控制图表中数据的类别或群集重叠的方式。使用柱形图或条形图时，此选项最有帮助。

第一列在前：在顶部的"图表数据"对话框中放置与数据第一列相对应的柱形、条形或线段。该选项还可确定 "列宽"大于100%时，柱形图和堆积柱形图中哪一列位于顶部；以及"簇宽度"大于100%时，条形图和堆积条形图中哪一列位于顶部。

选项：在该选项组中，可以设置不同类型图表的参数。不同的图表类型，参数也不相同。

理论实践——添加投影

可以在图表中的柱形、条形或线段后面应用投影，也可以对整个饼图应用投影。使用选择工具选择图表，选择"对象>图表>类型"命令或者双击"工具"面板中的图表工具，在弹出的"图表类型"对话框中选中"添加投影"复选框，然后单击"确定"按钮，如图13-44所示。

图13-44

13.4 自定义图表工具

可以用多种方式手动自定图表。可以更改底纹的颜色；可以更改字体和文字样式；可以移动、对称、切变、旋转或缩放图表的任何部分或所有部分，并自定列和标记的设计；可以对图表应用透明、渐变、混合、画笔描边、图表样式和其他效果。总之应该最后应用这些改变，因为重新生成图表将会删除它们。

13.4.1 改变图表中的部分显示

可以在一个图表中组合显示不同的图表类型。可以让一组数据显示为柱形图，而其他数据组显示为折线图。除了散点图之外，可以将任何类型的图表与其他图表组合。

选择绘制好的柱形图，单击工具箱中的"编组选择工具"按钮，然后单击要更改图表类型的数据的图例，在不移动图例的"编组选择工具"指针的情况下，再次单击选定用图例编组的所有柱形，如图13-45所示。

图13-45

选择"对象>图表>类型"命令或者双击"工具"面板
中的图表工具，在弹出的"图表类型"对话框中选择"折线
图"，单击"确定"按钮，如图13-46所示。

图13-46

 技巧提示

若要取消选择选定的组的部分，使用直接选择工
具，并在按住Shift键的同时单击对象，即可取消对象。

13.4.2 定义图表图案

通过使用"符号"面板中的符号进行图表设计，使原本单击的柱形图变换为
更丰富的图案。

将"符号"面板调出，选择一个图案，然后按住鼠标左键不放将其拖曳到画
板中，松开鼠标即可。使用选择工具选中符号，右击，在弹出的快捷菜单中选择
"断开符号链接"命令，使符号变为一个图形，如图13-47所示。

图13-47

接着使用矩形工具绘制一个矩形框，该矩形是图表设计的边界，填充和描边
为无。使用钢笔工具绘制一条水平线段来定义伸展或压缩设计的位置。选择设计的
所有部分，包括水平线段。选择"对象>编组"命令，将设计分组，如图13-48
所示。

使用直接选择工具选择水平线段。选择"视图>参考线>建立参考线"命
令，将水平线段转换为参考线。选择"视图>参考线>锁定参考线"命令，删除
"锁定"旁边的选中标记，这样可以解锁参考线。移动周围的设计以确保参考线
和设计一起移动，如图13-49所示。

图13-48　　　　图13-49

使用选择工具选择整个设计。选择"对象>图表>设
计"命令，弹出"图表设计"对话框，单击"新建设计"按
钮，所选设计的预览将会显示。单击"重命名"按钮将其重
命名为"花盆"，如图13-50所示。

图13-50

13.4.3 使用图案来表现图表

图表图案定义完成后，将图案应用在图表中。双击
任意一个图表工具，在画板中拖动绘制出一个矩形，松开
鼠标时，弹出"图表数据"对话框，在该对话框的图表中
输入相应的数据，然后单击"图表数据"对话框中的"应
用"按钮✔，如图13-51所示。

图13-51

使用选择工具选择图表，选择"对象>图表>柱形图"命令，弹出"图表列"对话框，在"选取列设计"列表框中选择"花盆"，在"列类型"下拉列表框中选择"局部缩放"选项，单击"确定"按钮，如图13-52所示。

图13-52

13.4.4 设计标记

在画板中选中要用到的图形对象，可以是任意对象，但是不能包含图表对象。选择"对象>图表>设计"命令，在弹出的"图表设计"对话框中单击"新建设计"按钮，所选设计的预览将会显示，单击"确定"按钮，如图13-53所示。

使用编组选择工具，选择要用设计取代的图表中的标记和图例，不要选择任何线段。选择"对象>图表>标记"命令，选择一个设计，然后单击"确定"按钮，如图13-54所示。

图13-53

图13-54

 技巧提示

若要取消选择选定的组的部分，使用直接选择工具，并在按住Shift键的同时单击对象，即可取消对象。

综合实例——使用图表制作企业画册

案例文件	综合实例——使用图表制作企业画册.ai
视频教学	综合实例——使用图表制作企业画册.flv
难易指数	★★★★★
知识掌握	饼图工具

案例效果

案例效果如图13-55所示。

图13-55

操作步骤

步骤01 选择"文件>新建"命令，创建一个A4大小的横版文件。单击工具箱中的"矩形工具"按钮，接着在控制栏中设置填充颜色为白色。按住鼠标左键拖曳绘制出与画板等大的矩形作为背景色，如图13-56所示。

图13-56

步骤02 单击工具箱中的"钢笔工具"按钮 ，在控制栏中设置填充颜色为蓝色，设置完成后在页眉处绘制三角形，然后使用矩形工具绘制矩形，如图13-57所示。

图13-57

步骤03 置入素材。选择"文件>置入"命令，将素材1.jpg置入画面中，将素材移动到合适位置，如图13-58所示。

图13-58

步骤04 选择素材，右击，在弹出的快捷键菜单中选择"变换>对称"命令，设置对称轴为"垂直"，如图13-59所示，效果如图13-60所示。单击控制栏中的"嵌入"按钮，进行嵌入。

图13-59

图13-60

步骤05 单击工具箱中的"矩形工具"按钮 ，接着在控制栏中设置填充颜色为白色，按住鼠标左键拖曳绘制出矩形，如图13-61所示。

图13-61

步骤06 将素材和矩形加选，右击，在弹出的快捷键菜单中选择"建立剪切蒙版"命令，如图13-62所示。将素材照片移动到画面左侧，如图13-63所示。

图13-62　　　　　　　　图13-63

步骤07 单击工具箱中的"钢笔工具"按钮 ，在控制栏中设置填充颜色为无，描边颜色为黑色，在控制栏中单击"描边"按钮，打开"描边"面板，设置"粗细"为1pt，选中"虚线"复选框，设置间隔为2pt，如图13-64所示。

图13-64

步骤08 设置完成后，在右侧页面上方按住Shift绘制水平的虚线，如图13-65所示。使用同样方法绘制多条分割线，如图13-66所示。

图13-65

图13-66

步骤09 单击工具箱中"文字工具"按钮 ，在控制栏中设置合适的字体、字号，在页眉处输入文字，然后修改文字的位置、颜色，如图13-67所示。

图13-67

Illustrator CC 中文版从入门到精通

步骤10 继续使用文字工具，在右侧页面的各个分割区域中添加段落文字和点文字，如图13-68所示。

步骤11 在画面上绘制图表。单击工具箱中的"饼图工具"按钮 ，按住鼠标左键拖曳出图表的范围，如图13-69所示。

图13-68　　　　　　　　　　图13-69

步骤12 弹出饼图工具数据编辑对话框，设置参数为30%、60%、10%，如图13-70所示。

图13-70

步骤13 数据表格设置完成，单击表格右上角的应用按钮，完成饼形图表的制作，如图13-71所示。

图13-71

步骤14 使用同样的方法制作另一个图表，移动到相应位置，本案例制作完成，效果如图13-72所示。

图13-72

 读书笔记

Chapter 14
第14章

图层与剪切蒙版

使用Illustrator制图时，使用图层可以快捷有效地管理图形对象。通过选择"窗口>图层"命令，可以调出"图层"面板，默认情况下，每个新建的文档都包含一个图层，而每个创建的对象都在该图层之下列出，并且用户可以根据需要创建新的图层。

本章学习要点：

- 熟悉"图层"面板的构成和功能
- 掌握图层的基本编辑方法
- 掌握合并、锁定、隐藏图层的方法
- 掌握图层剪切蒙版的使用方法

14.1 认识"图层"面板

相对于传统绘画的"单一平面操作"模式而言，以Illustrator、Photoshop为代表的"多图层"模式数字制图大大地增强了图像编辑的扩展空间。在使用Illustrator制图时，使用图层可以快捷有效地管理图形对象。通过选择"窗口>图层"命令，可以调出"图层"面板，默认情况下，每个新建的文档都包含一个图层，而每个创建的对象都在该图层之下列出，并且用户可以根据需要创建新的图层，如图14-1所示。

切换锁定
切换可视性
单击可定位
定位对象
建立/释放剪切蒙版
创建新子图层
创建新图层
删除所选图层

图14-1

- 切换可视性：在这里显示当前图层的显示/隐藏状态以及图层的类型。例如， 👁 表示项目是可见的， ▦ 表示项目是隐藏的， ▦ 表示当前图层为模板图层， ▦ 表示当前图层为轮廓图层。

- 切换锁定：指示项目是锁定的还是非锁定的。🔒 为锁定状态，不可编辑；为非锁定状态，可以进行编辑。

- 单击可定位：当按钮显示为 ◉ 或 ◉ 形状时，表示项目已被选择，◯ 则表示项目未被应用。 单击该按钮可以快速定位当前对象。

- 建立/释放剪切蒙版：用于创建图层中的剪切蒙版，图层中位于最顶部的图层将作为蒙版轮廓。

- 创建新子图层：在当前集合图层下创建新的子图层。

- 创建新图层：单击该按钮即可创建新图层，按住Alt键单击该按钮即可弹出"图层选项"对话框。

- 删除所选图层：单击该按钮即可删除所选图层。

技术拓展："图层"面板选项设置详解

在"图层"面板上单击 ▤ 按钮，在菜单中选择"面板选项"命令，在弹出的"图层面板选项"对话框中可以进行"图层"面板显示的更改，如图14-2所示。

图14-2

选中"仅显示图层"复选框可隐藏"图层"面板中的路径、组和元素集。

对于"行大小"，选择一个选项，以指定行高度。

对于"缩览图"，选择图层、组和对象的一种组合，确定其中哪些项要以缩览图的预览形式显示。

14.2 图层的基本操作

图层的原理其实非常简单，就像分别在多个透明的玻璃上绘画一样，更改玻璃的排列顺序能够改变画面效果，移走某个玻璃即可隐藏处于其上的所有内容。在编辑比较复杂的文件时，使用图层进行对象的分类管理是非常方便的，同时对已有的图层进行编辑也并不复杂。如图14-3所示为图层原理示意图。

图14-3

14.2.1 选择图层

在对图层进行编辑之前首先需要选择图层，在Illustrator中可以选择一个或多个图层以便在上面工作。在"图层"面板中单击某一图层名称即可选择该图层，如图14-4所示。

要选择多个连续的图层，首先需要单击第一个图层，然后按住Shift键单击最后一个图层即可，如图14-5所示。

要选择多个不连续的图层，需要按住Ctrl键，并在"图层"面板中单击加选其他图层，如图14-6所示。

图14—4　　　　图14—5　　　　图14—6

14.2.2　选中图层中的对象

若要选中图层中的某个对象，只需展开一个图层，并找到要选中的对象，单击该选项即可将其选中。也可以使用选择工具，在画板上单击相应的对象，如图14-7所示。

若要将一个图层中的所有对象同时选中，在"图层"面板中单击相应图层选项右侧的圆圈标记，可以将该图层中所有对象同时选中，如图14-8所示。

图14—7　　　　图14—8

14.2.3　创建图层

选择"窗口>图层"命令，打开"图层"面板。如果想要在某个图层的上方新建图层，需要在"图层"面板中单击该图层的名称以选定图层，如图14-9所示。

若要在选定的图层之上添加新图层，可以直接单击"图层"面板中的"创建新图层"按钮，如图14-10所示。

若要在选定的图层内创建新子图层，可以单击"图层"面板中的"创建新子图层"按钮，如图14-11所示。

也可以在"图层"面板菜单中选择"新建图层"命令或"新建子图层"命令，随后会弹出"图层选项"对话框，在这里可以对新建图层的参数进行详细设置，如图14-12所示。

图14—9　　　　　　　图14—10

图14—11　　　　　　图14—12

14.2.4　复制图层

使用"图层"面板可快速复制图层、组或者对象。首先在"图层"面板中选择要复制的对象，然后在面板中将该项拖动到面板底部的"新建图层"按钮上即可，如图14-13所示。

也可以在"图层"面板菜单中选择"复制'图层X'"命令，如图14-14所示。

图14—13

图14—14

14.2.5 删除图层

在Illustrator中删除图层的同时，该图层中包含的所有图稿以及子图层、组、路径和剪切组的图层都会被删除。

在"图层"面板中选择要删除的项目，然后单击"图层"面板底部的"删除"按钮即可删除所选图层。也可以直接将需要删除的图层名称拖动到面板的"删除"按钮上。或者选择"图层"面板菜单中的"删除'图层X'"命令，如图14-15所示。

图14—15

14.2.6 调整图层顺序

位于"图层"面板顶部的图稿在顺序中位于前面，而位于"图层"面板底部的图稿在顺序中位于后面。同一图层中的对象也是按结构进行排序的。

拖动项目名称，在黑色的插入标记出现在期望位置时释放鼠标。黑色插入标记出现在面板中其他两个项目之间，或出现在图层或组的左边和右边。在图层或组之上释放的项目将被移动至项目中所有其他对象上方，如图14-16所示。

图14—16

14.2.7 编辑图层属性

每个图层的基本功能是相同的，调整图层的属性只是对图层的一些状态进行调整。在"图层"面板中选中要进行调整的图层，然后单击菜单按钮选择"图层的选项"命令，在弹出的"图层选项"对话框中即可对基本属性进行修改，如图14-17所示。

图14—17

- 名称：指定项目在"图层"面板中显示的名称。
- 颜色：指定图层的颜色设置。可以从菜单中选择颜色，或双击颜色色板以选择颜色。
- 模板：使图层成为模板图层。
- 锁定：禁止对项目进行更改。
- 显示：显示画板图层中包含的所有图稿。
- 打印：使图层中所含的图稿可供打印。
- 预览：以颜色而不是轮廓来显示图层中包含的图稿。
- 变暗图像至：将图层中所包含的链接图像和位图图像的强度降低到指定的百分比。

14.3 合并图层与拼合图稿

合并图层的功能与拼合图稿的功能类似，二者都可以将对象、组和子图层合并到同一图层或组中。使用合并功能，可以选择要合并哪些项目。使用拼合功能，则将图稿中的所有可见项目都合并到同一图层中。

14.3.1 合并图层

调出"图层"面板，将要进行合并的图层同时选中，然后从"图层"面板菜单中选择"合并所选图层"命令，即可将所选图层合并为一个图层，如图14-18所示。

图14—18

14.3.2 拼合图稿

与合并图层不同，拼合图稿功能能够将当前文件中的所有图层拼合到指定的图层中。首先选择即将合并到的图层，然后在"图层"面板菜单中选择"拼合图稿"命令，如图14-19所示。

图14-19

14.4 锁定与解锁图层

所有锁定图层的功能都使该图层中的对象不被选择和编辑，而且只需锁定父图层，即可快速锁定其包括的多个路径、组和子图层。使用全部解锁命令可以快速将全部锁定的图层解锁。

14.4.1 锁定图层

在"图层"面板的"编辑列"中可以对图层进行锁定与解锁的操作。当编辑列显示为 🔒 时为锁定状态，不可编辑；显示为 ▉ 时则是非锁定状态，可以进行编辑。

在"图层"面板中单击要锁定的图层对应的方框 ▉ ，使其变为 🔒 ，即可锁定该图层，如图14-20所示。

用鼠标指针单击并拖过多个编辑列按钮可一次锁定多个项目，如图14-21所示。

若要锁定除所选对象或组所在图层以外的所有图层，需要首先选中该图层，然后选择"对象>锁定>其他图层"命令，或在"图层"面板菜单中选择"锁定其他图层"命令即可，如图14-22所示。

图14-20

图14-21

图14-22

14.4.2 解锁图层

若要解锁对象，在"图层"面板中单击要锁定的图层对应的 🔒 ，使其变为 ▉ ，即可解锁该图层，如图14-23所示。

图14-23

在"图层"面板菜单中选择"解锁所有图层"命令，可以一次性解锁所有锁定的图层，如图14-24所示。

图14-24

14.5 显示与隐藏图层

14.5.1 隐藏图层

在"图层"面板中，单击要隐藏的项目旁边的 👁 图标，使其变为 ▉ 即可隐藏该图层。再次单击 ▉ ，使其变为 👁 即可重新显示项目。如果隐藏了图层或组，则图层或组中的所有项目都会被隐藏。将鼠标指针拖过多个 👁 图标，可一次隐藏多个项目，如图14-25所示。

若要隐藏除某一图层以外的所有其他图层，选择"对象>隐藏>其他图层"命令。也可以按住Alt键，单击要显示的图层对应的 👁 图标即可将其他图层快速隐藏，如图14-26所示。

图14-25

图14-26

14.5.2 显示图层

若要显示所有图层和子图层，在"图层"面板菜单中选择"显示所有图层"命令。该命令只会显示被隐藏的图层，不会显示被隐藏的对象，如图14-27所示。

图14-27

14.6 剪切蒙版

剪切蒙版是一个可以用其形状遮盖其他图稿的对象，使用剪切蒙版只能看到蒙版形状内的区域。从效果上来说，就是将图稿裁剪为蒙版的形状。剪切蒙版和遮盖的对象称为剪切组合。可以通过选择的两个或多个对象或者一个组或图层中的所有对象来建立剪切组合，如图14-28所示。

图14-28

对象级剪切组合在"图层"面板中组合成一组。如果创建图层级剪切组合，则图层顶部的对象会剪切下面的所有对象。对对象级剪切组合执行的所有操作（如变换和对齐）都基于剪切蒙版的边界，而不是未遮盖的边界。在创建对象级的剪切蒙版之后，只能通过使用"图层"面板、直接选择工具，或隔离剪切组来选择剪切的内容。

14.6.1 创建剪切蒙版

需要创建用于蒙版的剪切路径对象，可以是基本图形、绘制的复杂图形或者文字等矢量图形，如图14-29所示。

图14-29

将剪切路径对象移动到想要遮盖的对象的上方，需要遮盖的对象可以是矢量对象，也可以是位图对象，如图14-30所示。

图14-30

选择剪切路径以及想要遮盖的对象，选择"对象>剪切蒙版>建立"命令，或右击，在弹出的快捷菜单中选择"建立剪切蒙版"命令，可以看到文字部分的颜色信息消失，位图只显示出文字内部的区域，如图14-31所示。

图14-31

技巧提示

要从两个或多个对象重叠的区域创建剪切路径，需要先将这些对象进行编组。

也可以通过"图层"面板创建剪切蒙版。首先需要将要作为蒙版的路径置于图层的最顶层，选择该图层后单击"图层"面板底部的"建立/释放剪切蒙版"按钮 即可，如图14-32所示。

图14-32

实例练习——使用剪切蒙版制作公益广告

案例文件	实例练习——使用剪切蒙版制作公益广告 .ai
视频教学	实例练习——使用剪切蒙版制作公益广告 .flv
难易指数	★★★★★
知识掌握	剪切蒙版

案例效果

案例效果如图14-33所示。

图14-33

操作步骤

步骤01 选择"文件>新建"命令，创建A4大小的竖版文档。首先制作一个蓝色系渐变矩形作为背景。单击工具箱中的"矩形工具"按钮 ，单击"工具箱"底部的"渐变"按钮 ，在弹出的"渐变"面板中设置"类型"为"径向"，渐变颜色为蓝色系的渐变。设置完成后，按住鼠标左键拖曳绘制一个与画板等大的矩形，效果如图14-34所示。

图14-34

步骤02 置入素材。选择"文件>置入"命令，将素材1.jpg置入画面中，如图14-35所示。

步骤03 单击工具箱中的"文字工具"按钮 T，在控制栏中设置合适的字体，设置较大的字号，然后在画面中单击输入数字1，如图14-36所示。

图14-35　　　　　　　　图14-36

步骤04 将数字和素材图片加选，右击，在弹出的快捷键菜单中选择"建立剪切蒙版"命令，如图14-37所示。此时素材图片只显示出数字1内部的内容，效果如图14-38所示。

图14-37　　　　　　　　图14-38

步骤05 制作主体图形的凹陷效果。单击工具箱中的"钢笔工具"按钮 ，设置填充颜色为深蓝色，然后在数字的上方绘制四边形，如图14-39所示。继续沿着数字边缘绘制多个图形，设置不同的颜色，制作出凹陷的效果，如图14-40所示。

图14-39　　　　　　图14-40

步骤06 在主体图形下方添加文字。单击工具栏中的"文字工具"按钮 T，在主体图形下方输入多组文字，对齐方式设置为"居中对齐"，最终效果如图14-41所示。

图14-41

14.6.2　编辑剪切蒙版

一个剪切组合中既可对剪切路径进行编辑，也可对被遮盖的对象进行编辑，选中剪切蒙版直接进行编辑则是针对剪切路径进行的操作，如图14-42所示。

如果想要对被遮盖的内容进行编辑，则需要在"图层"面板中选择并定位剪切路径，或者选择剪切组合并选择"对象>剪切蒙版>编辑蒙版"命令，或者选择剪切蒙版并在控制栏中单击"编辑内容"按钮 ，即可对蒙版内容进行编辑，如图14-43所示。

图14-42

图14-43

14.6.3 释放剪切蒙版

要释放剪切蒙版，首先需要选择该剪切蒙版，然后右击，在弹出的快捷菜单中选择"释放剪切蒙版"命令，或者选择"对象>剪切蒙版>释放"命令，如图14-44所示。

在"图层"面板中单击包含剪切蒙版的组或图层，然后单击该面板底部的"建立/释放剪切蒙版"按钮，也可完成剪切蒙版的释放，如图14-45所示。

图14-44

图14-45

技巧提示

由于为剪切蒙版指定的填充或描边值都为"无"，因此被释放的剪切蒙版路径是不可见的。

实例练习——使用剪切蒙版制作名片

案例文件	实例练习——使用剪切蒙版制作名片.ai
视频教学	实例练习——使用剪切蒙版制作名片.flv
难易指数	★★★★
知识掌握	建立剪切蒙版、形状工具、文字工具

案例效果

案例效果如图14-46所示。

图14-46

操作步骤

步骤01 使用新建快捷键Ctrl+N创建新文档，如图14-47所示。

步骤02 单击工具箱中的"文字工具"按钮，在控制栏中设置合适的字体和大小，并输入大写英文S，如图14-48所示。

图14-47

图14-48

步骤03 单击工具箱中的"选择工具"按钮 ▶ ，选中英文，按住Ctrl+2快捷键，将英文S锁定，如图14-49所示。

图14-49

 技巧提示

锁定对象的快捷键为Ctrl+2，解除锁定对象的快捷键为Ctrl+Alt+2。

步骤04 单击工具箱中的"椭圆工具"按钮 ●，在S上绘制出不同大小的圆，将其分别设置为不同的颜色，如图14-50所示。

图14-50

步骤05 单击工具箱中的"选择工具"按钮 ▶ ，框选所有圆形，选择"窗口>路径查找器"命令，在打开的"路径查找器"面板中单击"分割"按钮，完成后可以将所有重叠的部分分隔开，并改变其颜色，如图14-51所示。

图14-51

 技巧提示

这时将选不中底层的S，因为底层的S已经被锁定。

步骤06 按下解除锁定快捷键Ctrl+Alt+2将锁定的S解锁。再次选中S，选择"对象>扩展"命令，在弹出的"扩展"对话框中选中"对象"和"填充"复选框，单击"确定"按钮完成操作，这时可以看到文字S被扩展成一个闭合路径，如图14-52所示。

图14-52

步骤07 选中S并右击，在弹出的快捷菜单中选择"排列>置于顶层"命令，将其移至顶层。再选中所有图形，右击，在弹出的快捷菜单中选择"建立剪切蒙版"命令，完成操作，如图14-53所示。

图14-53

步骤08 单击工具箱中的"椭圆工具"按钮 ●，在剪切后的S上方绘制出多个小正圆，并分别填充为不同的颜色，如图14-54所示。

步骤09 单击工具箱中的"文字工具"按钮 T ，在控制栏中设置合适的字体和大小，继续在右下方输入文字，如图14-55所示。

图14-54　　　　　图14-55

步骤10 单击工具箱中的"矩形工具"按钮 ▢ ，绘制一个与卡片大小相同的矩形，如图14-56所示。

步骤11 在"图层"面板中展开"图层1"，在这里可以看到新绘制的矩形位于堆栈的顶端，选择这个图层，在"图层"面板中单击"创建剪切蒙版"按钮 ▣ ，为当前画面创建剪切蒙版，如图14-57所示。

图14-56

图14-57

步骤12 使用矩形工具，绘制一个与卡片大小相同的矩形，右击，在弹出的快捷菜单中选择"排列>置于底层"命令。将矩形填充为白色，并选择"效果>风格化>投影"命令，打开"投影"对话框，进行相应的设置，如图14-58所示。

图14-58

步骤13 制作卡片背面。使用选择工具选择右下角文字，再按住Alt键移动复制出一个新的对象，并将其放置到左侧空白区域，然后按住Shift+Alt快捷键向外拖动，将其等比例放大，如图14-59所示。

图14-59

步骤14 单击工具栏中的"自由变换工具"按钮 ▦ ，此时复制的文字sylvia crystal的周围出现了一个定界框，将鼠标指针放置到定界框的外侧，鼠标指针将变成 ↖ 形状，拖曳鼠标对象进行旋转操作，如图14-60所示。

图14-60

步骤15 单击工具箱中的"文字工具"按钮 T ，在控制栏中设置合适的字体、大小和颜色，在底部输入英文，如图14-61所示。

图14-61

步骤16 继续采用同样的方法，在卡片背面绘制与正面大小相同的矩形，并为其简历剪切蒙版，如图14-62所示。

图14-62

答疑解惑——如何释放剪切蒙版层？

选中剪切蒙版对象，并选择"对象>剪切蒙版>释放"命令，即可恢复原始状态，如图14-63所示。

图14-63

Illustrator CC 中文版从入门到精通

步骤17 选中卡片正面底部的带有阴影的矩形，将其复制并移动到左侧，如图14-64所示。

图14—64

步骤18 使用矩形工具绘制一个画布大小的矩形，然后在"渐变"面板中编辑一种灰色系的径向渐变，最终效果如图14-65所示。

图14—65

综合实例——三折页宣传册设计

案例文件	综合实例——三折页宣传册设计.ai
视频教学	综合实例——三折页宣传册设计.flv
难易指数	★★★★★
知识掌握	剪切蒙版、"透明度"面板、文字工具

案例效果

案例效果如图14-66所示。

图14—66

操作步骤

步骤01 选择"文件>新建"命令。在"新建文档"对话框中设置"画板数量"为3，"大小"为A4，"取向"为"横向"，"出血"数值均为3mm。展开"高级"设置组，设置"颜色模式"为CMYK，"栅格效果"为"高（300ppi）"，单击"确定"按钮，如图14-67所示。

图14—67

步骤02 首先制作三折页的正面。单击工具箱中的"矩形工具"按钮 ▣，接着在控制栏中设置填充颜色为白色，按住鼠标左键拖曳绘制出与画板等大的矩形。选择"视图>标尺"命令，调出标尺，然后在纵向的标尺上按住鼠标拖曳出两条参考线，将页面等分为3个部分，如图14-68所示。

图14—68

步骤03 单击工具箱中的"钢笔工具"按钮 ，在控制栏中设置填充颜色为黑色，设置完成后，在页面右侧的位置绘制图形，如图14-69所示。使用同样方法继续绘制其他图形，如图14-70所示。

图14—69

图14—70

步骤04 继续使用钢笔工具在控制栏中设置填充颜色为橘色，在页面左下角位置绘制图形。选择图形，选择"窗口>透明度"命令，打开"透明度"面板，设置"混合模式"为"正片叠底"，如图14-71所示。

步骤05 用同样的方法绘制另外几个图形，并在控制栏中设置合适的填充颜色，如图14-72所示。

图14—71　　　　　　　图14—72

步骤06 置入位图素材。选择"文件>置入"命令，将素材1.jpg置入到画面中，然后单击控制栏中的"嵌入"按钮，进行嵌入。将素材移动到画面偏右侧的区域，如图14-73所示。

图14—73

步骤07 使用选择工具，选中位图素材，多次选择"对象>排列>后移一层"命令，使素材移动到黑色不规则图形的下方，然后将素材和图形加选，右击，在弹出的快捷键菜单中选择"建立剪切蒙版"命令，如图14-74所示。此时照片只显示图形范围内的区域，效果如图14-75所示。

图14—74　　　　　　　图14—75

步骤08 继续使用钢笔工具，在控制栏中设置填充颜色，设置完成后在右下角绘制图形，如图14-76所示。

图14—76

步骤09 选择青绿色图形，选择"窗口>透明度"命令，打开"透明度"面板，设置"混合模式"为"正片叠底"，如图14-77所示，效果如图14-78所示。

图14—77　　　　　　　图14—78

步骤10 在画面上输入文字。单击工具箱中的"文字工具"按钮 ，在控制栏中设置合适的字体、字号。在左侧和中央的两个区域中输入稍大一些的橙色标题文字，如图14-79所示。

图14—79

步骤11 继续使用文字工具输入其他文字，修改文字颜色、位置及大小，效果如图14-80所示。

图14-80

步骤12 下面开始制作第二个页面。将鼠标指针移动到第二块画板上，使用矩形工具绘制出与画板等大的白色矩形作为背景，接着使用钢笔工具在控制栏中设置填充颜色为黑色，在页面底部绘制不规则的图形，如图14-81所示。

步骤13 选择"文件>置入"命令，将素材1.jpg再次置入画面中，然后单击控制栏中的"嵌入"按钮，进行嵌入。对素材选择"对象>排列>后移一层"命令，然后将素材和图形加选，右击，在弹出的快捷菜单中选择"建立剪切蒙版"命令，效果如图14-82所示。

图14-81　　　　　　　　　　图14-82

步骤14 使用同样的方法在页面中添加彩色装饰图形以及文字信息，如图14-83所示。

步骤15 制作三折页的展示效果。回到三折页正面的画板中，框选页面全部内容，使用快捷键Ctrl+G编组，如图14-84所示。使用快捷键Ctrl+C进行复制，Ctrl+V进行粘贴，将复制出的内容移动到第三个画板中。

图14-83　　　　　　　　　　图14-84

步骤16 单击工具箱中的"矩形工具"按钮，在右侧封面的位置绘制一个矩形，如图14-85所示。

步骤17 使用选择工具，选中矩形和整个页面，单击鼠标右键，在弹出的快捷菜单中选择"建立剪切蒙版"命令，效果如图14-86所示。

图14-85　　　　　　　　　　图14-86

步骤18 选择封面部分，选择"效果>风格化>投影"命令，设置"模式"为"正片叠底"，"不透明度"为75%，"X位移和Y位移"均为0.5mm，"模糊"为0.5mm，单击"确定"按钮，如图14-87所示。

图14-87

步骤19 使用快捷键Ctrl+C进行复制，Ctrl+V进行粘贴，并将复制出的画册适当旋转，最终效果如图14-88所示。

图14-88

综合实例——制作输入法皮肤

案例文件	综合实例——制作输入法皮肤 .ai
视频教学	综合实例——制作输入法皮肤 .flv
难易指数	★★★★★
知识掌握	创建剪切蒙版、新建图层、图层锁定、路径查找器

案例效果

案例效果如图 14-89 所示。

图 14-89

操作步骤

步骤 01 选择"文件 > 打开"命令，打开背景素材文件，此时可以看到背景素材底部有多余的部分，如图 14-90 所示。

图 14-90

步骤 02 单击工具箱中的"矩形工具"按钮 ▣，在图像中绘制一个矩形，如图 14-91 所示。

图 14-91

步骤 03 选中该矩形所在图层，并在"图层"面板中单击"建立 / 释放剪切蒙版"按钮，此时可以看到图像中多余的部分被隐藏了，而且在"图层"面板中可以看到矩形路径变为剪切路径，如图 14-92 所示。效果如图 14-93 所示。

图 14-92

图 14-93

步骤 04 为了便于后面的操作，可以在"图层"面板中将背景图层锁定，然后单击"创建新图层"按钮，创建"图层 2"，并在其中进行下一步操作，如图 14-94 所示。

图 14-94

步骤 05 单击工具箱中的"圆角矩形工具"按钮 ▢，在画面中单击，在弹出的"圆角矩形"对话框中设置圆角矩形的"宽度"为 250mm，"高度"为 40mm，"圆角半径"为 5mm，单击"确定"按钮完成操作，如图 14-95 所示。

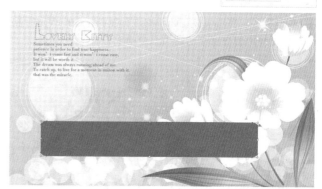

图 14-95

步骤 06 单击工具箱中的"选择工具"按钮 �, 选中这个圆角矩形，使用复制快捷键 Ctrl+C 与原位粘贴快捷键 Ctrl+F，

Illustrator CC 中文版从入门到精通

粘贴出一个新的圆角矩形。适当缩放后，选择"窗口>渐变"命令，打开"渐变"面板，在该面板中编辑一种黄绿色的渐变，如图14-96所示。

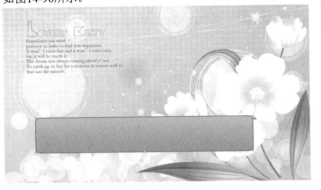

图 14-96

步骤07 选择"效果 > 风格化 > 投影"命令，打开"投影"对话框，设置"模式"为"正片叠底"，"不透明度"为75%，颜色为灰色，单击"确定"按钮，如图 14-97 所示。

图 14-97

步骤08 单击工具箱中的"圆角矩形工具"按钮，继续在黄绿渐变的圆角矩形图形中绘制一个小一点的圆角矩形，在"渐变"面板中编辑颜色稍深一些的绿色系渐变，如图14-98所示。

图 14-98

步骤09 选中所有的圆角矩形，右击，在弹出的快捷菜单中选择"编组"命令，将其编组，如图 14-99 所示。

图 14-99

步骤10 复制这个组对象到其上方，再单击工具箱中的"比例缩放工具"按钮，将鼠标指针放到定界框边缘，按住 Shift 键并拖曳鼠标，可以在保持对象原始的横纵比例的情况下缩放对象，如图 14-100 所示。

图 14-100

步骤11 单击工具栏中的"椭圆工具"按钮和"钢笔工具"按钮，绘制出一个爪子的形状，并填充为白色，如图14-101所示。

步骤12 单击"选择工具"按钮，选中爪子图形，复制一个副本，并将其缩小放置在适当的位置，如图 14-102 所示。

图 14-101

图 14-102

步骤 13 单击工具箱中的"文字工具"按钮 **T**，在控制栏中设置合适的字体及字号，在圆角矩形中输入文字，如图 14-103 所示。

图 14-103

步骤 14 单击工具箱中的"钢笔工具"按钮 ，在文字右侧绘制出两个三角形，如图 14-104 所示。

图 14-104

步骤 15 单击工具箱中的"选择工具"按钮 ，选择前一个三角形，选择"窗口>透明度"命令，打开"透明度"面板，设置"不透明度"为 50%，如图 14-105 所示。

图 14-105

步骤 16 继续使用文字工具在另一个圆角矩形中输入文字，如图 14-106 所示。

图 14-106

步骤 17 单击工具箱中的"椭圆工具"按钮 ，在文字文本右侧绘制两个同等大小且相互错开的正圆形状，如图 14-107 所示。

图 14-107

步骤 18 选中两个正圆，选择"窗口>路径查找器"命令，在打开的"路径查找器"面板中单击"分割"按钮，完成后可以看到两个图形被分割为三份。再单击工具箱中的"选择工具"按钮 ，框选上面两个图形将其删除，只留下月牙形图形，如图 14-108 所示。

图 14-108

步骤 19 单击工具箱中的"文字工具"按钮 **T.**，在月牙形状的右边输入标点。选择"对象>扩展"命令，在打开的"扩展"对话框中选中"对象"和"填充"复选框，单击"确定"按钮完成操作，将文字文本扩展成图形，如图 14-109 所示。

图 14-109

步骤 20 单击工具箱中的"矩形工具"按钮 **□**，在符号的右边绘制大小不同的矩形，如图 14-110 所示。

图 14-110

步骤 21 单击工具箱中的"选择工具"按钮 **▶**，框选新绘制的所有矩形，再选择"窗口>路径查找器"命令，在打开的"路径查找器"面板中单击"减去顶层"按钮，将多余的部分删除，如图 14-111 所示。

综合实例——扁平化手机社交软件界面

案例文件	综合实例——扁平化手机社交软件界面 .ai
视频教学	综合实例——扁平化手机社交软件界面 .flv
难易指数	★★★★★
知识掌握	剪切蒙版、透明的设置、路径查找器的使用

案例效果

案例效果如图 14-113 所示。

图 14-111

步骤 22 在"图层"面板中单击"新建图层"按钮，创建"图层 2"，然后导入卡通小猫素材，将其放在适合的位置，最终效果如图 14-112 所示。

图 14-112

图 14-113

操作步骤

步骤01 选择"文件 > 新建"命令，在弹出的"新建文档"对话框中设置"配置文件"为"[自定]"，"大小"为iPhone 5，设置完成后单击"确定"按钮，如图14-114所示。创建出一个适合手机屏幕尺寸的文档，如图14-115所示。

图14-114　　　　　　　　　　图14-115

步骤02 单击工具箱中的"矩形工具"按钮▢，在控制栏中设置填充为黑色，描边为无，然后绘制一个与画板等大的矩形，如图14-116所示。

步骤03 制作手机信号的标志。使用矩形工具绘制两个细长的灰色矩形，如图14-117所示。

图14-116　　　　　　　　　　图14-117

步骤04 将这两个矩形选中，双击工具箱中的"混合工具"按钮▣，在弹出的"混合选项"对话框中设置"间距"为"指定的步数"，"步骤"为3，"取向"为"对齐路径"，参数设置如图14-118所示。

图14-118

步骤05 设置完成后单击"确定"按钮，然后使用"建立混合"快捷键Ctrl+Alt+B建立混合，效果如图14-119所示。

图14-119

步骤06 单击工具箱中的"文字工具"按钮 T，在界面顶部单击，并输入时间文字，如图14-120所示。打开素材1.ai，将电池图标复制到该文件中，放置在版面的右上角，如图14-121所示。

图14-120　　　　　　　　　　图14-121

步骤07 选择工具箱中的圆角矩形工具，在控制栏中将填充设置为淡红色。在画面中单击，在弹出的"圆角矩形"对话框中设置"宽度"为227mm，"高度"为300mm，"圆角半径"为4.5mm，参数设置如图14-122所示。圆角矩形绘制完成后将其移动到合适位置，效果如图14-123所示。

图14-122　　　　　　　　　　图14-123

步骤08 选择"矩形工具"，将"填充"设置为灰色，然后在版面下半部分绘制矩形，如图14-124所示。

图14-124

Illustrator CC 中文版从入门到精通

步骤09 绘制菜单键。选择工具箱中的圆角矩形工具，绘制一个细长的白色的圆角矩形，如图 14-125 所示。选择这个圆角矩形，按住 Alt 和 Shift 键将其平移并复制，如图 14-126 所示。

图 14-125　　　　　　　　图 14-126

步骤10 制作按钮的阴影部分。将这个 3 个圆角矩形选中，使用"编组"快捷键 Ctrl+G 将其编组。选中这个按钮，使用"复制"快捷键 Ctrl+C，此时不要进行其他的复制操作。继续将这个按钮颜色更改为灰色，如图 14-127 所示，然后设置该形状的"不透明度"为 20%，效果如图 14-128 所示。

图 14-127　　　　　　　　图 14-128

步骤11 使用"贴在前面"快捷键 Ctrl+F，将之前复制的内容进行粘贴，然后将粘贴的内容向上轻移，效果如图 14-129 所示。这种制作图形阴影的方法在后面的操作中也会多次重复用到。

图 14-129

步骤12 接下来制作右侧的按钮。右侧的按钮是通过路径查找器进行制作的。首先使用圆角矩形工具绘制一个圆角矩形，如图 14-130 所示。使用钢笔工具在这个圆角矩形的下方绘制一个三角形，如图 14-131 所示。

图 14-130　　　　　　　　图 14-131

步骤13 将这两个形状选中，选择"窗口 > 路径查找器"命令，调出"路径查找器"面板，单击该面板中的"联集"按钮得到形状，如图 14-132 所示。将这个形状的填充设置为无，描边为白色，描边宽度为 5pt，效果如图 14-133 所示。

图 14-132　　　　　　　　图 14-133

步骤14 同样为其添加投影效果，如图 14-134 所示。

图 14-134

步骤15 制作用户的头像部分。选择工具箱中的椭圆工具，在控制栏中设置填充为灰色，描边为无，然后在画面中绘制一个灰色的正圆，并在控制栏中设置"不透明度"为 20%，效果如图 14-135 所示。继续在其上方绘制一个白色的正圆，效果如图 14-136 所示。

图 14-135　　　　　　　　图 14-136

步骤16 选择"文件 > 置入"命令，将人物素材 1.jpg 置入画面中，放置在合适位置，如图 14-137 所示，然后在人物素材的上方绘制一个正圆，如图 14-138 所示。

图 14-137　　　　　　　　图 14-138

步骤17 将正圆形状和人物素材选中，执行"对象 > 剪切蒙版 > 建立"命令，建立剪切蒙版。画面效果如图 14-139 所示。头像部分制作完成。

图 14-139

步骤18 接着使用文字工具，在用户头像下方单击并键入文字，同样为其制作投影，让文字更具有层次感，效果如图 14-140 所示。

图 14-140

步骤19 继续使用矩形工具，在版面下半部分的左侧绘制一个纵向的细长的矩形，作为分割线。然后使用圆角矩形在右半部分的上方绘制按钮。如图 14-141 所示。

步骤20 执行"文件 > 打开"命令，打开素材 1.ai，将其中的按钮素材复制到该文档中，并移动到合适位置，如图 14-142 所示。

图 14-141　　　　　　　　图 14-142

步骤21 在此处制作一个圆形的用户头像，制作方法与前面制作页面上半部分较大的用户头像方法相同，效果如图 14-143 所示。

图 14-143

步骤22 同样使用路径查找器将一个三角形与一个圆角矩形进行合并，制作出聊天框，如图 14-144 所示，最后添加相应的文字。本案例制作完成，效果如图 14-145 所示。

图 14-144　　　　　　　　图 14-145

Illustrator CC 中文版从入门到精通

Chapter 15
第15章

图形样式

在Illustrator中图形样式是一组可反复使用的外观属性。图形样式可以快速更改对象的外观，更改对象的填色和描边颜色，更改其透明度，还可以在一个步骤中应用多种效果。应用图形样式所进行的所有更改都是完全可逆的。图形样式不仅可以应用于单个图形，还可以将图形样式应用于组和图层。将图形样式应用于组或图层时，组和图层内的所有对象都将具有图形样式的属性。

本章学习要点：

- 掌握"图形样式"面板的使用方法
- 掌握创建图形样式的方法
- 掌握编辑图形样式的方法
- 掌握样式库面板的使用方法

15.1 关于图形样式

图形样式是一组可反复使用的外观属性。图形样式可以快速更改对象的外观，更改对象的填色和描边颜色，更改其透明度，还可以在一个步骤中应用多种效果。应用图形样式所进行的所有更改都是完全可逆的。

可以将图形样式应用于对象、组和图层。将图形样式应用于组或图层时，组和图层内的所有对象都将具有图形样式的属性。例如，现在有一个由 50% 的不透明度组成的图形样式。如果将此图形样式应用于一个图层，则此图层内固有的（或添加的）所有对象都将显示 50% 的不透明效果。不过，如果将对象移出该图层，则对象的外观将恢复其以前的不透明度，如图15-1所示为使用到图形样式制作的设计作品。

图15-1

15.2 "图形样式"面板

使用"图形样式"面板，可以方便地将图形样式应用到文档的对象中。在实际操作时，可以将图形样式应用于单个对象，也可以将其应用于一个组或一个图层，从而使组或图层中的对象都能够同时应用于该图形样式。

15.2.1 "图形样式"面板概述

通过选择"窗口>图形样式"命令，可以调出"图形样式"面板，来创建、命名和应用外观属性集。创建文档时，该面板会列出一组默认的图形样式。当现用文档打开并处于现用状态时，随同该文档一起存储的图形样式显示在该面板中，如图15-2所示。

如果样式没有填色和描边（如仅适用于效果的样式），则缩览图会显示为带黑色轮廓和白色填色的对象。此外，会显示一条细小的红色斜线，指示没有填色或描边。

图15-2

15.2.2 更改面板中列出的图形样式

调出"图形样式"面板，在面板菜单中选择一个视图大小选项。选择"缩览图视图"以显示缩览图；选择"小列表视图"命令显示带小型缩览图的命名样式列表；选择"大列表视图"命令将显示带大型缩览图的命名样式列表，如图15-3所示。

图15-3

在面板菜单中选择"使用方格进行预览"命令，可在正方形或创建此样式的对象形状上查看此样式；选择"使用文本进行预览"命令，可在字母 T 上查看此样式。此视图为应用于文本的样式提供了更准确的直观描述，如图15-4所示。

图15-4

15.3 创建图形样式

可以通过向对象应用外观属性来从头开始创建图形，也可以基于其他图形样式来创建图形样式。

15.3.1 创建图形样式

选中要进行外观编辑的对象，在"外观"面板中进行相应的调整，如图15-5所示。

调出"图形样式"面板，单击该面板中的"新建图形样式"按钮 ，或者在面板菜单中选择"新建图形样式"命令，在弹出的"图形样式选项"对话框的"样式名称"文本框中输入名称，然后单击"确定"按钮，如图15-6所示。

图15-5　　　　　图15-6

 技巧提示

将缩览图从"外观"面板（或将对象从"插图"窗口）拖动到"图形样式"面板中，也可以创建出一个新的图层样式，如图15-7所示。

图15-7

15.3.2 基于现有图形样式来创建图形样式

按住Ctrl键单击以选择要合并的所有图形样式，然后在面板菜单中选择"合并图形样式"命令，如图15-8所示。

新建的图形样式包含了所选图形样式的全部属性，并将被添加到面板中图形样式列表的末尾，如图15-9所示。

图15-8　　　　　图15-9

15.4 编辑图形样式

在"图形样式"面板中，可以更改视图或删除图形样式，断开与图形样式的链接以及替换图形样式属性。

15.4.1 复制图形样式

调出"图形样式"面板，在面板菜单中选择"复制图形样式"命令，或将图形样式拖动到"新建图形样式"按钮上。新创建的图形样式将出现在"图形样式"面板中的列表底部，如图15-10所示。

图15-10

15.4.2 删除图形样式

自定义的图形样式会随着文档进行保存，图形样式增多将直接导致文档的尺寸增大，如果文档中含有没有使用的图形样式，一定要将相应的图形样式删除。调出"图形样式"面板，在该面板中单击"菜单"按钮，在弹出的菜单中选择"选择所有未使用的样式"命令，如图15-11所示。

图15-11

在该面板中单击"删除图形样式"按钮，然后在弹出的Adobe Illustrator对话框中单击"是"按钮，将未使用的样式删除，如图15-12所示。

图15-12

15.4.3 断开样式链接

选择应用了图形样式的对象、组或图层，然后在"图形样式"面板菜单中选择"断开图形样式链接"命令，或单击该面板中的"断开图形样式链接"按钮，可以将样式的链接断开，如图15-13所示。

图15-13

15.5 样式库面板

图形样式库是一组预设的图形样式集合。当打开一个图形样式库时，会出现在一个新的面板（而非"图形样式"面板）中。

15.5.1 认识样式库面板

选择"窗口>图形样式"命令或使用快捷键Shift+F5，将"图形样式"面板调出，如图15-14所示。在默认情况下，直接调用的"图形样式"面板中只有很少的样式选项可供选择。如果要使用更多的样式选项，可以单击"图层样式库菜单"按钮，也可以选择"窗口>图形样式库"命令，在弹出的菜单中选择不同的选项，调出不同的样式库面板，如图15-15所示。

图15-14

图15-15

15.5.2 使用样式库

当要将一个样式赋予相应的对象时，首先要选择需要赋予样式的对象，调出"图形样式"面板或相应的图层样式库面板，在相应的面板中选中所需要的样式即可，如图15-16所示。

图15-16

15.5.3 从其他文档置入所有图形样式

选择"窗口>图形样式库>其他库"命令，或在"图形样式"面板菜单中选择"打开图形样式库>其他库"命令，然后选择要从中置入图形样式的文件，单击"打开"按钮。图形样式将出现在一个图形样式库面板（不是"图形样式"面板）中，如图15-17所示。

图15-17

15.5.4 保存图形样式库

调出"图形样式"面板，在"图形样式"面板菜单中选择"存储图层样式库"命令，在弹出的"将图层样式存储为库"对话框选中相应文件夹，并定义文件夹，然后单击"保存"按钮，如图15-18所示。

图15-18

综合实例——使用图形样式制作艺术字

案例文件	综合实例——使用图形样式制作艺术字.ai
视频教学	综合实例——使用图形样式制作艺术字.flv
难易指数	★★★★★
知识掌握	位移路径、扩展外观、图形样式的使用

案例效果

案例效果如图15-19所示。

图15-19

操作步骤

步骤01 选择"文件>新建"命令创建新文件。选择"文件>置入"命令，将素材1.jpg置入画面中，然后单击控制栏中的"嵌入"按钮，进行嵌入，如图15-20所示。

步骤02 在画面上输入文字。单击工具栏中的"文字工具"按钮，在控制栏中设置合适的字体、字号，然后在画面中央单击，输入文字，如图15-21所示。

图15-20　　　　图15-21

步骤03 再次置入素材。选择"文件>置入"命令，将素材2.ai置入画面中，然后单击控制栏中的"嵌入"按钮，进行嵌入，移动相应位置，如图15-22所示。

图15-22

步骤04 使用选择工具加选文字和热气球素材。使用快捷键Ctrl+C进行复制，Ctrl+V进行粘贴。接着选择复制出的文字，右击，在弹出的快捷键菜单中选择"创建轮廓"命令。选中复制出的文字和热气球，选择"窗口>路径查找器"命令，打开"路径查找器"面板，单击"联集"按钮，如图15-23所示，效果如图15-24所示。

图15-23

图15-24

步骤05 选择"效果>路径>位移路径"命令，打开"偏移路径"对话框，在其中设置"位移"为18mm，"连接"为"圆角"，"斜接限制"为4，效果如图15-25所示。

图15-25

步骤06 选择对象，选择"对象>扩展外观"命令，效果如图15-26所示。

图15-26

步骤07 再次在"路径查找器"中单击"联集"按钮，效果如图15-27所示。

图15-27

步骤08 下面需要为这个部分应用图形样式，选择"窗口>图形样式>"命令，打开"图形样式"面板。单击下拉箭头并选择"霓虹效果"命令，如图15-28所示。

图15-28

步骤09 在"霓虹效果"面板中单击一个合适的效果，如图15-29所示。效果如图15-30所示。

图15-29

图15-30

步骤10 将图形移动回画面中，多次使用"对象>排列>后移一层"命令，然后在控制栏中设置填充颜色为白色，如图15-31所示。

图15-31

步骤11 选择文字，选择"窗口>图形样式库>涂抹效果"命令，打开"涂抹效果"面板，单击一个合适的效果，如图15-32所示。将文字和素材移动到相应位置，本案例制作完成，效果如图15-33所示。

图15-32

图15-33

Chapter 16

第16章

网页图形、任务自动化、打印输出

本章针对Illustrator的三项辅助工具进行学习，其中包括网页图形的处理、文件任务自动化操作以及文档的打印输出设置。

本章学习要点：

- 掌握Web页面输出设置
- 掌握安全色的转化
- 掌握切片工具的使用方法
- 掌握文件自动化处理的方法
- 掌握文档的打印与输出

16.1 在Web安全色下工作

设计Web图形时，所要关注的问题与设计印刷图形截然不同。例如，使用 Web 安全颜色、平衡图像品质和文件大小以及为图形选择最佳文件格式。Web 图形可充分利用切片、图像映射的优势，并可使用多种优化选项，同时可以和 Device Central 配合，以确保文件在网页上的显示效果良好，如图16-1所示。Web安全颜色是所有浏览器使用的216种颜色，与平台无关。如果选择的颜色不是Web安全颜色，则在"颜色"面板、拾色器或选择"编辑>编辑颜色>重新着色图稿"命令弹出的对话框中会出现一个警告方块。

图16-1

由于网页会被在不同的操作系统下或在不同的显示器中浏览，而不同操作系统的颜色都有一些细微的差别，不同的浏览器对颜色的编码显示也不同，为了确保制作出的网页颜色能够在所有显示器中显示相同的效果，在制作网页时就需要使用Web安全色。Web安全色是指能在不同操作系统和不同浏览器之中同时正常显示的颜色，如图16-2所示。

图16-2

16.1.1 将非安全色转化为安全色

在"拾色器"对话框中选择颜色时，在所选颜色右侧出现警告图标 ，就说明当前选择的颜色不是Web安全色。单击该图标，即可将当前颜色替换为与其最接近的Web安全色，如图16-3所示。

图16-3

16.1.2 在安全色状态下工作

在"拾色器"对话框中选择颜色时，选中 "仅限Web颜色"复选框后可以始终在Wed安全色下工作，如图16-4所示。

图16-4

在使用"颜色"面板设置颜色时，可以在其菜单中选择"Web安全RGB"命令，"颜色"面板会自动切换为"Web安全RGB"模式，并且可选颜色数量明显减少，如图16-5所示。

图16-5

16.2 切片

基于对象的切片不需要修改——它们基本上是不用维护的切片。但如果用切片工具绘制切片，就可以使用切片选择工具编辑这些切片，该工具允许移动切片及调整其大小，如图16-6所示。

图16-6

16.2.1 使用切片工具

单击工具箱中的"切片工具"按钮或使用快捷键Shift+K，与绘制选区的方法相似，在图像中单击并拖曳鼠标创建一个矩形选框，释放鼠标左键以后就可以创建一个用户切片，而用户切片以外的部分将生成自动切片，如图16-7所示。

图16-7

> **技巧提示**
>
> 切片工具与矩形选框工具有很多相似之处，例如，使用切片工具创建切片时，按住Shift键可以创建正方形切片；按住Alt键可以从中心向外创建矩形切片；按住Shift+Alt快捷键，可以从中心向外创建正方形切片。

16.2.2 调整切片的尺寸

在切片创建后，可以使用切片选择工具对相应切片的尺寸和位置进行调整。单击"切片选择工具"按钮，若要移动切片，可以先选择切片，然后拖曳鼠标即可。若要调整切片的大小，可以拖曳切片定界点来调整大小，如图16-8所示。

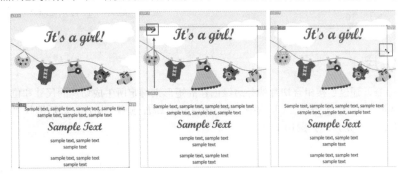

图16-8

16.2.3 平均创建切片

划分切片命令可以沿水平方向、垂直方向或同时沿这两个方向划分切片。不论原始切片是用户切片还是自动切片，划分后的切片总是用户切片。单击工具箱中的"切片选择工具"按钮，在图像中单击，将整个图像切片选中，选择"对象>切片>划分切片"命令，在弹出的"划分切片"对话框中进行相应的设置，单击"确定"按钮，如图16-9所示。

图16-9

- 水平划分为：选中该复选框后，可以在水平方向上划分切片。
- 垂直划分为：选中该复选框后，可以在垂直方向上划分切片。
- 预览：选中该复选框，可以在画面中预览切片的划分结果。

16.2.4 删除切片

可以通过从对应图像删除切片或释放切片来移去这些切片。若要删除切片，可以使用切片选择工具，选择一个或多个切片以后，按Delete键删除切片。

如果切片是通过选择"对象>切片>建立"命令创建的，则会同时删除相应的图像。如果要保留对应的图像，则应释放切片而不要删除切片。若要释放切片，选择该切片，然后选择"对象>切片>释放"命令；若要删除所有切片，选择"对象>切片>全部删除"命令。

16.2.5 定义切片选项

切片的选项确定了切片内容如何在生成的网页中显示，如何发挥作用。单击工具箱中的"切片选择工具"按钮，在图像中选中要进行定义的切片，然后选择"对象>切片>切片选项"命令，弹出"切片选项"对话框，如图16-10所示。

图16-10

- 切片类型：设置切片输出的类型，即在与HTML文件一起导出时，切片数据在Web中的显示方式。选择"图像"选项时，切片包含图像数据；选择"无图像"选项时，可以在切片中输入HTML文本，但无法导出图像，也无法在Web中浏览；选择"表"选项时，切片导出时将作为嵌套表写入HTML文件中。
- 名称：用来设置切片的名称。
- URL：设置切片链接的Web地址（只能用于"图像"切片），在浏览器中单击切片图像时，即可链接到这里设置的网址和目标框架。
- 目标：设置目标框架的名称。
- 信息：设置哪些信息出现在浏览器中。
- 替代文本：输入相应的字符，将出现在非图像浏览器中的该切片位置上。
- 背景：选择一种背景色来填充透明区域或整个区域。

16.2.6 组合切片

使用"组合切片"命令，通过连接组合切片的外边缘创建的矩形来确定所生成切片的尺寸和位置，将多个切片组合成一个单独的切片。单击工具箱中的"切片选择工具"按钮，按住Shift键加选多个切片，然后选择"对象>切片>组合切片"命令，所选的切片即可组合为一个切片，如图16-11所示。

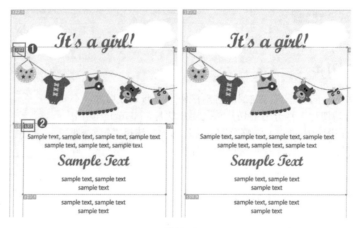

图16-11

16.3 Web 图形的输出

当要对图像进行"切片"方式的保存时，必须使用"存储为 Web 和设备所用格式"命令，否则将只能按照整个图像进行保存。首先对图像进行相应的切片操作，选择"文件>存储为 Web 和设备所用格式"命令或使用快捷键 Shift+Ctrl+ Alt +S，在弹出的"存储为 Web 和设备所用格式"对话框的"预设"下拉列表框中可以选择软件预设的压缩选项，通过直接选中相应的选项，可以快速对图像质量进行设置，如图16-12所示。

图16—12

不同的图形类型需要存储为不同的文件格式，以便以最佳方式显示，并创建适用于 Web 的文件大小。可供选择的Web图形的优化格式包括GIF格式、JPEG格式、PNG-8格式、PNG-24和WBMP格式。

理论实践——保存为GIF格式

GIF是用于压缩具有单调颜色和清晰细节的图像的标准格式，是一种无损的压缩格式。GIF文件支持8位颜色，因此可以显示多达256种颜色。如图16-13所示是GIF格式的设置选项。

图16—13

- 设置文件格式：设置优化图像的格式。
- 减低颜色深度算法/颜色：设置用于生成颜色查找表的方法，以及在颜色查找表中使用的颜色数量。如图16-14所示分别是设置"颜色"为8和128时的优化效果。

图16—14

- 仿色算法/仿色："仿色"是指通过模拟计算机的颜色来显示提供的颜色的方法。较大的仿色百分比可以使图像生成更多的颜色和细节，但是会增加文件的大小。
- 透明度/杂边：设置图像中的透明像素的优化方式。
- 交错：当正在下载图像文件时，在浏览器中显示图像的低分辨率版本。
- Web靠色：设置将颜色转换为最接近Web面板等效颜色的容差级别。数值越大，转换的颜色越多，如图16-15所示是设置Web靠色分别为100%和20%时的图像效果。

图16—15

- 损耗：扔掉一些数据来减小文件的大小，通常可以将文件减小5%~40%，设置5~10的损耗值不会对图像产生太大的影响。如果设置的损耗值大于10，文件不仅会变小，图像的质量也会下降。

理论实践——保存为PNG-8格式

PNG-8格式与GIF格式一样，可以有效地压缩纯色区域，同时保留清晰的细节。PNG-8格式也支持8位颜色，因此可以显示多达256种颜色。如图16-16所示是PNG-8格式的参数选项。

图16-16

理论实践——保存为JPEG格式

JPEG格式是用于压缩连续色调图像的标准格式。将图像优化为JPEG格式的过程中，会丢失一些数据，如图16-17所示是JPEG格式的参数选项。

图16-17

- 压缩方式/品质：选择压缩图像的方式。后面的"品质"数值越大，图像的细节越丰富，但文件也越大，如图16-18所示是设置"品质"数值分别为0和100时的图像效果。

图16-18

- 连续：在Web浏览器中以渐进的方式显示图像。
- 优化：创建更小但兼容性更低的文件。
- ICC配置文件：在优化文件中存储颜色配置文件。

- 模糊：创建类似于"高斯模糊"滤镜的图像效果。数值越大，模糊效果越明显，但会减小图像的大小，在实际工作中，"模糊"值最好不要超过0.5。如图16-19所示是设置"模糊"为0.5和2时的图像效果。
- 杂边：为原始图像的透明像素设置一个填充颜色。

图16-19

理论实践——保存为PNG-24格式

PNG-24格式可以在图像中保留多达256个透明度级别，适合于压缩连续色调图像，但所生成的文件比JPEG格式生成的文件要大得多，如图16-20所示。

图16-20

理论实践——保存为WBMP格式

WBMP格式是用于优化移动设备图像的标准格式，其参数选项如图16-21所示。WBMP格式只支持1位颜色，即只包含黑色和白色像素，如图16-22所示分别是原始图像和WBMP图像。

图16-21

图16-22

Illustrator CC 中文版从入门到精通

在实际操作中，很多时候会需要对大量的图形文件进行同样的处理，这时就可以通过使用Adobe Illustrator中的批处理功能来完成大量重复的操作，提高工作效率并实现图像处理的自动化。

16.4.1 认识"动作"面板

"动作"面板主要用于记录、播放、编辑和删除各个动作。选择"窗口>动作"命令，打开"动作"面板，如图16-23所示。

图16-23

⌒ 切换项目开/关✔：如果动作组、动作和命令前显示有该图标，代表该动作组、动作和命令可以执行；如果没有该图标，代表不可以执行。

⌒ 切换对话开/关▣：如果命令前显示该图标，表示动作执行到该命令时会暂停，并打开相应命令的对话框，此时可以修改命令的参数，单击"确定"按钮可以继续执行后面的动作；如果动作组和动作前出现该图标，并显示为红色▣，则表示该动作中有部分命令设置了暂停。

⌒ 动作组/动作/命令：动作组是一系列动作的集合，而动作是一系列操作命令的集合。

⌒ 停止播放/记录▣：用来停止播放动作和停止记录动作。

⌒ 开始记录⬤：单击该按钮，可以开始录制动作。

⌒ 播放选定的动作▶：选择一个动作后，单击该按钮可以播放该动作。

⌒ 创建新组▣：单击该按钮，可以创建一个新的动作组，以保存新建的动作。

⌒ 创建新动作▣：单击该按钮，可以创建一个新的动作。

⌒ 删除▣：选择动作组、动作和命令后单击该按钮，可以将其删除。

⌒ 面板菜单：单击▣按钮，可以打开"动作"面板的菜单。

理论实践——对文件播放动作

播放动作可以在活动文档中执行动作记录的命令。可以排除动作中的特定命令或只播放单个命令。如果动作包括模态控制，可以在对话框中指定值或在动作暂停时使用工具。如果需要，可以选择要对其播放动作的对象或打开文件。

若要播放一组动作，选择该组的名称，然后在"动作"面板中单击"播放"按钮▶，或在面板菜单中选择"播放"命令。

若要播放整个动作，选择该动作的名称，然后在"动作"面板中单击"播放"按钮▶，或在面板菜单中选择"播放"命令。

如果为动作指定了快捷键，则按该快捷键就会自动播放动作。

若要仅播放动作的一部分，选择要开始播放的命令，并单击"动作"面板中的"播放"按钮，或在面板菜单中选择"播放"命令。

若要播放单个命令，选择该命令，然后按住Ctrl键，并单击"动作"面板中的"播放"按钮；可以按住Ctrl键，并双击该命令。

 技巧提示

在按钮模式下，单击一个按钮将执行整个动作，但不执行先前已排除的命令。

理论实践——指定回放速度

在"动作"面板的菜单中选择"回放选项"命令，打开"回放选项"对话框。在该对话框中可以设置动作的播放速度，也可以将其暂停，以便对动作进行调试，如图16-24所示。

图16-24

理论实践——记录动作

创建新动作时，所用的命令和工具都将添加到动作中，直到停止记录。为了防止出错，可以在副本中进行操作：动作开始时，在应用其他命令之前，选择"文件>存储副本"命令。

打开文件，在"动作"面板中单击"创建新动作"按钮，或从"动作"面板菜单中选择"新建动作"命令，在弹出的对话框中输入一个动作名称，选择一个动作集等相应设置，单击"确定"按钮，如图16-25所示。

图16-25

- 功能键：为该动作指定一个键盘快捷键。可以选择功能键、Ctrl键和Shift键的任意组合（例如，Shift+Ctrl+F3），但有如下例外：在Windows中，不能使用F1键，也不能将F4或F6键与Ctrl键一起使用。
- 颜色：为按钮模式显示指定一种颜色。

- 加速：以正常的速度播放动作。
- 逐步：显示每个命令的处理结果，然后再执行动作中的下一个命令。
- 暂停：选中该单选按钮，并在后面设置时间以后，可以指定播放动作时各个命令的间隔时间。

在"动作"面板中单击"开始记录"按钮，其变为红色，如图16-26所示。

图16-26

执行要记录的操作和命令。并不是动作中的所有任务都可以直接记录，不过，可以用"动作"面板菜单中的命令插入大多数无法记录的任务。

若要停止记录，单击"停止播放/记录"按钮，或在"动作"面板菜单中选择"停止记录"命令。

若要在同一动作中继续开始记录，在"动作"面板菜单中选择"开始记录"命令。

16.4.2 批量处理

"批处理"命令可以用来对文件夹和子文件夹播放动作，也可以把带有不同数据组的数据驱动图形合成一个模板。

在"动作"面板中单击菜单按钮 ，选择"批处理"命令，如图16-27所示。

此时弹出"批处理"对话框，如图16-28所示。

图16-27

图16-28

Illustrator CC 中文版从入门到精通

在"播放"选项组中定义要执行的动作，在"动作集"下拉列表框中选中动作所在的文件夹，在"动作"下拉列表框中选中相应的动作选项。

如果为"源"选择"文件夹"选项，则定义要执行的目标文件。

- 忽略动作的"打开"命令：从指定的文件夹打开文件，忽略记录为原动作部分的所有"打开"命令。
- 包含所有子目录：处理指定文件夹中的所有文件和文件夹。

如果动作含有某些存储或导出命令，可以设置下列选项：

- 忽略动作的"存储"命令：将已处理的文件存储在指定的目标文件夹中，而不是存储在动作中记录的位置上。单击"选取"按钮以指定目标文件夹。
- 忽略动作的"导出"命令：将已处理的文件导出到指定的目标文件夹，而不是存储在动作中记录的位置上。单击"选取"按钮以指定目标文件夹。

如果为"源"选择"数据组"选项，可以设置一个在忽略"存储"和"导出"命令时生成文件名的选项。

- 文件 + 编号：生成文件名，方法是取原文档的文件名，去掉扩展名，然后缀以一个与该数据组对应的3位数字。
- 文件 + 数据组名称：生成文件名，方法是取原文档的文件名，去掉扩展名，然后缀以下划线加该数据组的名称。
- 数据组名称：取数据组的名称生成文件名。

 技巧提示

使用"批处理"命令选项存储文件时，总是将文件以原来的文件格式存储。若要创建以新格式存储文件的批处理，选择"存储为"命令，然后是"关闭"命令，将此作为原动作的一部分。然后，在设置批处理时为"目标"选择"无"选项。

16.5 输出为PDF文件

可以在Illustrator中创建不同类型的PDF文件。可以创建多页PDF、包含图层的PDF和PDF/X兼容的文件。包含图层的PDF可以存储一个包含在不同上下文中使用的图层的PDF。PDF/X兼容的文件可减少颜色、字体和陷印问题的出现。

16.5.1 Adobe PDF 选项

当要将当前的图像文件保存为一个PDF 文件时，选择"文件>存储为"或"文件>存储副本"命令。输入文件名，并选择存储文件的位置。选择 Adobe PDF (*.PDF) 作为文件格式，然后单击"保存"按钮，在弹出的"存储Adobe PDF"对话框中进行相应的设置，如图16-29所示。

图16-29

- Adobe PDF 预设：从"Adobe PDF 预设"下拉列表框选择一个预设，或从对话框左侧列表选择一个类别，然后自定选项。
- 标准：指定文件的 PDF 标准。
- 兼容性：指定文件的 PDF 版本。
- 常规：指定基本文件选项。
- 压缩：指定图稿是否应压缩和缩减像素取样。
- 标记和出血：指定印刷标记和出血及辅助信息区。尽管选项与"打印"对话框中相同，但计算存在微妙差别，因为 PDF 不是输出到已知页面大小。
- 输出：控制颜色和 PDF/X 输出目的配置文件存储在 PDF 文件中的方式。
- 高级：控制字体、压印和透明度存储在 PDF 文件中的方式。
- 安全性：增强 PDF 文件的安全性。
- 小结：显示当前 PDF 设置的小结。

16.5.2 设置输出选项卡

可以在"存储 Adobe PDF"对话框的"输出"部分进行相应的设置，"输出"选项间交互的更改取决于"颜色管理"选项打开还是关闭，以及选择的PDF标准，如图16-30所示。

图16-30

❂ 颜色转换：指定如何在 Adobe PDF 文件中表示颜色信息。在将颜色对象转换为 RGB 或 CMYK 时，应同时从弹出式菜单中选择一个目标配置文件。所有专色信息在颜色转换过程中保留，只有印刷色等同的颜色会转换为指定的颜色。

❽ 不转换：保留颜色数据原样。

❽ 转换为目标配置文件（保留颜色值）：保留同一色彩空间中未标记内容的颜色值作为目标配置文件（通过指定目标配置文件，而不是转换）。所有其他内容将转换为目标空间。如果颜色管理关闭，此选项不可用。是否包含该配置文件由配置文件包含策略决定。

● 转换为目标配置文件：将所有颜色转换为针对目标选择的配置文件。是否包含该配置文件由配置文件包含策略决定。

❂ 目标：说明最终 RGB 或 CMYK 输出设备的色域，例如，显示器或 SWOP 标准。使用此配置文件，Illustrator 将文档的颜色信息转换为目标输出设备的色彩空间。

❂ 配置文件包含策略：决定文件中是否包含颜色配置文件。

❂ 输出方法配置文件名称：指定文档的特定印刷条件。创建 PDF/X 兼容的文件需要输出方法配置文件。此菜单仅在"存储 Adobe PDF"对话框中选择了 PDF/X 标准（或预设）时可用。可用选项取决于颜色管理打开还是关闭。例如，如果颜色管理关闭，菜单会列出可用的打印机配置文件；如果颜色管理打开，除其他预定义的打印机配置文件外，菜单还列出"目标配置文件"所选的相同配置文件（假定是 CMYK 输出设备）。

❂ 输出条件名称：说明要采用的印刷条件。此条目对要接收 PDF 文档的一方有用。

❂ 输出条件标识符：提供更多印刷条件信息的指针。标识符会针对 ICC 注册中包括的印刷条件自动输入。

❂ 注册名称：指定提供注册更多信息的 Web 地址。URL 会针对 ICC 注册名称自动输入。

❂ 标记为陷印：指定文档中的陷印状态。PDF/X 兼容性需要一个值：True（选择）或 False（取消选择）。任何不满足要求的文档将无法通过 PDF/X 兼容性检查。

16.6 打印设置

文件在打印之前需要对其印刷参数进行设置。选择"文件>打印"命令，打开"打印"对话框，在该对话框中可以预览打印作业的效果，并且可以对打印机、打印份数、输出选项和色彩管理等进行设置。

16.6.1 打印

选择"文件>打印"命令，打开"打印"对话框，从"打印机"下拉列表框中选择一种打印机。若要打印到文件而不是打印机，选择"Adobe PostScript® 文件"或Adobe PDF。若要在一页上打印所有内容，选中"忽略画板"复选框；若要分别打印每个画板，取消选中"忽略画板"复选框，并指定要打印所有画板，还是打印特定范围。最后单击"打印"按钮，如图16-31所示。

图16-31

⮞ 打印机：在该下拉列表框中可以选择打印机。

⮞ 份数：设置要打印的份数。

⮞ 设置：单击该按钮，可以打开一个"打印首选项"对话
框，在该对话框中可以设置纸张的方向、页面的打印
效果，如图16-32所示。

图16-32

16.6.2 "打印"对话框选项

在"打印"对话框中的每类选项，从"常规"选项到
"小结"选项都是为了指导完成文档的打印过程而设计的。
要显示一组选项，在对话框左侧选择该组的名称。其中的
很多选项是由启动文档时选择的启动配置文件预设的，如
图16-33所示。

图16-33

⮞ 常规：设置页面大小和方向、指定要打印的页数、缩放
图稿，指定拼贴选项以及选择要打印的图层。

⮞ 标记和出血：选择印刷标记与创建出血。

⮞ 输出：创建分色。

⮞ 图形：设置路径、字体、PostScript 文件、渐变、网格
和混合的打印选项。

⮞ 颜色管理：选择一套打印颜色配置文件和渲染方法。

⮞ 高级：控制打印期间的矢量图稿拼合 （或可能栅
格化）。

⮞ 小结：查看和存储打印设置小结。

1. 常规

"常规"选项用于设置要打印的页面、打印的份数、
打印的介质和打印图层的类型等选项，如图16-34所示。

图16-34

2. 标记和出血

"标记和出血"选项用于设置打印页面的标记和出血
应用的相关参数，如图16-35所示。

图16-35

3. 输出

"输出"选项用于设置图稿的输出方式、打印机分辨
率、油墨属性等选项参数，如图16-36所示。

图16-36

4. 图形

"图形"选项用于设置路径的平滑度、文字字体选项、渐变、渐变网格打印的兼容性等选项，如图16-37所示。

图16-37

5. 颜色管理

"颜色管理"选项用于设置打印时图像的颜色应用方法，包括颜色处理、打印机配置文件、渲染方法等设置，如图16-38所示。

图16-38

6. 高级

"高级"选项用于控制打印图像为位图、图形叠印的方式、分辨率设置等选项，如图16-39所示。

图16-39

7. 小结

"小结"选项用于显示打印设置后的文件相关打印信息和打印图像中包括的警告信息，如图16-40所示。

图16-40

Illustrator CC 中文版从入门到精通

Chapter 17
第17章

企业VI设计

VI的全称是Visual Identity，即视觉识别，是企业形象设计的重要组成部分。进行VI设计，就是以标志、标准字、标准色为核心，创建一套完整的、系统的视觉表达体系，将企业理念、企业文化、服务内容、企业规范等抽象概念转换为具体记忆和可识别的形象符号，从而塑造出排他性的企业形象。

本章学习要点：

- 了解VI设计相关知识
- 了解企业VI画册的主要构成部分
- 了解VI设计的基本流程

17.1 VI设计相关知识

17.1.1 什么是VI

VI的全称是Visual Identity，即视觉识别，是企业形象设计的重要组成部分。进行VI设计，就是以标志、标准字、标准色为核心，创建一套完整的、系统的视觉表达体系，将企业理念、企业文化、服务内容、企业规范等抽象概念转换为具体记忆和可识别的形象符号，从而塑造出排他性的企业形象，如图17-1所示。

图17-1

VI设计的主要内容可以分为基本要素系统和应用系统两大类。

❶ 基本要素系统

其中主要包括：
- 标志。
- 标准字。
- 标准色。
- 标志和标准字的组合。

❷ 应用系统

其中主要包括：
- 办公用品，如信封、信纸、便笺、名片、徽章、工作证、请柬、文件夹、介绍信、账票、备忘录、资料袋、公文表格等。
- 企业外部建筑环境，如建筑造型、公司旗帜、企业门面、企业招牌、公共标识牌、路标指示牌、广告塔、霓虹灯广告、庭院美化等。
- 企业内部建筑环境，如企业内部各部门标识牌、楼层标识牌、企业形象牌、旗帜、广告牌、POP广告、货架标牌等。
- 交通工具，如轿车、面包车、巴士、货车、工具车、油罐车、轮船、飞机等。
- 服装服饰，如经理制服、管理人员制服、员工制服、礼仪制服、文化衫、领带、工作帽、纽扣、肩章、胸卡等。
- 广告媒体，如电视广告、杂志广告、报纸广告、网络广告、路牌广告、招贴广告等。
- 产品包装，如纸盒包装、纸袋包装、木箱包装、玻璃容器包装、塑料袋包装、金属包装、陶瓷包装、包装纸等。
- 公务礼品，如T恤、领带、领带夹、打火机、钥匙牌、雨伞、纪念章、礼品袋等。
- 陈列展示，如橱窗展示、展览展示、货架商品展示、陈列商品展示等。
- 印刷品，如企业简介、商品说明书、产品简介、年历等。

17.1.2 VI设计的一般原则

VI设计的一般原则包括统一性、差异性和民族性。

- **统一性**：为了达成企业形象对外传播的一致性与一贯性，应该运用统一设计和统一大众传播，用完美的视觉一体化设计，将信息与认识个性化、明晰化、有序化，把各种形式传播媒介上的形象统一，创造可存储与传播的统一的企业理念与视觉形象，这样才能集中与强化企业形象，使信息传播更为迅速、有效，给社会大众留下强烈的印象，产生更大的影响力。

- **差异性**：为了能获得社会大众的认同，企业形象必须是个性化的、与众不同的，因此差异性的原则十分重要。

- **民族性**：企业形象的塑造与传播应该依据不同的民族文化。例如，美、日等许多企业的崛起和成功，民族文化是其根本的驱动力。

17.2 综合实例——科技公司VI方案

案例文件	综合实例——科技公司VI方案.ai
视频教学	综合实例——科技公司VI方案.flv
难易指数	★★★★★
知识掌握	钢笔工具、文字工具、选择工具、矩形工具、椭圆工具、矩形网格工具

案例效果

本例将使用钢笔工具、文字工具、选择工具、矩形工具、椭圆工具、矩形网格工具等设计某科技公司VI方案，最终效果如图17-2所示。

图17-2

1. 基本版式设计

案例效果

首先进行基本版式设计，最终效果如图17-3所示。

操作步骤

步骤01 按Ctrl+N快捷键，在弹出的"新建文档"对话框中设置"画板数量"为12，"列数"为4，"大小"为A4，"取向"为"横向"，然后单击"确定"按钮，如图17-4所示。

图17-3

图17-4

步骤02 单击工具箱中的"矩形工具"按钮▣，在画板的左上方按住鼠标左键并拖动，绘制一个长条矩形。选择"窗口>渐变"命令，打开"渐变"面板，在其中编辑一种蓝色渐变，如图17-5所示。

图17-5

步骤03 单击工具箱中的"矩形工具"按钮▣，在蓝色渐变矩形中绘制一个矩形。选择"窗口>渐变"命令，打开"渐变"面板，在其中编辑一种从白色到透明的渐变，如图17-6所示。

步骤04 单击工具箱中的"矩形工具"按钮▣，在半透明长条矩形左侧绘制一个矩形。选择"窗口>颜色"命令，打开"颜色"面板，设置填充色为白色。选择"窗口>透明度"命令，打开"透明度"面板，设置"不透明度"为50%，如图17-7所示。

图17-6　　　　　　　图17-7

步骤05 单击工具箱中的"文字工具"按钮**T**，在控制栏中设置合适的字体和大小，在半透明长条矩形右侧单击并输入文字。选择"窗口>颜色"命令，打开"颜色"面板，设置填充色为白色，如图17-8所示。

步骤06 使用文字工具拖曳选中数字部分，在控制栏中设置另一种字体和大小，如图17-9所示。

/ 基本系统规范 001

图17-8

/ 基本系统规范 **001**

图17-9

步骤07 单击工具箱中的"椭圆工具"按钮 ◎，在页面左上角绘制正圆形。选择"窗口>渐变"命令，打开"渐变"面板，在其中编辑一种蓝色渐变，如图17-10所示。

图17-10

步骤08 单击工具箱中的"文字工具"按钮**T**，在控制栏中设置合适的字体和大小，在正圆形右侧单击并输入文字。选择"窗口>颜色"命令，打开"颜色"面板，设置填充色为黑色，如图17-11所示。

图17-11

步骤09 单击工具箱中的"文字工具"按钮**T**，在控制栏中设置合适的字体和大小，在画板右下方通过拖动鼠标创建一个文本框，输入文字并设置填充色为黑色，如图17-12所示。

图17-12

步骤10 选择"窗口>文字>段落"命令，打开"段落"面板，设置段落样式为"右对齐"，如图17-13所示。

步骤11 单击工具箱中的"文字工具"按钮**T**，在控制栏中设置合适的字体和大小。在段落文字右侧输入文字，如图17-14所示。至此，VI画册的基本版式部分就制作完成了，在后面每个页面的制作过程中，只需复制该页面并对部分文字进行更改即可，如图17-14所示。

图17-13　　　　　　　　图17-14

2. 画册封面设计

案例效果

下面进行画册封面设计，最终效果如图17-15所示。

图17-15

操作步骤

步骤01 单击工具箱中的"矩形工具"按钮⬜，在画板的左上方按住鼠标左键并拖动至画板的右下角，绘制一个矩形。选择"窗口>渐变"命令，打开"渐变"面板，在其中编辑一种从深蓝色到蓝色的渐变，如图17-16所示。

图17-16

步骤02 单击工具箱中的"矩形工具"按钮⬜，在上半部分绘制一个矩形。选择"窗口>渐变"命令，打开"渐变"面板，在其中编辑一种从白色到透明的渐变，如图17-17所示。

图17-17

步骤03 使用矩形工具在半透明长条矩形左侧绘制一个矩形；然后选择"窗口>颜色"命令，打开"颜色"面板，设置填充色为白色；再选择"窗口>透明度"命令，打开"透明度"面板，设置"不透明度"为50%，如图17-18所示。

步骤04 单击工具箱中的"文字工具"按钮Ｔ，在半透明长条矩形上单击，在控制栏中设置合适的字体和大小后输入文字。选择"窗口>颜色"命令，打开"颜色"面板，设置填充色为白色，如图17-19所示。

图17-18

图17-19

步骤05 使用同样的方法在主体文字的下方单击并输入其他文字，如图17-20所示。

步骤06 单击工具箱中的"选择工具"按钮▶，选中标志并将其复制到画板右下方。选择"窗口>颜色"命令，打开"颜色"面板，设置填充色为白色。封面效果如图17-21所示。

图17-20   图17-21

3. 基础部分——标志设计

标志设计在整个视觉识别系统中占有至关重要的位置，不仅可以体现企业的名称和定位，更能够主导整个视觉识别系统的色调和风格。

案例效果

本例为设计标志，最终效果如图17-22所示。

图17-22

操作步骤

步骤01 单击工具箱中的"钢笔工具"按钮 ，绘制一条闭合路径。打开"颜色"面板，设置填充色为黄色，如图17-23所示。

图17-23

步骤02 使用同样的方法继续绘制出另外3条路径，设置填充色为蓝色，如图17-24所示。

图17-24

步骤03 单击工具箱中的"文字工具"按钮 ，在控制栏中设置合适的字体和大小，在标志的右边单击并输入文字。选择"窗口>颜色"命令，打开"颜色"面板，设置填充色为蓝色，如图17-25所示。

图17-25

步骤04 保持文字工具的选中状态，选中文字"智"，选择"窗口>颜色"命令，打开"颜色"面板，设置填充色为黄色，如图17-26所示。

图17-26

步骤05 继续保持文字工具的选中状态，在控制栏中设置合适的字体和大小，在中文下方单击输入文字。选择"窗口>颜色"命令，打开"颜色"面板，设置填充色为蓝色，如图17-27所示。

图17-27

步骤06 至此，标志的基本效果制作完成。复制一份，继续进行渐变效果标志的制作，如图17-28所示。

图17-28

步骤07 单击工具箱中的"选择工具"按钮 ，选中所有的文字和图形；然后选择"对象>扩展"命令，在弹出的"扩展"对话框中选中"对象"和"填充"复选框，单击"确定"按钮，如图17-29所示。

图17-29

步骤08 对标志和文字执行"编辑>复制"和"编辑>原位粘贴"命令，然后选择"窗口>颜色"命令，打开"颜色"面板，设置填充色为白色，如图17-30所示。

步骤09 单击工具箱中的"钢笔工具"按钮 ，在文字上半部分绘制一个不规则形状。选择"窗口>渐变"命令，打开"渐变"面板，在其中编辑一种灰色的渐变，如图17-31所示。

图17-30　　　　　　图17-31

步骤10 单击工具箱中的"选择工具"按钮 ，选中白色文字和上方的不规则形状；然后选择"窗口>透明度"命令，在打开的"透明度"面板中单击右上角的 按钮，在弹出的菜单中选择"建立不透明蒙版"命令，如图17-32所示。

图17-32

步骤11 继续使用钢笔工具在标志的上半部分绘制形状，并为其赋予灰色系渐变。选中白色标志和绘制的图形，在"透明度"面板菜单中选择"建立不透明蒙版"命令，如图17-33所示。

图17-33

步骤12 将带有渐变效果的标志和文字组合在一起，效果如图17-34所示。

步骤13 复制画册基本版式，并将其摆放在第二个画板上，如图17-35所示。

图17-34　　　　　图17-35

步骤14 单击工具箱中的"选择工具"按钮，选中两组标志并将其摆放在页面中合适的位置，如图17-36所示。

图17-36

4. 基础部分——组合规范应用

基本要素的组合方式包括横向组合、纵向组合、特殊组合等多种。根据具体媒体的规格与排列方向，可以设计横排、竖排、大小、方向等不同形式的组合方式。此外，还可以对企业标志同其他要素之间的比例尺寸、间距方向、位置关系等进行设计。标志同其他要素的常见组合方式如下：

- 标志同企业中文名称或略称的组合。
- 标志同品牌名称的组合。
- 标志同企业英文名称全称或略称的组合。
- 标志同企业名称或品牌名称及企业类型的组合。
- 标志同企业名称或品牌名称及企业宣传口号、广告语等的组合。

案例效果

本例按照一定的方式将标志与其他要素进行组合，最终效果如图17-37所示。

图17-37

操作步骤

步骤01 复制画册基本版式，并将其摆放在下一个画板上。单击工具箱中的"文字工具"按钮T，选中页面中需要更改的文字，将其更改为适应当前页面的内容，如图17-38所示。

图17-38

步骤02 使用选择工具选中标志部分，将其复制到画板中央，然后选择文字部分，同样进行复制并适当缩放，摆放在标志下方。第一个标准组合如图17-39所示。

图17-39

步骤03 直接将渐变效果的标志复制到当前页面中，摆放在如图17-40所示的位置。

图17-40

步骤04 继续复制标志部分并适当缩放，摆放在画面右侧；单独复制每一个主体文字，并纵向排列；复制底部英文部分，将其顺时针旋转90°，摆放在主体文字的右侧，如图17-41所示。

图17-41

5. 基础部分——墨稿和反白稿

墨稿也就是黑白稿，主体里的线条、色块为黑色，也称为阳图；反白稿是指主体里的线条，色块为白色，也叫阴图。

案例效果

本例制作墨稿和反白稿，最终效果如图17-42所示。

图17-42

操作步骤

步骤01 复制画册基本版式，并摆放在下一个画板上。单击工具箱中的"文字工具"按钮 **T**，选中页面中需要更改的文字，将其更改为适应当前页面的内容，如图17-43所示。

图17-43

步骤02 单击工具箱中的"选择工具"按钮，选中基本标志，将其复制到当前页面中。选择"窗口>颜色"命令，打开"颜色"面板，设置填充色为黑色，如图17-44所示。

步骤03 单击工具箱中的"矩形工具"按钮，在画板的中下方按住鼠标左键并拖动，绘制一个长条矩形。选择"窗口>颜色"命令，在"颜色"面板中设置填充色为黑色，如图17-45所示。

图17-44　　　　　图17-45

步骤04 复制标志部分，选择"窗口>颜色"命令，在打开的"颜色"面板中，设置填充色为白色，然后将其放置在下方的黑色矩形上，如图17-46所示。

图17-46

6. 基础部分——标准化制图

案例效果

本例将介绍如何进行标准化制图，最终效果如图17-47所示。

a=1mm　□=10mmx10mm

图17-47

操作步骤

步骤01 复制画册基本版式，并摆放在下一个画板上。单击工具箱中的"文字工具"按钮 **T**，选中页面中需要更改的文字，将其更改为适应当前页面的内容。复制标志，摆放在当前页面中央，如图17-48所示。

图17-48

步骤02 单击工具箱中的"矩形网格工具"按钮▦，在空白处单击，在弹出的"矩形网格工具选项"对话框中设置"宽度"为225mm，"高度"为68mm，"水平分隔线数量"为5，"垂直分隔线数量"为19，单击"确定"按钮，然后将创建的网格移动到标志上，如图17-49所示。

图17-49

步骤03 单击工具箱中的"直线段工具"按钮＼，在网格周边绘制标注线段，然后设置填充色为无，描边色为黑色，"粗细"为1pt，如图17-50所示。

图17-50

步骤04 单击工具箱中的"文字工具"按钮Ｔ，在控制栏中设置合适的字体和大小，在线段上单击并输入注释性文字，如图17-51所示。

步骤05 保持文字工具的选中状态，在控制栏中设置合适的字体和大小，在网格下方单击并输入注释性文字，如图17-52所示。

图17-51　　　　　　　图17-52

7. 基础部分——标准色

标准色是指企业为塑造独特的企业形象而确定的某一特定的色彩或一组色彩系统，运用在所有的视觉传达媒体上，通过色彩特有的知觉刺激与心理反应，传达企业的经营理念和产品服务的特质。

案例效果

本例主要是进行标准色设计，最终效果如图17-53所示。

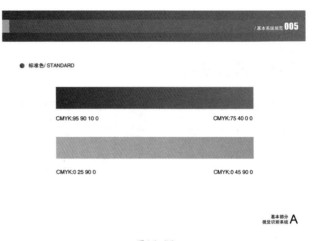

CMYK:95 90 10 0　　　　　CMYK:75 40 0 0

CMYK:0 25 90 0　　　　　CMYK:0 45 90 0

图17-53

操作步骤

步骤01 复制画册基本版式，并摆放在下一个画板上。单击工具箱中的"文字工具"按钮Ｔ，选中页面中需要更改的文字，将其更改为适应当前页面的内容，如图17-54所示。

图17-54

步骤02 单击工具箱中的"矩形工具"按钮▭，在画板的中间按住鼠标左键并拖动，绘制一个长条矩形。选择"窗口>渐变"命令，打开"渐变"面板，在其中编辑一种蓝色渐变，如图17-55所示。

图17-55

步骤03 单击工具箱中的"文字工具"按钮Ｔ，在控制栏中设置合适的字体和大小，在渐变矩形下方单击并输入注释性文字，如图17-56所示。

图17-56

步骤04 使用矩形工具在步骤03所输入文字的下方绘制一个矩形，然后选择"窗口>渐变"命令，打开"渐变"面板，在其中编辑一种黄色渐变，如图17-57所示。

图17-57

步骤05 单击工具箱中的"文字工具"按钮 **T**，在控制栏中设置合适的字体和大小，在黄色渐变矩形下方单击并输入注释性文字，如图17-58所示。

图17-58

8. 应用部分——名片

案例效果

本例制作名片，最终效果如图17-59所示。

图17-59

操作步骤

步骤01 复制画册基本版式，并摆放在下一个画板上。单击工具箱中的"文字工具"按钮 **T**，选中页面中需要更改的文字，将其更改为适应当前页面的内容，如图17-60所示。

图17-60

步骤02 单击工具箱中的"矩形工具"按钮 ▣，在画板的中间按住鼠标左键并拖动，绘制一个矩形。选择"窗口>渐变"命令，打开"渐变"面板，在其中编辑一种蓝色渐变，如图17-61所示。

图17-61

步骤03 选择"效果>风格化>投影"命令，在弹出的"投影"对话框中设置相应参数，然后单击"确定"按钮，如图17-62所示。

图17-62

步骤04 单击工具箱中的"选择工具"按钮 ▸，选中标志，将其复制到渐变矩形右上方，并改变大小。选择"窗口>颜色"命令，打开"颜色"面板，设置填充色为白色，如图17-63所示。

图17-63

步骤05 单击工具箱中的"文字工具"按钮 **T**，在控制栏中设置合适的字体和大小，在渐变矩形上单击并输入文字，如图17-64所示。

图17-64

步骤06 单击工具箱中的"选择工具"按钮 ▸，选中蓝色渐变矩形和上面的文字，按住Shift+Alt快捷键的同时向右拖动，复制出一个图形，如图17-65所示。

图17-65

步骤07 单击工具箱中的"选择工具"按钮 ▶，选中文字。选择"窗口>颜色"命令，打开"颜色"面板，设置填充色为黑色，如图17-66所示。

步骤01 复制画册基本版式，并摆放在下一个画板上。单击工具箱中的"文字工具"按钮 **T**，选中页面中需要更改的文字，将其更改为适应当前页面的内容，如图17-70所示。

图17-70

步骤02 单击工具箱中的"矩形工具"按钮 □，在画板的中间按住鼠标左键并拖动，绘制一个矩形，然后设置填充色为白色，描边色为黑色，"粗细"为0.25pt，效果如图17-71所示。

图17-66

步骤08 复制彩色渐变标志到白色标志上，调整标志大小与白色标志相同，再将白色标志删除，如图17-67所示。

步骤09 单击工具箱中的"选择工具"按钮 ▶，选中蓝色渐变矩形。选择"窗口>颜色"命令，打开"颜色"面板，设置填充色为白色，如图17-68所示。

图17-71

步骤03 选中"效果>风格化>投影"命令，在弹出的"投影"对话框中设置相应参数，然后单击"确定"按钮，如图17-72所示。

图17-67　　　　图17-68

图17-72

9. 应用部分——传真纸

案例效果

本例将对传真纸进行设计，最终效果如图17-69所示。

步骤04 单击工具箱中的"直线段工具"按钮 ＼，在白色矩形内绘制虚线；然后选择"窗口>颜色"命令，打开"颜色"面板，设置填充色为透明，描边色为黑色；再选择"窗口>描边"命令，打开"描边"面板，设置"粗细"为0.25pt，描边为"虚线"，如图17-73所示。

图17-73

步骤05 双击工具箱中的"矩形网格工具"按钮 ▦，在弹出的"矩形网格工具选项"对话框中设置"宽度"为70mm，"高度"为15mm，"水平分隔线数量"为5，"垂直分隔线

图17-69

数量"为1，单击"确定"按钮，创建出网格；然后设置填充色为透明，描边色为黑色，"粗细"为0.25pt，效果如图17-74所示。

图17-74

步骤06▶ 单击工具箱中的"文字工具"按钮 **T.**，在控制栏中设置合适的字体和大小，在网格中单击并输入文字，如图17-75所示。

步骤07▶ 单击工具箱中的"选择工具"按钮 **▶**，选中标志并复制，放到传真纸的左上角，如图17-76所示。

TO 通数：		NO. 编号：
RE 事项：		PAGE 页数：
ATTN 收件人：		FROM 发件人：
COPY 抄送：		COPY 抄送：
FAX NO. 传真号码：		DATE 日期：

图17-75

图17-76

步骤08▶ 单击工具箱中的"文字工具"按钮 **T.**，在控制栏中设置合适的字体和大小，在传真纸的右下角单击并输入文字，如图17-77所示。

步骤09▶ 单击工具箱中的"直线段工具"按钮 ****，在传真纸周边绘制标注线段，然后设置描边色为黑，"粗细"为0.25pt，如图17-78所示。

图17-77   图17-78

步骤10▶ 单击工具箱中的"文字工具"按钮 **T.**，在控制栏中设置合适的字体和大小，在线段上单击并输入注释性文字，如图17-79所示。

图17-79

10. 应用部分——信封

案例效果

本例将制作信封，最终效果如图17-80所示。

图17-80

操作步骤

步骤01▶ 复制画册基本版式，并摆放在下一个画板上。单击工具箱中的"文字工具"按钮 **T.**，选中页面中需要更改的文字，将其更改为适应当前页面的内容，如图17-81所示。

图17-81

步骤02▶ 单击工具箱中的"矩形工具"按钮 **□**，在画板的中间按住鼠标左键并拖动，绘制一个矩形；选择"窗口>颜色"命令，打开"颜色"面板，设置填充色为白色；然后选择"效果>风格化>投影"命令，在弹出的"投影"对话框中设置相应参数，单击"确定"按钮，如图17-82所示。

步骤03▶ 单击工具箱中的"钢笔工具"按钮 **♦.**，在白色矩形上方绘制一个不规则形状。使用滴管工具吸取页面顶端的蓝色渐变，并赋予当前对象。选择"效果>风格化>投影"命

Illustrator CC 中文版从入门到精通

令，在弹出的"投影"对话框中设置相应参数，然后单击"确定"按钮，如图17-83所示。

图17-82　　　　　　　　图17-83

步骤04 单击工具箱中的"矩形工具"按钮▢，在信封左上方绘制6个正方形；选择"窗口>颜色"命令，打开"颜色"面板，设置填充色为透明，描边色为红色；再选择"窗口>描边"命令，打开"描边"面板，设置"粗细"为0.2pt，如图17-84所示。

图17-84

步骤05 继续使用矩形工具在信封右上方绘制一个正方形；选择"窗口>颜色"命令，打开"颜色"面板，设置填充色为透明，描边色为黑色；再选择"窗口>描边"命令，打开"描边"面板，设置描边为"虚线"，"粗细"为0.25pt，如图17-85所示。

图17-85

步骤06 复制虚线框，在"描边"面板中取消选中"虚线"复选框，设置"粗细"为0.25pt，如图17-86所示。

图17-86

步骤07 单击工具箱中的"文字工具"按钮 **T**，在控制栏中设置合适的字体和大小，在右侧正方形中单击并输入文字，如图17-87所示。

步骤08 单击工具箱中的"文字工具"按钮 **T**，在控制栏中设置合适的字体和大小，在信封的右下方单击并输入文字，如图17-88所示。

图17-87　　　　　　　　图17-88

步骤09 单击工具箱中的"选择工具"按钮 ▨，选中原标志，复制到信封的左下角，并调整为适当大小，如图17-89所示。

步骤10 单击工具箱中的"选择工具"按钮 ▨，选中标志，将其复制到信封上方，旋转并改变大小。选择"窗口>颜色"命令，打开"颜色"面板，设置填充色为白色，如图17-90所示。

图17-89　　　　　　　　图17-90

步骤11 单击工具箱中的"直线段工具"按钮 ▨，在信封顶部绘制一条线段；然后设置描边色为黑色；再选择"窗口>描边"命令，打开"描边"面板，选中"虚线"复选框，设置"粗细"为0.15pt，如图17-91所示。

图17-91

步骤12 单击工具箱中的"文字工具"按钮 **T**，在控制栏中设置合适的字体和大小，在信封上方单击并输入文字，如图17-92所示。

图17-92

11. 应用部分——信纸

案例效果

本例将对信纸进行设计，最终效果如图17-93所示。

图17-93

操作步骤

步骤01 复制画册基本版式，并摆放在下一个画板上。单击工具箱中的"文字工具"按钮 **T**，选中页面中需要更改的文字，将其更改为适应当前页面的内容，如图17-94所示。

图17-94

步骤02 单击工具箱中的"矩形工具"按钮，在画板的中间按住鼠标左键并拖动绘制一个矩形；然后设置填充色为白色；再选择"效果>风格化>投影"命令，在"投影"对话框中设置相应参数，单击"确定"按钮，如图17-95所示。

图17-95

步骤03 单击工具箱中的"直线段工具"按钮，在白色矩形中间单击，然后按住Shift键的同时拖动鼠标，创建多条线段；再设置描边色为黑色，"粗细"为0.5pt，如图17-96所示。

图17-96

步骤04 复制一种标志组合到信纸的左上角，并调整到合适大小，如图17-97所示。

步骤05 单击工具箱中的"文字工具"按钮 **T**，在控制栏中设置合适的字体和大小，在标志的右边单击并输入文字，如图17-98所示。

图17-97　　　　　　　　　　　图17-98

步骤06 单击工具箱中的"选择工具"按钮，选中一种标志组合，复制到信纸的右下角，并调整为适当大小，如图17-99所示。

图17-99

步骤03 选择"效果>风格化>投影"命令,在弹出的"投影"对话框中设置相应参数,然后单击"确定"按钮,如图17-103所示。

图17-103

步骤04 单击工具箱中的"钢笔工具"按钮 ,在纸杯的下半部绘制一个四边形。选择"窗口>渐变"命令,打开"渐变"面板,在其中编辑一种蓝色渐变,如图17-104所示。

图17-104

步骤05 单击工具箱中的"选择工具"按钮 ,选中标志复制到纸杯的中间,并调整为适当大小,如图17-105所示。

12. 应用部分——纸杯

案例效果

本例将对纸杯进行设计,最终效果如图17-100所示。

图17-100

操作步骤

步骤01 复制画册基本版式,并摆放在下一个画板上。单击工具箱中的"文字工具"按钮 ,选中页面中需要更改的文字,将其更改为适用于当前页面的内容,如图17-101所示。

图17-101

步骤02 单击工具箱中的"钢笔工具"按钮 ,在画板中间绘制纸杯的形状。选择"窗口>渐变"命令,打开"渐变"面板,在其中编辑一种灰白色渐变,如图17-102所示。

图17-102

图17-105

步骤06 选中纸杯部分,按住Shift+Alt快捷键的同时向右拖动,复制出一个新的相同的纸杯底色,如图17-106所示。

图17-106

步骤07 复制另一种标志组合到纸杯的中间,并调整到合适大小,如图17-107所示。

应用系统范围 **010**

● 纸杯 / ENVELOPE

应用部分B
视觉识别系统

图17-107

13. 应用部分——手提袋

案例效果

本例设计手提袋，最终效果如图17-108所示。

应用系统范围 **011**

● 手提袋 / ENVELOPE

应用部分B
视觉识别系统

图17-108

操作步骤

步骤01 复制画册基本版式，并摆放在下一个画板上。单击工具箱中的"文字工具"按钮 **T**，选中页面中需要更改的文字，将其更改为适应当前页面的内容，如图17-109所示。

应用系统范围 **011**

● 手提袋 / ENVELOPE

应用部分B
视觉识别系统

图17-109

步骤02 单击工具箱中的"矩形工具"按钮 ，在画板的中间按住鼠标左键并拖动，绘制多个等高的矩形；选择"窗口>颜色"命令，打开"颜色"面板，设置填充色为白色，描边色为黑色；再选择"窗口>描边"命令，打开"描边"面板，设置"粗细"为0.25pt，如图17-110所示。

应用系统范围 **011**

● 手提袋 / ENVELOPE

应用部分B
视觉识别系统

图17-110

步骤03 单击工具箱中的"椭圆工具"按钮 ，在矩形上绘制一个正圆形，并复制出另外3个，摆放在同一水平线上；选择"窗口>颜色"命令，打开"颜色"面板，设置填充色为白色，描边色为黑色；再选择"窗口>描边"命令，打开"描边"面板，设置"粗细"为0.25pt，如图17-111所示。

图17-111

步骤04 单击工具箱中的"矩形工具"按钮 ，在白色矩形底部绘制矩形。使用滴管工具吸取页面顶端的蓝色渐变，并赋予当前矩形，如图17-112所示。

图17-112

步骤05 将一种标志基本组合复制当前页面中，分别摆放在手提袋的正、反两面，如图17-113所示。

图17-113

步骤06 单击工具箱中的"直线段工具"按钮 ，在手提袋周边绘制标注线段，然后设置描边色为黑，"粗细"为0.25pt，如图17-114所示。

图17-114

步骤07 单击工具箱中的"文字工具"按钮 ，在控制栏中设置合适的字体和大小，在线段上单击并输入注释性文字，如图17-115所示。

图17-115

步骤08 下面在右边绘制手提袋的立体效果。使用矩形工具绘制一个矩形选框，并设置填充色为灰色，描边色为黑色，"粗细"为0.25pt，如图17-116所示。

图17-116

步骤09 绘制侧面。使用钢笔工具绘制一条闭合路径，并设置相同的填充色和描边色，如图17-117所示。

图17-117

步骤10 选中左侧灰色侧面，按住Alt键拖曳复制出一个副本放置在右侧；然后设置填充色为白色；再选择"效果>风格化>投影"命令，在弹出的"投影"对话框中设置相应参数，单击"确定"按钮，如图17-118所示。

图17-118

步骤11 按照上述同样的方法绘制出正面，并添加投影效果，如图17-119所示。

图17-119

步骤12 继续使用钢笔工具绘制两条路径作为提手，并设置描边色为蓝色，"粗细"为2pt，如图17-120所示。

图17-120

步骤13 单击工具箱中的"矩形工具"按钮，在手提袋底部绘制一个矩形。使用吸管工具吸取手提袋平面图中的蓝色渐变，并赋予当前矩形。使用钢笔工具绘制右侧四边形，同样填充为蓝色系渐变，如图17-121所示。

图17-121

步骤14 复制标志，放置到手提袋的正面部分，最终效果如图17-122所示。

● 手提袋 / ENVELOPE

应用部分
视觉识别系统 **B**

图17-122

📖 **读书笔记**

Chapter 18
第18章

招贴与插画设计

　　所谓招贴，又名"海报"或宣传画，属于户外广告，是广告艺术中比较大众化的一种体裁，用来完成一定的宣传鼓动任务，主要为报道、广告、劝喻和教育服务。分布于各处街道、影（剧）院、展览会、商业区、机场、码头、车站、公园等公共场所。在广告业飞速发展、新的媒体形式不断涌现的今天，招贴海报这种传统的宣传形式仍无法被取代。

本章学习要点：

- 掌握矢量插画的绘制方法
- 了解招贴海报的相关知识
- 掌握在招贴海报设计中图片的使用方法
- 掌握平面宣传单制作方法

18.1 关于招贴海报设计

　　所谓招贴，又名"海报"或宣传画，属于户外广告，是广告艺术中比较大众化的一种体裁，用来完成一定的宣传鼓动任务，主要为报道、广告、劝喻和教育服务，分布于各处街道、影（剧）院、展览会、商业区、机场、码头、车站、公园等公共场所。在广告业飞速发展、新的媒体形式不断涌现的今天，招贴海报这种传统的宣传形式仍无法被取代，如图18-1所示。

图18-1

18.1.1 招贴海报的分类

　　招贴海报的分类方式很多，通常可以分为非营利性的社会公共招贴、营利性的商业招贴与艺术招贴这三大类。按照招贴海报的应用可将其分为商业海报、公益海报、电影海报、文化海报、体育招贴、活动招贴、艺术招贴、观光招贴和出版招贴等。

　　● 商业海报：商业海报是以促销商品、满足消费者需要等内容为题材，如产品宣传、品牌形象宣传、企业形象宣传、产品信息等，如图18-2所示。

 读书笔记

图18-2

● 公益海报：公益海报带有一定思想性，有特定的公众教育意义，其海报主题包括各种社会公益、道德宣传、政治思想宣传、弘扬爱心奉献以及共同进步精神等，如图18-3所示。

图18-3

● 电影海报：电影海报是海报的分支，主要起到吸引观众注意力与刺激电影票房收入的作用，与戏剧海报和文化海报有几分类似，如图18-4所示。

图18-4

Illustrator CC 中文版从入门到精通

● **文化海报**：文化海报是指各种社会文化娱乐活动及各类展览的宣传海报，展览的种类多种多样，不同的展览都有各自的特点，设计师需要了解展览活动的内容才能运用恰当的方法来表现其内容和风格，如图18-5所示。

图18-5

● **艺术招贴**：艺术招贴是以招贴形式传达纯美术创新观念的艺术品。其设计方式不受限制，如图18-6所示。

图18-6

● **体育招贴**：体育招贴是体育活动的广告。视觉传达力高，幅面大，内容多表现充满青春、朝气、强劲等气氛，如图18-7所示。

图18-7

18.1.2 招贴海报设计表现技法

由于招贴海报通常需要张贴于公共场所，为了使来去匆忙的人们加深视觉印象，招贴海报必须具备尺寸大、远视强、艺术性高3个特点。当然，招贴海报设计必须有相当的号召力与艺术感染力，要调动形象、色彩、构图、形式感等因素形成强烈的视觉效果；其画面应有较强的视觉中心，应力求新颖、单纯，还必须具有独特的艺术风格和设计特点。下面介绍几种招贴海报设计中常用的表现技法。

- 直接展示法：这是一种最常见的表现手法，主要是通过充分运用摄影或绘画等技巧的写实表现能力将主题直接展示在画面中，如图18-8所示。

图18-8

- 突出特征法：即抓住事物独具的个性，把它与众不同的地方鲜明地表现出来的方法。通过这样的方式能使观众在接触作品的瞬间对其产生注意和发生视觉兴趣，如图18-9所示。

图18-9

- 对比衬托法：对比是一种趋向于对立冲突的艺术美中最突出的表现手法，把作品中所描绘的事物的性质和特点放在鲜明的对照和直接对比中来表现，借彼显此，互比互衬，从对比所呈现的差别中，表现出集中、简洁、曲折变化，如图18-10所示。

图18-10

- 合理夸张法：借助想象，对广告作品中所宣传的对象的品质或特性的某个方面进行相当明显的过分夸大，以加深或扩大对这些特征的认识，如图18-11所示。

图18-11

- 以小见大法：在广告设计中对立体形象进行强调、取舍、浓缩，以独到的想象抓住一点或一个局部加以集中描写或延伸放大，以更充分地表达主题思想，如图18-12所示。

图18-12

- 运用联想法：在审美的过程中通过丰富的联想，能突破时空的界限，扩大艺术形象的容量，加深画面的意境，如图18-13所示。

图18-13

◎ 富于幽默法：幽默法是指广告作品中巧妙地再现喜剧性特征，抓住生活现象中局部性的内容，通过人们的性格、外貌和举止的某些可笑的特征表现出来，如图18-14所示。

图18-14

◎ 以情托物法：在表现手法上侧重选择具有感情倾向的内容，以美好的感情来烘托主题，真实而生动地反映这种感情就能以情动人，发挥艺术的力量，这是现代广告设计的文学侧重和美的意境与情趣的追求，如图18-15所示。

图18-15

◎ 悬念安排法：悬念手法有相当高的艺术价值，首先能加深矛盾冲突，吸引观众的兴趣和注意力，造成一种强烈的感受，产生引人入胜的艺术效果，如图18-16所示。

图18-16

◎ 选择偶像法：这种手法是针对人们的这种心理特点运用的，抓住人们对名人、偶像仰慕的心理，选择观众心目中崇拜的偶像，配合产品信息传达给观众，如图18-17所示。

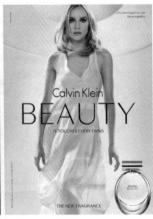

图18-17

18.2 综合实例——时尚促销广告

案例文件	综合实例——时尚促销广告.ai
视频教学	综合实例——时尚促销广告.flv
难易指数	★★★★★
知识掌握	钢笔工具、路径查找器、"透明度"面板、剪切蒙版

案例效果

案例效果如图18-18所示。

图18-18

操作步骤

步骤01 选择"文件>打开"命令，打开背景素材文件1.ai，如图18-19所示。

图18-19

步骤02 单击工具箱中的"椭圆工具"按钮，绘制出一个正圆形，设置填充色为白色。选择"窗口>透明度"命令，打开"透明度"面板，设置"混合模式"为"柔光"，并设置"不透明度"为100%，如图18-20所示。

图18-20

技巧提示

以圆心为中心绘制正圆时应同时按住Shift键和Alt键。

步骤03 多次复制圆形，缩放并摆放到合适位置，如图18-21所示。

步骤04 继续在适当的位置绘制出多个大小不同的白色的正圆形，打开"路径查找器"面板，单击按钮使之成为一个图形，如图18-22所示。

图18-21　　　　　　　图18-22

步骤05 复制一个该图形，适当缩小。选中底部的原图形，设置填充色为深黄色，并在"透明度"面板中设置"混合模式"为"正片叠底"，不透明度为100%，如图18-23所示。

步骤06 继续使用圆形工具在白色区域内绘制一个紫色的正圆，如图18-24所示。

图18-23　　　　　　　图18-24

步骤07 单击工具箱中的"选择工具"按钮，选中新绘制的正圆，选择"编辑>复制"命令与"编辑>原位粘贴"命令，此时得到一个新的正圆形，将鼠标指针放到圆形定界框的右上角，按住Ctrl+Alt快捷键的同时向外拖曳鼠标，以中心为原点进行等比放大，如图18-25所示。

图18-25

步骤08 选择"窗口>颜色"命令，打开"颜色"面板，设置填充色为蓝色，如图18-26所示。

步骤09 用同样的方法绘制出一系列的同心圆，并将其设置为不同的颜色，如图18-27所示。

Illustrator CC 中文版从入门到精通

图18-26　　　　　　　　　　图18-27

步骤10　选择这些同心圆形，右击，在弹出的快捷菜单中选择"编组"命令进行编组，然后使用复制和粘贴的快捷键（Ctrl+C、Ctrl+V）复制出一组，缩放并放置在适当的位置，如图18-28所示。

步骤11　用同样的方法复制出另两组，摆放在右上角，如图18-29所示。

图18-28　　　　　　　　　　图18-29

步骤12　单击工具箱中的"钢笔工具"按钮，在同心圆附近绘制出多个不规则形状，并填充颜色。在左下角绘制彩虹效果的弧形区域，如图18-30所示。

步骤13　单击工具箱中的"选择工具"按钮，选择右侧所有圆形组，右击，在弹出的快捷菜单中选择"编组"命令，如图18-31所示。

图18-30　　　　　　　　　　图18-31

步骤14　选择"窗口>透明度"命令，打开"透明度"面板，设置"不透明度"为45%，如图18-32所示。

图18-32

答疑解惑——如何在"透明度"面板中设置不透明度？

1　选择"窗口>透明度"命令，打开"透明度"面板，如图18-33所示。

图18-33

2　将鼠标指针移到"不透明度"右边的三角按钮上，单击打开滑块，如图18-34所示。

图18-34

3　单击滑块将其向前拖动，即可降低不透明度的数值，如图18-35所示。

图18-35

步骤15　复制底部白色图形，粘贴后出现在最顶层，如图18-36所示。

图18-36

步骤16　选择白色图形和彩色同心圆组，右击，在弹出的快捷菜单中选择"建立剪切蒙版"命令，如图18-37所示。

图18-37

步骤17 单击工具箱中的"文字工具"按钮 **T.**，在控制栏中设置字体为"汉仪综艺体简"，大小为37pt，在适当的位置单击并输入文字，如图18-38所示。

图18-38

步骤18 选中文字文本，选择"对象>扩展"命令，打开"扩展"对话框，设置扩展对象后单击"确定"按钮完成操作，如图18-39所示。

图18-39

步骤19 单击工具箱中的"自由变换工具"按钮 **图**，将鼠标指针移至定界框顶部控制点，先按住Ctrl键，再单击鼠标拖动界定框中点的位置，使文字呈现出透视效果，如图18-40所示。

图18-40

步骤20 用同样的方法，使用文字工具输入另外两组文字，扩展后分别进行变形，如图18-41所示。

图18-41

步骤21 单击工具箱中的"钢笔工具"按钮 **图**，在文字图形的外部绘制一个黑色的不规则图形，右击并多次选择"排列>后移一层"命令，使黑框放置到文字后方，如图18-42所示。

步骤22 单击工具箱中的"圆角矩形工具"按钮 **图**，在文字图形的下方绘制一个圆角矩形，设置填充色为粉色，如图18-43所示。

图18-42 　　　　　　　　　图18-43

步骤23 继续单击工具箱中的"文字工具"按钮 **T.**，在圆角矩形中和下方输入文字，如图18-44所示。

步骤24 选择"文件>置入"命令，置入素材文件2.ai作为装饰，如图18-45所示。

图18-44 　　　　　　　　　图18-45

步骤25 绘制装饰蝴蝶。单击工具箱中的"钢笔工具"按钮 **图**，在页面要创建第一个锚点的位置上单击创建一个锚点，在创建曲线的第二个锚点的位置上单击，创建第二个锚点，如此重复创建第三个、第四个锚点，如图18-46所示。

步骤26 单击工具箱中的"转换锚点工具"按钮 **图**，再单击要转换为曲线锚点的锚点对象，拖动鼠标控制曲线，将趋向调整到所要的状态，如图18-47所示。

步骤27 再次单击工具箱中的"钢笔工具"按钮 **图**，继续创建锚点，建立曲线，最后将其封闭，如图18-48所示。

图18-46 　　　　图18-47 　　　　图18-48

步骤28 选择"窗口>颜色"命令，打开"颜色"面板，设置填充色为棕色，如图18-49所示。

图18-49

步骤29 单击工具箱中的"选择工具"按钮，选择这个图形，将其复制并原位粘贴，再向外拖动翅膀，如图18-50所示。

图18-50

步骤30 右击，在弹出的快捷菜单中选择"变换>对称"命令，打开"镜像"对话框，选中"垂直"单选按钮，设置"角度"为90°，单击"确定"按钮完成操作，如图18-51所示。

图18-51

步骤31 将鼠标指针移动到定界框边缘，旋转并移动这个图形到适当位置，如图18-52所示。

图18-52

步骤32 单击工具箱中的"椭圆工具"按钮，在翅膀上绘制出多个正圆图形，设置填充色为白色，如图18-53所示。

图18-53

步骤33 单击工具箱中的"选择工具"按钮，选择翅膀形状和多个正圆形，然后选择"窗口>路径查找器"命令，在打开的"路径查找器"面板中单击"分割"按钮，将图形分割后，删除原白色圆形，使蝴蝶翅膀呈现镂空效果，如图18-54所示。

图18-54

步骤34 用同样的方法绘制出另一只翅膀上的花纹，如图18-55所示。

步骤35 单击工具箱中的"钢笔工具"按钮，在翅膀中间绘制蝴蝶身体的形状，设置填充色为深蓝色，如图18-56所示。

图18-55　　　　　　图18-56

步骤36 在翅膀上绘制翅膀花纹，设置填充色为粉色，如图18-57所示。

步骤37 将图形进行复制，并右击，在弹出的快捷菜单中选择"变换>对称"命令，打开"镜像"对话框，设置镜像轴为"垂直"，角度为90°，单击"确定"按钮完成操作，然后同时移动并旋转到适当位置，如图18-58所示。

图18-57　　　　　　　图18-58

步骤38　单击工具箱中的"选择工具"按钮 ，选择蝴蝶图形的所有部分，然后右击，在弹出的快捷菜单中选择"编组"命令，复制出多个蝴蝶，并放置到其他位置，如图18-59所示。

图18-59

步骤39　单击工具箱中的"钢笔工具"按钮 ，在适当的位置绘制出花的形状，设置填充色为蓝色，如图18-60所示。

图18-60

步骤40　复制花朵，设置填充颜色为粉红色，并将其置于蓝色花朵的下一层，如图18-61所示。

图18-61

步骤41　按照上述方法绘制出其他层次的花瓣，并将其设置为不同颜色，如图18-62所示。

图18-62

步骤42　复制多个花朵摆放在画面中，并适当更改颜色，最终效果如图18-63所示。

图18-63

18.3 综合实例——音乐会宣传海报

案例文件	综合实例——音乐会宣传海报.ai
视频教学	综合实例——音乐会宣传海报.flv
难易指数	★★★★★
知识掌握	"透明度"面板、"渐变"面板、矩形工具、添加锚点工具

案例效果

案例效果如图18-64所示。

图18-64

操作步骤

步骤01 使用新建快捷键Ctrl+N创建新文档，设置"大小"为A4，"取向"为 ，单击"确定"按钮，如图18-65所示。

图18-65

步骤02 单击工具箱中的"矩形工具"按钮 ，在顶部绘制一个矩形。选择"窗口>渐变"命令，打开"渐变"面板，在该面板中编辑一种金色系的渐变，如图18-66所示。

图18-66

步骤03 单击工具箱中的"钢笔工具"按钮 ，在顶部金色矩形的右半部分绘制一个斜角四边形，同样为其填充渐变颜色，如图18-67所示。

图18-67

步骤04 继续使用钢笔工具在右半部分绘制斜角四边形，填充黑色系渐变，如图18-68所示。

图18-68

步骤05 再次绘制并填充红色系渐变，如图18-69所示。

图18-69

步骤06 单击工具箱中的"矩形工具"按钮 ，在条形下方绘制出一个长条矩形。设置填充色为黑色，如图18-70所示。

图18-70

步骤07 继续使用矩形工具在页面下方绘制一个矩形。选择"窗口>渐变"命令，打开"渐变"面板，在该面板中编辑一种复杂的金属质感的棕色系的渐变，如图18-71所示。

图18-71

步骤08 单击工具箱中的"添加锚点工具"按钮 ，在新绘制的矩形上方相应的位置上分别添加两个锚点，然后单击工具箱中的"直接选择工具"按钮 ，选择这两个新添加的锚点，按住Shift键单击并向下拖曳，制作出弧线，如图18-72所示。

图18-72

步骤09 按照上述相同的方法绘制出另外几个相似的图形，如图18-73所示。

图18-73

步骤10 单击工具箱中的"矩形工具"按钮□，在底部绘制一个矩形，然后选择"窗口>渐变"命令，打开"渐变"面板，在该面板中编辑一种金色系的渐变，并将该图形放置在弧线的下层，如图18-74所示。

图18-74

步骤11 单击工具箱中的"添加锚点工具"按钮，在新绘制的矩形中间添加锚点。再单击工具箱中的"直接选择工具"按钮，选择新添加的锚点，按住Shift键将鼠标向下拖曳，使其弧度与曲线弧度相匹配，如图18-75所示。

图18-75

步骤12 选择"文件>置入"命令，打开"置入"面板，置入背景素材图片1.jpg，右击，在弹出的快捷菜单中选择"排列>至于底层"命令，将其放置在底层，如图18-76所示。

图18-76

步骤13 单击工具箱中的"矩形工具"按钮□，在顶部绘制一个矩形，设置填充色为褐色。选择"窗口>透明度"命令，打开"透明度"面板，设置"混合模式"为"正片叠底"，"不透明度"为52%，如图18-77所示。

图18-77

步骤14 单击工具箱中的"文字工具"按钮 T，然后输入文本，在控制栏中设置合适的字体和大小。选择"对象>扩展"命令，打开"扩展"对话框，选中"对象"和"填充"复选框，单击"确定"按钮完成操作，如图18-78所示。

图18-78

步骤15 选择所有文字，按住Alt键的同时单击向左拖曳复制出副本。使之前的黑色文字变为阴影效果。选择"窗口>渐变"命令，打开"渐变"面板，在该面板中编辑一种金色系的渐变，如图18-79所示。

图18-79

步骤16 单击工具箱中"椭圆工具"按钮○，在画面下半部分绘制一个椭圆形。选择"窗口>渐变"命令，打开"渐变"面板，编辑一种金色系的渐变，如图18-80所示。

图18-80

步骤17 选中椭圆形，将其复制并原位粘贴，再将鼠标指针放到定界框的边缘，单击并向内拖曳，同时按住Shift+Alt快捷键将其等比例缩小。选择"窗口>渐变"命令，打开"渐变"面板，编辑另一种金色系的渐变，如图18-81所示。

图18-81

 技巧提示

以中心为原点等比例缩放时按住Shift键和Alt键。

步骤18 使用相同的方法绘制出新的椭圆形，编辑另一种红色系的径向渐变，如图18-82所示。

图18-82

步骤19 单击工具箱中的"椭圆工具"按钮○，在渐变的红色椭圆形上方绘制一个新的椭圆形。编辑灰黑色系的渐变。选择"窗口>透明度"命令，在"透明度"面板菜单中选择"建立不透明蒙版"命令，选中"剪切"复选框，如图18-83所示。

图18-83

步骤20 单击工具箱中的"文字工具"按钮 T，在控制栏中设置合适的字体和大小，然后输入文字。执行"对象>扩展"命令，打开"扩展"对话框，选中"对象"和"填充"复选框，单击"确定"按钮完成操作，如图18-84所示。

图18-84

步骤21 选择"窗口>渐变"命令，打开"渐变"面板，编辑一种灰黑色渐变，如图18-85所示。

图18-85

步骤22 置入金色彩带素材2.ai，并摆放在合适位置，如图18-86所示。

图18-86

步骤23 单击工具箱中的"文字工具"按钮 T，在底部单击并拖动鼠标创建一个矩形的文本区域，然后在控制栏中设置合适的字体和大小，输入文字。选择"窗口>文字>段落"命令，打开"段落"面板，设置段落样式为"中对齐"，如图18-87所示。

图18-87

步骤24 对文字进行扩展操作，按住Alt键的同时单击并向左拖曳，移动复制出副本。选择"窗口>渐变"命令，打开"渐变"面板，在该面板中编辑一种金色系的渐变，如图18-88所示。

图18-88

步骤25 继续绘制玻璃质感矩形块，单击工具箱中的"矩形工具"按钮 ，在适当的位置拖曳鼠标绘制矩形，设置填充色为白色。选择"窗口>透明度"命令，设置"不透明度"为7%，如图18-89所示。

图18-89

步骤26 单击工具箱中的"椭圆工具"按钮 ，在矩形的左侧绘制椭圆形。在"渐变"面板中编辑黑白灰色的径向渐变。在"透明度"面板中设置"混合模式"为"正片叠底"，"不透明度"为69%，如图18-90所示。

图18-90

步骤27 复制半透明椭圆，将其摆放在矩形的另外3个边上，如图18-91所示。

图18-91

步骤28 单击工具箱中的"矩形工具"按钮 ，在矩形左侧绘制长方矩形。选择"窗口>渐变"命令，打开"渐变"面板，在该面板中编辑一种黑白灰色系的渐变，如图18-92所示。

图18-92

步骤29 单击工具箱中的"选择工具"按钮 ，选中这个长条矩形。按住Shift+Alt快捷键的同时向右拖动，复制出一个副本，如图18-93所示。

图18-93

步骤30 单击工具箱中的"钢笔工具"按钮 ,绘制出一个图形。在"渐变"面板中编辑一种黑白渐变,设置"类型"为"径向"。选择"窗口>透明度"命令,设置"类型"为"叠加","不透明度"为60%,如图18-94所示。

图18-94

步骤31 单击工具箱中的"椭圆工具"按钮 ,在矩形上绘制多个椭圆,填充黑白径向渐变,并在"透明度"面板中设置"混合模式"为"正片叠底","不透明度"为12%,如图18-95所示。

图18-95

步骤32 选中玻璃质感矩形的所有图形,右击,在弹出的快捷菜单中选择"编组"命令。选择"窗口>透明度"命令,设置不透明度为30%,如图18-96所示。

图18-96

步骤33 复制多个玻璃质感矩形,并摆放在画面的各处作为装饰,最终效果如图18-97所示。

图18-97

18.4 综合实例——快餐店宣传单

案例文件	综合实例——快餐店宣传单.ai
视频教学	综合实例——快餐店宣传单.flv
难易指数	★★★★★
知识掌握	投影效果、矩形工具、椭圆工具、钢笔工具、文字工具、旋转工具

案例效果

案例效果如图18-98所示。

图18-98

操作步骤

步骤01 选择"文件>打开"命令,打开背景素材1.jpg,如图18-99所示。

图18-99

步骤02 单击工具箱中的"矩形工具"按钮▣,在画板的左边拖曳鼠标绘制一个矩形,选择"窗口>渐变"命令,打开"渐变"面板,在该面板中编辑一种黄色系的渐变,设置"类型"为"径向",如图18-100所示。

图18-100

步骤03 选择"文件>置入"命令,置入网格底纹图片2.jpg,在"透明度"面板中设置其"混合模式"为"正片叠底",并将其调整到适当的位置和大小,如图18-101所示。

图18-101

步骤04 制作标志部分。单击工具箱中的"椭圆工具"按钮◯,在顶部绘制一个适当大小的椭圆。设置填充色为粉色,描边色为白色,描边粗细为3pt,如图18-102所示。

图18-102

步骤05 选择"效果>风格化>投影"命令,打开"投影"对话框,进行相应的设置。单击"确定"按钮完成操作,如图18-103所示。

图18-103

步骤06 单击工具箱中的"钢笔工具"按钮▯,在椭圆形上绘制不规则光泽形状,打开"渐变"面板,编辑一种白色到透明的渐变,如图18-104所示。

图18-104

步骤07 单击工具箱中的"文字工具"按钮 T,在控制栏中设置合适的字体和大小,在椭圆上单击并输入文字,如图18-105所示。

图18-105

步骤08 对文字执行"对象>扩展"命令,设置填充色为黄色,描边色为白色,设置描边粗细为3pt,如图18-106所示。

图18-106

步骤09 选择"效果>风格化>投影"命令,打开"投影"对话框,进行相应的设置,单击"确定"按钮完成操作,如图18-107所示。

图18-107

步骤10 使用选择工具选中文字,然后右击,在弹出的快捷菜单中选择"排列>后移一层"命令,使文字位于光泽的下方,如图18-108所示。

Illustrator CC 中文版从入门到精通

图18-108

步骤11 单击工具箱中的"钢笔工具"按钮 🖉，在文字下方绘制一个不规则形状。设置填充色为白色，描边色为黄色，"粗细"为0.5pt，如图18-109所示。

步骤12 继续在不规则形状上绘制弧形光泽形状，设置填充色为黄色，如图18-110所示。

图18-109　　　　　　　　　　图18-110

步骤13 单击工具箱中的"文字工具"按钮 T，在控制栏中设置合适的字体和大小，在椭圆上单击并输入文字，如图18-111所示。

图18-111

步骤14 选择"对象>扩展"命令，设置填充色为绿色，描边色为粉色，"粗细"为0.5pt，如图18-112所示。

图18-112

步骤15 在文字上右击，在弹出的快捷菜单中选择"取消编组"命令将其解组，如图18-113所示。

步骤16 单击工具箱中的"选择工具"按钮 ▶，选中单个文字图形将其移位并旋转。调整每个文字的角度，如图18-114所示。

图18-113　　　　　　　　图18-114

步骤17 选中完整的标志部分，右击，在弹出的快捷菜单中选择"编组"命令。选中这个组，再单击工具箱中的"旋转工具"按钮 ◯，将标志旋转到一定角度，如图18-115所示。

图18-115

步骤18 单击工具箱中的"文字工具"按钮 T，在控制栏中设置合适的字体和大小，在椭圆上单击并输入文字，然后选择"对象>扩展"命令，如图18-116所示。

图18-116

步骤19 设置描边色为粉色，粗细为1pt。打开"渐变"面板，编辑一种黄白渐变，如图18-117所示。

图18-117

步骤20 单击工具箱中的"钢笔工具"按钮 🖉，在文字下方绘制文字外轮廓形状。设置填充色为黄色，描边色为绿色，"粗细"为2pt，如图18-118所示。

图18-118

步骤21 ▶ 单击工具箱中的"钢笔工具"按钮 ⬭，在文字下方绘制气泡图形，如图18-119所示。

图18-119

步骤22 ▶ 单击工具箱中的"文字工具"按钮 T.，在控制栏中设置合适的字体和大小，在气泡上单击并输入文字，如图18-120所示。

图18-120

步骤23 ▶ 单击工具箱中的"旋转工具"按钮 ⟲，把鼠标指针放到文字上单击并拖动鼠标，将文字旋转一定角度，如图18-121所示。

图18-121

步骤24 ▶ 选择"文件>置入"命令，打开"置入"面板，置入水果饮料素材文件3.png，并调整至适当大小，如图18-122所示。

图18-122

步骤25 ▶ 单击工具箱中的"钢笔工具"按钮 ⬭，绘制两个连接在一起的四边形。选择"窗口>渐变"命令，打开"渐变"面板，编辑一种紫色渐变，如图18-123所示。

图18-123

步骤26 ▶ 单击工具箱中的"文字工具"按钮 T.，在控制栏中设置合适的字体和大小，在四边形上单击并输入文字。设置填充色为黄色，如图18-124所示。

图18-124

步骤27 ▶ 选择"效果>风格化>投影"命令，打开"投影"面板，设置选项参数，单击"确定"按钮完成操作，如图18-125所示。

图18-125

步骤28 单击工具箱中的"旋转工具"按钮 ⟲，把鼠标指针放到文字上单击并拖动鼠标，将文字旋转一定角度，如图18-126所示。

图18-126

步骤29 单击工具箱中的"选择工具"按钮 ▶，选中黄白色渐变的矩形，按住Shift+Alt快捷键的同时向右拖动，复制出一个副本放置在右侧，作为宣传单的背面，如图18-127所示。

图18-127

步骤30 单击工具箱中的"矩形工具"按钮 ▢，在白黄色渐变矩形中绘制一个矩形。选择"窗口>颜色"命令，打开"颜色"面板，设置填充色为白色，如图18-128所示。

图18-128

步骤31 再次置入底纹素材2.jpg，摆放在右侧页面，如图18-129所示。

图18-129

步骤32 单击工具箱中的"矩形工具"按钮 ▢，在顶部绘制一个矩形，设置填充色为黄色，如图18-130所示。

图18-130

步骤33 单击工具箱中的"直接选择工具"按钮 ▶，选择矩形右边的两点，单击并向上拖曳，如图18-131所示。

图18-131

步骤34 选中左侧的标志部分，按住Shift+Alt快捷键的同时向右拖动，复制出一个标志，并将其放置在右侧页面上，如图18-132所示。

图18-132

步骤35 单击工具箱中的"文字工具"按钮 T，在图标下方单击，在控制栏中设置合适的字体和大小并输入文字，设置填充色为黄色。单击工具箱中的"旋转工具"按钮 ⟲，把鼠标指针放到文字上单击并拖动鼠标，将文字旋转到一定角度，如图18-133所示。

图18-133

步骤36 单击工具箱中的"文字工具"按钮 T，在黄色矩形条右边输入文字，并填充为白色，如图18-134所示。

图18-134

步骤37 选择"文件>置入"命令，置入食物素材图片4.png，并将其调整到适当的位置和大小。选择"窗口>透

413

明度"命令，打开"透明度"面板，设置"不透明度"为
50%，如图18-135所示。

图18-135

步骤38 单击工具箱中的"文字工具"按钮 T ，在适当的位置上按住鼠标左键并拖动鼠标，创建一个矩形的文本区域，在控制栏中设置合适的字体和大小并输入文字，如图18-136所示。

图18-136

步骤39 选择"文件>置入"命令，置入其他饮品和食物素材图片，并将其调整到适当的位置和大小，如图18-137所示。

图18-137

步骤40 单击工具箱中的"文字工具"按钮 T ，在空白处输入文字并适当变形，如图18-138所示。

图18-138

步骤41 分别选中左侧页面内容与右侧页面内容，并各自右击，在弹出的快捷菜单中选择"编组"命令，如图18-139所示。

图18-139

步骤42 使用旋转工具将两个页面进行适当旋转，最终效果如图18-140所示。

图18-140

18.5 关于插画设计

插画设计是平面设计中的重要组成部分，目前通行于国外市场的商业插画包括出版物插图、卡通吉祥物、影视与游戏美术设计和广告插画4种形式。现在插画已经遍布于平面和电子媒体、商业场馆、公众机构、商品包装、影视演艺海报、企业广告，甚至T恤、日记本、贺年片。插画艺术的发展有着悠久的历史，从世界最古老的插画洞窟壁画到日本江户时代的民间版画浮世绘，无一不演示着插画的发展，如图18-141所示。

图18-141

18.5.1 插画设计的几大要素

1. 布局

布局是指从全面考虑进行安排，通过插画的合理分布向观众展示出宣传的内容，为版面增添活力，减少了大量单一文字带来的枯燥感。使画面增加了可视性与趣味性，在满足了其多元化效果的同时增加了丰富的视觉效果，如图18-142所示。

图18-142

2. 文字

文字在插画中占有重要的位置。文字本身的变化及文字的编排、组合，对插画版面来说极为重要。文字不仅是信息的传达，也是视觉传达最直接的方式，在版式设计中要运用好文字，首先要掌握的是字体、字号、字距和行距。

字体是文字的表现形式，不同的字体给人的视觉感受

和心理感受不同，这就说明字体具有强烈的感情性格，设计者要充分利用字体的这一特性，选择准确的字体，有助于主题内容的表达；美的字体可以使读者感到愉悦，有助于阅读和理解。

- **文字类型**：文字类型比较多，如印刷字体、装饰字体、书法字体、英文字体等，如图18-143所示。

图18-143

- **文字大小**：文字大小在插画设计中起到非常重要的作用，比如大的文字或大的首字母文字会有非常大的吸引力，常用在广告、杂志、包装等设计中，如图18-144所示。

- **文字位置**：文字在画面中摆放位置的不同会产生不同的视觉效果，如图18-145所示。

图18-144

图18-145

3. 图片

当一幅画面中同时有图片和文字时，人们第一眼看到的一定会是图片，其次才是文字等。当然，一幅图像中可能有一个或多个图片。大小、数量、位置的不同，会产生不同的视觉冲击效果，如图18-146所示。

图18-146

4. 图形

插画中的图形，广义地说，一切含有图形因素的并与信息传播有关的形式，及一切被平面设计所运用、借鉴的形式，都可以称之为图形，如绘画、插图、图片、图案、图表、标志、摄影、文字等。狭义上讲，图形就是可视的"图画"。图形是平面设计中非常重要的元素，甚至可以说是平面设计作为视觉传达体系中独特的、不可或缺的。

⚫ **图形的形状**：图形的形状包括图在插画上的总体轮廓，也可以理解为图内部的形象。图形的形状在插画中，主要分为规则形和不规则形，如图18-147所示。

图18-147

⚫ **图形的数量和面积**：一般学术性或者文学性的刊物版面上图形较少，普及性、新闻性的刊物图形较多。图形的数量并不是随意决定的，一般需要由插画的内容来决定，并需要精心安排，如图18-148所示。

图18-148

5. 色彩

色彩是平面作品中的灵魂，是设计师进行设计时最活跃的元素，不仅为设计增添了变化和情趣，还增加了设计的空间感。如同字体能传达出信息一样，色彩给人们的信息更多，如图18-149所示。

图18-149

18.5.2　插画的应用

插画艺术的发展有着悠久的历史，看似平凡简单的插画却有着很大的内涵，插画最早运用于宗教读物当中。后来，插画被广泛运用于自然科学书籍、文法书籍和经典作家等出版物中。社会发展到今天，插画被广泛地用于社会的各个领域，插画艺术不仅拓宽了人们的视野，丰富了人们的头脑，而且给人们以无限的想象空间，如图18-150所示。

图18-150

牌、海报、宣传单、电视广告等，如图18-152所示。

图18-152

● 出版物：插画可以应用于书籍的封面、书籍的内页、书籍的外套和书籍的内容辅助等，其中包括报纸、杂志等出版物，如图18-151所示。

● 影视多媒体：影视剧、广告片、游戏、网络等方面的角色及环境美术设定或界面设计，凡是用来做"解释说明"用的都可以算作插画的范畴，如图18-153所示。

图18-151

● 商业宣传：广告类的插画包括报纸广告、杂志广告、招

图18-153

18.6 综合实例——绘制可爱卡通娃娃

案例文件	综合实例——绘制可爱卡通娃娃.ai
视频教学	综合实例——绘制可爱卡通娃娃.flv
难易指数	★★★★★
知识掌握	钢笔工具、透明度、"颜色"面板、高斯模糊、铅笔工具

案例效果

本例主要制作卡通插画效果，如图18-154所示。

图18-154

操作步骤

步骤01 选择"文件>新建"命令或按Ctrl+N快捷键新建一个文档，具体参数设置如图18-155所示。

图18-155

步骤02 绘制卡通娃娃的头部，单击工具箱中的"钢笔工具"按钮，勾出面部的轮廓，然后选择"窗口>颜色"命令，打开"颜色"面板。单击"填充色"按钮，调整颜色为较浅的肉色，作为皮肤的主色调，如图18-156所示。

步骤03 继续使用钢笔工具在面部的两侧绘制头发的形状，设置填充颜色为棕色，如图18-157所示。

步骤04 在头顶部分绘制闭合路径，在"颜色"面板中选取一个比两侧发色稍浅的颜色作为填充颜色，如图18-158所示。

图18-156

图18-157

图18-158

步骤05 制作面部的阴影部分。使用钢笔工具沿顶部、右侧和右下处绘制边缘区域形状，并填充比肤色稍暗的颜色，如图18-159所示。

步骤06 制作头发的亮部区域。在左上角和头顶部分绘制两个较小的区域，并填充淡黄色，如图18-160所示。

图18-159

图18-160

步骤07 继续绘制头发的暗部区域。填充比头发颜色稍暗的棕色，使头发呈现出立体感，如图18-161所示。

步骤08 制作红色的心形发卡。使用钢笔工具绘制不规则心形图案，并填充为红色。使用钢笔工具在心形上绘制多条细线，设置描边颜色为肉色，描边大小为1pt，选择"宽度配置文件1"，如图18-162所示。

图18-161

图18-162

步骤09 制作眉毛部分。由于眉毛的形状也是两端细中间粗，所以仍然使用钢笔工具绘制出眉毛的细线，并设置合适的棕色，设置描边大小为1pt，选择"宽度配置文件1"，如图18-163所示。

步骤10 继续制作眼睛部分。为了使眼睛细节更丰富，在绘制的过程中需要由多个部分构成。首先使用钢笔工具绘制眼窝的区域，使用滴管工具吸取皮肤暗部的颜色并赋予这部分，如图18-164所示。

图18-163

图18-164

步骤11 继续使用钢笔工具绘制眼球的形状，填充头发为棕色，如图18-165所示。

步骤12 在眼球中绘制暗部形状，填充头发暗部区域的颜色，如图18-166所示。

图18-165

图18-166

步骤13 采用同样的方法继续绘制眼白区域与眼球的高光区域，如图18-167所示。

步骤14 复制眉毛部分，并将其摆放在眼球上方作为眼线，使用直接选择工具调整形状，如图18-168所示。

步骤15 制作眼球上的反光效果，首先使用钢笔工具在眼球的左下角绘制形状并填充浅棕色，如图18-169所示。

图18-167 图18-168 图18-169

图18-176 图18-177

步骤16 选择"效果>模糊>高斯模糊"命令，在弹出的"高斯模糊"对话框中设置"半径"为"1像素"，得到模糊的反光效果，如图18-170所示。

步骤17 采用同样的方法制作右眼，如图18-171所示。

图18-170 图18-171

步骤18 制作腮红部分。单击工具箱中的"椭圆工具"按钮，在脸颊处绘制出一个椭圆形，颜色设置为肉粉色，如图18-172所示。

步骤19 选择"效果>模糊>高斯模糊"命令，在弹出的"高斯模糊"对话框中设置"半径"为"5像素"，得到模糊的腮红效果，如图18-173所示。

图18-172 图18-173

步骤20 将腮红对象选中，按住Alt键移动复制出另外两个。将副本缩小，放置在右侧和鼻子位置。至此，卡通娃娃的头部制作完成，如图18-174所示。

步骤21 身体部分的制作方法与头部基本相同，都是使用钢笔工具勾画出形状，并依次填充合适的颜色，如图18-175所示。

图18-174 图18-175

步骤22 制作手臂部分的两块区域。首先使用钢笔工具在手臂的上部绘制形状，并填充为白色，然后在控制栏中设置"不透明度"为52%，如图18-176所示。

步骤23 使用钢笔工具沿左手臂的下方勾出一个轮廓，在控制栏中设置填充颜色为黄色，"不透明度"为52%，如图18-177所示。

步骤24 为卡通人物衣服添加装饰。单击工具箱中的"椭圆工具"按钮，在衣服上绘制白色圆形，设置"不透明度"为52%，并多次复制摆放在衣服与鞋子上，如图18-178所示。

图18-178

步骤25 制作卡通娃娃手中的红色苹果。使用钢笔工具绘制苹果的形状，以及苹果上的中间部、亮部和高光部分，并分别填充红色、粉色和白色，如图18-179所示。

图18-179

步骤26 复制红苹果，缩放到合适的大小时将其摆放在地面和卡通娃娃的裙子上，适当进行颜色和形状的调整，如图18-180所示。

步骤27 为了强化绘画效果，单击工具箱中的"铅笔工具"按钮，在卡通娃娃上绘制出描边效果，如图18-181所示。

图18-180 图18-181

步骤28 采用同样的方法制作卡通娃娃背后的小动物，如图18-182所示。

图18-182

图18-183

18.7 综合实例——韩国风格时装插画

案例文件	综合实例——韩国风格时装插画.ai
视频教学	综合实例——韩国风格时装插画.flv
难易指数	★★★★★
知识掌握	钢笔工具、网格工具、渐变

案例效果

案例效果如图18-184所示。

图18-184

操作步骤

步骤01 选择"文件>打开"命令，选中将要打开的背景文件1.ai，单击"打开"按钮完成操作，如图18-185所示。

图18-185

步骤02 绘制人物的面部。单击工具箱中的"钢笔工具"按钮，绘制一个封闭路径，如图18-186所示。

步骤03 选择"窗口>颜色"命令，打开"颜色"面板，设置填充色为肉色，如图18-187所示。

步骤04 单击工具箱中的"选择工具"按钮，选中这个图形，选择"编辑>复制"命令与"编辑>原位粘贴"命令，放置到原图形的下方并适当放大。设置填充色为浅棕色，如图18-188所示。

图18-186　　　　图18-187　　　　图18-188

步骤05 制作眼睛部分。使用工具箱中的钢笔工具逐步绘制出眼睛的不同部分，并在"颜色"面板中设置不同的填充颜色，如图18-189所示。

图18-189

步骤06 采用同样的方法，使用钢笔工具在左边的位置绘制另一只眼睛，如图18-190所示。

步骤07 使用钢笔工具在眼睛下面绘制一个封闭路径，单击工具箱中的"网格工具"按钮，在选中的对象上单击，创建渐变网格，如图18-191所示。

步骤08 单击工具箱中的"直接选择工具"按钮，选中网格中的点，然后选择"窗口>颜色"命令，打开"颜色"面板，设置网格点的填充颜色，制作出腮红效果，如图18-192所示。

图18-190　　　　　图18-191　　　　　图18-192

答疑解惑——如何建立网格、定义渐变网格的颜色

① 单击工具箱中的"选择工具"按钮，选中要添加渐变网格的对象。在图形要创建网格的位置上单击，即可创建一组行和列的网格线，如图18-193所示。

图18-193

② 单击工具箱中的"直接选择工具"按钮，将要定义颜色的网点选中。选择"窗口>颜色"命令，打开"颜色"面板，并选中要改变的颜色，如图18-194所示。

③ 继续单击将要定义颜色的网点，使用同样的方法，将网格渐变的颜色调整到想要的效果，如图18-195所示。

图18-194　　　　　图18-195

步骤09 复制左侧的腮红，并将其放置在右侧面颊处，适当调整形状和颜色，如图18-196所示。

图18-196

步骤10 单击工具箱中的"钢笔工具"按钮，绘制鼻子的形状。设置填充颜色为浅棕色，如图18-197所示。

图18-197

步骤11 继续使用钢笔工具在鼻子的下方绘制嘴的形状，如图18-198所示。

步骤12 选择"窗口>渐变"命令，打开"渐变"面板，设置"类型"为"径向"，编辑粉色系渐变，如图18-199所示。

图18-198　　　　　图18-199

步骤13 继续使用钢笔工具在嘴唇中间绘制唇线轮廓。选择"窗口>颜色"命令，打开"颜色"面板，填充颜色，如图18-200所示。

图18-200

步骤14 在下唇的下方绘制出阴影，填充浅棕色，如图18-201所示。

图18-201

步骤15 选择"窗口>透明度"命令，打开"透明度"面板，设置底部阴影的"不透明度"为70%，如图18-202所示。

图18-202

步骤16 在下唇上绘制高光，设置填充颜色为白色，如图18-203所示。

步骤17 单击工具箱中的"钢笔工具"按钮，在眼睛上方绘制眼眉。设置填充颜色为棕色，如图18-204所示。

图18-203　　　　　图18-204

步骤18 制作头发部分。头发主要分为两部分进行制作：底色和发丝。首先使用钢笔工具绘制出头发的轮廓，设置填充颜色为棕色，流程如图18-205所示。

步骤19 继续在头发边缘绘制阴影，设置填充颜色为棕色，如图18-206所示。

步骤20 选择"窗口>透明度"命令，打开"透明度"面板，设置"不透明度"为75%，如图18-207所示。

图18-205

图18-206　　　　　　　图18-207

步骤21 制作发丝。使用钢笔工具在头发上绘制出发丝的线条，设置颜色为棕黄色，如图18-208所示。

步骤22 采用相同的方法在头发上绘制出多条发丝，如图18-209所示。

图18-208　　　　　　　图18-209

步骤23 制作头部的墨镜。首先使用钢笔工具在头发上面绘制一个墨镜的眼镜框，然后选择"窗口>颜色"命令，打开"颜色"面板，设置填充颜色为黑色，如图18-210所示。

图18-210

步骤24 继续使用钢笔工具绘制镜框以及镜片上的高光，设置填充颜色为白色。设置"不透明度"为35%，如图18-211所示。

图18-211

步骤25 继续绘制出眼镜片的形状，打开"渐变"面板，设置一种黄绿色渐变。设置"不透明度"为80%，如图18-212所示。

图18-212

步骤26 制作皮肤部分。单击工具箱中的"钢笔工具"按钮，在人物头部的下方绘制出皮肤中间调以及暗部的形状，并分别填充与面部肤色接近的颜色，如图18-213所示。

步骤27 继续绘制出里面的衣服形状。选择"窗口>渐变"命令，打开"渐变"面板，设置一种红色渐变，如图18-214所示。

图18-213

图18-214

步骤28 单击工具箱中的"钢笔工具"按钮，在人物的上半身绘制出外衣的形状，然后选择"窗口>颜色"命令，打开"颜色"面板，设置填充颜色为棕色，如图18-215所示。

步骤29 在外衣上绘制衣服的暗部区域细节，设置填充颜色为稍深一些的棕色，如图18-216所示。

图18-215　　　　　图18-216

步骤30 继续绘制衣服上的亮部区域细节。打开"渐变"面板，编辑一组棕色的渐变色，如图18-217所示。

步骤31 再次绘制高光区域细节，填充渐变色，如图18-218所示。

图18-217　　　　　图18-218

步骤32 单击工具箱中的钢笔工具按钮，在人物的袖子下面绘制手的形状，设置填充颜色为肉色，如图18-219所示。

图18-219

步骤33 继续绘制手上的暗部细节，使手的形态更加丰满，如图18-220所示。

图18-220

步骤34 单击工具箱中的"钢笔工具"按钮，绘制裙子形状，并填充为灰绿色，如图18-221所示。

步骤35 使用钢笔工具在裙子上绘制一个封闭路径，单击工具箱中的"网格工具"按钮，在选中的对象上单击创建渐变网格，调整渐变网格的形状，使裙子上出现颜色变化，如图18-222所示。

图18-221   图18-222

步骤36 使用钢笔工具绘制出腰带，并填充棕色渐变。在腰

带上继续使用钢笔工具绘制细节部分，并填充相应的颜色，如图18-223所示。

图18-223

步骤37 为了使裙子更加立体，需要使用钢笔工具绘制出褶皱部分的形状并填充灰绿色渐变，如图18-224所示。

图18-224

步骤38 继续使用同样的方法绘制腿部以及靴子，需要注意的是，肤色的协调以及靴子颜色的选取，如图18-225所示。

图18-225

步骤39 单击工具箱中的"矩形工具"按钮，在人物手

的下方绘制一个矩形，然后选择"窗口>渐变"命令，打开"渐变"面板，编辑粉色的渐变色，如图18-226所示。

图18-226

步骤40 单击工具箱中的"钢笔工具"按钮，在矩形上面绘制手提袋上方的不规则形状，设置填充色为紫红色，如图18-227所示。

图18-227

步骤41 使用钢笔工具绘制袋子的提手，并填充合适的颜色，如图18-228所示。

 读书笔记

步骤42 继续使用钢笔工具绘制袋子上的装饰花，填充粉白色系的渐变。多次复制并调整不同的大小，摆放在袋子上，如图18-229所示。

图18-228　　　　　图18-229

步骤43 最终效果如图18-230所示。

图18-230

Chapter 19

第19章

画册与书籍设计

　　如果说画册是企业公关交往中的广告媒体，那么画册设计就是当代经济领域里的市场营销。研究宣传册设计的规律和技巧具有现实意义。画册按照用途和作用可分为形象画册、产品画册、宣传画册、年报画册和折页画册。

　　书籍装帧是书籍存在和视觉传递的重要形式，书籍装帧设计是指通过特有的形式、图像、文字色彩向读者传递书籍中的思想、气质和精神的一门艺术。书籍设计主要包含三大部分：封面设计、版式设计和插图设计。

本章学习要点：

- 掌握画册杂志封面的设计方法
- 掌握多种风格画册的制作方法
- 掌握画册立体效果的制作方法
- 掌握书籍封面的制作方法

19.1 画册设计相关知识

如果说画册是企业公关交往中的广告媒体，那么画册设计就是当代经济领域里的市场营销活动。研究宣传册设计的规律和技巧具有现实意义。画册按照用途和作用可分为形象画册、产品画册、宣传画册、年报画册和折页画册。

形象画册的设计更注重体现企业的形象，在设计时可以适当应用创意展示企业的形象，加深用户对企业的了解。产品画册设计则要着重从产品本身的特点出发，分析产品要表现的特性及优势。宣传画册的设计需要根据实际宣传目的，有侧重地使用相应的表现形式来体现宣传的目的。年报画册一般是对企业本年度工作进程的整体展现，其设计一般都用大场面展现大事记，同时也要求设计师必须对企业有深刻的了解。折页画册包括常见的折页、两折页和三折页等类型，如图19-1所示。

图19-1

19.2 综合实例——邀请函封面设计

案例文件	综合实例——邀请函封面设计.ai
视频教学	综合实例——邀请函封面设计.flv
难易指数	★★★★★
知识掌握	矩形工具、"透明度"面板、网格工具、文字工具

案例效果

案例效果如图19-2所示。

图19-2

操作步骤

步骤01 使用新建快捷键Ctrl+N创建新文档，如图19-3所示。

步骤02 单击工具箱中的"矩形工具"按钮■，在空白区域单击，在弹出的"矩形"对话框中设置矩形的"宽度"为

225mm，"高度"为310mm，单击"确定"按钮完成操作，如图19-4所示。

图19-3　　　　　　　　图19-4

步骤03 此时可以看到视图中出现一个矩形，设置填充颜色为红色，如图19-5所示。

图19-5

步骤04 单击工具箱中的"选择工具"按钮 ，选中这个红色矩形，同时按住Shift+Alt快捷键，单击并向右拖曳，如图19-6所示。

图19-6

步骤05 单击工具箱中的"矩形工具"按钮 ，在空白区域单击，在弹出的"矩形"对话框中设置矩形的"宽度"为45mm，"高度"为310mm，单击"确定"按钮完成操作，如图19-7所示。

图19-7

步骤06 此时可以看到视图中出现一个矩形，设置描边颜色为金色，粗细为2pt，如图19-8所示。

图19-8

步骤07 选择"窗口>渐变"命令，打开"渐变"面板，编辑填充色为一种红色系渐变，如图19-9所示。

图19-9

步骤08 选择"文件>置入"命令，置入底纹素材，并将其放置在红色矩形上方，如图19-10所示。

步骤09 单击工具箱中的"钢笔工具"按钮 ，在右侧位置绘制心形，如图19-11所示。

步骤10 单击工具箱中的"选择工具"按钮 ，选中要添加渐变网格的对象。接着单击工具箱中的"网格工具"按钮 ，在图形要创建网格的位置上单击，即可创建一组行和列交叉的网格线，如图19-12所示。

图19-10

图19-11   图19-12

步骤11 反复使用网格工具在图形上单击，创建出渐变网格，如图19-13所示。

图19-13

步骤12 单击工具箱中的"直接选择工具"按钮 ，将要定义颜色的网点选中。选择"窗口>颜色"命令，打开"颜色"面板，并选中要改变的颜色。继续单击将要定义颜色的网点，使用同样的方法，将网格渐变的颜色调整到想要的效果，如图19-14所示。

图19-14

步骤13 单击工具箱中的"钢笔工具"按钮 ，在心形的左侧绘制光泽形状，设置填充色为白色，如图19-15所示。

图19-15

步骤14 单击工具箱中的"选择工具"按钮 ，选择心形和新绘制的白色不规则图形，右击，在弹出的快捷菜单中选择"编组"命令，如图19-16所示。

图19-16

步骤15 选择"文件>置入"命令，置入底纹素材，并将其放置在右侧。右击，在弹出的快捷菜单中选择"顺序>向下一层"命令，将其置于红色心形的下一层，如图19-17所示。

步骤16 选择"文件>置入"命令，置入喜字素材，并将其放置在左侧页面中央，如图19-18所示。

图19-17　　　　　　　图19-18

步骤17 复制喜字素材，并将其摆放到右侧页面的左下角。使用矩形工具绘制矩形，然后选中矩形和喜字素材，右击，在弹出的快捷菜单中选择"建立剪切蒙版"命令，如图19-19所示。

图19-19

步骤18 单击工具箱中的"文字工具"按钮 ，在画面中单击并输入相应的文字，在控制栏中设置合适的字体，如图19-20所示。

步骤19 单击工具箱中的"矩形工具"按钮 ，在左侧页面上绘制一个矩形，如图19-21所示。

图19-20　　　　　　　图19-21

步骤20 在"渐变"面板中为其设置一种从黑色到透明的渐变，如图19-22所示。

图19-22

步骤21 选择"窗口>透明度"命令，设置其"混合模式"为"正片叠底"，如图19-23所示。

图19-23

19.3 综合实例——杂志封面设计

案例文件	综合实例——杂志封面设计.ai
视频教学	综合实例——杂志封面设计.flv
难易指数	★★★★★
知识掌握	路径文字、变形文字、投影效果、"对齐"面板

案例效果

案例效果如图19-24所示。

图19-24

操作步骤

步骤01 使用新建快捷键Ctrl+N创建新文档，如图19-25所示。

图19-25

步骤02 选择"文件>置入"命令，置入人像素材图片，并将其调整到适当的位置和大小，如图19-26所示。

图19-26

步骤03 单击工具箱中的"多边形工具"按钮，打开"多边形"对话框，设置"半径"为35mm，"边数"为6，单击"确定"按钮完成操作，如图19-27所示。

图19-27

步骤04 选择"窗口>透明度"命令，打开"透明度"面板，设置"类型"为"叠加"，"不透明度"为50%，如图19-28所示。

步骤05 复制多个六边形并调整大小，设置为不同的不透明度，如图19-29所示。

图19-28　　　　　　　　　　图19-29

步骤06 单击工具箱中的"矩形工具"按钮，在画板的左上方单击，同时拖动鼠标至画板的右下角，绘制矩形，如图19-30所示。

图19-30

步骤07 单击工具箱中的"选择工具"按钮，选择所有图片及矩形，右击，在弹出的快捷菜单中选择"建立剪切蒙版"命令，多余的部分就被隐藏了，如图19-31所示。

图19-31

步骤08 单击工具箱中的"文字工具"按钮，在画板右上方单击，在控制栏中设置合适的字体和大小，并输入文字。设置填充色为无，描边为白色，粗细为7pt，得到空心字，如图19-32所示。

Illustrator CC 中文版从入门到精通

图19-32

步骤09 选择"效果>风格化>投影"命令，打开"投影"
对话框，设置参数选项后单击"确定"按钮完成操作，如
图19-33所示。

步骤10 复制文字并原位置粘贴，在"外观"面板中单击
"清除外观"按钮，然后选择"对象>扩展"命令。选中
文字并在"渐变"面板中编辑一种蓝色渐变，如图19-34所
示。选择"效果>风格化>投影"命令，打开"投影"对话
框，设置参数后单击"确定"按钮完成操作。

图19-33   图19-34

步骤11 单击工具箱中的"文字工具"按钮 **T.**，在画板右上
方单击，在控制栏中设置合适的字体和大小，并输入文字，
如图19-35所示。

图19-35

步骤12 单击工具箱中的"旋转工具"按钮 **○,**，按住Shift键
将文字逆时针旋转90°，如图19-36所示。

图19-36

步骤13 单击工具箱中的"文字工具"按钮 **T.**，在画板右上
方单击，在控制栏中设置合适的字体和大小，并输入文字。
选择"效果>风格化>投影"命令，打开"投影"对话框，设
置参数后单击"确定"按钮完成操作，如图19-37所示。

图19-37

步骤14 继续使用工具箱中的文字工具制作其他的文字，如
图19-38所示。

图19-38

步骤15 使用工具箱中的文字工具选中数字5，设置为其他
字体、颜色和字号，如图19-39所示。

图19-39

步骤16 使单击工具箱中的"文字工具"按钮 T，按住鼠标左键并拖动鼠标创建文字区域，在控制栏中设置合适的字体和大小，并输入文字，如图19-40所示。

图19-40

步骤17 制作路径文字，单击工具箱中的"钢笔工具"按钮 ，在人物的边缘绘制出一条路径。再单击工具箱中的"路径文字工具"按钮 ，在控制栏中设置合适的字体和大小，将鼠标指针放置在路径上单击并输入文字，如图19-41所示。

图19-41

步骤18 单击工具箱中的"文字工具"按钮 T，在人物的左边单击，在控制栏中设置合适的字体和大小，并输入文字。选择"效果>风格化>投影"命令，打开"投影"对话框，设置参数后单击"确定"按钮完成操作，如图19-42所示。

图19-42

步骤19 单击工具箱中的"文字工具"按钮 T，在控制栏中设置合适的字体和大小，单击并输入文字。选择"窗口>颜色"命令，打开"颜色"面板，设置填充色为黄色，描边色为白色。选择"窗口>描边"命令，打开"描边"面板，设置"粗细"为1pt，如图19-43所示。

图19-43

步骤20 选择"效果>风格化>投影"命令，打开"投影"对话框，设置参数后单击"确定"按钮完成操作，如图19-44所示。

图19-44

步骤21 选择"文件>置入"命令，置入矢量素材，将其调整到适当的位置和大小后，放到文字右边。选择"效果>风格化>投影"命令，打开"投影"对话框，设置参数后单击"确定"按钮完成操作，如图19-45所示。

图19-45

步骤22 单击工具箱中的"椭圆工具"按钮 ，在左侧绘制一个正圆形。设置填充色为绿色，如图19-46所示。

图19-46

步骤23 单击工具箱中的"文字工具"按钮 **T.**，在圆形上方单击，在控制栏中设置合适的字体和大小，并输入文字，如图19-47所示。

步骤24 选择"效果>变换>弧形"命令，打开"变形选项"对话框，设置参数后效果如图19-48所示。

图19-47 　　　　　　　图19-48

步骤25 单击工具箱中的"文字工具"按钮 **T.**，在控制栏中设置合适的字体和大小，并输入文字，如图19-49所示。

图19-49

步骤26 选中文字和圆形并进行旋转，如图19-50所示。

图19-50

步骤27 选择"文件>置入"命令，置入其他矢量图形素材，并将其调整到适当的位置和大小，如图19-51所示。

图19-51

步骤28 单击工具箱中的"文字工具"按钮 **T.**，在控制栏中设置合适的字体和大小，在左下角单击并输入文字，设置填充色为黄色。选择"效果>风格化>投影"命令，打开"投影"对话框，设置参数后单击"确定"按钮完成操作，如图19-52所示。

图19-52

步骤29 选择"文件>置入"命令，置入矢量图形，将其放在文字右侧，如图19-53所示。

图19-53

步骤30 使用文字工具在下方输入黑色文字，如图19-54所示。

步骤31 单击工具箱中的"矩形工具"按钮 ▢，在文字下方绘制一个长条矩形。设置填充色为白色，如图19-55所示。

图19-54 　　　　　　　图19-55

步骤32 单击工具箱中的"文字工具"按钮 **T.**，在控制栏中设置合适的字体和大小，单击并输入不同颜色的文字，如图19-56所示。

图19-56

步骤33 采用同样的方法输入剩余的几组文字，如图19-57所示。

图19-57

步骤34 单击工具箱中的"钢笔工具"按钮 ，在页面右下角绘制四边形，设置填充色为绿色，如图19-58所示。

步骤35 使用工具箱中的"钢笔工具"按钮 ，在右下角绘制三角形，设置填充色为黄色，如图19-59所示。

图19-58   图19-59

步骤36 使用文字工具在右下角输入几组文字。选中这几组文字，选择"窗口>对齐"命令，打开"对齐"面板，单击"水平居中对齐"按钮，如图19-60所示。

步骤37 单击工具箱中的"旋转工具"按钮 ，将文字旋转一定角度，如图19-61所示。

图19-60   图19-61

步骤38 单击工具箱中的"选择工具"按钮 ，选择所有图形，右击，在弹出的快捷菜单中选择"编组"命令，如图19-62所示。

图19-62

步骤39 单击工具箱中的"矩形工具"按钮 ，绘制矩形。选择"窗口>渐变"命令，打开"渐变"面板，编辑一种灰白色渐变，设置"类型"为"径向"，如图19-63所示。

图19-63

步骤40 单击工具箱中的"选择工具"按钮 ，将封面编组移动到灰色矩形上。选择"对象>封套扭曲>用变形建立"命令，将图形变换成一定角度，如图19-64所示。

图19-64

步骤41 单击工具箱中的"钢笔工具"按钮 ，绘制出书的厚度，最终效果如图19-65所示。

图19-65

案例文件	综合实例——养生保健画册.ai
视频教学	综合实例——养生保健画册.flv
难易指数	★★★★★
知识掌握	矩形工具、钢笔工具、椭圆工具、旋转工具、文字工具、选择工具

案例效果

案例效果如图19-66所示。

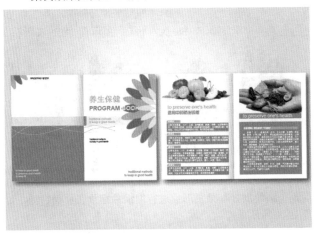

图19-66

操作步骤

步骤01 使用新建快捷键Ctrl+N创建新文档，如图19-67所示。

步骤02 单击工具箱中的"矩形工具"按钮□，绘制矩形。选择"窗口>渐变"命令，打开"渐变"面板，编辑一种灰白色渐变，设置"类型"为"径向"，如图19-68所示。

图19-67   图19-68

步骤03 单击工具箱中的"矩形工具"按钮□，绘制一个白色矩形。选择"效果>风格化>投影"命令，打开"投影"对话框，进行相应的设置，单击"确定"按钮完成操作，如图19-69所示。

图19-69

步骤04 单击工具箱中的"矩形工具"按钮□，在矩形中间绘制一个矩形。选择"窗口>渐变"命令，打开"渐变"面板，编辑一种灰色到透明的渐变，模拟出翻页的效果，如图19-70所示。

图19-70

步骤05 使用矩形工具绘制一个矩形，设置填充色为蓝色，如图19-71所示。

图19-71

步骤06 使用矩形工具在矩形中间绘制一个矩形。选择"窗口>渐变"命令，打开"渐变"面板，编辑从黄色到透明的渐变，如图19-72所示。

图19-72

步骤07 再次使用矩形工具在黄色渐变矩形中间绘制一个矩形，设置填充色为蓝色，如图19-73所示。

图19-73

步骤08 单击工具箱中的"钢笔工具"按钮♦，在黄色渐变下方绘制曲线路径。设置描边色为蓝色，粗细为0.5pt，如图19-74所示。

图19-74

步骤09 按照上述同样的方法继续绘制两条黄色曲线路径，如图19-75所示。

图19-75

步骤10 单击工具箱中的"椭圆工具"按钮 ◯，在4条路径末端处绘制小圆形，如图19-76所示。

步骤11 单击工具箱中的"椭圆工具"按钮 ◯，在适当的位置上绘制椭圆形。选择"窗口>颜色"命令，打开"颜色"面板，设置颜色，如图19-77所示。

图19-76   图19-77

步骤12 单击工具箱中的"选择工具"按钮 ▶，选中这个椭圆形。再单击工具箱中的"旋转工具"按钮 ◯，先将旋转点定义在如图19-78（a）所示的位置，再在按住Alt键的同时单击并拖动鼠标，以圆心为原点旋转并复制新的图形，如图19-78（b）所示。

(a)   (b)

图19-78

步骤13 使用快捷键Ctrl+D，复制并重复上一次变换，得到一层花瓣，如图19-79所示。

图19-79

步骤14 多次重复操作，并更换为不同颜色即可，如图19-80所示。

图19-80

步骤15 绘制好花朵图形后进行编组并摆放在页面右侧，如图19-81所示。

图19-81

步骤16 单击工具箱中的"矩形工具"按钮 ▢，在图形上绘制适当大小的矩形。再单击工具箱中的"选择工具"按钮 ▶，选择矩形及绘制的花朵图形，右击，在弹出的快捷菜单中选择"建立剪切蒙版"命令，如图19-82所示。

图19-82

Illustrator CC 中文版从入门到精通

步骤17 按照上述同样的方法在书页的左上角绘制另一个类似的图形，如图19-83所示。

步骤18 单击工具箱中的"文字工具"按钮 **T**，在空白处单击并输入文字，在控制栏中设置合适的字体和大小，设置颜色为绿色，如图19-84所示。

图19-83　　　　　　　图19-84

步骤19 继续使用文字工具输入其他文字。至此，封面和封底制作完成，如图19-85所示。

步骤20 单击工具箱中的"选择工具"按钮 **k**，选择白色页面的阴影部分，按住Shift+Alt快捷键，同时向右拖动，复制出一个副本放置在右侧位置，如图19-86所示。

图19-85　　　　　　　图19-86

步骤21 选择"文件>置入"命令，置入两张素材图片，将其调整到适当大小，如图19-87所示。

步骤22 单击工具箱中的"文字工具"按钮 **T**，在图片下方单击并输入文字，在控制栏中设置合适的字体和大小，设置描边色为绿色，如图19-88所示。

图19-87　　　　　　　图19-88

步骤23 单击工具箱中的"文字工具"按钮 **T**，在文字下方单击并输入文字，在控制栏中设置合适的字体和大小，设置颜色为蓝色，如图19-89所示。

步骤24 使用工具箱中的钢笔工具，在文字的下方绘制适当大小的多边形，设置颜色为绿色，如图19-90所示。

图19-89　　　　　　　图19-90

步骤25 单击工具箱中的"文字工具"按钮 **T**，在绿色不规则形状上单击并输入文字，在控制栏中设置合适的字体和大小，设置描边色为白色，如图19-91所示。

to preserve one's health
选用中药防治流感

图19-91

步骤26 单击工具箱中的"矩形工具"按钮 □，在文字的下方绘制适当大小的矩形，设置颜色为蓝色，如图19-92所示。

步骤27 单击工具箱中的"文字工具"按钮 **T**，在蓝色矩形上拖动鼠标创建文字区域，选择"窗口>文字>字符"命令，打开"字符"面板，设置字符大小与行间距。选择"窗口>文字>段落"命令，打开"段落"面板，设置段落样式为"两端对齐，末行左对齐"，如图19-93所示。

图19-92　　　　　　　图19-93

步骤28 按照上述相同的方法绘制其他的图形及文字，如图19-94所示。

图19-94

步骤29 单击工具箱中的"矩形工具"按钮□，在文字的下方绘制适当大小的矩形。选择"窗口>颜色"命令，打开"颜色"面板，设置描边色为蓝色，如图19-95所示。

步骤30 单击工具箱中的"文字工具"按钮 T，在蓝色矩形上单击，在控制栏中设置合适的字体和大小，并输入文字，如图19-96所示。

图19-95　　　　　　　　　　图19-96

步骤31 单击工具箱中的"矩形工具"按钮□，绘制适当大小的矩形，设置填充色为绿色，如图19-97所示。

步骤32 单击工具箱中的"添加锚点工具"按钮，在矩形左上方绘制两个锚点。单击工具箱中的"删除锚点工具"按钮，删除矩形左上角的锚点，如图19-98所示。

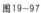

图19-97　　　　　　　　　　图19-98

步骤33 单击工具箱中的"文字工具"按钮 T，在控制栏中设置合适的字体和大小，在绿色矩形上单击并输入文字，如图19-99所示。

步骤34 选择"窗口>文字>字符"命令，打开"字符"面板，设置字号及行间距选项。再选择"窗口>文字>段落"命令，打开"段落"面板，设置段落样式为"两端对齐，末行左对齐"，如图19-100所示。

图19-99　　　　　　　　　图19-100

步骤35 使用文字工具在右侧页面上绘制文本框并输入正文文字，如图19-101所示。

图19-101

步骤36 最终效果如图19-102所示。

图19-102

19.5 综合实例——中餐厅菜谱样本设计

案例文件	综合实例——中餐厅菜谱样本设计.ai
视频教学	综合实例——中餐厅菜谱样本设计.flv
难易指数	★★★★★
知识掌握	投影效果、钢笔工具、自由变换工具、椭圆工具、文字工具

案例效果

案例效果如图19-103所示。

图19-103

操作步骤

步骤01 使用新建快捷键Ctrl+N创建新文档，如图19-104所示。

图19-104

步骤02 选择"文件>置入"命令，打开"置入"面板，选择背景素材文件，单击"打开"按钮，如图19-105所示。

图19-105

步骤03 单击工具箱中的"钢笔工具"按钮 ，在适当的位置绘制一个四边形。选择"窗口>渐变"命令，打开"渐变"面板，编辑一种红黑色渐变，如图19-106所示。

图19-106

步骤04 单击工具箱中的"钢笔工具"按钮 ，在四边形上绘制小一些的四边形形状。选择"窗口>渐变"命令，打开"渐变"面板，编辑一种红黑色渐变，如图19-107所示。

图19-107

步骤05 选择"效果>风格化>投影"命令，打开"投影"对话框，设置相关选项后，单击"确定"按钮完成操作，如图19-108所示。

步骤06 绘制另一个不规则形状，选择"窗口>渐变"命令，打开"渐变"面板，编辑一种红棕黑色渐变。右击，在

弹出的快捷菜单中多次选择"排列>后移一层"命令，将其置于前面绘制的红色四边形后方，如图19-109所示。

图19-108

图19-109

步骤07 选择"文件>置入"命令，置入矢量花纹素材，并将其放置在红色四边形上方。单击工具箱中的"自由变换工具"按钮 ，变换图形到适当的形状，如图19-110所示。

图19-110

步骤08 单击工具箱中的"钢笔工具"按钮 ，在四边形的右边绘制边缘形状。选择"窗口>渐变"命令，打开"渐变"面板，编辑一种金色渐变，如图19-111所示。

图19-111

第19章 画册与书籍设计

439

步骤09 继续使用钢笔工具在画册封面的边缘绘制多个形状，并按照上述相同的方法填充金色渐变，如图19-112所示。

图19-112

步骤10 单击工具箱中的"直排文字工具"按钮 **IT**，按住鼠标左键拖动创建一个矩形的文本区域，再在控制栏中设置合适的字体和大小，并输入文字，如图19-113所示。

图19-113

步骤11 选择"对象>扩展"命令，打开"扩展"对话框，选中"对象"和"填充"复选框，单击"确定"按钮完成操作，如图19-114所示。

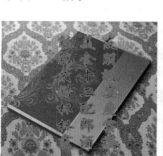

图19-114

步骤12 单击工具箱中的"选择工具"按钮 **▶**，选中文字，右击，在弹出的快捷菜单中选择"取消编组"命令，将每个文字拆分为单独的个体。单击"直接选择工具"按钮 **▶**，将每一个字放置在相应的位置上，同时改变其大小，如图19-115所示。

图19-115

步骤13 单击工具栏中的"自由变换工具"按钮 **▦**，将鼠标指针放置到定界框的外侧，鼠标指针将变成 **↰** 状态，拖曳鼠标对象进行旋转操作，如图19-116所示。

图19-116

步骤14 设置文字的填充色为土黄色。选择"窗口>透明度"命令，调出"透明度"面板，设置"类型"为"正片叠底"，"不透明度"为50%，如图19-117所示。

图19-117

步骤15 单击工具箱中的"钢笔工具"按钮 ，在图形的右边绘制四边形。再单击工具箱中的"选择工具"按钮 ，框选四边形和文字，右击，在弹出的快捷菜单中选择"建立剪切蒙版"命令，如图19-118所示。

图19-118

步骤16 单击工具箱中的"椭圆工具"按钮 ，在红色和金色交接的位置上绘制圆形。选择"窗口>颜色"命令，打开"颜色"面板，设置填充色为金色，如图19-119所示。

图19-119

步骤17 选择"效果>风格化>投影"命令，打开"投影"对话框，设置相关选项后，单击"确定"按钮完成操作，如图19-120所示。

图19-120

步骤18 单击工具箱中的"椭圆工具"按钮 ，在椭圆中间绘制同心圆。设置填充色为红色，如图19-121所示。

图19-121

步骤19 选择"文件>置入"命令，置入花纹素材，并将其放在红色圆形中。单击工具箱中的"自由变换工具"按钮 ，变换图形到适当的形状，如图19-122所示。

图19-122

步骤20 单击工具箱中的"文字工具"按钮 ，在控制栏中设置合适的字体和大小，在图形上单击并输入文字。单击工具栏中的"自由变换工具"按钮 ，将鼠标指针放置到定界框的外侧，鼠标指针将变成 状态，拖曳鼠标对对象进行旋转操作，如图19-123所示。

图19-123

步骤21 制作菜谱的背面。使用选择工具，按住Shift键选中菜谱主体部分，右击，在弹出的快捷菜单中选择"编组"命令。按住Shift键和Alt键的同时向左拖动，复制出一个图形并进行水平镜像，如图19-124所示。

图19-124

步骤22 单击工具箱中的"文字工具"按钮 **T**，在控制栏中设置合适的字体和大小，在图形上单击并输入文字，并旋转到合适角度即可。最终效果如图19-125所示。

图19-125

19.6 书籍设计相关知识

　　书籍装帧是书籍存在和视觉传递的重要形式，书籍装帧设计是指通过特有的形式、图像、文字色彩向读者传递书籍中的思想、气质和精神的一门艺术。优秀的装帧设计都是充分发挥其各要素之间的关系，达到一种由表及里的完美。书籍装帧包含三大部分：封面设计、版式设计和插图设计。封面设计包括封面、封底、书脊设计，精装书还有护封设计。插图设计包括题头、尾花和插图创作等。版式设计包括扉页、环衬、字体、开本、装订方式等，如图19-126所示。

图19-126

19.7 综合实例——书籍装帧设计

案例文件	综合实例——书籍装帧设计.ai
视频教学	综合实例——书籍装帧设计.flv
难易指数	★★★★★
知识掌握	钢笔工具、文字工具、描边设置、自由变换

案例效果

案例效果如图19-127所示。

图19-127

操作步骤

步骤01 ▶ 选择"文件>新建"命令，创建一个新的文档。单击工具箱中的"矩形工具"按钮 🔲，在控制栏中设置填充颜色为白色，按住鼠标左键并拖动绘制一个矩形，如图19-128所示。单击工具箱中的"钢笔工具"按钮 🖉，设置填充颜色为黄色，然后在白色矩形下方绘制图形，如图19-129所示。

图19—128　　　　图19—129

步骤02 ▶ 使用选择工具选择图形，使用快捷键Ctrl+C进行复制，Ctrl+V进行粘贴，如图19-130所示。选中下层图形，在控制栏中设置填充颜色为褐色，将两个图形移动并摆放在相应位置，如图19-131所示。

图19—130　　　　图19—131

步骤03 ▶ 单击工具箱中的"矩形工具"按钮 🔲，在控制栏中设置填充颜色为褐色，按住鼠标左键并拖动，绘制矩形图形，如图19-132所示。单击工具箱中的"圆角矩形工具"按钮 🔲，在控制栏中设置填充颜色为无，描边颜色为褐色。单击控制栏中"描边"按钮，在弹出的设置面板中设置"粗细"为1pt，"描边"为虚线，如图19-133所示。设置完成后在相应的位置按住鼠标左键并拖动，绘制出圆角矩形的虚线边框，如图19-134所示。

图19—132

图19—133　　　　图19—134

步骤04 ▶ 在画面上绘制圆角矩形。单击工具箱中的"圆角矩形工具" 🔲，在控制栏中设置填充颜色为红色，描边颜色为灰色，设置完成后按住鼠标左键并拖动，绘制出圆角矩形。适当旋转并调整到合适角度，如图19-135所示。使用相同方法继续绘制其他图形，调整颜色、位置及大小，如图19-136所示。

图19—135　　　　图19—136

步骤05 ▶ 单击工具箱中的"椭圆工具"按钮 ⚪，在控制栏设置填充颜色为黄色，设置完成后在画面中按住鼠标左键并拖动绘制出正圆形，移动相应位置，如图19-137所示。在黄色正圆上，再次绘制一个填充颜色为无，描边颜色为白色，在"描边"面板中设置"粗细"为1pt，描边为虚线。设置完成后在图形上按住鼠标左键并拖动绘制出圆形虚线边框，如图19-138所示。

图19—137　　　　图19—138

步骤06 ▶ 选择"文件>置入"命令，将小狗素材1.jpg置入画面中，然后单击控制栏中的"嵌入"按钮，进行嵌入。如图19-139所示，接着使用椭圆工具在素材上绘制一个圆形，如图19-140所示。

图19-139　　　　　　图19-140

步骤07 使用选择工具加选圆形和小狗素材，右击，在弹出的快捷键菜单中选择"建立剪切蒙版"命令，如图19-141所示。选中图形并将其移动到相应位置，效果如图19-142所示。

图19-141　　　　　　图19-142

步骤08 将其他素材依次置入，利用"建立剪切蒙版"功能制作出圆形照片的效果，如图19-143所示。

图19-143

步骤09 在封面左上角绘制图形。使用椭圆工具在控制栏中设置填充颜色为黄色，描边颜色为褐色，设置完成后，在图形上按住鼠标左键并拖动，绘制出圆形，如图19-144所示。接着使用工具箱中的钢笔工具，设置描边颜色为褐色，在正圆内绘制几条线段，如图19-145所示。

图19-144　　　　　　图19-145

步骤10 继续使用钢笔工具在封面上绘制其他图形，并将其调整颜色及角度，如图19-146所示。

图19-146

步骤11 下面需要使用文字工具在画面上输入文字。单击工具箱中的"文字工具"按钮 **T**，在控制栏中设置合适的字体、字号，然后在画面上输入文字，如图19-147所示。书名文字输入完成后，使用修饰文字工具分别修改后4个字母的位置及角度，如图19-148所示。

图19-147　　　　　　图19-148

步骤12 使用相同方法输入封面上的其他文字，至此，封面部分制作完毕，效果如图19-149所示。

图19-149

步骤13 下面开始制作书脊部分。单击工具箱中的"矩形工具"按钮 ▢，在控制栏中设置填充颜色为黄色，在相应位置按住鼠标左键并拖动绘制一个矩形，作为书脊部分的底色，如图19-150所示。

图19-150

步骤14 使用文字工具在控制栏中设置合适的字体、字号及颜色，然后输入文字，如图19-151所示。选中文字，将鼠标指针移动到文字界定框的外部，按住Shift键的同时按住鼠标左键并拖动，使文字旋转90°，如图19-152所示。

图19-151

图19-152

步骤15 使用相同方法继续输入文字，如图19-153所示。

图19-153

步骤16 在矩形上绘制图形，使用矩形工具在书脊的下半部分绘制一个矩形，然后使用钢笔工具在褐色矩形上绘制黄色三角形，如图19-154所示。使用工具箱中的直排文字工具在书脊上单击，输入直排的文字，如图19-155所示。

图19-154　　　　　　　　图19-155

步骤17 下面开始制作书籍封底。再次单击工具箱中的"矩形工具"按钮 ▢，在控制栏中设置填充颜色为白色，按住鼠标左键并拖动绘制一个与封面等大的矩形，如图19-156所示。

图19-156

步骤18 接着使用矩形工具在白色矩形上分别绘制两个矩形，稍大的填充为黄色，稍小的填充为褐色，如图19-157所示。

图19-157

步骤19 使用钢笔工具在控制栏中设置填充颜色为褐色，然后在矩形上绘制三角图形，如图19-158所示。选择三角图形，使用快捷键Ctrl+C进行复制，Ctrl+V进行粘贴，如图19-159所示。

图19-158　　　　　　　图19-159

步骤20 在图形上输入文字。使用文字工具，在控制栏中设置合适的字体、字号及颜色，然后输入3组文字，分别对应在3个三角形的后方，如图19-160所示。

图19-160

步骤21 选择封面上的小狗素材，使用Ctrl+C快捷键进行复制，Ctrl+V进行粘贴，如图19-161所示。右击，在弹出的快捷菜单中选择"变换>对称"命令，设置对称轴为"垂直"，如图19-162所示，效果如图19-163所示。

图19-161　　　　　　　图19-162

图19-163

步骤22 单击工具箱中的"圆角矩形工具"按钮▣，在控制栏中设置填充颜色为无，描边颜色为褐色，单击控制栏中的"描边"按钮，打开"描边"面板，设置"粗细"为1pt，选中"虚线"复选框。设置完成后在相应的位置，按住鼠标左键并拖动绘制出圆角矩形，如图19-164所示。

图19-164

步骤23 再次复制小狗素材，将其选中并使用快捷键Ctrl+C进行复制，Ctrl+V进行粘贴，移动相应位置，如图19-165所示。然后在圆角矩形中继续输入文字，如图19-166所示。

图19-165　　　　　　　图19-166

步骤24 最后制作立体效果。单击工具箱中的"矩形工具"按钮▣，在控制栏中设置填充颜色为灰色，按住鼠标左键并拖动绘制一个与画板等大的矩形，如图19-167所示。选中画面中的文字，选择"对象>扩展"命令，然后选中书脊的内容进行编组，再选中书籍封面进行编组。使用选择工具选择书籍封面，单击工具箱中的"自由变换工具"按钮▦，进行自由扭曲，然后单击并拖曳角点使封面变形，如图19-168所示。

图19-167　　　　　　　图19-168

步骤25 将书脊选中并执行同样的命令，如图19-169所示。效果如图19-170所示。

图19-169　　　　　　　　图19-170

步骤26 为了使书籍更具有立体感，单击工具箱中的"钢笔工具"按钮 ，再单击工具箱底部的"渐变"按钮，在打开的"渐变"面板中设置"类型"为"线性"，渐变颜色为黑色系的渐变，如图19-171所示。设置完成后在书脊上绘制出与书脊等大的图形，如图19-172所示。

图19-171　　　　　　　　图19-172

步骤27 选中该图形，在控制栏中设置"混合模式"为"正片叠底"，然后将图形移动到书脊上，书籍的侧面出现暗面效果，效果如图19-173所示。

图19-173

读书笔记

Chapter 20

第20章

产品包装设计

　　包装设计是指选用合适的包装材料，运用巧妙的工艺手段，对所销售的商品进行容器结构造型与美化装饰设计，从而达到在竞争激烈的商品市场中提高产品附加值、促进销售、扩大产品影响力等目的。近年来，包装设计得到了长足的发展，越来越多的设计工作者纷纷投入到这项兼具商业价值与艺术价值的活动中来。

本章学习要点：

- 掌握数码产品造型制作方法
- 掌握玻璃质感包装的制作方法
- 掌握膨化食品包装设计思路
- 掌握礼盒包装立体效果的制作

20.1 包装设计相关知识

　　包装设计是指选用合适的包装材料，运用巧妙的工艺手段，对所销售的商品进行容器结构造型与美化装饰设计，从而达到在竞争激烈的商品市场中提高产品附加值、促进销售、扩大产品影响力等目的。近年来，包装设计得到了长足的发展，越来越多的设计工作者纷纷投入到这项兼具商业价值与艺术价值的活动中来。如图20-1所示为几幅优秀的包装设计作品。

图20-1

第20章　产品包装设计

　　包装的分类方法有多种，下面介绍几种常见的包装分类方法。

　● 容器形状分类：可分为包装箱、包装桶、包装袋、包装包、包装筐、包装捆、包装坛、包装罐、包装缸、包装瓶等。如图20-2所示分别为包装罐、包装瓶和包装袋。

图20-2

● 包装材料分类：可分为木制品包装、纸制品包装、金属制品包装、玻璃包装、陶瓷制品包装和塑料制品包装等。如图20-3所示分别为玻璃制品包装、陶瓷制品包装和纸制品包装。

图20-3

● 货物种类分类：可分为食品包装、医药包装、轻工产品包装、针棉织品包装、家用电器包装、机电产品包装和果菜类包装等。如图20-4所示分别为食品包装、轻工产品包装和家用电器包装。

图20-4

20.2 综合实例——MP3播放器

案例文件	综合实例——MP3播放器.ai
视频教学	综合实例——MP3播放器.flv
难易指数	★★★★★
知识掌握	圆角矩形工具、"渐变"命令、转换锚点工具、"透明度"面板、"高斯模糊"命令

案例效果

本例将利用圆角矩形工具、"渐变"命令、转换锚点工具、"透明度"面板、"高斯模糊"命令等制作MP3播放器，最终效果如图20-5所示。

操作步骤

步骤01 选择"文件>打开"命令，打开背景素材文件1.jpg，如图20-6所示。

图20-5

图20-6

步骤02 单击工具箱中的"圆角矩形工具"按钮■，绘制一个圆角矩形。选择"窗口>渐变"命令，打开"渐变"面板，在其中编辑一种粉色系的渐变，如图20-7所示。

图20-7

步骤03 单击工具箱中的"转换锚点工具"按钮▶，将圆角矩形的每个顶点都转换成圆滑的曲线，如图20-8所示。

步骤04 单击工具箱中的"选择工具"按钮▶，选中圆角矩形，将其复制并原位粘贴；然后将鼠标指针放到定界框的边缘，单击，在按住Shift+Alt快捷键的同时向内拖动鼠标，将其等比例缩小，如图20-9所示。

图20-8　　　　　　　　　　图20-9

技巧提示

以中心为原点等比例缩放时需要按住Shift键和Alt键。

步骤05 按照上述同样的方法再次复制出另一个小一点的圆角矩形，如图20-10所示。

步骤06 单击工具箱中的"钢笔工具"按钮▶，在图形的中下部绘制一个弧线形状。选择"窗口>渐变"命令，打开"渐变"面板，在其中编辑一种灰色系的渐变。选择"窗口>透明度"命令，打开"透明度"面板，设置"混合模式"为"滤色"，"不透明度"为100%，如图20-11所示。

图20-10　　　　　　　　　图20-11

步骤07 单击工具箱中的"选择工具"按钮▶，选中弧线形状，单击并按住Alt键向下拖动鼠标，复制出一个。选择"窗口>颜色"命令，打开"颜色"面板，设置填充色为灰色，如图20-12所示。

步骤08 选择"窗口>透明度"命令，打开"透明度"面板，设置"混合模式"为"正片叠底"，"不透明度"为100%，如图20-13所示。

图20-12　　　　　　　图20-13

步骤09 单击工具箱中的"钢笔工具"按钮▶，在图形的边缘绘制一条路径，然后设置描边颜色为灰色，粗细为6pt，如图20-14所示。

图20-14

步骤10 选择"效果>模糊>高斯模糊"命令，在弹出的"高斯模糊"对话框中设置"半径"为"3像素"，单击"确定"按钮，如图20-15所示。

图20-15

步骤11 按照上述相同的方法绘制出其他的边缘线，如图20-16所示。

步骤12 单击工具箱中的"钢笔工具"按钮，在图形的上部绘制一个月牙形图形，然后选择"窗口>颜色"命令，打开"颜色"面板，设置填充色为深灰色，如图20-17所示。

图20-16　　　　　　　　　图20-17

步骤13 选择"窗口>透明度"命令，打开"透明度"面板，设置"混合模式"为"叠加"，"不透明度"为60%，如图20-18所示。

步骤14 按照上述相同的方法绘制另外的月牙形图形，如图20-19所示。

图20-18　　　　　　　　　图20-19

步骤15 单击工具箱中的"椭圆工具"按钮，在图形上部适当的位置绘制一个正圆。选择"窗口>渐变"命令，打开"渐变"面板，在其中编辑一种灰色系的渐变。选择"窗口>透明度"命令，打开"透明度"面板，设置"混合模式"为"滤色"，"不透明度"为100%，如图20-20所示。

图20-20

步骤16 单击工具箱中的"选择工具"按钮，选中这个圆形，将其复制并原位粘贴；然后将鼠标指针放到定界框的边缘，单击，在按住Shift和Alt键的同时向内拖动鼠标，将其等比例缩小，如图20-21所示。

图20-21

步骤17 选择"窗口>颜色"命令，打开"颜色"面板，设置填充色为灰色，如图20-22所示。

步骤18 按照上述同样的方法绘制出多个同心圆，并分别填充银灰色系的渐变，如图20-23所示。

图20-22　　　　　　　　　图20-23

步骤19 单击工具箱中的"钢笔工具"按钮，在正圆上绘制出按钮的形状，然后选择"窗口>渐变"命令，打开"渐变"面板，在其中编辑另一种灰色系的渐变，如图20-24所示。

图20-24

步骤20 在"颜色"面板中设置描边色为灰色，在"描边"面板中设置"粗细"为2pt，如图20-25所示。

图20-25

步骤21 按照上述同样的方法在大的圆形按钮右侧绘制一个小的圆形按钮，如图20-26所示。

图20-26

步骤22 下面开始制作侧面的按钮。单击工具箱中的"椭圆工具"按钮，在图形上部边缘绘制两个椭圆形，然后在"渐变"面板中编辑一种灰色系的径向渐变，如图20-27所示。

图20-27

步骤23 单击工具箱中的"钢笔工具"按钮
，在椭圆形上方绘制不规则形状，然后选择"窗口>渐变"命令，打开"渐变"面板，在其中编辑另一种灰色系的渐变，如图20-28所示。

图20-28

步骤24 选择"窗口>透明度"命令，打开"透明度"面板，设置"混合模式"为"滤色"，"不透明度"为100%，如图20-29所示。

图20-29

步骤25 接下来制作屏幕。单击工具箱中的"圆角矩形工具"按钮，在图形中绘制一个圆角矩形，然后选择"窗口>渐变"命令，打开"渐变"面板，在其中编辑一种灰色系的径向渐变，如图20-30所示。

步骤26 单击工具箱中的"选择工具"按钮，选中这个圆角矩形，将其复制并原位粘贴，然后将其等比例缩小后填充灰色系金属质感渐变，如图20-31所示。

图20-30　　　　　　　　　　　图20-31

步骤27 按照相同的方法，再次复制出另一个小一些的圆角矩形，并填充为灰色，如图20-32所示。

步骤28 单击工具箱中的"钢笔工具"按钮，在灰色圆角矩形上方绘制反光，然后选择"窗口>渐变"命令，打开"渐变"面板，在其中编辑另一种从白色到透明的渐变，如图20-33所示。

图20-32　　　　　　　　　　　图20-33

答疑解惑——如何在"渐变"面板中设置透明渐变?

❶ 选择"窗口>渐变"命令，打开"渐变"面板，如图20-34所示。

图20-34

❷ 单击要设置为透明的渐变色标，然后设置"不透明度"的数值，设置为50%时为半透明，如图20-35所示。

图20-35

❸ 此时可以看到不透明度为0的滑块成为透明，如图20-36所示。

图20-36

步骤29 单击工具箱中的"矩形工具"按钮，绘制一个较小的矩形。多次按住Alt键的同时拖动鼠标，复制出多个矩形，并依次排列在显示屏上。选中所有的小圆角矩形并右击，在弹出的快捷菜单中选择"编组"命令，如图20-37所示。

步骤30 选择"窗口>渐变"命令，打开"渐变"面板，在其中编辑一种紫色的渐变，如图20-38所示。

图20-37　　　　　　　　　　　图20-38

步骤31 单击工具箱中的"选择工具"按钮，选择所有图形，然后右击，在弹出的快捷菜单中选择"编组"命令，如图20-39所示。

图20-39

步骤32 单击工具箱中的"选择工具"按钮 ，选择MP3播放器的主体，将其进行复制和粘贴操作。右击，在弹出的快捷菜单中选择"变换>对称"命令，在弹出的"镜像"对话框中选中"水平"单选按钮，设置"角度"为180°，选中"对象"复选框，然后单击"确定"按钮，如图20-40所示。

图20-40

步骤33 使用选择工具选中镜像后的图形，将其向下移动。选择"窗口>透明度"命令，打开"透明度"面板，设置"不透明度"为20%，如图20-41所示。

步骤34 单击工具箱中的"矩形工具"按钮 ，在下方的图形上绘制一个矩形，如图20-42所示。

图20-41   图20-42

步骤35 单击工具箱中的"选择工具"按钮 ，选择新绘制的矩形和半透明的播放器部分，然后右击，在弹出的快捷菜单中选择"建立剪切蒙版"命令，完成播放器倒影效果的制作，如图20-43所示。

步骤36 选中播放器和倒影部分，按住Alt键的同时单击并向右拖动鼠标，复制出一个副本，然后按Shift+Alt快捷键将其等比例扩大，如图20-44所示。

图20-43   图20-44

步骤37 分别将放大的播放器主体与倒影部分旋转到合适的角度，如图20-45所示。

图20-45

步骤38 在顶部使用钢笔工具绘制出耳机线，并填充渐变效果，最终效果如图20-46所示。

图20-46

20.3 综合实例——牛奶包装设计

案例文件	综合实例——牛奶包装设计.ai
视频教学	综合实例——牛奶包装设计.flv
难易指数	★★★★★
知识掌握	"路径查找器"面板、"建立剪切蒙版"命令、"透明度"面板

案例效果

本例将利用"路径查找器"面板、"建立剪切蒙版"命令、"透明度"面板等进行牛奶包装设计，最终效果如图20-47所示。

图20-47

操作步骤

步骤01 选择"文件>打开"命令，打开背景素材文1.ai。选择"窗口>图层"命令，打开"图层"面板。可以看到当前背景素材文件中包含两个图层，即"前景"与"背景"图层。在"背景"图层上方新建一个图层，并命名为"牛奶包装"，如图20-48所示。

图20-48

 技巧提示

　　为了避免在绘制过程中移动到"前景"与"背景"图层中的内容，可以将这两个图层锁定。

步骤02 单击工具箱中的"钢笔工具"按钮，绘制一个牛奶盒形状（正面），并填充为青灰色，如图20-49所示。

步骤03 继续使用钢笔工具绘制牛奶盒内部侧面的细节，并为其填充一种白青色线性渐变，如图20-50所示。

图20-49　　　　　　　　图20-50

步骤04 继续使用钢笔工具绘制侧面折口部分，并为其填充灰色的渐变，如图20-51所示。

图20-51

步骤05 按照同样的方法继续绘制另一个折痕部分的细节，并填充渐变色。此时，可以看到包装的顶部已经变成立体的图形，如图20-52所示。

图20-52

步骤06 单击工具箱中的"矩形工具"按钮，在牛奶盒顶部绘制一个适当大小的矩形，然后将鼠标指针放到矩形定界框的边缘，通过拖动鼠标旋转到适当的角度，并为其填充灰白色渐变，如图20-53所示。

图20-53

步骤07 单击工具箱中的"圆角矩形工具"按钮，在顶部矩形中绘制一个圆角矩形，并填充与牛奶盒外形一样的颜色，如图20-54所示。

步骤08 制作牛奶包装的瓶盖部分。单击工具箱中的"椭圆工具"按钮，绘制一个椭圆形作为瓶口，并填充为白色，如图20-55所示。

图20-54　　　　　　　　图20-55

步骤09 单击工具箱中的"选择工具"按钮，选中白色椭圆形，然后按住Alt键拖动鼠标，复制出一个相同的椭圆形，并移动到适当的位置，如图20-56所示。

步骤10 选中两个椭圆形，然后选择"窗口>路径查找器"命令，在打开的"路径查找器"面板中单击"合并"按钮，将其合并成一个图形，如图20-57所示。

图20-56　　　　　　　　图20-57

步骤11 ▶ 单击工具箱中的"直接选择工具"按钮 ▶，选中合并后图形中间凹入的点，将其向外拖曳，如图20-58所示。

图20-58

步骤12 ▶ 单击工具箱中的"转换锚点工具"按钮 ▶，将拖曳后的两个点从尖角变成圆角，如图20-59所示。

图20-59

步骤13 ▶ 选择"窗口>颜色"命令，打开"颜色"面板，设置填充色为灰色，然后在上方再次绘制一个白色椭圆形，如图20-60所示。

图20-60

步骤14 ▶ 单击工具箱中的"钢笔工具"按钮 ✎，在白色椭圆下层绘制一个类似于椭圆的图形，设置填充色为浅橙色，如图20-61所示。

图20-61

步骤15 ▶ 单击工具箱中的"矩形工具"按钮 ▢，在白色椭圆形下方绘制一个长条矩形。将鼠标指针移至长条矩形定界框的边缘，通过拖动鼠标将其旋转至合适的角度，如图20-62所示。

图20-62

步骤16 ▶ 单击工具箱中的"选择工具"按钮 ▶，选中长条矩形；然后在按住Alt键的同时拖动鼠标，复制出一条长方矩形，接着将其全部选中，右击，在弹出的快捷菜单中选择"编组"命令，如图20-63所示。

图20-63

步骤17 ▶ 选中白色椭圆和浅橙色的椭圆以及矩形组，选择"窗口>路径查找器"命令，在打开的"路径查找器"面板中单击"分割"按钮，分割图形，并删除多余的部分，如图20-64所示。

图20-64

步骤18 ▶ 为矩形组填充棕红色系的渐变，然后为瓶盖的顶面填充橙色系渐变，如图20-65所示。

图20-65

步骤19 ▶ 单击工具箱中的"钢笔工具"按钮 ✎，在顶部绘制一个梯形，并为其填充蓝白色渐变，然后将其放置在瓶盖的下一层，如图20-66所示。

图20-66

步骤20 按照上述相同的方法绘制出牛奶盒的正面和侧面，并依次填充相应渐变色，使包装更加立体，如图20-67所示。

图20-67

步骤21 选择"文件>打开"命令，打开牛奶包装正面的图案素材2.ai，如图20-68所示。

图20-68

步骤22 由于正面的图案素材比较大，所以需要使用钢笔工具绘制出牛奶包装的正面形状。选中该形状与正面图案素材，右击，在弹出的快捷菜单中选择"建立剪切蒙版"命令，即可看到多余部分被隐藏了，如图20-69所示。

图20-69

步骤23 再次置入标志素材3.ai，并将其放在包装上的合适位置，如图20-70所示。

图20-70

步骤24 单击工具箱中的"文字工具"按钮 T，在控制栏中设置合适的字体及大小，然后在画面中单击并输入相应的文字，如图20-71所示。

图20-71

步骤25 将鼠标指针放到文字的定界框边缘，通过拖动鼠标将文字旋转到合适的角度，如图20-72所示。

图20-72

步骤26 单击工具箱中的"椭圆工具"按钮 ◯，在整体图形下方绘制一个渐变椭圆作为阴影；然后为其填充一种灰白色系的线性渐变，在"透明度"面板中设置其"混合模式"为"正片叠底"；再将该图形放置在最底层，如图20-73所示。

图20-73

步骤28 复制出一个牛奶盒并放置在右边，然后将鼠标指针放到定界框的右上角，按住Shift键的同时向内拖曳鼠标，将其等比例缩小。最终效果如图20-75所示。

步骤27 单击工具箱中的"选择工具"按钮 ▸，选择牛奶盒上的所有图形，右击，在弹出的快捷菜单中选择"编组"命令，如图20-74所示。

图20-74

图20-75

20.4 综合实例——化妆品包装设计

案例文件	综合实例——化妆品包装设计.ai
视频教学	综合实例——化妆品包装设计.flv
难易指数	★★★★★
知识掌握	矩形工具、添加锚点工具、转换锚点工具、"建立不透明蒙版"命令

案例效果

本例将利用矩形工具、添加锚点工具、转换锚点工具、"建立不透明蒙版"命令等设计化妆品包装，最终效果如图20-76所示。

图20-76

操作步骤

步骤01 按Ctrl+N快捷键，在弹出的"新建文档"对话框中按照图20-77所示进行设置，然后单击"确定"按钮，创建一个新文档。

图20-77

步骤02 选择"文件>置入"命令，置入一幅图像素材1.jpg作为底图，如图20-78所示。

图20-78

步骤03 单击工具箱中的"矩形工具"按钮▢，在空白处单击，绘制一个矩形。选择"窗口>渐变"命令，打开"渐变"面板，在其中编辑一种黑白色系的金属质感渐变，如图20-79所示。

图20-79

步骤04 单击工具箱中的"添加锚点工具"按钮▨，在矩形顶边中间单击添加锚点，如图20-80所示。

图20-80

步骤05 单击工具箱中的"直接选择工具"按钮▸，选中新建的锚点，单击并向上拖动鼠标。单击工具箱中的"转换锚点工具"按钮▸，在锚点上单击，将其转换为圆形，如图20-81所示。

图20-81

步骤06 单击工具箱中的"钢笔工具"按钮▨，在图形下方绘制月牙形状。选择"窗口>渐变"命令，打开"渐变"面板，在其中编辑一种玫红色系的渐变，如图20-82所示。

步骤07 单击工具箱中的"圆角矩形工具"按钮▢，在月牙形状下方绘制一个圆角矩形。选择"窗口>渐变"命令，打开"渐变"面板，在其中编辑一种红色系的渐变，如图20-83所示。

步骤08 单击工具箱中的"添加锚点工具"按钮 ，在圆角矩形顶边中间单击添加锚点，如图20-84所示。

图20-82

图20-83　　　　　　　　　图20-84

步骤09 单击工具箱中的"直接选择工具"按钮 ，选中新建的锚点，单击并向上拖动鼠标。单击工具箱中的"转换锚点工具"按钮 ，在锚点上单击，将其转换为圆形，如图20-85所示。

图20-85

步骤10 单击工具箱中的"钢笔工具"按钮 ，在红色渐变瓶身的左侧绘制高光形状。选择"窗口>渐变"命令，打开"渐变"面板，在其中编辑一种白色到透明的渐变，如图20-86所示。

图20-86

步骤11 保持钢笔工具的选中状态，在白色到透明的高光形状上方绘制一个不规则形状作为高光。选择"窗口>渐变"命令，打开"渐变"面板，在其中编辑一种白色到透明的渐变，如图20-87所示。

图20-87

步骤12 继续使用钢笔工具在红色渐变瓶身的底部绘制瓶底形状，设置填充色为红色，如图20-88所示。

图20-88

步骤13 下面制作瓶子的倒影效果。将瓶身部分编组，复制红色瓶身部分，并向下移动，如图20-89所示。

图20-89

步骤14 右击，在弹出的快捷菜单中选择"变换>对称"命令，在弹出的"镜像"对话框中设置镜像轴为"水平"，如图20-90所示。

步骤15 单击工具箱中的"矩形工具"按钮□，在倒影部分绘制一个矩形，然后在"渐变"面板中编辑一种黑白渐变，如图20-91所示。

图20-90　　　　　图20-91

步骤16 单击工具箱中的"选择工具"按钮▶，选择黑白渐变的矩形和倒着的红色渐变瓶身组。选择"窗口>透明度"命令，在打开的"透明度"面板中单击右上角的►按钮，在弹出的菜单中选择"建立不透明蒙版"命令。此时瓶底的倒影呈现出虚实结合的效果，如图20-92所示。

图20-92

步骤17 单击工具箱中的"文字工具"按钮T，在控制栏中设置合适的字体和大小，在红色渐变瓶身上单击并输入文字。选择"对象>扩展"命令，打开"扩展"对话框，选中"对象"和"填充"复选框，然后单击"确定"按钮，如图20-93所示。

图20-93

步骤18 选择"窗口>渐变"命令，打开"渐变"面板，在其中编辑一种金色渐变。选择"效果>风格化>投影"命令，打开"投影"对话框，设置各项参数后单击"确定"按钮，如图20-94所示。

图20-94

步骤19 使用相同的方法在英文单词下方绘制另一组文字，作为装饰文字，如图20-95所示。

步骤20 选择"文件>置入"命令，置入矢量花纹2.ai，调整到适当大小，装饰在文字附近，如图20-96所示。

步骤21 使用文字工具输入底部文字，扩展之后填充合适的金色系渐变，如图20-97所示。

图20-95　　　　图20-96　　　　图20-97

步骤22 单击工具箱中的"椭圆工具"按钮○，在瓶身的高光处绘制两个细长的椭圆，重叠作为光线。选择"窗口>渐变"命令，打开"渐变"面板，在其中编辑一种金色到黑色的径向渐变。选择"窗口>透明度"命令，打开"透明度"面板，设置"混合模式"为"滤色"，将黑色部分滤除，如图20-98所示。

461

第20章 产品包装设计

图20—98

图20—99

步骤23 继续使用椭圆工具在光线上绘制出正圆，填充金色到黑色的径向渐变，然后在"透明度"面板中设置"混合模式"为"滤色"。至此，一组光晕效果就制作完成了，如图20-99所示。

步骤24 复制多个光晕，调整为适当的大小，摆放在瓶子与背景上。其他化妆品包装的制作方法基本相同，直接复制制作好的包装，然后调整瓶盖和瓶身的大小比例即可，如图20-100所示。

图20—100

步骤25 复制瓶身上的标志部分，移动到画面右上角并适当放大，如图20-101所示。

图20—101

步骤26 选择"文件>置入"命令，置入前景花朵素材文件3.ai，然后调整到适当大小，最终效果如图20-102所示。

 读书笔记

图20—102

案例文件	综合实例——薯片包装设计.ai
视频教学	综合实例——薯片包装设计.flv
难易指数	★★★★★
知识掌握	"外观"面板、"位移路径"命令、"透明度"面板、"高斯模糊"命令、"路径查找器"面板

案例效果

本例将利用"外观"面板、"位移路径"命令、"透明度"面板、"高斯模糊"命令、"路径查找器"面板等设计薯片包装，最终效果如图20-103所示。

图20-103

操作步骤

步骤01 选择"文件>新建"命令或按Ctrl+N快捷键，在弹出的"新建文档"对话框中按照图20-104所示进行设置，然后单击"确定"按钮，创建一个新文档。

图20-104

步骤02 选择"视图>标尺>显示标尺"命令，显示出标尺。将鼠标指针放在标尺上，拖动鼠标以建立参考线，并将其拖至适当位置，如图20-105所示。

图20-105

步骤03 单击工具箱中的"矩形工具"按钮 ▢，在参考线中绘制两个矩形，然后在控制栏中设置填充色为绿色，如图20-106所示。

图20-106

步骤04 单击工具箱中的"钢笔工具"按钮 ✍，在左侧矩形上绘制出弧面的形状；然后打开"渐变"面板，设置"类型"为"线性"，"角度"为90°，编辑一种从橘色到黄色的渐变；在弧面形状上单击并添加渐变颜色，如图20-107所示。

图20-107

步骤05 单击工具箱中的"钢笔工具"按钮 ✍，勾勒出一个轮廓，并填充为白色，如图20-108所示。

图20-108

步骤06 继续使用钢笔工具勾勒出另一个轮廓，并填充为黑色；然后打开"透明度"面板，调整"不透明度"为44%；接着将该轮廓放置在白边的下一层中，如图20-109所示。

图20-109

步骤07 选中刚绘制的3个弧面，选择"对象>变换>对称"命令，在弹出的"镜像"对话框中设置"轴"为"垂直"，单击"复制"按钮，然后将副本放置在右侧，如图20-110所示。

图20-110

步骤08 使用钢笔工具在底部绘制不规则形状，并填充为橘色，然后选择"效果>模糊>高斯模糊"命令，在弹出的"高斯模糊"对话框中设置"半径"为"35像素"，如图20-111所示。

图20-111

步骤09 复制并移动，放置在右侧位置，如图20-112所示。

步骤10 置入绿色放射状素材文件1.ai，并将其放置在绿色区域中，然后打开"透明度"面板，设置"混合模式"为"叠加"，"不透明度"为69%，如图20-113所示。

图20-112　　　　　　　　图20-113

步骤11 下面开始制作标志部分。单击工具箱中的"椭圆工具"按钮，在顶部绘制一个椭圆形；然后打开"渐变"面板，编辑一种渐变色；接着复制该椭圆形并适当缩放，如图20-114所示。

步骤12 选中两个椭圆形，打开"路径查找器"面板，从中单击"差集"按钮，得到椭圆形边框，如图20-115所示。

图20-114　　　　　　　　图20-115

步骤13 再次单击工具箱中的"椭圆工具"按钮，在椭圆形边框中央绘制出一个椭圆形。打开"渐变"面板，设置"类型"为"线性"，将渐变颜色调整为从黑色到透明，如图20-116所示。

步骤14 打开"透明度"面板，设置"混合模式"为"正片叠底"，如图20-117所示。

图20-116　　　　　　　　图20-117

步骤15 单击工具箱中的"文字工具"按钮，选择一种文字样式，设置文字大小为300pt，在标志中央输入文字，如图20-118所示。

图20-118

步骤16 打开"外观"面板，单击右上角的按钮，在弹出的菜单中选择"添加新填色"命令。在新添加的"填色"中，设置颜色为黑色。选择"效果>路径>位移路径"命令，在弹出的"位移路径"对话框中设置"位移"为5mm，"连接"为"斜接"，"斜接限制"为4，如图20-119所示。

图20-119

步骤17 使用文字工具在文字"鲜薯片"的底部输入英文作为装饰文字，然后添加黑色描边，如图20-120所示。

步骤18 置入食品素材文件2.png，文字素材3.ai，摆放在合适位置，如图20-121所示。

图20-120　　　　　　　　图20-121

步骤19 复制左侧页面上的标志，将其缩小并放置在右侧页面上，如图20-122所示。

步骤20 单击工具箱中的"文字工具"按钮，在要创建文字的区域上拖动鼠标，创建一个矩形的文本框并输入文字，如图20-123所示。

图20-122　　　　　　　　图20-123

步骤21 制作营养含量的表格。双击工具箱中的"矩形网格工具"按钮▦，在弹出的"矩形网格工具"对话框中定义网格数量。单击工具箱中的"实时上色工具"按钮▧，为每个区域添加颜色，如图20-124所示。

图20-124

步骤22 使用文字工具在每个网格内输入文字，然后将表格移动到右侧页面上，如图20-125所示。

图20-125

步骤23 置入右侧页面所需的食物素材文件4.jpg、5.jpg、6.jpg、7.png，调整好位置和大小。至此，薯片包装的平面图就制作完成了，如图20-126所示。

步骤24 下面开始制作薯片包装的立体效果。首先将正面部分复制出来，如图20-127所示。

图20-126　　　　　　　图20-127

步骤25 将绿色底面以外的所有图层隐藏，如图20-128所示。

步骤26 选中底色的矩形对象，单击工具箱中的"钢笔工具"按钮▧，在边缘添加锚点，然后调整锚点的位置，使底色呈现出立体包装特有的边缘效果，如图20-129所示。

图20-128　　　　　　　图20-129

步骤27 以同样的方法编辑底部橙黄色系的底色形状，然后选择"对象>显示全部"命令，将其他装饰对象显示出来，如图20-130所示。

步骤28 制作包装袋顶部和底部的压痕部分。使用钢笔工具绘制一条很短的路径，然后复制出多条，排列在包装袋的两端，如图20-131所示。

图20-130　　　　　　　图20-131

 技巧提示

　　为了使复制出的压痕短路径均匀排列，在选中压痕路径后，可使用控制栏中的对齐与分布功能来调整，如图20-132所示。

图20-132

步骤29 制作包装袋上的暗部，以强化包装的立体感。单击工具箱中的"钢笔工具"按钮▧，在包装底部勾勒出一个轮廓；然后设置填充色为土黄色，在"透明度"面板中调整"不透明度"为63%，如图20-133所示。

步骤30 以同样的方法在底部的左侧和右侧分别绘制暗部形状并填充合适的颜色，如图20-134所示。

图20-133　　　　　　　图20-134

步骤31 下面开始制作包装袋上的高光效果，以强化塑料包装的质感。使用钢笔工具在侧面绘制一个细长的不规则形状，然后在"渐变"面板中设置"类型"为"线性"，"角度"为-45°，编辑一种从白色到透明的渐变，如图20-135所示。

图20-135

步骤32 打开"透明度"面板，调整"不透明度"为54%，如图20-136所示。

图20-136

步骤33 继续使用钢笔工具在左侧区域绘制另外一个轮廓，并填充为白色。选择"效果>模糊>高斯模糊"命令，在弹出的"高斯模糊"对话框中设置"半径"为"40像素"，如图20-137所示。

步骤34 采用同样的方法继续制作顶部、底部和右侧的高光部分，如图20-138所示。

图20-137　　　　　　　图20-138

步骤35 置入前景薯片素材8.png与背景素材9.jpg，调整到合适的位置，最终效果如图20-139所示。

图20-139

20.6 综合实例——制作白酒包装

案例文件	实例练习——制作白酒包装.ai
视频教学	实例练习——制作白酒包装.flv
难易指数	
知识掌握	"封套扭曲"命令、直排文字工具、"渐变"面板

案例效果

本例将使用"封套扭曲"命令、直排文字工具和"渐变"面板等制作白酒包装，最终效果如图20-140所示。

图20-140

操作步骤

步骤01 按Ctrl+N快捷键，在弹出的"新建文档"对话框中按照图20-141所示进行设置，然后单击"确定"按钮，创建一个新文档。

图20-141

步骤02 先制作白酒包装盒的平面效果。单击工具箱中的"矩形工具"按钮，绘制两个矩形，然后选择"窗口>渐变"命令，打开"渐变"面板，在其中编辑一种红色系的渐变，如图20-142所示。

图20-142

步骤03 使用矩形工具在两个矩形的下方再绘制一个矩形，然后选择"窗口>渐变"命令，打开"渐变"面板，在其中编辑一种金色系的渐变。复制两个矩形，向下移动并缩放为很细的矩形，如图20-143所示。

图20-143

步骤04 复制顶部的红色矩形，向下移动并适当拉长，如图20-144所示。

步骤05 使用矩形工具在图形的中间单击并绘制矩形，然后选择"窗口>渐变"命令，打开"渐变"面板，在其中编辑一种金色系的渐变，如图20-145所示。

步骤06 继续使用矩形工具在中间单击并绘制一个矩形，然后在"渐变"面板中编辑一种红色系的渐变，如图20-146所示。

图20-144　　　　图20-145　　　　图20-146

 技巧提示

由于整个白酒包装设计图中主要应用的是金色和红色的渐变，所以不必每次都对渐变颜色进行编辑，只要使用滴管工具吸取所需使用的渐变颜色，然后在此基础上进行编辑即可。

步骤07 选择"文件>置入"命令，置入矢量素材3.ai作为底纹，并调整到适当大小，如图20-147所示。

图20-147

步骤08 单击工具箱中的"直排文字工具"按钮，在控制栏中设置合适的字体和大小，在中间的红色渐变框中单击，输入文字并填充黑色，如图20-148所示。

图20-148

步骤09 选择"对象>扩展"命令，打开"扩展"对话框，选中"对象"和"填充"复选框，单击"确定"按钮，如图20-149所示。

图20-149

步骤10 单击工具箱中的"选择工具"按钮，选中文字，右击，在弹出的快捷菜单中选择"取消编组"命令，然后使用选择工具选中单个文字并改变大小，如图20-150所示。

图20-150

步骤11 单击工具箱中的"圆角矩形工具"按钮，在"绣"字的左边绘制一个适当大小的圆角矩形。选择"窗口>颜色"命令，打开"颜色"面板，设置填充色为黑色，如图20-151所示。

图20-151

步骤12 单击工具箱中的"圆角矩形工具"按钮▣，在步骤11绘制的圆角矩形中绘制一个适当大小的圆角矩形，设置填充色为白色，如图20-152所示。

图20-152

步骤13 单击工具箱中的"选择工具"按钮▶，选中两个圆角矩形。选择"窗口>路径查找器"命令，在打开的"路径查找器"面板中单击"分割"按钮。此时可以看到两个圆角矩形被分割为3个图形，如图20-153所示。

图20-153

步骤14 选中分割后的图形，右击，在弹出的快捷菜单中选择"取消编组"命令。选中白色的圆角矩形，将其删除，如图20-154所示。

图20-154

步骤15 单击工具箱中的"直排文字工具"按钮Ⅰ，在黑色圆角矩形框中按住鼠标左键并拖动，创建一个矩形的文本区域。在控制栏中设置合适的字体和大小，输入文字并填充为黑色，如图20-155所示。

图20-155

步骤16 单击工具箱中的"圆角矩形工具"按钮▣，在文字下方绘制一个小的圆角矩形，设置填充色为黑色，如图20-156所示。

图20-156

步骤17 单击工具箱中的"文字工具"按钮Ⅰ，在控制栏中设置合适的字体和大小，然后在圆角矩形上单击，输入文字并填充为白色，如图20-157所示。

图20-157

步骤18 选择"对象>扩展"命令，打开"扩展"对话框，选中"对象"和"填充"复选框，单击"确定"按钮，如图20-158所示。

图20—158

步骤19 单击工具箱中的"选择工具"按钮 ，选择圆角矩形和文字。选择"窗口>路径查找器"命令，在打开的"路径查找器"面板中单击"分割"按钮。此时可以看到两个图形被分割为3个，如图20-159所示。

图20—159

步骤20 选中分割后的对象，右击，在弹出的快捷菜单中选择"取消编组"命令。选中白色的文字，将其删除，如图20-160所示。

图20—160

步骤21 使用选择工具选择所有文字，右击，在弹出的快捷菜单中选择"编组"命令，如图20-161所示。

图20—161

步骤22 复制文字编组，向左移动2像素，然后置入金色底纹素材1.jpg。选择底纹和文字组，右击，在弹出的快捷菜单中选择"建立剪切蒙版"命令。此时顶层文字有了黄金质感，而底层黑色文字作为阴影，增强了文字的立体感，如图20-162所示。

图20—162

步骤23 单击工具箱中的"矩形工具"按钮 ，在文字下方单击并绘制一个矩形，然后设置填充色为透明，描边色为黄色，描边"粗细"为1pt，如图20-163所示。

图20—163

步骤24 单击工具箱中的"文字工具"按钮 ，在矩形上单击，在控制栏中设置合适的字体和大小，输入文字并填充黑色，如图20-164所示。

步骤25 使用文字工具在矩形框下方绘制其他装饰文字，如图20-165所示。

图20-164

图20-165

步骤26 单击工具箱中的"矩形工具"按钮□，在装饰文字中间单击并绘制一个长条矩形。选择"窗口>渐变"命令，打开"渐变"面板，在其中编辑一种金色系的渐变，如图20-166所示。

图20-166

步骤27 单击工具箱中的"选择工具"按钮▶，选择所有文字。选择"对象>扩展"命令，打开"扩展"对话框，选中"对象"和"填充"复选框，然后单击"确定"按钮，如图20-167所示。

图20-167

步骤28 选择"窗口>渐变"命令，打开"渐变"面板，在其中编辑一个金色系的渐变，如图20-168所示。

图20-168

步骤29 下面开始制作产品的标志。单击工具箱中的"椭圆工具"按钮○，在文字商标上方绘制一个椭圆形。选择"窗口>渐变"命令，打开"渐变"面板，在其中编辑一种金色系的渐变，如图20-169所示。

图20-169

步骤30 复制椭圆形并适当缩放，填充红色系渐变，如图20-170所示。

图20-170

步骤31 再次复制金色和红色椭圆形，继续缩放，如图20-171所示。

图20-171

步骤32 选择"文件>置入"命令，置入矢量花纹素材2.ai。输入文字并将其进行扩展，如图20-172所示。

图20-172

步骤33 选择文字并复制，向左适当移动。选中顶层文字，在"渐变"面板中编辑一种金色系的渐变，如图20-173所示。

图20-173

步骤34 选中标志部分，选择"编组"命令。按住Shift和Alt键的同时向上拖动鼠标，复制出一个相同的标志，如图20-174所示。

图20-174

步骤35 将复制的标志放大并垂直翻转，如图20-175所示。

图20-175

步骤36 正面部分制作完成，下面开始制作侧面。单击工具箱中的"矩形工具"按钮▢，在右侧绘制多个矩形，然后在"渐变"面板中编辑一种红色系的渐变，如图20-176所示。

图20-176

步骤37 继续使用矩形工具在右侧绘制矩形，并设置填充色为透明，描边色为黄色，"粗细"为1pt，如图20-177所示。

图20-177

步骤38 复制标志部分，适当缩放后移动到右侧。单击工具箱中的"旋转工具"按钮 ，将鼠标指针放到文字上，按住鼠标左键并拖动，将图形旋转到一定角度，如图20-178所示。

图20-178

步骤39 单击工具箱中的"文字工具"按钮 ，在适当的位置按住鼠标左键并拖动，创建一个矩形的文本区域，然后在控制栏中设置合适的字体和大小，输入文字，如图20-179所示。

步骤40 单击工具箱中的"旋转工具"按钮 ，将鼠标指针放到文字上，按住Shift键的同时拖动鼠标，将文字旋转90°，如图20-180所示。

图20-179   图20-180

步骤41 使用同样的方法制作出另外两个面。至此，白酒包装的平面图就制作完成了，如图20-181所示。

图20-181

步骤42 下面开始制作立体效果。选择"文件>置入"命令，置入背景素材文件3.jpg，如图20-182所示。

图20-182

步骤43 将包装的正面部分编组，然后选择"对象>封套扭曲>用变形建立"命令，将图形变换一定角度，如图20-183所示。

图20-183

步骤44 以同样的方法，使用封套扭曲制作左侧的立面，如图20-184所示。

图20-184

步骤45 为了使包装盒更有立体感，需要压暗左侧立面部分。单击工具箱中的"钢笔工具"按钮 ，绘制一个与左侧立面形状相同的四边形。选择"窗口>渐变"命令，打开"渐变"面板，在其中编辑一种黑色到透明的渐变，如图20-185所示。

图20—185

步骤46 使用同样的方法在正面绘制另一个四边形，然后选择"窗口>渐变"命令，打开"渐变"面板，在其中编辑一种白色到透明的渐变，增强正面受光感，如图20-186所示。

图20—186

步骤47 选择"文件>置入"命令，置入酒瓶素材4.png，如图20-187所示。

图20—187

步骤48 复制标志并将其移动到瓶子上。选择"对象>封套扭曲>用变形建立"命令，将图形变换一定角度，如图20-188所示。

图20—188

步骤49 至此，完成白酒包装的制作，最终效果如图20-189所示。

图20—189

20.7 综合实例——茶叶礼盒包装设计

案例文件	综合实例——茶叶礼盒包装设计.ai
视频教学	综合实例——茶叶礼盒包装设计.flv
难易指数	★★★★★
知识掌握	"投影"命令、"透明度"面板、"路径查找器"面板

案例效果

本例将利用"投影"命令、"透明度"面板、"路径查找器"面板等设计礼盒包装，最终效果如图20-190所示。

图20—190

操作步骤

步骤01 按Ctrl+N快捷键，在弹出的"新建文档"对话框中按照图20-191所示进行设置，然后单击"确定"按钮，创建一个新文档。

图20—191

步骤02 单击工具箱中的"矩形工具"按钮▣，在画板的左上方按住鼠标左键并拖动至画板的右下角，绘制一个矩形，如图20-192所示。

图20—192

步骤03 选择"窗口>渐变"命令，打开"渐变"面板，在其中编辑一种灰白色系的渐变，设置"类型"为"径向"，如图20-193所示。

图20—193

步骤04 下面制作礼盒的盒盖部分。单击工具箱中的"矩形工具"按钮▣，在适当的位置绘制一个矩形；然后选择"窗口>颜色"命令，在打开的"颜色"面板中设置填充色，如图20-194所示。

图20—194

步骤05 单击工具箱中的"选择工具"按钮▶，选中矩形后进行复制与原位粘贴。选择"窗口>渐变"命令，打开"渐变"面板，其中编辑一种金色系的渐变，如图20-195所示。

图20—195

步骤06 复制金色系渐变矩形，再将鼠标指针移到定界框的边缘并单击，然后在按住Shift和Alt键的同时向内拖动鼠标，将其等比例缩小，如图20-196所示。

图20—196

步骤07 单击工具箱中的"选择工具"按钮，选择两个金色矩形；选择"窗口>路径查找器"命令，在打开的"路径查找器"面板中单击"分割"按钮，可以看到两个图形被分割为3个；再选中中间的矩形，将其删除，如图20-197所示。

图20-197

步骤08 单击工具箱中的"矩形工具"按钮，在右半部分绘制一个矩形，然后选择"窗口>渐变"命令，打开"渐变"面板，在其中编辑一种绿色渐变，如图20-198所示。

图20-198

步骤09 继续使用矩形工具在绿色矩形上绘制一个矩形，然后在"渐变"面板中编辑一种棕色渐变，如图20-199所示。

图20-199

步骤10 使用矩形工具在棕色矩形上方绘制一个长条矩形，设置填充色为土黄色，如图20-200所示。

图20-200

步骤11 用相同的方法绘制另一个长条矩形，设置填充色为墨绿色，如图20-201所示。

图20-201

步骤12 单击工具箱中的"选择工具"按钮，选择这两个长条矩形，然后在按住Shift和Alt键的同时向下拖动鼠标进行复制，并将其摆放在棕色矩形底部，如图20-202所示。

图20-202

步骤13 选择"文件>置入"命令，置入矢量素材作为底纹1.ai，摆放在右半部分，并调整至适当大小，如图20-203所示。

图20-203

步骤14 选择"窗口>透明度"命令，打开"透明度"面板，设置"混合模式"为"正片叠底"，"不透明度"为80%，如图20-204所示。

图20-204

步骤15 继续置入图片素材2.jpg，然后使用矩形工具围绕需要保留的图片素材区域绘制一个矩形。选择图片和矩形，右击，在弹出的快捷菜单中选择"建立剪切蒙版"命令，如图20-205所示。

图20-205

步骤16 单击工具箱中的"文字工具"按钮 **T**，在图片上单击，在控制栏中设置合适的字体和大小，输入文字"山茶饮"，如图20-206所示。

图20-206

步骤17 单击工具箱中的"椭圆工具"按钮 ◎，在图片左下角绘制多个正圆。选择"窗口>颜色"命令，打开"颜色"面板，设置填充色为红色，如图20-207所示。

图20-207

步骤18 单击工具箱中的"文字工具"按钮 **T**，在控制栏中设置合适的字体和大小，在正圆中单击并输入文字，如图20-208所示。

图20-208

步骤19 选中文字，对其文字进行"对象>扩展"操作；选择文字和正圆，选择"窗口>路径查找器"命令，在打开的"路径查找器"面板中单击"分割"按钮，可以看到两个图

形被分割为3个；再选中中间的文字，将其删除，如图20-209所示。

图20-209

步骤20 单击工具箱中的"文字工具"按钮 **T**，在控制栏中设置合适的字体和大小，在下方单击并输入文字，如图20-210所示。

图20-210

步骤21 单击工具箱中的"文字工具"按钮 **T**，在控制栏中设置合适的字体和大小，在右侧的棕色矩形上单击并输入文字，然后设置填充色为暗红色，描边色为白色，"粗细"为0.25pt，如图20-211所示。

图20-211

步骤22 保持文字工具的选中状态，在控制栏中设置合适的字体和大小，在"品味"的右下方输入装饰文字，如图20-212所示。

图20-212

步骤23 至此，盒子的顶面制作完成。将其全部选中后，右击，在弹出的快捷菜单中选择"编组"命令，如图20-213所示。

图20-213

步骤24 选中顶面组，单击工具箱中的"自由变换工具"按钮 ，将其进行适当旋转，如图20-214所示。

图20-214

步骤25 接下来，为盒盖部分制作受光的效果。使用钢笔工具绘制一个与盒盖大小相同的四边形，然后选择"窗口>渐变"命令，打开"渐变"面板，在其中编辑一种白色到透明的渐变，如图20-215所示。

图20-215

步骤26 继续使用钢笔工具绘制一个盒盖立体形状的外轮廓，设置填充色为深灰色，并置于底端，如图20-216所示。

图20-216

步骤27 选择"效果>风格化>投影"命令，在弹出的"投影"对话框中进行相应的设置，然后单击"确定"按钮，如图20-217所示。

图20-217

步骤28 继续使用钢笔工具绘制盒盖部分的两个立面形状，分别填充深绿色系的渐变，如图20-218所示。

图20-218

步骤29 选择"文件>置入"命令，再次置入底纹素材，并将其放在下方的立面上，如图20-219所示。

图20-219

步骤30 使用选择工具选中这个矢量花纹，选择"窗口>透明度"命令，打开"透明度"面板，设置"混合模式"为"正片叠底"，"不透明度"为70%。至此，盒盖部分制作完成，如图20-220所示。

图20-220

步骤31 单击工具箱中的"钢笔工具"按钮 ，绘制茶叶礼盒底面形状；然后选择"窗口>颜色"命令，打开"颜色"面板，设置填充色为深灰色，如图20-221所示。

图20-221

步骤32 选择"效果>风格化>投影"命令，在弹出的"投影"对话框中设置相关参数，然后单击"确定"按钮，如图20-222所示。

图20-222

步骤33 使用钢笔工具在下半部分绘制立面的四边形，并填充为土黄色到棕色的渐变，如图20-223所示。

图20-223

步骤34 继续使用钢笔工具绘制平面部分的四边形，填充浅棕色，如图20-224所示。

图20-224

Illustrator CC 中文版从入门到精通

步骤35 使用钢笔工具在下半部分绘制一个较细的矩形，并填充为浅褐色渐变，如图20-225所示。

图20-225

步骤36 继续使用钢笔工具绘制一个比浅棕色四边形小一些的四边形，并填充为米黄色，如图20-226所示。

图20-226

步骤37 复制米黄色矩形，适当缩放后填充为褐色系渐变，如图20-227所示。

图20-227

步骤38 为了制作出盒子内陷的效果，需要在4个边角处添加阴影效果。分别绘制合适大小的形状，然后在"渐变"面板中分别设置合适角度的从黑色到透明的渐变，如图20-228所示。

图20-228

步骤39 选择"文件>置入"命令，置入竹席纹理素材3.jpg。使用钢笔工具绘制盒子内里的区域形状，然后将其与竹席纹理素材同时选中，右击，在弹出的快捷菜单中选择"建立剪切蒙版"命令，如图20-229所示。

步骤40 置入茶叶罐素材4.ai，并将其摆放在盒子中，多次右击并在弹出的快捷菜单中选择"排列>后移一层"命令，将其调整到盒盖的下方。最终效果如图20-230所示。

图20-229

图20-230

📖 读书笔记

Illustrator CC 中文版从入门到精通

Illustrator CC 工具速查表

按　钮	工具名称	说　　明	快　捷　键
直接选择工具组			
	选择工具	用来选择整个对象	V
	直接选择工具	用来选择对象内的锚点或路径	A
	编组选择工具	用来选择组内的对象或子组	无
快速选择工具组			
	魔棒工具	使用魔棒工具在图像中单击，即可选中文档中颜色相近的对象	Y
	套索工具	自由地绘制出形状不规则的选区	Q
钢笔工具组			
	钢笔工具	以锚点方式创建区域路径，主要用于绘制矢量图形和选取对象	p
	添加锚点工具	将鼠标指针放在路径上，单击即可添加一个锚点	（+）
	删除锚点工具	删除路径上已经创建的锚点	（-）
	转换锚点工具	用来转换锚点的类型（角点和平滑点）	Shift+C
文字工具组			
	文字工具	用于创建单独的文字和文字容器（允许在其中输入和编辑文字）	T
	区域文字工具	用于将封闭路径改为文字容器，并允许在其中输入和编辑文字	无
	路径文字工具	用于将路径更改为文字路径，并允许在其中输入和编辑文字	无
	直排文字工具	用于创建直排文字和直排文字容器（允许在其中输入和编辑直排文字）	无
	直排区域文字工具	用于将封闭路径更改为直排文字容器，并允许在其中输入和编辑文字	无
	直排路径文字工具	用于将路径更改为直排文字路径，并允许在其中输入和编辑文字	无
直线段工具组			
	直线段工具	用于绘制各种直线段	\（反斜线）
	弧形工具	用于绘制各种凹入或凸起曲线段	无
	螺旋线工具	用于绘制顺时针和逆时针螺旋线	无
	矩形网格工具	用于绘制矩形网格	无
	极坐标网格工具	用于绘制极坐标网格（在绘制过程中，如果按住 Shift 键，则将绘制圆形网格）	无
形状工具组			
	矩形工具	用于创建长方形路径、形状图层或填充像素区域	M
	圆角矩形工具	用于创建圆角矩形路径、形状图层或填充像素区域	无
	椭圆工具	用于创建正圆或椭圆形路径、形状图层或填充像素区域	L
	多边形工具	用于创建多边形路径、形状图层或填充像素区域	无
	星形工具	用于绘制星形	无
	光晕工具	用于创建类似镜头光晕或太阳光晕的效果	无
画笔工具和铅笔工具组			
	画笔工具	用于绘制书法效果、点状效果、艺术效果和图案效果的路径线条	B
	铅笔工具	用于绘制和编辑自由线段	N
	平滑工具	用于平滑处理贝塞尔路径	无
	路径橡皮擦工具	用于从对象中擦除路径和锚点	无

按　　钮	工 具 名 称	说　　明	快 捷 键
	斑点画笔工具	所绘制的路径会自动扩展和合并堆叠顺序中相邻的具有相同颜色的书法画笔路径	Shift+B
橡皮擦工具组			
	橡皮擦工具	用于擦除拖动到的任何对象区域	Shift+E
	剪刀工具	用于在特定点剪切路径	C
	美工刀工具	可剪切对象和路径	无
旋转与镜像工具			
	旋转工具	可以围绕固定点旋转对象	R
	镜像工具	可以围绕固定轴翻转对象	O
宽度工具组			
	宽度工具	可以创建不同宽度的描边效果	Shift+W
	变形工具	可以随鼠标指针的移动塑造对象形状	Shift+R
	旋转扭曲工具	用于创建旋转扭曲效果	无
	缩拢工具	可通过向十字线方向移动控制点的方式收缩对象	无
	膨胀工具	可通过向远离十字线方向移动控制点的方式扩展对象	无
	扇贝工具	可以向对象的轮廓添加随机弯曲的细节	无
	晶格化工具	可以向对象的轮廓添加随机锥化的细节	无
	皱褶工具	可以向对象的轮廓添加类似于皱褶的细节	无
模糊锐化工具组			
	比例缩放工具	可以围绕固定点调整对象大小	S
	倾斜工具	可以围绕固定点倾斜对象	无
	整形工具	可以在保持路径整体细节完整无缺的同时，调整所选择的锚点	无
自由变换工具			
	自由变换工具	可以对所选对象进行比例缩放、旋转或倾斜等操作	E
上色工具组			
	形状生成器工具	可以合并多个简单的形状以创建自定义的复杂形状	Shift+M
	实时上色工具	用于按当前的上色属性绘制"实时上色"组的表面和边缘	K
	实时上色选择工具	用于选择"实时上色"组中的表面和边缘	Shift+L
透视工具组			
	透视网格工具	使用"透视网格"可以在透视中创建和渲染图稿	Shift+P
	透视选区工具	可以在透视中选择对象、文本和符号，移动对象以及在垂直方向上移动对象	Shift+V
渐变与辅助工具			
	网格工具	用于创建和编辑网格和网格封套	U
	渐变工具	用于调整对象内渐变的起点和终点以及角度，或者对象应用渐变	G
	吸管工具	用于从对象中采样以及应用颜色、文字和外观属性	L
	度量工具	用于测量两点之间的距离与角度	无
	混合工具	可以创建混合了多个对象的颜色和形状的一系列对象	W
符号工具组			
	符号喷枪工具	用于将符号样本（或称实例）喷到图稿上	Shift+S
	符号位移器工具	用于更改符号组中符号的堆叠顺序	无
	符号紧缩器工具	用于改变符号间距，使之集中或分散	无
	符号缩放器工具	用于调整符号的大小	无
	符号旋转器工具	用于旋转符号，改变符号的方向	无
	符号着色器工具	用于为符号着色。使用该工具在符号上单击，可在符号上叠加工具箱中设置的当前填充色	无

按　　钮	工具名称	说　　明	快　捷　键
	符号滤色器工具	用于调整符号的透明度	无
	符号样式器工具	用于将图形样式应用到符号上	无
柱形图工具组			
	柱形图工具	创建的图表可用垂直柱形来比较数值	J
	堆积柱形图工具	创建的图表与柱形图类似，但是它将各个柱形堆积起来，而不是互相并列。这种图表类型可用于表示部分和总体的关系	无
	条形图工具	创建的图表与柱形图类似，不过它是水平放置条形而不是垂直放置柱形	无
	堆积条形图工具	创建的图表与堆积柱形图类似，但是条形是水平堆积而不是垂直堆积	无
	折线图工具	创建的图表使用点来表示一组或多组数值，并且对每组中的点都采用不同的线段来连接。这种图表类型通常用于表示在一段时间内一个或多个主题的趋势	无
	面积图工具	创建的图表与折线图类似，但是它强调数值的整体和变化情况	无
	散点图工具	创建的图表以 X 轴和 Y 轴为数据点坐标轴，在两组数据相交处形成坐标点，坐标点之间用直线连接。散点图可用于识别数据中的图案或趋势，它们还可表示变量是否相互影响	无
	饼图工具	创建圆形图表，其楔形表示所比较数值的相对比例	无
	雷达图工具	创建的图表可在某一特定时间点或特定类别上比较数值组，并以圆形格式表示。这种图表也称为网状图	无
视图调整工具			
	画板工具	创建用于打印或导出的单独画板	Shift+O
	切片工具	用于将图稿分割为单独的 Web 图像	H
	切片选择工具	用于选择 Web 切片	Z
视图调整工具			
	抓手工具	使用该工具在画面中单击并拖动鼠标，可以移动画面，以观察图像的不同部分	H
	打印拼贴工具	可以调整页面网格以控制图稿在打印页面上显示的位置	无
	缩放工具	用来缩放视图窗口显示倍率	Z
颜色设置工具			
	前景色／背景色	单击该按钮，在打开的拾色器中可以设置填充色／描边色	无
	切换前景色和背景色	切换所设置的填充色和描边色	无
	默认前景色和背景色	恢复默认的填充色和描边色	无
颜色设置工具			
	颜色	单击该按钮，可以设置填充色／描边色为当前颜色	无
	渐变	单击该按钮，可以设置填充色／描边色为当前渐变色	无
	无	单击该按钮，可以去除填充色／描边色	无
颜色设置工具			
	正常绘图	单击该按钮，将切换到正常绘图模式	无
	背景绘图	单击该按钮，将切换到背景绘图模式	无
	内部绘图	单击该按钮，将切换到内部绘图模式	无
屏幕模式			
	正常屏幕模式	切换到带有菜单栏的全屏模式	无

教学视频学习二维码

6 实例练习——卡通游乐场标志设计.flv

6 综合实例——音乐节网站排行榜页面设计.flv

7 实例练习——使用区域文字工具制作旅行画册页.flv

7 综合实例——使用文字工具制作喜庆文字招贴.flv

9 实例练习——利用封套扭曲制作绚光效果.flv

6 实例练习——绘制有趣的木偶头像.flv

6 实例练习——使用图像描摹制作置通报.flv

7 实例练习——使用路径文本与区域文本排版.flv

7 综合实例——使用文字工具进行杂志封面设计.flv

8 综合实例——社交软件登录界面设计.flv

6 实例练习——动画电影置换宣传广告.flv

6 实例练习——使用刻刀工具制作时尚端网店图片.flv

6 实例练习——使用移动变形工具制作创意画面.flv

7 实例练习——设置对齐方式制作时尚宣传底纹版面.flv

7 实例练习——制作彩色文字.flv

8 实例练习——使用命令制作迷底纹卡片.flv

5 综合实例——VIP典藏卡设计.flv

6 实例练习——使用钢笔工具绘制卡通小鸟.flv

7 实例练习——可爱风格LOGO设计.flv

7 实例练习——水晶质感描边文字.flv

8 实例练习——使用命令制作文字.flv

3 实例练习——使用多边形工具制作流程线框图.flv

4 实例练习——使用工具制作书封面.flv

5 多实例练习——和填充制作房地产户外广告.flv

5 综合实例——使用图案填充制作文字招贴.flv

2 综合实例——轻松制作平面广告.flv

3 综合实例——使用形状工具制作卡通海报.flv

4 实例练习——旋转对象制作画册内页.flv

5 实例练习——使用图案与描边制作跑车.flv

2 实例练习——使用内置嵌入命令制作舞蹈招贴.flv

3 实例练习——使用椭圆工具与矩形工具制作图标.flv

4 实例练习——使用"粘贴"命令、缩放命令与图像缩放工具制作矢量卡通海报.flv

5 实例练习——使用实时上色工具制作水晶LOGO.flv

二维码PDF手册下载

3 综合实例——使用矩形工具制作色块版面.flv

4 综合实例——制作时尚名片.flv

5 实例练习——新变打造绚丽红宝石.flv

30 节 Illustrator CS6 实战精讲视频

90 节同步案例视频

104 节 Photoshop CC 新手学精讲视频

30 节 Illustrator CS6 实战精讲视频

104节 Photoshop CC 新手学精进视频

104节 Photoshop CC 新手学精进视频

104 扫 Photoshop CC 新手学精讲视频